Paul M. Mazur-New York

Moderne Warenhaus-Organisation

Für deutsche Verhältnisse bearbeitet

von

Fritz Neisser

Anläßlich des 25jährigen Bestehens des
Verbandes Deutscher Waren- und Kaufhäuser
herausgegeben

Mit einem Geleitwort von
Direktor G. Bach

Springer-Verlag Berlin Heidelberg GmbH
1928

Das amerikanische Werk „Principles of Organization Applied to Modern Retailing", das dieser Arbeit zugrunde liegt, ist ein Bericht, den Mr. Paul M. Mazur i. Fa. Lehman Brother's, Investment Bankers, mit Unterstützung von Myron S. Silbert auf Veranlassung der National Retail Dry Goods Association, des maßgebenden Verbandes des amerikanischen Textil-Einzelhandels, ausgearbeitet hat.

Principles of Organization
Applied to Modern Retailing

Ursprünglich erschienen bei Harper & Brothers 1927

ISBN 978-3-662-34833-8 ISBN 978-3-662-35163-5 (eBook)
DOI 10.1007/978-3-662-35163-5

Geleitwort.

Die Bedeutung der Organisation im allgemeinen und der Statistik im besonderen ist im deutschen Einzelhandel noch bis vor wenigen Jahren nicht in vollem Umfange gewertet worden. Nur wenige Großbetriebe hatten den Wert der Statistik erkannt, aber die Methoden und Ergebnisse ihrer Arbeit blieben strenges Geschäftsgeheimnis; die besonders interessierte Öffentlichkeit erfuhr nichts davon. Erst in der Nachkriegszeit, als man besonders auf die amerikanischen Veröffentlichungen der Betriebsergebnisse im Einzelhandel aufmerksam wurde, wandte man auch in größeren Kreisen des deutschen Einzelhandels dieser Materie mehr Aufmerksamkeit zu. Verschiedene deutsche Wissenschaftler und Wirtschaftler haben in den Vereinigten Staaten die Unterlagen der dortigen Betriebsstatistik und der inneren Gliederung der Betriebe eingehend studiert, und von ganz besonderem Werte waren hierbei die regelmäßig veröffentlichten Ergebnisse der Untersuchung der Harvard-Universität, anderer öffentlicher Institute und der führenden Organisation des Einzelhandels, der „National Retail Dry Goods Association".

Dabei stellte sich heraus, daß die bei uns früher verbreitet gewesene Ansicht, daß der amerikanische Kaufmann den ausgesprochenen Typ des Geldverdieners darstelle, und daß die wissenschaftliche Ergründung der inneren Verhältnisse der Wirtschaft ihm vollkommen gleichgültig sei, sich als ganz falsch erwies. Den amerikanischen, gebildeten Kaufmann interessiert der Weg der Entwicklung, der Weg der Wirtschaft, die vernunftgemäße Fortbildung geschäftlicher Methoden außerordentlich stark, und die Aufwendungen, die hierfür gemacht werden, erscheinen uns in ihren Summen geradezu phantastisch.

Ein Musterbeispiel für diese Arbeit in den Vereinigten Staaten ist ein Werk, das im letzten Sommer auf Veranlassung der „National Retail Dry Goods Association" bearbeitet worden ist und unter dem Titel erschien: „Principles of Organization Applied to Modern Retailing" by Paul M. Mazur. Der deutsche Bearbeiter des vorliegenden Werkes, Herr Fritz Neisser, der jahrelang die amerikanischen Verhältnisse im Einzelhandel studiert und praktisch bearbeitet hat, hat nach meiner Ansicht mit außerordentlich großem Erfolge die für deutsche Verhältnisse viel zu komplizierte und z. T. auch zu stark ins einzelne gehende überaus kostspielige amerikanische Organisation den einfacheren deutschen Verhältnissen anzupassen versucht. Mag die vorliegende Form der Organisation in der „Modernen Warenhaus-Organisation“ für deutsche Verhältnisse teilweise auch noch zu umfangreich und zu kompliziert sein, so kann das nicht als Fehler, sondern nur als Vorteil des Werkes gewertet werden. Wer sich ernsthaft mit dieser Materie beschäftigt, wird so außerordentlich viel Anregungen, neue Gesichtspunkte und Verständnis für manche Vorgänge in dem Aufbau des modernen Großbetriebes erhalten, daß ihm erst die Bedeutung und der unschätzbare Wert einer richtigen Organisation klar werden wird.

Es ist ein außerordentliches Verdienst, das sich der deutsche Bearbeiter des amerikanischen Werkes erworben hat.

Das Buch hat nicht nur Interesse für den Warenhausfachmann, sondern ebensogut für den Spezialkaufmann und für jeden Wirtschaftler, der die Bedeutung der behandelten Frage und den inneren Aufbau einer minutiös arbeitenden Organisationsmaschine kennenlernen will. Es ist zu erwarten, daß dieses Werk sich schnell zahlreiche Freunde erwerben wird, denn tatsächlich füllt es eine große Lücke aus, die bisher vorhanden war und die dazu geführt hat, daß vielfach Versuche mit untauglichen Mitteln am untauglichen Objekt mit erheblichen Aufwendungen gemacht worden sind, die man unterlassen hätte, wenn man eine klare Kenntnis des Aufbaus einer vernünftigen und zweckmäßigen Organisation gehabt hätte.

Möge dieses wertvolle Buch sich schnell einführen und zahlreiche Freunde sich erwerben.

Berlin, im März 1928.

G. Bach
Geschäftsführendes Vorstandsmitglied
des Verbandes Deutscher Waren- und Kaufhäuser,
E. V.

Vorwort des Ausschusses für das Studium der Grundlagen der Detailhandelsorganisation[1].

Im Namen der National Retail Dry Goods Association legt der Ausschuß für das Studium der Grundlagen der Detailhandelsorganisation hiermit den Mitgliederfirmen und der amerikanischen Geschäftswelt im allgemeinen das Buch „Principles of Organization Applied to Modern Retailing", von Paul M. Mazur i. Fa. Lehman Brothers, Investment Bankers, vor, in der Überzeugung, daß es einen wertvollen Beitrag zur Lehre und Praxis des modernen Einzelhandels darstellt.

Der Ausschuß für das Studium der Grundlagen der Detailhandelsorganisation wurde sich bald nach seiner Gründung im September 1924 darüber einig, daß zur Lösung der ihm gestellten außerordentlich umfangreichen Aufgaben ein besonderer Weg eingeschlagen werden müsse. Er beschloß deshalb, die praktische Durchführung der geforderten Untersuchung einer Persönlichkeit zu übertragen, die zwar dem Einzelhandel nahe genug gestanden haben mußte, um Verständnis und praktisches Einfühlungsvermögen für seine Probleme zu besitzen, die aber auf der anderen Seite nicht mehr im Einzelhandel selbst tätig war und deshalb mit größerer Unvoreingenommenheit an das Studium herangehen konnte.

Als der Mann, der die notwendigen Qualifikationen besaß, wurde Mr. Mazur ausgewählt. Er besaß praktische Erfahrungen im Einzelhandel. Außerdem zeigten seine früheren Veröffentlichungen, daß er den Problemen des Einzelhandels mit konstruktiver Sympathie gegenüberstand, gründliche Kenntnisse des Gebietes und eine klare Urteilsfähigkeit besaß.

Das Werk, das Mr. Mazur vorlegt, zeugt von der Sorgfalt und Gründlichkeit, mit der er die Untersuchung durchgeführt hat. Es ist die Überzeugung des Ausschusses, daß in diesem Buch, das auf einer Untersuchungsarbeit von mehr als 2 Jahren basiert, zum ersten Male ein vollständiges Bild der Organisation und des Betriebsablaufes eines großen Detailgeschäftes aufgezeichnet wurde.

---

[1] Die unterzeichneten Mitglieder des Ausschusses sind Leiter und Mitinhaber der folgenden großen amerikanischen Waren- und Kaufhäuser: Mr. L. E. Kirstein ist Mitinhaber der Wm. Filene's Sons Co., Boston, Mr. P. S. Straus der R. H. Macy Co. New York, Mr. Oscar Webber der J. L. Hudson Co. Detroit und Mr. S. H. Halle der Firma Halle Brothers in Cleveland.

Man hält bekanntlich meistens das für richtig, was man selbst tut, und lehnt das ab, was man nicht selbst getan hat. Der Ausschuß als Ganzes stimmt deshalb weder mit jeder Schlußfolgerung Mr. Mazurs überein, noch lehnt er als Ganzes eine besondere Schlußfolgerung ab. Einstimmigkeit besteht jedoch darüber, daß Mr. Mazur mit seinem Buch dem Einzelhandel einen äußerst wertvollen Dienst geleistet hat. Weder Mr. Mazur noch der Ausschuß verlangen oder erwarten allgemeine Zustimmung. Sie hoffen jedoch, daß sein Werk dazu beitragen wird, weitere Untersuchungen auf dem Gebiete der Detailhandelsorganisation anzuregen, die Geschäftsinhaber und Leiter von Detailgeschäften zum Durchdenken ihrer eigenen Organisation zu veranlassen und vor allem zu beweisen, daß man sich, wenn man praktische Ergebnisse erzielen will, nicht auf das in jedem Geschäft vorhandene Organisationsmaterial verlassen kann — weil es nur den Zustand anzeigt, wie er sein soll — sondern daß man vielmehr die Praxis nur dann fördern kann, wenn man sich die Mühe nimmt, gründlich zu untersuchen, was ist.

In der Überzeugung, daß die Mitglieder der National Retail Dry Goods Association ebenso wie die gesamte Geschäftswelt Mr. Mazur für seine Arbeit verpflichtet sind, spricht der Ausschuß Mr. Mazur seinen aufrichtigen Dank für seine gründliche und mühevolle Leistung aus.

Ebenso dankt der Ausschuß Mr. Donald K. David, dem stellvertretenden Dekan der Graduate School of Business Administration der Harvard Universität für die sorgfältige und gründliche Durchführung der grundlegenden Einzeluntersuchungen.

Der Ausschuß

Louis E. Kirstein, Vorsitzender,
Percy S. Straus, Oscar Webber,
S. H. Halle.

Vorwort des Bearbeiters.

Das vorliegende Werk schließt sich an Mr. Paul M. Mazur's Buch „Principles of Organization Applied to Modern Retailing“, das in Amerika eine wesentliche Lücke in der Literatur über die Probleme des Einzelhandels ausgefüllt hat, in vielen Hauptfragen eng an. Das Verdienst, die Grundlinien des dargestellten Organisationsschemas aufgezeichnet zu haben, gebührt deshalb dem amerikanischen Verfasser und seinen Mitarbeitern.

Ein deutsches Buch, das dieselbe Lücke in der deutschen Detailhandelsliteratur ausfüllen soll, mußte jedoch in vielen Punkten anders aussehen. Vor allem war es notwendig, alle Abschnitte des Buches unseren Verhältnissen anzupassen, die allgemeine volkswirtschaftliche Gesichtspunkte enthielten. Darüber hinaus waren Änderungen auch in der Darstellung des Organisationsschemas und seiner Verknüpfung mit den Anforderungen, die die deutsche Wirtschaft an den deutschen Einzelhandel stellt, sowie auch in den organisatorischen Einzelvorschlägen und der Aufzeichnung des Arbeitsprozesses erforderlich, die den teilweise engeren Verhältnissen Rechnung tragen sollten, mit denen wir uns in Deutschland abzufinden haben, wie auf der anderen Seite auch die Fortschritte berücksichtigt werden mußten, die unser Einzelhandel im Vergleich mit der amerikanischen Praxis auch heute schon auf Teilgebieten aufzuweisen hat.

Da das Blickfeld eines einzelnen begrenzt ist, und es bei der Durchführung dieser Arbeit gerade darauf ankam, möglichst den Verhältnissen aller größeren Einzelhandelsbetriebe in Deutschland prinzipiell Rechnung zu tragen, so habe ich es mit ganz besonderer Dankbarkeit begrüßt, daß Herr Direktor Bach, der geschäftsführende Direktor des Verbandes Deutscher Waren- und Kaufhäuser, sich bereit erklärte, mich in dieser Arbeit durch seine vielseitige Erfahrung und sein reiches Wissen zu unterstützen. Herr Direktor Bach hat sich die Mühe gemacht, das gesamte Manuskript trotz seines Umfanges einer gründlichen Prüfung und bis ins einzelnste gehenden Kritik zu unterziehen. Für seine zahlreichen Anregungen, die zur Verbesserung des Werkes viel beigetragen haben, bin ich ihm zu besonderem Danke verpflichtet.

Berlin, im Februar 1928.

Fritz Neisser

Inhaltsverzeichnis.

Erster Teil.

Seite

Ausarbeitung eines allgemeinen Organisationsschemas.

Zweiter Teil.

Vorschläge zur praktischen Durchführung des theoretischen Organisationsplanes.

Erster Teil.

Ausarbeitung eines allgemeinen Organisationsschemas.

1. Der moderne Einzelhandel und seine Bedeutung für unsere Wirtschaft.

Absatzorientierung der Wirtschaft.

Erst ganz allmählich beginnt sich in der breiteren Öffentlichkeit die Erkenntnis davon durchzusetzen, welche Bedeutung die Absatzprobleme für unsere Wirtschaft haben. Verfolgt man die Spalten unserer Wirtschaftspresse, so fand man wenigstens bis vor kurzer Zeit, daß alle Probleme der Finanzierung, der Kapitalbeschaffung, des Aktienwesens und der Börse behandelt wurden. Man fand Berichte und Kommentare über die Entwicklung der großen Produktionsunternehmungen, meistens ausgehend von aktienrechtlichen Gesichtspunkten oder Fragen der Kurs- und Dividendenentwicklung. Die Rohstoffmärkte wurden verfolgt und ihre Preisschwankungen festgestellt und kommentiert. Den Fragen des Absatzes dagegen wurden nur gelegentlich dann einmal ein paar Worte gewidmet, wenn die industrielle Konjunktur rückläufig war, wenn der geringe Ordrebestand eines Unternehmens die Dividende in Frage stellte oder schließlich, von sozialpolitischen Gesichtspunkten ausgehend, wenn durch Betriebseinschränkungen oder Stillegungen eine neue Verschärfung des Arbeitslosenproblems und damit der sozialen Spannung in unserem Volke drohte. Gewiß wurde auch hier und da die Frage der Kaufkraft untersucht; dann meistens im Leitartikel und im Zusammenhang mit unseren Währungsproblemen, mit den Fragen der Geldschöpfung und der Kreditpolitik der Reichsbank. Jedem, der die schweren Zeiten, die die deutsche Wirtschaft im Kriege, in den ersten Jahren nach dem Kriege, in der Inflationszeit und in der Stabilisierungskrise durchzumachen hatte, miterlebt hat, wird diese Tatsache nur als selbstverständlich erscheinen müssen. Solange unsere Währungsstabilität nicht sichergestellt war, solange die Aufrechterhaltung einer normalen Produktion aus Mangel an Kapital oder Kredit unmöglich schien, und solange soziale Kämpfe größten Umfanges die Fortführung wirtschaftlicher Arbeit überhaupt in Frage stellten, war es gar nicht anders denkbar, als daß alle diese Fragen und Probleme die angespannteste Aufmerksamkeit aller beteiligten Kreise und der breitesten Öffentlichkeit auf sich konzentrierten.

Dazu kam noch ein anderes. Die Unterbindung einer geregelten Produktionstätigkeit während des Krieges, es sei denn für Heeresmaterial und Munition, die Flucht in die Sachwerte während der Inflation, die den Besitz jedes Stückchens Baumwollware wünschenswerter erscheinen ließ, als noch so vieler Millionen des sich ständig entwertenden Papiergeldes, hat uns die Tatsache, daß überhaupt wieder etwas produziert werden kann, als einen so gewaltigen Fortschritt empfinden lassen, daß gar kein Raum für die Erkenntnis vorhanden war, daß schon seit langer Zeit in der kapitalistischen Wirtschaft die Produktion die Tendenz hatte, mehr hervorzubringen, als sie zu gegebenen Preisen Abnehmer finden konnte.

So kam es, daß die ersten Jahre unserer Wiederaufbauarbeit völlig unter dem Einfluß der Frage standen, auf welche Weise unsere Produktion gehoben werden könnte. Da man wußte, daß die größte Gefahr für die Stabilität unserer Währung in der Passivität unserer Handelsbilanz lag, und da es ferner allgemeine Überzeugung war, daß zunächst das industrielle Exportgeschäft gehoben werden müßte, ehe man an andere Fragen herantreten konnte, so konzentierte sich das allgemeine Interesse auf das Problem der Verbilligung der Produktion. Da diese Zeit ferner allgemein im Zeichen des Abbaues stand, so war es nur natürlich, daß man in erster Linie den Versuch machte, auch einen Abbau der Herstellungskosten vorzunehmen. Und es ist menschlich verständlich, daß man sich dabei den Punkt des geringsten Widerstandes aussuchte, der damals nach der Schwächung der Gewerkschaften in den Inflationsjahren zweifellos im Lohnkonto gesehen werden mußte. Welche anderen Motive auch vielfach mitgespielt haben mögen, es kann kein Zweifel darüber bestehen, daß die deutsche Industrie damals der Überzeugung war, daß nur ein scharfer Druck auf die Arbeitslöhne die Verbilligung der Herstellungskosten und damit auch der Preise des Endprodukts herbeiführen könnte, durch die die erforderliche Steigerung unseres Exportgeschäftes erreicht werden sollte.

Da aber ereignete sich das Wunderbare. Das Land, das während und nach dem Kriege die größten Reichtümer an sich gezogen hatte; das Land, von dem nicht nur Märchen, sondern objektive Berichterstatter meldeten, daß es ein wahres Dorado gerade für die breiten Massen der arbeitenden Bevölkerung sei; das Land, in dem angeblich jeder Arbeiter sein eigenes Auto besitzt; das Land, dessen Geld während der Inflationszeit der Inbegriff allen Reichstums geworden war und dessen Preise, wie man allgemein glaubte, auf schwindelnder Höhe standen: dieses

Land brachte es fertig, die deutsche Industrie in vielen Wirtschaftszweigen (auf den Weltmärkten) zu unterbieten, ohne daß dadurch dem amerikanischen Arbeiter auch nur ein Cent seines Lohnes gekürzt worden wäre, und ohne daß die Dividenden der amerikanischen Industriewerke um einen Dollar gesunken wären. Und man hörte noch von der viel merkwürdigeren Tatsache, daß drüben gerade diejenigen Unternehmungen ganz besonders gut florierten, die die höchsten Löhne zahlten.

Man begann dieses Rätsel zu untersuchen. Kommissionen und Kommissionen reisten hinüber. Es kamen auch Apostel der neuen Heilslehre zu uns nach Deutschland, und ihre Bücher wurden empfangen, wie wenn es sich um Offenbarungen gehandelt hätte. Massenproduktion war das Leitwort, das als Erklärung gegeben wurde. Massenproduktion schien der Weg zu sein, auf dem wir auch unsererseits zu ähnlichen Zuständen fortschreiten könnten. Die deutsche Industrie, willig genug, begann sich umzustellen. Man versuchte es mit den neuen Methoden. Zunächst ein paar Fehlschläge, die ihren Grund vor allem in der mangelnden finanziellen Fundierung hatten; dann größere Erfolge. Aber immer fehlte noch etwas. Man konnte sich zwar theoretisch ausrechnen, daß wir in der Lage sein würden, ebenso billig zu produzieren, wie die amerikanischen Fabriken oder beinahe so billig, wenn sich nur ein Weg gefunden hätte, die Fabriken dauernd laufen zu lassen, wenn man die teuren Maschinen, die man angeschafft hatte, mit voller Regelmäßigkeit hätte beschäftigen können, wenn man nicht gezwungen gewesen wäre, immer gerade dann mit der Arbeit aufzuhören, wenn sie gerade anfangen sollte, rentabel zu werden.

Und dann kam, man darf wohl sagen, zur allgemeinen Überraschung auch die Antwort auf diese bisher ungelöste Frage — in der Entwicklung, die im Herbst 1926 ihren Anfang nahm und im wesentlichen gleichmäßig das ganze Jahr 1927 hindurch angehalten hat. Plötzlich merkte man, daß es der Absatz war, auf den alles ankam. Man tut den deutschen Industriellen und ihren Verbänden bestimmt kein Unrecht, wenn man sagt, daß es nicht Gründe der Kaufkraftsteigerung waren, die sie zu Zugeständnissen in der Lohnfrage an die Gewerkschaften bewogen haben. Und trotzdem haben die Lohnerhöhungen, die im Jahre 1926 von den Gewerkschaften erkämpft wurden, zusammen mit finanzpolitischen Faktoren — gemeinhin jetzt als Fehler der Reichsbankpolitik bezeichnet — ausgereicht, um die Basis für die allgemeine wirtschaftliche Belebung zu schaffen, deren sich fast die gesamte deutsche Industrie und mit ihr die breitesten Kreise unserer Wirtschaft seit Ende 1926 erfreuten.

Es ist in diesem Zusammenhange ziemlich gleichgültig, ob die Konjunktur von 1926/1927 etwas über das gesunde Maß hinausgegangen ist, ob sie wirklich ausschließlich eine Konjunktur auf Borg gewesen ist oder nicht. Wesentlich erscheint uns einzig und allein die Tatsache, daß durch sie zum ersten Male wieder seit 1914 der deutschen Industrie, der deutschen Wirtschaft und der deutschen Öffentlichkeit überhaupt der Beweis dafür erbracht wurde, daß die Konsumkraft einer Bevölkerung von nahezu 70 Millionen Menschen ein Faktor ist, der nicht ungestraft vernachlässigt werden darf. Tatsächlich dürfte die sachgemäße und rationelle Ausnutzung aller Möglichkeiten, die auf der Tatsache der Konsumkraft und dem sich auf ihr aufbauenden resp. aufzubauen möglichen Binnenumsatz unseres 70 Millionen-Volkes basieren, für das Gelingen unseres wirtschaftlichen Wiederaufbaues von entscheidender Bedeutung sein. Nach den Erfahrungen, die heute bereits auf dem Gebiete rationeller Ausnutzung der Konsumkraft eines im wesentlichen abgeschlossenen Wirtschaftsgebietes vorliegen, sollte es uns nicht in Erstaunen versetzen, wenn energische und zielbewußte Arbeit auf diesem Gebiete — wesentlich mehr als alle bisher mit dem gleichen Endziele, jedoch in anderer Richtung unternommenen Versuche und Bestrebungen — in der Lage wäre, die Mehrzahl unserer brennenden Wirtschaftsprobleme so zu lösen, daß die deutsche Wirtschaft und mit ihr das deutsche Volk wieder vorankommen und trotzdem unsere schweren Schuld- und Kriegsverpflichtungen, in unserer Leistungsfähigkeit entsprechenden Grenzen, eingehalten werden können.

Wie stark die Umstellung der deutschen Industrie gewesen ist, ging mit besonderer Klarheit aus der Diskussion hervor, die sich über die Frage: „Inlandskonjunktur oder Exportgeschäft" entwickelte. Gerade bei der überragenden Bedeutung, die die öffentliche Meinung bis zum Ende des Jahres 1926 unserem Exportproblem beigelegt hatte — es liegt durchaus nicht in unserer Absicht, diese Bedeutung abzustreiten oder auch nur zu verkleinern — war es ganz besonders interessant, daß von maßgebendsten Exporteuren, aber auch von seiten ausländischer Einkäufer Klagen darüber geäußert wurden, daß die deutsche Industrie sich in mehreren Zweigen plötzlich wieder völlig auf die Arbeit für den inländischen Konsum eingestellt hatte und daß sie dem Auslandsgeschäft nicht mehr die ihm gebührende Aufmerksamkeit und Pflege zuteil werden ließ. Man folgerte daraus in verschiedenen Kreisen, daß es unsere Pflicht sei, die Inlandskonjunktur zu drosseln. Nur auf diese Weise könne die intensive Arbeit für den Export sichergestellt werden, die nötig ist, um der Reichsbank die Beschaffung der Devisen zu sichern, die für die Aufrechterhaltung unserer Währung und die Einhaltung unserer Schuldverpflichtungen benötigt werden. Die öffentliche Diskussion, die sich mit diesen Problemen beschäftigte, hat dann versucht, eine Synthese herbeizuführen, und wie die Außenhandelsziffern der letzten Monate des Jahres 1927 anzudeuten scheinen, hat auch die Industrie gewisse Übertreibungen erkannt und war bestrebt, einen praktischen Ausgleich durchzusetzen, nämlich ohne den Inlandsmarkt wie früher zu vernachlässigen, auch dem Auslandsgeschäft wieder besondere Aufmerksamkeit angedeihen zu lassen.

Wenn wir auf diese Entwicklung und die ihr zugrunde liegenden Tatsachen und wirtschaftstheoretischen Gedankengänge näher eingegangen sind, so deshalb, weil mit dem Verständnis für die Bedeutung der Konsumkraft unseres 70 Millionen-Volkes auch das Verständnis für diejenigen Zweige unseres Wirtschaftsapparates gewachsen ist, die in besonders enger Fühlung zu ihr stehen. Man hat sich darauf besonnen, daß wir auch früher schon einmal in Deutschland, nämlich in der Zeit, als die Warenhäuser anfingen groß zu werden, den Grundsatz „Großer Umsatz — kleiner Nutzen" gekannt haben, und man hat allmählich wieder Verständnis dafür gewonnen, welche Bedeutung dem Umsatz als solchem zukommt. Man hat wieder herausgefunden, daß Kapital- und Investitionsprobleme nur dann Interesse beanspruchen dürfen, wenn investierte Kapitalien Zinserträge bringen, die auf die Dauer gesichert sind, d. h. die auf volkswirtschaftlicher Rentablität oder, wie man neuerdings sagt, Produktivität, beruhen. Man hat herausgefunden, daß die Produktivität eines Unternehmens mit einem einmal erzielten hohen Gewinn oder den in ihm investierten Kapitalwerten wenig oder gar nichts zu tun hat, dagegen fast ausschließlich von dem Umsatze abhängt, der in den Produkten des Unternehmens getätigt werden kann. Und man ist dazu übergegangen, die lange Zeit in Vergessenheit geratene Beziehung zwischen den Umsatzmöglichkeiten in einem solchen Produkt und der Aufnahmefähigkeit der Bevölkerung wiederherzustellen. Daß man bei solchen Überlegungen schließlich an den Stellen, die die praktische Durchführung des Umsatzes eines großen Teiles der Fertigprodukte unserer Industrie im Inlande übernommen haben, an den Verteilungsorganen unserer Volkswirtschaft, nicht vorübergehen konnte, war ein weiterer Gewinn.

Hatte man bisher im Wirtschaftsteil der Tagespresse Firmen wie Hermann Tietz, A. Wertheim, Rudolph Karstadt, Leonhard Tietz, Emden Söhne, Schocken, Ury überhaupt erwähnt, so war dies im Zusammenhang mit irgendwelchen finanziellen Transaktionen geschehen. Sprach man von erfolgreichen Systemen von Kettenläden, so erwähnte man Woolworth, Kresge, The Atlantic and Pacific Tea Corporation usw.; von Kaisers Kaffeegeschäft, von den Fabrikkettenlädensystemen der deutschen Schuhgeschäfte oder gar von den Tausenden von deutschen Konsumvereinsniederlassungen sprach man nicht. Jetzt plötzlich entdeckte man nicht nur, daß diese Firmen oder Institutionen existierten, sondern daß Millionen und Milliarden von ihnen umgesetzt wurden. Hatte man bisher vom Einzelhandel im allgemeinen gesprochen, so dachte man im wesentlichen an irgendeinen Krämerladen und überlegte sich, ob dieses Glied der volkswirtschaftlichen Verteilung überhaupt notwendig sei und nicht eigentlich im Wege der seinerzeit so beliebten Bestimmungen über unnötigen Zwischenhandel ausgemerzt werden müßte. Jetzt plötzlich entdeckte man, daß Millionen und Milliarden deutscher Kaufkraft durch die Hände des Einzelhandels liefen, und daß unendlich viel für die zweckmäßige und rationelle Ausnützung unseres Produktionsapparates davon abhing, in welcher Weise diese so ganz vernachlässigten Stellen über diese Mittel disponierten. Und man begann sich darüber klar zu werden, daß nicht nur die Tatsache der Konsumkraft eines 70 Millionen-Volkes von Bedeutung sei, und daß sie, wenn irgend möglich, gehoben werden müsse, sondern daß als mindestens so bedeutungsvoll für die zweckmäßige und rationelle Weiterarbeit unserer Wirtschaft alle die Probleme angesehen werden müssen, die mit der möglichst zweckmäßigen und rationellen Verwendung der vorhandenen Kaufkraft zusammenhängen.

Die modernen Planungsmethoden als Beitrag zur Stabilisierung der Konjunktur.

Und nun richtete man seine Augen von neuem nach Amerika. War bisher Massenproduktion als das Heil erschienen, so galt es nunmehr, die Methoden des Massenabsatzes zu studieren. Das Ziel war nicht mehr allein, viel möglichst billig herzustellen. Die Aufgabe bestand darin, das billig hergestellte Viel billig zu verkaufen und, wenn man einen Schritt weiter gehen wollte, nur so viel billig herzustellen, als verkauft werden konnte. Jetzt erkannte man, daß zwar die amerikanischen Methoden der Massenproduktion unendlich viel für das Land geschaffen hatten, daß sie aber nur deshalb ihre heutige Bedeutung erlangen konnten, weil Hand in Hand mit ihnen Methoden des Massenabsatzes entwickelt worden waren. Sie erst gestatteten, immer weiter und weiter billig zu produzieren, ohne daß dadurch, wie man es aus Vorkriegszeiten her kannte, in mehr oder weniger regelmäßigen Abständen eine (durch den Verkaufspreis bestimmte) Übersättigung des Marktes eintrat, die zu Krisen führte, die Läger anwachsen ließ, Verlustverkäufe nötig machte, die Fabriken zu Betriebseinschränkungen und Stilllegungen zwang, kurz eine allgemeine Krise herbeiführte, die so lange auf der Wirtschaft und der Bevölkerung lastete, bis auf dem beschwerlichem Wege des unregulierten Ausgleiches zwischen Angebot und Nachfrage sich eine neue Konjunktur entwickeln konnte.

Daß zu der erstaunlichen Tatsache, daß in den Vereinigten Staaten von Nordamerika nunmehr ununterbrochen seit beinahe 6 Jahren eine fortlaufend günstige Konjunktur herrscht und ein beinahe vollkommener Ausgleich der Tempoverschiedenheiten zwischen Produktion und Konsum herbeigeführt werden konnte, eine sehr große Anzahl glücklicher Umstände beigetragen haben, ist bekannt genug, als daß es an dieser Stelle im einzelnen erläutert werden müßte. Weniger bekannt ist dagegen — und sehr viele, denen es berichtet wurde, zweifeln daran, daß es Tatsache ist — daß zur Erreichung dieses überaus erfreulichen Zustandes vor allem auch systematische Arbeit beigetragen hat. In Wissenschaft und Praxis haben eine große Anzahl führender Amerikaner nach den Erfahrungen, die man drüben in der schweren Krise des Jahres 1921 hatte machen müssen, ihre ganze Kraft daran gesetzt, wenn möglich zu einer Stabilisierung der Prosperität, wie man es drüben nennt, zu gelangen, d. h. zu versuchen, mit allen Mitteln die Wiederkehr eines schweren Konjunkturrückschlages zu vermeiden, und zwar durch Angleichung der Konsumgeschwindigkeit an die Geschwindigkeit der Produktion und umgekehrt. Man hat das Ideal des laufenden Bandes, das bekanntlich eine der wesentlichsten Grundlagen der Serienproduktion darstellt, auf den gesamten Wirtschaftsablauf übertragen wollen, mit dem Ziele, zu erreichen, daß der Rohstoff, der heute zur Verarbeitung gelangt, morgen als Halbfabrikat glatt an den Weiterverarbeiter abgesetzt werden kann, daß er übermorgen ohne Schwierigkeiten als Fertigfabrikat in die Hände des Händlers übergeht, und daß er schließlich ebenso schnell aus dem Lager des Handels wieder verschwunden und vom letzten Konsumenten aufgenommen ist.

Es wäre selbstverständlich verfrüht, ein Urteil darüber abzugeben, ob die Amerikaner mit ihrem Bestreben, die günstige Konjunktur zu stabilisieren, auf die Dauer erfolgreich sein werden oder nicht. Auf der anderen Seite sind die bisher erzielten Ergebnisse, auch wenn man sie nur als Teilerfolge anspricht und ihre Dauerhaftigkeit bezweifelt, so bedeutsamer Natur, daß wir in unserem Kampfe um den Wiederaufbau unseres Wirtschaftslebens, um die Wiedererstarkung unserer Volkskraft und um die Wiedererlangung resp. Aufrechterhaltung unserer Wettbewerbsfähigkeit auf den Weltmärkten es uns nicht leisten können, an ihnen achtlos vorüberzugehen. Es ist die persönliche Überzeugung des Bearbeiters, daß wir außerordentlich viel gewinnen könnten, wenn wir energisch und systematisch in der gleichen Richtung arbeiteten, und er begrüßt deshalb alle Aufsätze, die nach dieser Richtung hin bereits gemacht worden sind. Aber auch diejenigen, die diesen Fragen gegenüber skeptisch eingestellt sind — und ein gewisses Maß an Zweifel ist durch die Umstände sicherlich gerechtfertigt — sollten sich mindestens mit den in Amerika angewandten Methoden so intensiv befassen, daß sie ein Urteil abzugeben in der Lage sind, nicht auf Grund von Vorurteilen und mit der leider vielfach zu beobachtenden Oberflächlichkeit, sondern auf Grund eines vollständigen und sorgfältig durchgearbeiteten Materials.

Stabilisierungsmittel: Konsumfinanzierung und kaufmännische Planung.

Zwei Maßnahmen sind es vor allem, die von den Amerikanern angewandt wurden und die an dieser Stelle erwähnt und besprochen werden müssen. Die erste ist das Mittel der Konsumfinanzierung, über das in Deutschland um die Jahreswende 1926 und 1927 eine lebhafte öffentliche Diskussion stattfand. Ob dieses Mittel für uns anwendbar ist oder nicht, wird sich eindeutig nicht entscheiden lassen. Tatsache ist, daß es trotz der ablehnenden Haltung weiter Kreise der Öffentlichkeit und der volkswirtschaftlichen Kritik in steigendem Umfange angewandt wird. Die theoretische Grundlage für seine Wirksamkeit ist in folgenden Gedankengängen begründet:

Um eine dauernde Prosperität aufrechterhalten zu können, ist es, wie oben erwähnt, notwendig, daß Produktion und Konsumtion dauernd im richtigen Verhältnis zueinander stehen, d. h. also, daß der einmal hergestellte Ausgleich dadurch aufrechterhalten werden muß, daß das Tempo der Entwicklung und vor allem das Maß der Ausweitung von Konsum und Produktion gegeneinander abgestimmt werden. Nun ist es bekanntlich seit langem üblich, das Produktionstempo und die Ausweitung der Produktion durch Kreditgewährung zu beschleunigen und zu unterstützen. Diese Kreditgewährung erfolgt letzten Endes entweder aus dem zur Zeit des Ausgleichs verfügbaren mobilen Kapital, aus neugebildetem mobilem Kapital, das aus Ersparnissen, d. h. aus einer Beschränkung der Konsumkraft gewonnen wurde, oder schließlich auch durch Kreditschöpfung, zu der allerdings in erster Linie nur die Notenbanken berechtigt sind, wenn es natürlich auch andere Fälle der Kreditschöpfung gibt. Durch diese Unterstützung der Produktionsausweitung und Beschleunigung der Produktionsgeschwindigkeit vermittels des Kredites wird leicht ein Zustand hervorgerufen, in dem die Entwicklung auf der Seite der Produktion schneller vor sich geht, als die Entwicklung auf der Seite des Verbrauchs; dies um so mehr, wenn die Kreditgewährung auf Ersparnisse zurückzuführen ist, die schon ihrer Begriffsbestimmung nach als Einschränkungen der augenblicklich wirksamen Konsumkraft gekennzeichnet sind.

Hier greift nun die Konsumfinanzierung ein, indem sie der Seite des Verbrauchs ebenfalls durch das Mittel des Kredits eine Beschleunigung des Tempos und eine Unterstützung der Ausweitung zuteil werden läßt. Ob durch diese Ausweitung des Verbrauchs auf Kredit und die Beschleunigung, man kann auch sagen, Vorverlegung des Verbrauchs, wirklich der notwendige Ausgleich zwischen Produktion und Konsum hergestellt wird, resp. aufrechterhalten bleibt, wenn er ursprünglich bestanden hat, hängt natürlich von einer großen Reihe von

Faktoren ab, unter denen aber das Verhältnis der Kreditbeträge, die Produktion und Konsum jeweils zur Verfügung gestellt werden, eine maßgebende Rolle spielt. Auf diese Frage weiter einzugehen, würde an dieser Stelle zu weit führen. Worauf jedoch noch hingewiesen zu werden verdient, ist die Tatsache, daß, wenn man den oben geschilderten Gedankengang nicht von vornherein als falsch bezeichnen will, sich auf dem Wege der statistischen Erfassung und vernunftgemäßen Beeinflussung sowie Inbeziehungsetzung der Kreditgewährung sowohl an Produzenten wie an Konsumenten vielleicht doch in absehbarer Zeit die Möglichkeit ergeben wird, nicht nur eine Anzahl für die Konjunkturentwicklung bedeutsamer Umstände in ihrer Größenordnung jeweils ziffernmäßig erkennen zu können, sondern darüber hinaus noch die Mittel zu erforschen, mit denen man sie beeinflussen und später vielleicht zum allgemeinen Besten lenken kann.

Das zweite Mittel, das die Amerikaner anwandten, um das Gleichgewicht zwischen Produktion und Verbrauch aufrechtzuerhalten, bestand in der weitestgehenden Anwendung der Methoden kaufmännischer Planung, die man in Amerika allgemein mit dem Ausdrucke „merchandising“ zusammenfaßt. Diese Methoden der kaufmännischen Planung gehen davon aus, daß man bei der wirtschaftlichen Disposition sich so weit wie irgend möglich auf Ziffern verlassen soll, selbstverständlich ohne daß damit dem kaufmännischen Urteil auch nur das geringste Quentchen seiner wirtschaftlichen Bedeutung aberkannt werden soll. Zu diesem Zweck ging man daran, Voranschläge (Budgets) aufzustellen, die sich in erster Linie auf den Umsatz bezogen und von da aus rückrechnend alle Stadien des Produktions- oder Verteilungsprozesses nach und nach einbezogen. Man stellte Budgets im allgemeinen und im einzelnen auf; Budgets für das einzelne Unternehmen und seine Unterabteilungen und schließlich Budgets für ganze Gewerbegruppen, mit dem Ziel, daß man eines Tages zu einem Budget für die gesamte nationale Wirtschaft würde gelangen können. Man ging dann weiter, indem man die aufgestellten Voranschläge dazu benutzte, um an ihnen den Grad der tatsächlichen Entwickelung zu messen, und um so frühzeitig zu erkennen, wenn Faktoren wirksam wurden, die im Voranschlag nicht gebührend berücksichtigt waren, und die nicht nur eine Korrektur des Voranschlages, sondern vor allem eine Korrektur der praktischen Disposition notwendig machten. So kam man dazu, in systematischer Einzelarbeit ein System zu entwickeln, dessen Aufgabe es war, die Dispositionstätigkeit des Einzelnen mit der allgemeinen Entwicklung, die in den Ziffern der Voranschläge ihren rechnungsmäßigen Niederschlag gefunden hatte, bis zu einem sehr hohen Grade in Einklang zu bringen. Und so kam man weiter dazu — wenn auch natürlich vorläufig nur in einzelnen Fällen — eine Abstimmung zwischen den Voranschlägen der einzelnen Gewerbezweige vorzunehmen, um so zu erreichen, daß einmal die Genauigkeit der Voranschläge durch die Berücksichtigung möglichst vieler Gesichtspunkte gesteigert wurde, dann aber vor allem aus dem Gedanken heraus, daß an der Durchführung eines Planes alle mitarbeiten müßten, die von ihm betroffen werden, und daß, um diese Mitarbeit sicherzustellen, alle, die mitarbeiten sollen, auch die Möglichkeit haben müssen, bei der Gestaltung des Planes selbst mitzuwirken.

Um diese Gedankengänge etwas zu verdeutlichen, wollen wir versuchen, in ganz groben Umrissen ein Bild des Zustandes zu zeichnen, den die spätere Auswirkung einer allgemein durchgeführten kaufmännischen Planung herbeiführen könnte, wobei natürlich zu berücksichtigen ist, daß wir vergröbern müssen, wenn unsere Absicht der Verdeutlichung erreicht werden soll. Nehmen wir an, die sämtlichen organisierten Strumpfgeschäfte der Vereinigten Staaten sowie die Strumpfabteilungen aller großen Detailgeschäfte hätten Voranschläge für den in den nächsten 3 Monaten von ihnen erwarteten Strumpfumsatz aufgestellt. Die Ziffern wären von einer statistischen Zentralstelle zusammengefaßt worden und hätten die Summe von 100 Millionen Dollars ergeben. Da man ferner an dieser Zentralstelle wissen würde, welche Lagerbestände in Strümpfen noch vorhanden sind, und welche Lagerbestände außerdem normalerweise am Ende der Planungsperiode, d. h. nach 3 Monaten, voraussichtlich vorhanden sein müssen — nehmen wir zur Vereinfachung unseres Beispiels an, daß diese beiden Ziffern sich ausgleichen — so könnte diese Zentralstelle den Strumpffabrikanten der Vereinigten Staaten die Mitteilung machen, daß voraussichtlich von den Strümpfe verkaufenden Detailgeschäften Amerikas in den nächsten 3 Monaten für ca. 60 Millionen Dollars Aufträge für Strümpfe erteilt werden dürften. Die statistische Zentrale der Strumpfindustrie würde diese Ziffer zur Kenntnis nehmen und möglicherweise erklären können, daß die Strumpfindustrie der Meinung ist, sie sei zu vorsichtig berechnet, also zu niedrig. Man könnte auf diese Weise versuchen, eine Übereinstimmung der Meinungen zwischen Strumpffabrikation und Strumpfverteilung herbeizuführen, deren Ergebnis dann für beide Parteien als Richtschnur für ihre wirtschaftlichen Dispositionen dienen würde, so lange, als die tatsächliche Entwicklung nicht von selbst zu Korrekturen zwingt.

Es bedarf wohl kaum einer Erläuterung, welche Bedeutung schon die reine Mitteilung der Tatsache, daß der Strumpfumsatz von den in Frage kommenden Einzelhändlern auf 100 Millionen Dollars in den nächsten 3 Monaten geschätzt wird, für die Ausgestaltung der Fabrikationsprogramme in der Strumpfindustrie haben würde. Ohne eine solche Mitteilung hätte die Industrie nur zwei Wege gehabt. Entweder, wenn sie die Lage als sehr unsicher empfunden hätte, hätte sie warten können, bis tatsächlich Ordres für Strümpfe vorlagen, und dann ihre Produktion nach der Höhe dieser tatsächlichen Ordres gerichtet. Dieser Weg, der in sehr vielen Fällen, insbesondere von der deutschen Industrie, eingeschlagen wird, ist zwar für die Industrie relativ sicher und bequem, hat aber gerade in unsicheren Zeiten den schweren Nachteil im Gefolge, daß man mit der Aufnahme der Produktion warten muß, bis sich die Verteilungsorgane ihrerseits sicher genug fühlen, um Aufträge zu erteilen. Dies pflegt aber erfahrungsgemäß — von besonderen Umständen abgesehen — erst dann der Fall zu sein, wenn bereits lebhafte Nachfrage nach dem Produkt, in diesem Falle Strümpfen, herrscht, und es pflegt die Folge zu haben, daß der Bedarf nicht laufend und gleichmäßig befriedigt werden kann, wenn er auftaucht, sondern daß auf diese Weise kleine Spezialkonjunkturen für vorhandene Ware hervorgerufen werden, die die gleichmäßige Abwicklung der wirtschaftlichen Arbeit und ihres Ablaufs vom Fabrikanten über den Verteiler zum Kunden stören, außerdem aber unnötigerweise durch vorübergehende Schwankungen der Preisbildung ein Element der Unruhe in die Verbraucherkreise tragen.

Oder die Industrie hätte es selbst auf sich nehmen können, den voraussichtlichen Ordreeingang zu schätzen und hätte mit dieser Schätzung die Gefahr laufen müssen, zu hoch oder zu niedrig zu liegen. Hätte sie zu niedrig gelegen, so wären die Konsequenzen, wenn auch abgeschwächt, etwa dieselben gewesen, die wir oben angedeutet haben. Wäre die Ziffer ihres Voranschlages über den Bedarf hinausgegangen, so hätten sich dieselben Zustände, allerdings mit umgekehrten Vorzeichen, d. h. mit Preisstörungen nach unten, als Folgeerscheinung ergeben. Es bedarf keiner weiteren Erläuterung, von welcher heilsamen Wirkung eine derartige auf Voranschlagsziffern basierende und die Dispositionen der verschiedenen Wirtschaftszweige aneinander angleichende Zusammenarbeit sein könnte, wenn sie über das Gebiet einer ganzen Volkswirtschaft ausgedehnt und außerdem bei zunehmender Vervollkommnung der statistischen Verfahren so zuverlässig ausgestaltet werden könnte, daß die Wirklichkeit von den veranschlagten Ziffern nur noch um wenige Prozente abweichen würde. Daß neben einer systematischen Arbeit in dieser Richtung noch sehr viel andere Wege eingeschlagen werden können, um dem Ziel einer Stabilisierung der Konjunktur, und zwar selbstverständlich einer günstigen Konjunkturentwicklung näherzukommen, versteht sich von selbst.

Die Rolle des Einzelhandels bei der kaufmännischen Planung.

Es ist das unbestreitbare Verdienst des amerikanischen Einzelhandels, und zwar vor allem seiner führenden Großbetriebe, die amerikanische

Wirtschaft und damit schließlich auch die Weltwirtschaft mit diesen Methoden bekanntgemacht zu haben. Es tut dabei nichts zur Sache, daß es sich dabei nicht um Leistungen handelt, die aus allgemeinem Verantwortlichkeitsgefühl erwachsen sind. Im Gegenteil. Die Tatsache scheint um so bedeutungsvoller, daß die Großbetriebe des amerikanischen Einzelhandels diesen wertvollen Beitrag zu dem brennenden Gegenwartsproblem der Konjunkturstabilisierung geleistet haben, indem sie ein System ausbildeten, mit dem sie ihren eigensten Geschäftsinteressen am besten zu dienen hofften und auch tatsächlich in vorzüglicher Weise gedient haben. Es besteht kein Zweifel darüber, daß die zunehmende Anwendung der Methoden der kaufmännischen Planung in allen amerikanischen Wirtschaftszweigen auf das stärkste von den Planungsmethoden der amerikanischen großen Detailgeschäfte beeinflußt worden ist, und daß als natürliche Folge dieses Einflusses in Amerika das Detailhandelsgewerbe als solches eine wirtschaftliche Stellung errungen hat, die wesentlich verschieden ist von der Art und Weise, in der man auch heute noch in Deutschland ähnlich gelagerte Unternehmungen glaubt „beurteilen" zu können.

Daß es gerade die Großbetriebe des amerikanischen Einzelhandels waren — im amerikanischen Einzelhandel spielen die Großbetriebe, seien sie nun Waren- oder Kaufhäuser oder große Filialbetriebe eine noch viel bedeutsamere Rolle als bei uns — von denen dieser Einfluß auf das amerikanische Wirtschaftsleben ausgegangen ist, ist kein Zufall. Denn einmal ist das Detailgeschäft als solches seiner Natur nach prädestiniert, derartige Methoden zu entwickeln. Das Detailgeschäft, das Ware bereithalten muß, in der Hoffnung, daß sich Käufer dafür finden, das also Waren einkaufen muß, von denen es annimmt, daß sie dem Geschmack oder Bedarf des Publikums entsprechen werden, muß für die Richtigkeit seiner Vorausschätzungen ein Kapitalrisiko eingehen. Das Detailgeschäft hat deshalb aus der Natur der Sache heraus ein doppeltes Bestreben. Einmal wird es daraufhin arbeiten, die Vorausschätzungen so exakt wie möglich auszugestalten. Zweitens wird es alle Methoden anwenden, die dazu führen können, die zu investierenden Kapitalbeträge zu verringern, d. h. das Kapitalrisiko zu verkleinern durch möglichste Verkleinerung der Lagerhaltung. Diese beiden Tendenzen, die rein äußerlich betrachtet nichts miteinander zu tun zu haben scheinen, gehören jedoch aufs engste zusammen. Man kann ein kleines Lager nur unterhalten — und auf diese Weise das Kapitalrisiko verkleinern — wenn man das Lager in sorgfältiger Planungsarbeit so zusammenstellt und voraus berechnet, daß es in mindestens demselben, wenn nicht sogar gesteigerten Maße den Bedürfnissen des kaufenden Publikums entspricht. Auf der anderen Seite hat eine solche Lagerplanung nur dann einen Sinn, wenn man ein möglichst kleines Lager, und zwar ein laufend vollständig sortiertes, den Verhältnissen entsprechend kleinstes Lager, zur Basis seines Betriebes machen will.

Die schwere Krise, die die amerikanische Wirtschaft in den Jahren 1920/21 durchzumachen hatte, lenkte die Aufmerksamkeit besonders der rationell geleiteten Detailhandelsbetriebe auf die Gefahr einer unrationell großen Lagerhaltung hin. Man erkannte die Vorteile, die ein kleines, gut sortiertes Lager gerade aus Konjunkturgründen heraus bot, und man ließ sich, auch als die Verhältnisse sehr bald wieder besser wurden, nicht dazu verleiten, die alten Fehler zu wiederholen. Das neue System des „von der Hand in den Mund lebens" resp. „Einkaufens nur für den laufenden Bedarf" wurde beibehalten und verfeinert und ergänzt durch rationelle Planung dieses Bedarfes.

Da man nun in Amerika schon früher als bei uns zu der Erkenntnis gekommen war, welche Bedeutung der Frage zukommt, nach welchen Gesichtspunkten über die vorhandene Kaufkraft des Publikums disponiert wird, so konnten die neuen Methoden der großen Detailhandelsfirmen nicht ohne tiefgehende Rückwirkungen auf das gesamte amerikanische Wirtschaftsleben, insbesondere auch auf die Dispositionen der Produktionsfirmen bleiben. Man wurde sich bewußt, daß der Schlüssel zu diesem Problem in den Händen des Detailhandels zu finden war, gerade aus der Erkenntnis der oben geschilderten Zusammenhänge heraus, daß es nämlich in der Natur des Detailhandelsgeschäftes — wenn es überhaupt auf planmäßig rationeller Basis und nicht nur rein instinktmäßig betrieben wird — begründet ist, daß es sich mit den Problemen der zweckmäßigen Disposition der vorhandenen Konsumkraft beschäftigen und der Sicherheit und Exaktheit der eigenen Kapitaldispositionen wegen, eine praktisch brauchbare Lösung finden muß.

Waren unsere Schlußfolgerungen richtig, trifft es zu, daß wir uns auch in Deutschland mit den Problemen der möglichst zweckmäßigen Verwendung der vorhandenen Konsumkraft angelegentlichst beschäftigen müssen; und ist es ferner richtig, daß es im Wesen eines planmäßig und rationell betriebenen Einzelhandelsgeschäftes liegt, an der Lösung des Problems der zweckmäßigsten Verwendung der vorhandenen Kaufkraft unter Einsetzung des eigenen Kapitals arbeiten zu müssen, dann müssen dieselben oder zum mindesten sehr ähnliche Gesichtspunkte auch für uns maßgebend sein. Waren die Methoden der großen amerikanischen Detailhandelsbetriebe aus den oben erwähnten Gründen heraus bestimmend für die Dispositionsmethoden großer Teile der amerikanischen Wirtschaft überhaupt, so müßten demnach die Methoden der entsprechenden deutschen Unternehmungen die gleiche Bedeutung für unser Wirtschaftsleben entweder bereits besitzen oder in naher Zukunft gewinnen.

Tatsächlich liegen die Verhältnisse bei uns jedoch in vieler Beziehung anders. Zwar hat eine Anzahl unserer Großbetriebe des Einzelhandels Methoden entwickelt, die dem Grad der Vollkommenheit, der hier und da in den Vereinigten Staaten erreicht wurde, wenig oder gar nicht nachstehen. Diese Methoden wurden jedoch teilweise erst in neuerer Zeit eingeführt oder nach einer langen durch Krieg und Inflation erzwungenen Unterbrechung wieder eingeführt, außerdem aber in der Regel so sorgfältig geheimgehalten, daß sie im Gegensatz zu den amerikanischen Verhältnissen bei uns nicht den Hauptanstoß zu einer Rationalisierung der Lagerhaltung und der Dispositionsmethoden gegeben haben. Sie gingen in dieser Beziehung bestenfalls gleichen Schritt mit den allgemeinen Rationalisierungstendenzen in der deutschen Wirtschaft, an denen die deutsche Industrie in ihrer Gesamtheit vorläufig noch einen wesentlich größeren Anteil hat als der Einzelhandel, wenn auch die industriellen Rationalisierungsbestrebungen der Natur der Sache nach vielfach zunächst in anderer Richtung gegangen sind.

Das Problem als solches liegt bei uns jedoch nicht anders als in den Vereinigten Staaten. Und wenn heute der Einzelhandel und seine wesentlichsten Repräsentanten noch nicht die Rolle spielen, die ihnen auf Grund der sachlichen Zusammenhänge zukommt, so wird man kaum daran zweifeln können, daß dies in nicht allzu ferner Zukunft der Fall sein wird — ebendeshalb, weil die Führerstellung des amerikanischen Einzelhandels auf diesem Gebiete keine zufällige, sondern in der Problemstellung selbst begründete ist. Ist es richtig, daß das Problem lautet: „Welche Methoden sind die geeignetsten, um die vorhandene Konsumkraft so zweckmäßig wie möglich zu verwenden", dann kann die Antwort in erster Linie nur von den Stellen aus gegeben werden, die über die vorhandene Konsumkraft disponieren. Und ist es richtig, daß bei diesem Problem die Frage der Planung einer rationellen Lagerhaltung, resp. eines kleinen Lagers, das trotz seiner Kleinheit dem Bedarfe vollkommen entspricht und dessen Sortierung durch häufige Nachdispositionen ergänzt und aufrechterhalten wird, eine maßgebende Rolle spielt, so kann auch hier die Lösung kaum von einer anderen Stelle kommen, als von denjenigen, die des Charakters ihres Geschäftsbetriebes wegen ihr Kapital an die richtige Beantwortung dieser Frage setzen müssen.

Da die großen amerikanischen Detailhandelsbetriebe nicht nur überhaupt den Anstoß zur Erkenntnis und weiteren Bearbeitung des Problems gegeben, sondern auch die zur Anwendung kommenden Methoden aufs äußerste verfeinert und ausgebaut haben, glauben wir einem Bedürfnis zu entsprechen, wenn in dieser Arbeit die Organisationsmethoden der großen amerikanischen Waren- und Kaufhäuser —

unter Ausschaltung der durch die besonderen amerikanischen Verhältnisse bedingten Charakterzüge — zur Darstellung gebracht werden. Wir glauben dazu um so eher berechtigt zu sein, als unserer Arbeit die Ergebnisse exakter Forschungen auf diesem Gebiete zugrunde liegen, die im Auftrage des maßgebenden amerikanischen Verbandes, der National Retail Dry Goods Association, unternommen worden sind.

Das amerikanische Werk „Principles of Organization Applied to Modern Retailing“ von Paul M. Mazur, dem Berater des auch in Deutschland wohlbekannten Hauses „Lehman Brothers, Investment Bankers“ erschien als Basis besonders deshalb geeignet, weil es gerade diejenigen Züge der Methoden und der Organisation der großen amerikanischen Detailhandelsbetriebe herausschält, die im Wesen des Einzelhandelsbetriebes verankert sind und deshalb auch für uns früher oder später maßgebend sein müssen.

Es dürfte interessieren, von welchen Gesichtspunkten aus Mr. Mazur, der von dem maßgebenden Verbande des Textileinzelhandels als der geeignete Mann zur Durchführung einer so bedeutsamen Forschungsarbeit ausgewählt worden ist, an sein Werk heranging. Wir geben deshalb im folgenden seine Gesichtspunkte, wenn auch in etwas gekürzter Form, in möglichst wörtlicher Übersetzung wieder:

„Das dauernde und solide Wachstum des Großbetriebes im Einzelhandel und seine relativ starke Widerstandsfähigkeit gegenüber den Schwankungen der Konjunktur waren für mich sowohl als Volkswirtschaftler wie als Bankier einzigartige Erscheinungen. Ich wußte, daß die Organisation der volkswirtschaftlichen Verteilung Wesentliches zu der überraschenden Entwicklung unserer Industrie beigetragen hatte. Ich hatte absolut kein Verständnis für diejenigen, die sich mit oder ohne Grund bemüßigt fühlten, über den Einzelhandel und seine Probleme absprechend zu urteilen. Es schien mir, daß das Wachstum des Warenhauses unmöglich gewesen wäre, wenn seine Grundlagen sowohl in seiner inneren geschäftlichen Organisation wie in seiner Beziehung zu den anderen Gliedern unserer Volkswirtschaft nicht gesund gewesen wären. Ich konnte mich nicht mit den Methoden gewisser wirtschaftlicher Praktiker und Theoretiker einverstanden erklären, die in der Massenproduktion allein das Heilmittel erblickten. Produktion muß vielmehr letzten Endes in der Konsumtionsfähigkeit ihre Begrenzung finden.

Ich wollte wissen, welche Maßstäbe und Systeme es für die Berechnung des Verbrauches gibt, und ob die im Einzelhandel angewandten Methoden tatsächlich nur als willkürliche Schätzungen zu beurteilen wären oder als Resultat bewußter Arbeit Anerkennung finden müßten.

Ich wollte wissen, ob die Fabrikanten daran festhalten könnten, ohne Rücksicht auf die Frage der Absatzmöglichkeit immer schneller und schneller zu produzieren, oder ob sich schließlich nicht auch die Industrie gezwungen sehen würde, ihre Produktion danach einzustellen, was mit Aussicht auf volkswirtschaftlichen und damit verbunden auch privatwirtschaftlichen Nutzen abgesetzt werden kann.

Ich habe viel gelernt (bei der Durchführung der Untersuchung. D. Bearb.). Die gleichmäßige Entwicklung und geringe Sterblichkeit der Einzelhandelsbetriebe sind kein Zufall, sondern das Ergebnis innerer Stärke. Die gegenwärtigen Methoden der Disposition „von Hand zu Mund" sind nicht vorübergehende Erscheinungen, sondern das Ergebnis rationeller Arbeit, und die Industrie wird mit ihnen als einer Dauererscheinung unseres Wirtschaftslebens rechnen müssen. Die billigsten Produktionsmöglichkeiten sind wertlos, wenn die erzielten Vorteile durch die Kosten aufgewogen werden, die eine erzwungene Unterbringung der unnötig oder unbedacht hergestellten Riesenquantitäten von Massengütern verursachen. Den Methoden des Handels, der die Höhe seiner Lagervorräte danach bemißt, was sich auf Grund vernunftsgemäßer Überlegung mit Nutzen umsetzen läßt, muß in der Industrie die vernunftgemäße Planung des Produktionsprozesses und der Einkaufs- und Lagerdispositionen auf der Basis einer sorgfältig geprüften und klug beurteilten Absatzschätzung entsprechen."

Diese Darlegungen zeigen, daß die Problemstellung, die dem amerikanischen Buche zugrunde liegt, resp. die sein Verfasser vor sich sah, als er an die ihm übertragene Forschungsarbeit heranging, mit den brennenden Fragen ziemlich identisch ist, die uns heute beschäftigen. Ein deutsches Buch, das sich an dieses amerikanische Werk anlehnt, dürfte deshalb geeignet sein, den doppelten Zweck zu erfüllen: Einmal die Methoden des deutschen Einzelhandels, insbesondere seiner größeren Betriebe modernisieren zu helfen und damit dem deutschen Einzelhandel einen der Wege zu weisen, auf denen er die ihm innewohnende Bedeutung für unsere Wirtschaft zur Anerkennung bringen kann; zweitens aber der gesamten deutschen Wirtschaft an dem am besten entwickelten Beispiel der amerikanischen Praxis Einblick in das Wesen und die praktische Organisation der kaufmännischen Planung zu gewähren, die für uns zweifellos bald ebensoviel bedeuten wird wie schon heute in Amerika, auf dem Wege unserer Arbeit an der Stabilisierung der Konjunktur.

Organisationsaufbau des modernen Waren- und Kaufhauses (Vorschlag).

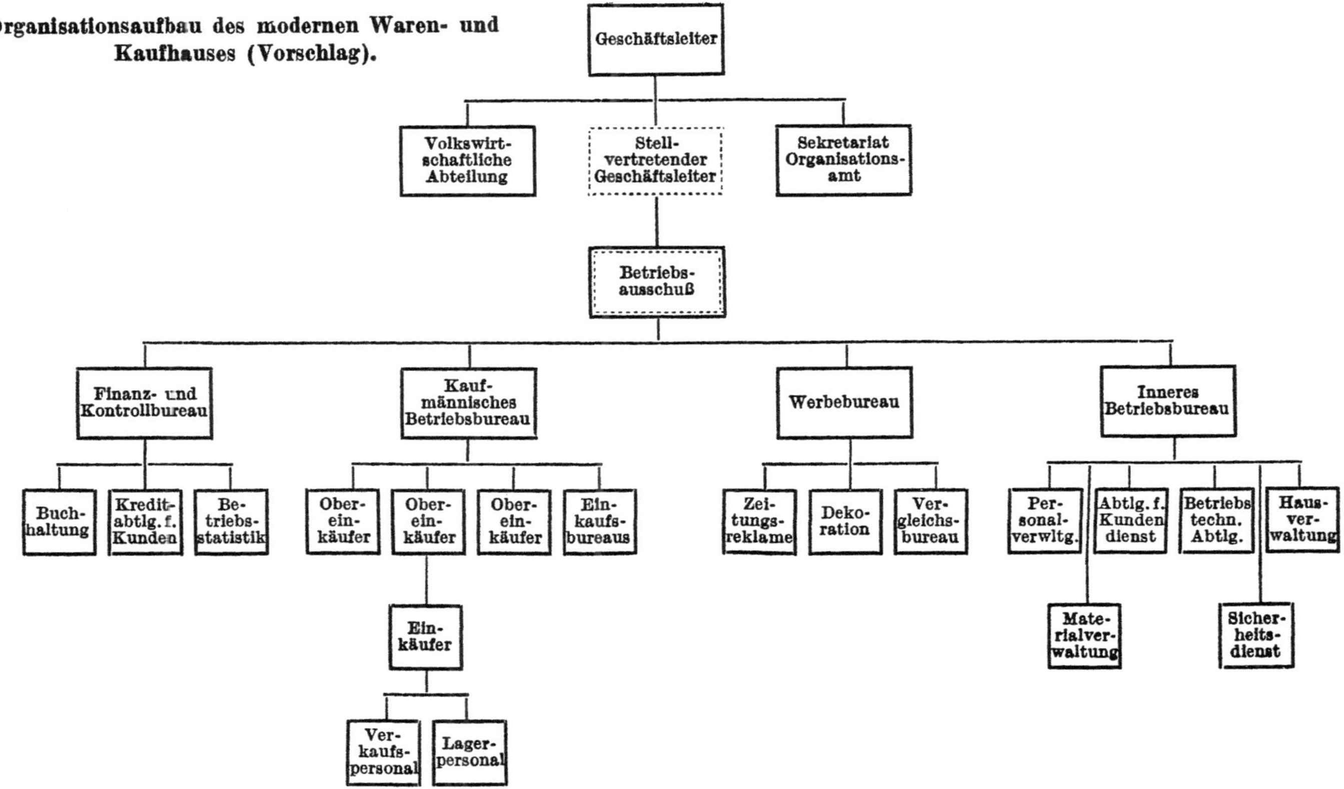

2. Grundlagen und Probleme der Organisation in den Großbetrieben des Einzelhandels.

Bedeutung der Organisation der menschlichen Arbeit im Einzelhandel.

Die Darstellung der Organisation und der Methoden des modernen Waren- und Kaufhauses, die den Gegenstand dieses Buches bildet, auf Grund amerikanischer Unterlagen, wenn auch unter Fortlassung aller den amerikanischen Verhältnissen besonderen Eigentümlichkeiten, umfaßt nicht — wie vielleicht ein mit der Materie nicht besonders vertrauter Leser meinen könnte — ein untergeordnetes Teilgebiet aus dem großen Kreise der Probleme, die der Betrieb eines großen Einzelhandelsunternehmens bietet. Sie beschäftigt sich vielmehr mit den Wesensgrundlagen des modernen Waren- oder Kaufhauses schlechthin.

Organisation im modernen Einzelhandelsbetriebe ist etwas anderes als Organisation in den meisten anderen Gewerbezweigen, wenigstens wenn wir unter Organisation für die Zwecke unseres Buches die Organisation der menschlichen Arbeit verstehen oder — wissenschaftlich exakter ausgedrückt — die Beziehungen zwischen den in einem wirtschaftlichen Unternehmen tätigen Menschen und ihren Funktionen, die zum Zwecke der Erfüllung der besonderen Aufgaben des Betriebes hergestellt werden. Während in allen Gewerbezweigen, die mit großen Anlagekapitalien und einem großen technischen Apparat zu rechnen haben, die Faktoren der Bewirtschaftung des Anlagekapitals und des technischen Prozesses den Vorrang haben und die Organisation der menschlichen Arbeit eine — mit der Zahl der beschäftigten Arbeitskräfte allerdings wachsende — Nebenrolle spielt, hängt im Waren- und Kaufhause eigentlich alles davon ab, wie die Organisationsprobleme der menschlichen Arbeit gelöst werden.

Damit soll nicht gesagt werden, daß technische Fragen, soweit sie überhaupt vorhanden sind, im Einzelhandel keine Rolle spielten. Insbesondere wäre es falsch, die Bedeutung der Probleme zu unterschätzen, die mit der Errichtung und zweckmäßigen Einrichtung des Gebäudes, der inneren Raumverteilung, der Anbringung von Schaufenstern, der Beleuchtung, der inneren Verkehrsmittel usw. zusammenhängen. Sie haben ohne Zweifel einen nennenswerten Einfluß auf den erzielbaren Wirkungsgrad der Arbeit. Da aber abgesehen von diesen Fragen im Einzelhandelsbetrieb technische Probleme kaum eine Rolle spielen und Maschinen z. B. nur bei der Rationalisierung des Bureaubetriebes Verwendung finden können, so glauben wir mit Recht feststellen zu können, daß der Waren- und Kaufhausbetrieb mit dem Grade steht und fällt, in dem seine Leiter es verstehen, die menschliche Arbeit durch zweckentsprechende Organisation zu wirksamer Leistung zusammenzufassen.

Beschaffung des Unterlagenmaterials für die Entwickelung des theoretischen Organisationsplanes.

Bei der Vielgestaltigkeit der Organisationsformen, die heute in modern geleiteten großen Betrieben angewandt werden und bei der Verschiedenheit der Ansichten, die man bei den Leitern großer Betriebe über die Zweckmäßigkeit der angewandten Methoden findet, konnte an die Lösung der im Thema gestellten Aufgabe nicht oberflächlich herangegangen werden. Weder konnten die Erfahrungen des einen oder anderen Warenhaus- oder Kaufhausleiters dazu dienen, als Unterlagenmaterial für die Darstellung einer auf allgemeine Beachtung anspruchmachenden Organisationsform herangezogen zu werden, noch war es möglich, das in den Betrieben vielfach vorhandene Material ungeprüft zu verwerten, Material, das vor allem in den Organisationsskizzen gesehen werden konnte, die vielfach für den Gebrauch des Chefs in Blaudruck angefertigt und in den Direktionsbureaus aufgehängt werden.

Es war vielmehr notwendig, zu den Quellen hinabzusteigen und eigenes Material zu schaffen. Dank der Initiative der National Retail Dry Goods Assossiation, des auf dieesm Gebiete maßgebenden amerikanischenVerbandes, und ihres „Ausschusses für das Studium der Grundlagen der Detailhandelsorganisation“, dem eine Anzahl der namhaftesten amerikanischen Detailkaufleute angehören, wurde es möglich, diese Arbeit durchzuführen. Der Verband wählte 13 repräsentative Firmen aus, die durch Mitarbeiter der Graduate School of Business Administration der Harvard University untersucht wurden. Auf diese Weise gelang es, ein Material zu schaffen, das Anspruch darauf erheben kann, wirklich objektiven Charakter zu besitzen, weil es insbesondere auch die Widersprüche klarstellt, die in Amerika ebenso wie bei uns in Deutschland sehr häufig zwischen der Organisationstheorie, die nach Ansicht der leitenden Persönlichkeiten im Betriebe maßgebend sein soll und der Organisationspraxis herrschen, nach der tatsächlich gearbeitet wird.

Bei der Untersuchung der erwähnten 13 amerikanischen Betriebe sollte über die folgenden Punkte Aufklärung geschaffen werden:

1. Welche Arbeiten müssen zur Erfüllung des Geschäftszweckes an den einzelnen Phasen des Betriebsablaufes geleistet werden?

2. Welche Stellen im Betriebe leisten diese Arbeiten?

3. In welcher Weise sind Rechte und Pflichten, Verantwortung und Vollmachten im Betriebe verteilt?

Das so gewonnene Material wurde einer sorgfältigen Prüfung nach mehreren Richtungen hin unterzogen. Die Hauptgesichtspunkte geben wir im folgenden kurz wieder:

1. Die Betriebs- und Organisationsmethoden jedes einzelnen Geschäftes wurden festgestellt und die Ergebnisse mit den Methoden der übrigen Geschäfte verglichen.

2. Die wesentlichsten Grundlagen der jeweiligen Organisationsform wurden sorgfältig herausgeschält und geprüft, weil sie bei der Aufstellung des allgemeinen Schemas eine besondere Bewertung erfahren mußten.

3. Es wurden diejenigen Organisationsprinzipien abgeleitet, die sich nicht nur in der Praxis als besonders erfolgreich herausgestellt hatten, sondern die außerdem einer logischen Überprüfung standhielten.

Das Ergebnis dieser Forschungsarbeit ist ein einziger Organisationsplan, der hiermit vorgelegt wird. Die praktische Erfahrung wird zu beweisen haben, ob und bis zu welchem Grade dies der einzig richtige Organisationsplan ist. Auf alle Fälle aber darf darauf hingewiesen werden, daß der vorgelegte Plan logisch einwandfrei ist, und wir glauben außerdem, daß er auch den Anforderungen der Praxis entsprechen wird, weil jedes, auch das kleinste Teilchen des von uns vorgeschlagenen Organisationsschemas nicht auf theoretischen Schlußfolgerungen allein beruht, sondern in mindestens einem der untersuchten Betriebe praktisch erfolgreich arbeitet.

Ursprünglich war die Untersuchung von dem Gedanken ausgegangen, für Betriebe verschiedener Größenordnung verschiedene Organisationspläne aufzustellen. Es hat sich aber herausgestellt, daß diese Annahme auf einem logischen Fehler beruhte. Es konnte nicht der Zweck der Forschungsarbeit sein, individuellen Bedürfnissen Rechnung zu tragen, ob sie nun in der Verschiedenheit der persönlichen Faktoren begründet lagen oder in der Größe des Betriebes. Auf die individuellen Abweichungen von unserem allgemeinen Schema, die notwendig sein werden, um den Spezialbedürfnissen der Praxis im einzelnen Betriebe nachzukommen, sind wir in einem besonderen Schlußkapitel des ersten Teiles näher eingegangen. Hier sei nur kurz erwähnt, daß die persönlichen Faktoren ausgeschaltet werden mußten, weil unsere Untersuchungsarbeit sonst aus einer sachlichen Prüfung der grundlegenden Faktoren des Einzelhandelsbetriebes zu einer persönlich psychologischen Analyse des Inhabers und der leitenden Persönlichkeiten geworden wäre. Und die Fragen der Betriebsgröße mußten ausscheiden, weil die Unterschiede, die zwischen einem großen und einem kleinen Betriebe bestehen, nichts daran ändern, welche Anforderungen von außen, von der Wirtschaft, durch das Mittel des Wettbewerbkampfes an das Unternehmen gestellt werden. Der Einfluß, den die Betriebsgröße resp. Kleinheit auf die Organisationsform auszuüben vermag, kann deshalb an den objektiven Grundlagen nichts wesentliches ändern, sondern höchstens darauf einen Einfluß ausüben, bis zu welchem Grade das Geschäft in der Lage ist, durch Anwendung des Prinzips der Arbeitsteilung die objektiv gegebenen Anforderungen auch praktisch zu erfüllen.

Worauf es vielmehr ankommen mußte, bestand darin festzustellen:

1. Welche Leistungen muß der Betrieb eines Einzelhandelsgeschäftes vollbringen, um seinen Platz in der Wirtschaft auszufüllen resp. erfolgreich zu behaupten?

2. Welche Leistungen müssen von den leitenden Persönlichkeiten eines Einzelhandelsbetriebes vollbracht werden, wenn sie ihrerseits den Anforderungen entsprechen sollen, die der Betrieb als solcher an seine Führer stellt?

Diese beiden Gesichtspunkte, nämlich einmal die Frage, welche objektiven Anforderungen von der Wirtschaft im Konkurrenzkampfe an den Betrieb gestellt werden und die sich daraus für die Organisation des Betriebes ergebenden Konsequenzen, und ferner die Frage, welche objektiven Anforderungen der Betrieb selbst an die in ihm tätigen Personen stellt und die Schlüsse, die sich daraus für die Befähigung usw. dieser Persönlichkeiten ergeben, wird der Leser bei der Behandlung jeder Einzelfrage in diesem Buche wiederfinden. Sie sind die Forschungsmethoden, die angewandt wurden. Und wir sind überzeugt, daß die sich aus diesen beiden Fragestellungen ergebenden und durch sie klar herausgestellten Probleme sich unabweisbar allen denen ebenfalls als Werkzeuge der Untersuchung aufzwingen werden, die vielleicht durch dieses Buch angeregt werden, eine Nachprüfung ihrer eigenen Methoden und ihrer eigenen Betriebsorganisation vorzunehmen.

Immer ausgehend von den oben wiedergegebenen Fragestellungen haben wir in diesem Buche versucht, eine durchgehende Darstellung der Gesamtorganisation eines großen Detailhandelsbetriebes zu geben. Dabei folgten wir den Hauptgruppen des allgemein üblichen Organisationsschemas, indem wir nacheinander die wesentlichen Betriebseinheiten untersuchten und dabei festzustellen bemüht waren, welche objektiven Anforderungen an die Betriebseinheit gestellt werden, einmal von der durch den Konkurrenzkampf bestimmten allgemeinen Lage des Geschäftes und zweitens durch den Betrieb als solchen. Wir untersuchten nacheinander die Geschäftsleitung, das kaufmännische Betriebsbureau und seine Unterabteilungen, d. h. alle die Abteilungen des Geschäftes, die mit dem Ein- und Verkauf usw. der Ware zu tun haben, das Werbebureau, dem die gesamte Propagandatätigkeit des Geschäftes sowie das gesamte Auftreten der Öffentlichkeit gegenüber obliegt, das Innere Betriebsbureau, dem der gesamte Innenbetrieb und vor allem die Durchführung des Programmpunktes „Dienst am Kunden“ übertragen ist, und schließlich das Finanz- und Kontrollbureau, das die gesamte buchmäßige und statistische Festhaltung der Betriebsvorgänge durchzuführen und die Sprache der Ziffern zur allen verständlichen Sprache des Betriebes zu machen hat.

Dieser Untersuchung der wesentlichen Einflüsse, die bei dem Aufbau einer Geschäftsorganisation eine maßgebende Rolle spielen, und der damit verbundenen Erörterung der verschiedenen Ansichten, die über die zur Diskussion stehenden Fragen in der Praxis vielfach zu bemerken sind, schließt sich ein zweiter praktischer Teil an, in dem wir bestrebt sind, dem bisher nur theoretisch aufgestellten Organisationsschema Leben einzuflößen. Dieser zweite Teil unseres Buches soll zeigen, wie dieser Organisationsplan in die Praxis umgesetzt werden kann, und gibt eine Darstellung der einzelnen Organisationshandhabungen sowie aller der Maßnahmen, die getroffen werden müssen, um den zweckmäßigsten Ablauf der Geschäftstätigkeit im Gesamtbetriebe sowohl wie in den einzelnen Abteilungen sicherzustellen. Mit anderen Worten: Falls es — was reiner Zufall wäre — ein großes Geschäft gäbe, dessen Organisationsplan unserem Schema genau entspräche, dann müßte eine Zeitlupenaufnahme seiner Betriebsvorgänge mit dem zweiten Teil unseres Buches vollkommen übereinstimmen.

Wirtschaftliche Funktion und Organisation des Waren- und Kaufhauses.

Die wirtschaftliche Funktion eines Warenhauses (oder Kaufhauses) besteht im Einkauf und Verkauf von Gütern des täglichen Bedarfs (Ware) mit Nutzen für den Kaufmann. In einem Warenhaus müssen deshalb die folgenden Leistungen vollbracht werden:

1. Lagerhaltung und Kontrolle
   a) Planung der Lagerhöhe,
   b) Kontrolle der Läger.
2. Einkauf.
3. Verkauf.
4. Verkehr mit der Öffentlichkeit
   a) Reklame,
   b) Dekoration.
5. Allgemeiner Innenbetrieb und Kundendienst
   a) Expedition,
   b) Warenannahme,
   c) Ruhe- und Erfrischungsräume,
   d) Information.
6. Hausverwaltung
   a) Verwaltung des Gebäudes,
   b) Heizung usw.
7. Finanzverwaltung
   a) Buchhaltung,
   b) Unkostenkontrolle,
   c) Betriebsstatistik,

d) Allgemeine und spezielle Lagerkontrolle.

8. Personalverwaltung
   a) Personalbureau,
   b) Personalausbildung.

Die vier Hauptbetriebsbureaus.

In der Regel sind diese Leistungen[1] organisatorisch in 4 Hauptbetriebszellen zusammengefaßt resp. werden von den 4 Hauptbetriebsbureaus überwacht, und zwar etwa in der folgenden Weise:

1. Kaufmännische Leitung, verantwortlich für
   a) Planung der Lagerhöhe,
   b) Kontrolle der Läger,
   c) Einkauf,
   d) Vorbereitung von Sonderveranstaltungen,
   e) Verkauf.
2. Werbeleitung, verantwortlich für
   a) Reklame,
   b) Dekoration.
3. Innere Betriebsleitung, verantwortlich für
   a) Personalverwaltung,
   b) Verkaufspersonal,
   c) Dienst am Kunden,
   d) Hausverwaltung.
4. Finanzleitung, verantwortlich für
   a) Buchhaltung,
   b) Unkostenkontrolle,
   c) Statistik,
   d) Finanzielle Lagerkontrolle.

Eine sorgsame Untersuchung der Aufgabenkreise dieser 4 Hauptbetriebszellen stellt den eigenartigen Charakter der Warenhausorganisation sofort klar. Im Industriebetriebe pflegen die Hauptabteilungen des Geschäftes gewöhnlich deutlich voneinander getrennte Gebiete zu umfassen. Jede Abteilung stellt in sich nicht nur eine Einheit dar, sondern ist sozusagen ein in sich geschlossener Betrieb, in des Wortes engster Bedeutung, eine Ab-Teilung vom Gesamtbetriebe[2]. Im Warenhaus existiert diese Trennung nicht. Jede der 4 Hauptbetriebszellen

---

[1] Die Verteilung auf die verschiedenen Betriebsbureaus ist in verschiedenen Geschäften verschieden. Das von uns gegebene Schema dürfte der Mehrheit am nächsten kommen.

[2] Dies trifft besonders auf die Konstruktions- und Planungsbureaus, die Einkaufsabteilungen, die technischen Betriebsbureaus sowie Verkaufsabteilungen eines Industriebetriebes zu.

spielt bei jedem Betriebsvorgang, sei es nun Einkauf, Verwaltung oder Verkauf von Ware, eine wichtige Rolle. Die Arbeit der 4 Hauptbetriebszellen ist im Gegensatze zum Industriebetriebe so eng miteinander verknüpft, daß jeder einzelne der 4 Betriebsleiter in den Bezirk des anderen übergreifen kann bis zu dem Punkte, wo er sich den maßgebenden Einfluß auf den Gesamtbetrieb aneignet. In vielen Betrieben nimmt die kaufmännische Betriebsleitung (im engeren Sinne des Wortes) die führende Stellung ein. Das ist schon deshalb verständlich, weil die Tätigkeit des Handels die älteste der Tätigkeiten ist, die im Warenhaus geleistet werden müssen. Schon der Straßenhändler betrieb diesen „Handel", war Einkäufer und Verkäufer, und mit seiner Entwicklung zum Ladenkaufmann behielt er diese doppelte Verantwortlichkeit bei. Hausverwaltung bestand aus Staubwischen und Scheuern. Notizbuchaufzeichnungen stellten Buchführung und Statistik dar und schließlich zeigten sich auch die Anfänge der Reklame. Mit dem Anwachsen der Abteilungen, und als es notwendig wurde, Einkäufer anzustellen, da waren die Gesichtspunkte des Abteilungsleiters oder Einkäufers durchaus dieselben wie die des einzelnen Ladeninhabers. Das Warenhaus, im Amerikanischen mit Recht Abteilungsgeschäft (Department store) genannt, entwickelte sich zu einer Vereinigung von Ladeninhabern. Erst allmählich stellte sich heraus, daß allgemeine Aufgaben wie das Auftreten der Öffentlichkeit gegenüber, die Buchführung und die Verwaltung sowie die Überwachung des gesamten Inneren Betriebes am besten für das gesamte Geschäft durch Spezialisten einheitlich bearbeitet würden. Diese Spezialisten verblieben jedoch lange Zeit Hilfskräfte, vielleicht sogar zutreffender gesagt, ungern geduldete Hilfskräfte, im Vergleich mit der wichtigsten und auch ältesten Funktion des Geschäftsbetriebes, dem eigentlichen Warenhandel.

Es gibt natürlich auch Fälle, in denen die Entwicklung einen anderen Gang einschlug. Gelegentlich war der Inhaber eines Geschäftes nicht ein Händler im alten Sinne des Wortes, sondern ein Reklamemann. Er verstand es, an das Publikum zu appellieren. Er versprach in seiner Reklame besondere Höchstleistungen, und der Gesamtbetrieb hatte sich dann nach diesen Versprechungen zu richten und dafür zu sorgen, daß sie auch tatsächlich erfüllt wurden. Auf diese Weise wurde in so manchem Warenhaus der Verkaufsappell an das Publikum und damit der Propagandachef der maßgebende Faktor — weil es der Inhaber war, der dieses Betriebsbureau leitete und den ganzen Betrieb in diese Richtung zwang.

Die Anerkennung der finanziellen Leitung mit ihren Kontrollfunktionen als gleichberechtigter Faktor in der Leitung stammt erst aus jüngster Zeit. Sie setzt sich jedoch immer häufiger durch. Oft hört man Beschwerden darüber, daß die finanzielle Kontrolle sich Übergriffe in die Arbeitsbezirke anderer Funktionäre gestatte. Dabei handelt es sich jedoch meistens keineswegs um Übergriffe. In der Regel hat vielmehr der finanzielle Betriebsleiter die ihm wirklich zukommende Stellung im Detailgeschäft erst zu erkämpfen und sich gegenüber den Leitern der schon länger anerkannten Betriebsbureaus durchzusetzen. Die Funktion der finanziellen Leitung ist in einem Einzelhandelsbetriebe wesentlich wichtiger und maßgebender für den Erfolg der gesamten Betriebsführung als in den meisten anderen Gewerbezweigen. Ihre Arbeit ist durchaus nicht mit der Post-mortem-Sektion des Gerichtsarztes zu vergleichen. Ihre Kontrollmethoden und die ganze Arbeit der finanziellen Übersicht und Überwachung müssen vielmehr bei dem Wechsel der täglichen Anforderungen nicht nur so elastisch wie irgend möglich sein und eine dauernde Anpassung und tägliche Sicherung gegen Überschreitungen gewähren, sondern sie müssen mehr noch als die Maßnahmen der anderen Hauptbetriebsbureaus vorausnehmenden, in die Zukunft weisenden Charakter tragen. In einigen Geschäften hat sich die finanzielle Leitung bereits die absolute Vorherrschaft erworben.

Wenige Beispiele gibt es dagegen dafür, daß die Innere (technische) Betriebsleitung den maßgebenden Einfluß in der Geschäftsleitung ausübt. Daß auch ihr Einfluß in den letzten Jahren gewachsen ist, steht außer Frage. Dies hat vor allem seinen Grund darin, daß die Personalangelegenheiten, die in den meisten Geschäften dem Machtbereiche des Inneren Betriebsbureaus unterstehen, zunehmend an Bedeutung gewonnen haben.

Die Tatsache, daß der Leiter jedes resp. irgendeines der 4 Hauptbetriebsbureaus den maßgebenden Einfluß in der Geschäftsleitung erringen kann, ist einer der Gründe für die innere Stärke des Warenhausbetriebes und dürfte auch teilweise wenigstens die außergewöhnliche Lebensdauer und Gleichmäßigkeit der Entwicklung von Warenhausbetrieben in der Vergangenheit erklären. Weil im Großbetriebe des Einzelhandels 4 Betriebsführer zusammenarbeiten müssen, deren Tätigkeit und Einfluß sich in gleicher Weise auf den gesamten Betriebsprozeß erstreckt, wird der Geschäftserfolg erst dann in Frage gestellt, wenn alle vier ihre Aufgaben nicht erfüllen resp. keiner von den vieren Kraft und Fähigkeit genug besitzt, um die Aufgaben an sich zu reißen, die von einem oder allen anderen unerfüllt gelassen wurden. Sind dagegen alle Vier tüchtige Kaufleute, dann wird jeder Betriebsvorgang von vier Gesichtspunkten aus beleuchtet und in seinem Erfolg sichergestellt. Wenn die 4 Hauptbetriebsbureaus auf der Basis wirklicher Gleichberechtigung zusammenarbeiten, dann braucht sich der Geschäftsinhaber oder Generaldirektor nur mit der Festsetzung der allgemeinen Betriebspolitik, mit konstruktiver Kritik und Planung, sowie mit der Aufrechterhaltung des inneren Gleichgewichtes zu befassen. Der freundschaftliche Wettstreit zwischen den Arbeitsbezirken der 4 Betriebsleiter sorgt dann schon automatisch für den richtigen Kräfteausgleich. In diesem „Parallelogramm der Organisationskräfte“ liegt deshalb eine innere Kraftreserve, die selbst weitsichtige Warenhauskaufleute erst allmählich in ihrer ganzen Bedeutung zu würdigen beginnen.

„Unvereinbare Gegensätze“ oder „Vierfache Beleuchtung“.

Wie weit der Aufgabenkreis jedes der 4 Hauptbetriebsbureaus im Gesamtbetriebe reicht oder reichen kann, welche Konfliktmöglichkeiten bestehen, und welche verschiedenen Gesichtspunkte in jeder wichtigen Frage auftauchen können und müssen, läßt sich am besten verdeutlichen, wenn wir die 4 Betriebsleiter nacheinander sprechen lassen:

Der kaufmännische Betriebsleiter:

Die kaufmännische Leitung trägt die Verantwortung dafür, daß die Kundschaft in Stil und Qualität richtige Ware in der richtigen Menge zum richtigen Preise und zum richtigen Zeitpunkt bei uns findet.

Wollen wir diese Aufgabe gut erfüllen, so müssen wir die Märkte der Welt absuchen, und zwar auf Grund intimster Kenntnisse von den Bedürfnissen unserer Kundschaft.

Die Mode wird auf den Produktionsmärkten geschaffen. Neue Modeformen nehmen die Wünsche der Kunden voraus; sie schaffen neue Bedürfnisse. Besonders vorteilhafte Sonderangebote können nur durch dauernden und engen Kontakt mit den Bezugsquellen und Lieferanten gefunden werden.

In der Reklame sehen wir den Nachrichtendienst, der das Publikum darüber unterrichtet, welche Ware wir von den führenden Lieferanten und Modeschöpfern bezogen haben. Es ist der Zweck der Reklame, das Publikum mit allem bekanntzumachen, was wir an modischen Neuschöpfungen oder Spezialvorteilen zu bieten haben. Die kaufmännischen Abteilungen kennen sowohl die Qualitäten wie den modischen Charakter ihrer Ware. Sie müssen dem Werbebureau bei der Ausarbeitung seines Appells ans Publikum die Richtung geben, sie müssen Sonderveranstaltungen unter Heranziehung des Werbebureaus vorbereiten.

Das Verkaufspersonal spielt für uns die Rolle des Stoßtrupps. Die Verkäufer stehen mit der Kundschaft dauernd in Berührung. Sie sind die Informationsquellen für den Einkäufer. Das Verkaufspersonal sollte deshalb durch das kaufmännische Betriebsbureau und seine Mitglieder ausgebildet und geleitet werden. Häufig genug ist der Grund für einen Einkauf gerade das Verkaufsargument, das nachher von den Verkäufern dem eventuellen Käufer gegenüber vorgebracht werden kann. Guter Einkauf und Verkauf hängen deshalb davon ab, daß die kaufmännische Leitung auch das Verkaufspersonal zu überwachen hat.

Auch das Vergleichsbureau, das die eigene Leistungsfähigkeit und die Qualität der eigenen Ware mit den Angeboten der Konkurrenz vergleicht, sollte der Leitung des kaufmännischen Betriebsleiters unterstehen. Denn das Vergleichsbureau liefert die Unterlagen, die wir brauchen, um die Leistungsfähigkeit unserer Einkaufsorganisation zu kontrollieren.

Intime Kenntnis der Bedürfnisse der Kunden und der Angebote der Lieferanten ist notwendig, um beim Einkauf die Frage der Menge richtig zu beurteilen. Betriebs- und Lagerstatistik sind zwar notwendig, sie können jedoch bei dem schnellen Wechsel der Verhältnisse nur als Anhalt herangezogen werden. Das Urteil des Einkäuferstabes ist die Basis, auf Grund deren die Menge beim Einkauf bestimmt werden muß.

Die Preislagen[1], auf die das Sortiment konzentriert werden muß, werden durch die Bedürfnisse der Kundschaft und durch die Angebote auf dem Markte in gleicher Weise bestimmt. Modewechsel beeinflußt das Preisniveau. Die Kundschaft sucht gleichbleibende Qualität, nicht gleichbleibende Preise. Statistiken haben nur dann Bedeutung, wenn das Preisniveau und die Mode sich nicht ändern. Laufende Information ist wichtiger als die Aufzeichnungen über vergangene Jahre. So wertvoll deshalb Statistiken sein können, sie können nur als Hilfsmittel für die Urteilsbildung des Einkäufers herangezogen werden.

Der Standpunkt des Werbeleiters[2]:

Das Werbebureau hat die verantwortliche Aufgabe zu erfüllen, das Geschäft und seine Ware den Kunden so vorzustellen, daß der Ruf des Geschäftes gestärkt und das kaufende Publikum zum Besuche unseres Hauses veranlaßt wird.

Um diese Aufgabe zu erfüllen, müssen wir wissen:

1. Wer sind die Kunden?
2. Was brauchen sie?
3. In welcher Weise und in welcher Sprache muß man an sie appellieren, um sie zum Einkauf in unserem Geschäft zu bewegen?

---

[1] Das Qualitätsniveau eines Geschäftes bestimmt sich nach den Preislagen, auf die die Ware am Lager konzentriert wird.

[2] Das oben kurz wiedergegebene Programm der Werbeabteilung scheint auf den ersten Blick mit der deutschen Praxis in grundsätzlichem Widerspruch zu stehen, weil bei uns der Werbeleiter oder Reklamechef fast immer ein Assistent des kaufmännischen Betriebsleiters ist. Es gibt jedoch auch Fälle, in denen seine Machtvollkommenheiten wesentlich größer sind, vorausgesetzt, daß man unter Werbeleiter die oberste Betriebsstelle versteht, die sich um den Gesamtfragenkomplex der Propaganda kümmert. Wir bitten unsere Leser, wenn sie zu dem oben wiedergegebenen kurzen Programm Stellung nehmen wollen, auch das 5. Kapitel „Die Aufgaben der Werbeabteilung und ihre Stellung in der Gesamtorganisation“ mit heranzuziehen.

Wenn die Werbeleitung durch sorgfältige Untersuchung dieser Probleme Kenntnis von den Bedürfnissen der Kundschaft gewonnen hat, so ist es ihre Aufgabe, dafür zu sorgen, daß diese festgestellten Bedürfnisse auch im Geschäft befriedigt werden können. Sie wird zu diesem Zwecke Veranstaltungen vorbereiten und die Einkäufer des Betriebes auffordern, im Markte besonders geeignete Ware zu beschaffen. Die Werbeleitung steht auf dem Standpunkt, daß es die Aufgabe des Detailgeschäftes ist, Ware für die Verbraucherschaft einzukaufen. Das Detailgeschäft sollte sich zum Vertreter der Kundschaft im Markte machen. Es sollte nie versuchen, die Kundschaft zum Kauf von Ware zu veranlassen, weil sie gerade von den Fabrikanten angeboten wird. Vielmehr sollten die Lieferanten veranlaßt werden, sich nach den Bedürfnissen der Verbraucherschaft zu richten. Insbesondere sollte die Werbeabteilung vermeiden, jemals den Versuch zu machen, Fehler des Einkäuferpersonales auf Kosten des kaufenden Publikums wieder gutzumachen. Ein solches Vorgehen würde dem Ansehen und der Reputation des Geschäftes dauernd schaden.

Wegen ihrer Kenntnis des Publikumsbedarfes sollte die Werbeabteilung nicht nur allgemein den Charakter der Ware bestimmen, der geführt werden soll, sondern sie hat darüber hinaus auch die Preislagen festzusetzen, in denen die Hauptbestände des Lagers geführt werden müssen. Denn die Preislagen sind maßgebend dafür, welche soziale Klasse den Hauptbestandteil der Kundschaft ausmachen wird. Die Preisangebote der Lieferanten oder die allgemeinen statistischen Indexziffern interessieren dabei wenig. Es handelt sich ausschließlich darum, welche Preise diejenige soziale Schicht der Verbraucherschaft bezahlen will resp. bezahlen kann, die man als Kunden zu gewinnen wünscht. Da die gesamte Aufmerksamkeit der Werbeabteilung auf die Bedürfnisse der Kundschaft gerichtet ist, so ist die Werbeleitung innerhalb des Geschäftsbetriebes am besten in der Lage, die Preislagen festzusetzen, auf die die Lagerbestände konzentriert werden sollen.

In seiner Reklame macht der Werbeleiter öffentliche Versprechungen. Er verspricht Modeneuheiten, große Sortimente, solide Qualitäten, preiswürdige Angebote, gute Bedienung. Es muß deshalb seiner Verantwortlichkeit unterliegen, daß diese Versprechungen auch erfüllt werden.

Und seine Verantwortlichkeit darf sich nicht nur auf die Ware beschränken, die tatsächlich annonciert worden ist. Das Ansehen des Geschäftes und die Wirksamkeit der Reklame können ebensogut dadurch untergraben werden, daß die nicht besonders annoncierte Lagerware den allgemeinen Versprechungen der Inserate hinsichtlich Qualität, Kundendienst und Mode nicht entspricht. Der Werbeleiter sollte dauernd prüfen, ob die Versprechungen, die er der Kundschaft öffentlich gemacht hat, auch tatsächlich in seinem Geschäft erfüllt werden. Seinem engeren Machtbereich sollte deshalb das Vergleichsbureau zugehören, dessen Aufgabe es ist, durch eine systematische Einkaufstätigkeit Qualität, Preis und Stil der eigenen Ware mit den Angeboten der Konkurrenz zu vergleichen.

Aus seiner Kenntnis des Publikums heraus, kann die Werbeleitung beurteilen, welche Warenmengen abgesetzt werden können.

Dabei interessiert es gar nicht, ob eine Ware leicht oder schwer erhältlich ist. Gerade die Tatsache, daß eine Ware schnell und leicht geliefert werden kann, hat oft genug ihren Grund darin, daß keine Nachfrage besteht. Auch statistische Aufzeichnungen selbst der jüngsten Vergangenheit können nicht viel helfen. Die Umstände und die Bedürfnisse des Publikums wechseln und die Erfahrung des letzten Jahres braucht absolut nichts darüber zu sagen, was dies Jahr verlangt wird. Jemand, der sich bei der Bemessung der Lagerhöhe und der Bestimmung der Sortimente zu eng an die Vorjahrsziffern hält, kann leicht in Gefahr geraten, ein Lager oder auch nur einen Artikel zu vernachlässigen, der gerade dieses Jahr groß geht, während er auf der anderen Seite ein Lager überreichlich versorgt, dessen Bestände nur durch starke Preisherabsetzungen und besondere Kraftanstrengungen bewegt werden können. Selbstverständlich muß sich die Werbeabteilung der Statistik und ihrer Ergebnisse sowie aller im Markte erhältlichen Informationen bedienen. Ihre Entscheidung basiert jedoch auf einer sorgsamen Analyse der Wünsche der Kundschaft.

Die Gesichtspunkte des Inneren Betriebsleiters:

Das Innere Betriebsbureaus trägt die Verantwortung für den Kundendienst. Guter Kundendienst heißt in erster Linie intelligente Verkaufstätigkeit. Diese wiederum hängt von sorgsamer Auswahl, guter Ausbildung und sorgfältiger Überwachung des Verkaufspersonales ab. Weitere Voraussetzungen für guten Kundendienst bestehen in der Unterhaltung vollständiger Sortimente in soliden Qualitäten, ferner einem sauberen und bequem angelegten Verkaufsraum und einer zuverlässigen und schnellen Expedition.

Durch das ihr unterstellte Aufsichtspersonal, das in engster Berührung mit dem Verkaufspersonal steht, ist die Leitung des Inneren Betriebsbureaus am besten in der Lage, die Bedürfnisse der Kundschaft kennenzulernen. Sie kann dies um so eher, als sie sich fortdauernd und ungeteilt mit dem Dienst am Kunden, mit der Verkaufsleistung, beschäftigt und ihre Aufmerksamkeit nicht zu zersplittern braucht. Während die Einkäufer, die dem kaufmännischen Betriebsbureau unterstehen, einen großen Teil ihrer Zeit im Außendienst auf den verschiedenen Märkten zubringen müssen, und während die Werbeabteilung ihr Hauptaugenmerk darauf richten muß, wirkungsvolle Inserate herzustellen, ist das Personal des Inneren Betriebsbureaus dauernd in den Verkaufsabteilungen tätig, kann jede Einzelheit des Verkaufsdienstes verfolgen und bleibt deshalb in dauernder Fühlung mit Verkaufspersonal und Kundschaft.

Wenn auch zuzugeben ist, daß die richtige Ware vorhanden sein muß, um den Ansprüchen der Kundschaft zu genügen, und daß für die Beschaffung der Ware in erster Linie die Einkäufer, d. h. das kaufmännische Betriebsbureau verantwortlich sind, so ist auf der anderen Seite der Innere Betriebsleiter am besten in der Lage, dem Einkäuferpersonal Anhaltspunkte dafür zu geben, was vom Publikum gesucht wird.

Einkäufer unterliegen häufig der Versuchung, das Verkaufspersonal zu entmutigen, wenn es auf Wünsche von Kunden aufmerksam macht, die aus den vorhandenen Sortimenten nicht befriedigt werden konnten. Derartige Fehlmeldungen[1] werden leider meistens als Kritik an der Einkaufstätigkeit betrachtet und bringen dem aufmerksamen und tüchtigen Verkäufer anstatt der verdienten Anerkennung nur zu oft eine Verärgerung der Vorgesetzten ein. Aber auch wenn man von derartigen Umständen absieht, so bleibt unter allen Umständen die Tatsache bestehen, daß der Einkäufer aus der Eigenart seiner Stellung heraus dem Prinzip des Kundendienstes zuwider einen Druck auf das Verkaufspersonal auszuüben bestrebt ist, die Ware zu verkaufen, die am Lager ist — auch wenn die Ware nicht oder nicht mehr geeignet ist, das Geschäft, aus dem sie stammt, weiter zu empfehlen.

Selbst wenn der Beweis erbracht ist, daß die eigenen Sortimente an den Angeboten der Konkurrenz gemessen vollständig und richtig sind und selbst wenn die Ware, die bei Reklameveranstaltungen zum Verkauf gestellt wurde, alle Versprechungen der Inserate erfüllt, so bleibt noch immer das wichtigste Problem zu lösen, nämlich: dem richtigen Kunden die richtige Ware zu verkaufen. Deshalb kann ein wirklich guter Kundendienst nur durch die Leitung des Inneren Betriebes sichergestellt werden, die sich ganz darauf einstellt, das Interesse der Kundschaft zu wahren — ungehindert durch den Zwang, Ware loszuwerden, für deren Beschaffung sie die Verantwortung trägt.

Durch die Kenntnis der Bedürfnisse des Publikums, die der Innere Betriebsleiter aus erster Hand erwirbt, kann er sowohl der Werbeabteilung wie den kaufmännischen Bureaus sagen, was das Publikum verlangt. Er kann deshalb auch am besten darüber urteilen, welche Sonderveranstaltungen besondere Zugkraft ausüben werden.

---

[1] In vielen Geschäften wird vom Verkaufspersonal verlangt, daß eine sogenannte Fehlmeldung ausgeschrieben wird, wenn Ware befragt wurde, aber nicht am Lager war. Es hat sich jedoch als sehr schwierig herausgestellt, ein wirklich alle Ansprüche erfüllendes System dieser Fehlmeldungen auszuarbeiten.

Lagerhöhe und Preislagen müssen ebenfalls aus der Kenntnis des Publikumsbedarfes heraus beurteilt werden und diese Kenntnis erwirbt sich, wie erwähnt, der Innere Betriebsleiter aus erster Quelle.

Dienst am Kunden ist die wichtigste Aufgabe des Detailgeschäfts. Die Versprechungen, die die Werbeabteilung der Kundschaft in dieser Beziehung gemacht hat, müssen vom Inneren Betrieb und seiner Leitung erfüllt werden. Der Leiter des Inneren Betriebes muß deshalb die Richtlinien dafür festsetzen können, welche Versprechungen gemacht werden dürfen.

Die Einstellung der Finanzverwaltung:

Die Aufgabe der finanziellen Leitung besteht im buchmäßigen Festhalten der Finanztransaktionen und der Kontrolle der Ausgaben. Die Finanzleitung trägt also für alle buchhälterischen Arbeiten des Geschäfts die Verantwortung. Ihre Verantwortung und ihre Aufgaben gehen jedoch viel weiter.

Zahlen und Werte sind der einzige Generalnenner des Detailgeschäfts. Bezugsquellen, Entwicklung der Mode, Einkaufstechnik und Reklamemethoden sind für jede der verschiedenen Warengattungen verschieden. Das einzige gemeinsame Element sind Menge und Geldwert.

Wenn man von den Fragen der Mode, der Qualität und der Preiswürdigkeit absieht, so beruht die kaufmännische Disposition in erster Linie auf der Basis der Statistik. Die Lagerhöhe und ihr Verhältnis zum täglichen Umsatz muß also vor allem dieser statistischen Kontrolle unterliegen.

Der Durchschnittseinkäufer ist in der Regel nicht in der Lage, seine Einkaufstechnik durch Verwertung statistischer Daten zu befruchten. Derjenige Teil der Arbeit, die nicht am Lager, sondern am Schreibtisch zu leisten ist, d. h. alles, was mit Menge, Preislagen und Lagerhöhe im Verhältnis zum Umsatz zu tun hat, gehört deshalb zweckmäßigerweise in den Machtbereich des finanziellen Leiters. Den Handelsabteilungen des Betriebes verbleibt dann immer noch genug zu tun. Sie müssen sich auf das Ausfindigmachen und die entwickelnde Bearbeitung der Bezugsquellen, die Auswahl der neuesten Modeschöpfungen und der richtigen Qualität sowie insbesondere auf die Erzielung günstiger Einkaufspreise spezialisieren.

Das Warenhaus hat die Aufgabe, die Masse der Verbraucherschaft mit Ware zu versorgen. Es hat deshalb mit der Trägheit der Masse zu rechnen. Da die Entwicklung der Masse notwendigerweise langsam vor sich geht, so ist die Vergangenheit der beste Maßstab für die Zukunft.

Die Vorjahrsziffern sind deshalb die richtige Grundlage für die Pläne der Gegenwart, selbstverständlich unter entsprechender Berücksichtigung der jeweils veränderten wirtschaftlichen Verhältnisse. Die Lagerhöhe bedarf einer fortlaufenden Kontrolle entsprechend der Entwicklung der täglichen Umsätze. Mit anderen Worten: Mit der Umwandlung der Pläne für die Zukunft in vergangene Leistung muß die Korrektur der Basis weiteren Handelns Hand in Hand gehen.

So schätzenswert die sichere Überzeugung der Einkäufer von der Richtigkeit und Zugkraft der gekauften Ware und so wertvoll der Optimismus des Inneren Betriebsleiters und der Werbeabteilung auch sind, um den Verkauf zu beleben und die Schlagkraft der Reklame zu steigern: als Maßstab für Kapitalinvestitionen, sei es in Waren, sei es in Unkosten für Sonderveranstaltungen, können sie ohne Gefahr für das Unternehmen schwerlich dienen. Der beste Maßstab für die Zukunft bleibt noch immer die Vergangenheit. Erst wenn der Optimismus der kaufmännischen und Reklamebureaus sich in erfolgreiche Vergangenheit umgesetzt hat, kann er als Basis für zukünftiges Handeln verwandt werden. Nur der finanzielle Leiter ist in der Lage, die Vergangenheit zu interpretieren und ihre Erfahrungen für die zukünftige Entwicklung auszuwerten. Das Finanzbureau ist deshalb die geeignete Stelle, um die finanziellen Grenzen sowohl für die Wareninvestitionen wie für die Unkosten festzusetzen.

Der Charakter eines Geschäftes wird durch seine Hauptpreislagen bestimmt. Dieser Geschäftscharakter beruht auf jahrelanger Entwicklung. Offensichtlich ändert sich auch dieKundschaft nicht vollständig von Jahr zu Jahr. Wenn überhaupt, so sollte hier ein Wechsel nur langsam vor sich gehen und nur mit sehr guten Gründen versucht werden. Die Hauptpreislagen eines Geschäftes dürfen deshalb von Schwankungen auf den Einkaufsmärkten nicht oder nur wenig beeinflußt werden. Sie haben auch nichts mit der vorübergehenden Beliebtheit modischer Neuschöpfungen zu tun. Die Grundlagen der Hauptpreislagen sind die Einkommenverhältnisse, d. h. die Familienbudgets der Kundschaft, die in der Statistik des Geschäftes ihren Niederschlag finden. Sie können sich ändern, wie sich auch die allgemeinen Verhältnisse ändern, wenn das allgemeine Preisniveau sich hebt oder senkt, und sie können durch einen grundsätzlichen Wechsel der Mode beeinflußt werden. In all solchen Fällen ruht aber die Beweislast auf der anderen Seite. Die Finanzleitung, die in ihren Ziffern diejenigen Hauptpreislagen festgehalten hat, auf die sich die Nachfrage des Publikums konzentriert, ist die gegebene Stelle, um zu bestimmen, auf welche Preislagen die Bestände der Läger konzentriert werden müssen.

Da der finanzielle Leiter schließlich für den Reingewinn des Geschäftes verantwortlich ist, sollte er auch darüber zu bestimmen haben, welche Prozentsätze bei der Ursprungskalkulation, den Reduktionen, den Unkosten eingehalten werden müssen. Alle Maßnahmen, die Unkosten verursachen, oder die den Bruttogewinn des Geschäftes beeinflussen, müssen seiner Entscheidung unterliegen. Insbesondere muß er in der Geschäftsleitung das entscheidende Wort in allen den Fragen zu sprechen haben, die den Bruttogewinn erhöhen oder die Unkosten ermäßigen, mit anderen Worten den Reingewinn steigern können.

Probleme der Arbeitsteilung.

Wir sind überzeugt, daß vieles von dem, was die fingierten Leiter der 4 Hauptbetriebsbureaus im vorstehenden als Programm ihrer Spezialabteilungen entwickelt haben, daß insbesondere das Maß an Einfluß, das sie für ihre Abteilung im Betriebe gefordert haben, von zahlreichen Praktikern als viel zu weitgehend angesprochen werden wird.

Einzelne der vorgebrachten Argumente mögen auch falsch sein. Im ganzen jedoch sind wir der Meinung, daß in fast allen Forderungen, die geltend gemacht wurden, ein richtiger Kern enthalten ist, und wir glauben, daß gerade auch die Stellungnahme der Praktiker zu diesen Abteilungsprogrammen den Beweis für die Richtigkeit unserer Auffassung erbringen wird, insofern als der eine wahrscheinlich gerade Dinge als übertriebenen Anspruch oder viel zu weitgehende Machtvollkommenheit einer bestimmten Abteilung ablehnen wird, die ein anderer aus seiner täglichen Praxis heraus als Mindestprogramm empfindet. Die Urteile werden eben davon abhängen, welche Organisationsform gerade in dem Betrieb eingeführt ist und sich bewährt hat, in dem der Beurteiler tätig ist resp. wenn es sich um einen Betriebsleiter handelt, welche Stellung sein Betriebsbureau innerhalb des eigenen Betriebes einnimmt oder seiner Überzeugung nach einnehmen sollte. Der Grund, der uns veranlaßt hat, zu erklären, daß in fast jedem der aufgestellten Abteilungsprogramme ein richtiger Kern enthalten ist, liegt ja gerade darin, daß, wie wir wissen, innerhalb des Warenhausgewerbes eine ganze Reihe von guten Geschäften bestehen, in denen jeweils einer der vier oben entwickelten Gesichtspunkte die Vorherrschaft hat, und in denen deshalb auch alle die Ansprüche, die im vorstehenden für dieses Betriebsbureau erhoben worden sind, nicht in den Bereich der Theorie gehören, sondern erfolgreich in der Praxis durchgeführt sind.

Es ist natürlich ausgeschlossen, daß sich die 4 Hauptbetriebsbureaus in einem einzelnen Geschäft sämtlich in dem Grade entwickeln, wie er in den Programmerklärungen der fingierten Betriebsleiter als wünschenswert bezeichnet wurde. Trotzdem muß die Bedeutung dieser vier Einstellungen gegenüber dem Gesamtbetrieb mit der zunehmenden Verbesserung der Technik und der Auswertung langjähriger Erfahrungen wachsen, und zwar um so mehr, je häufiger wirklich tüchtige Leute die Leitung der 4 Hauptbureaus übernehmen. Was würde passieren, wenn jeder der 4 Vertriebsleiter versuchen würde, sein Betriebsbureau bis zur letzten Ausnützung der in ihm liegenden Möglichkeiten zu entwickeln? Es ist klar, daß die Machtbereiche der 4 Betriebsbureaus begrenzt und koordiniert werden müssen, wenn Streitigkeiten und Gegeneinanderarbeiten vermieden werden sollen. Es wäre denkbar, daß man das alte Prinzip vom Siege der Tüchtigsten den Streit entscheiden läßt. Ein solches „Laisser aller" kann jedoch einem Unternehmen teuer zu stehen kommen, wenn zwei oder mehr der streitenden Persönlichkeiten Kämpfernaturen sind. Außerdem aber ist gerade in der Aufrechterhaltung des Gleichgewichtes zwischen diesen 4 Hauptbetriebsleitern ein wesentliches Element der Stärke des großen Detailgeschäftes zu sehen. Es kann deshalb kein Zweifel darüber herrschen, daß ein Ausscheidungskampf vermieden werden muß, daß vielmehr der beste Beweis, den der Inhaber oder Geschäftsleiter für seine Befähigung zur obersten Leitung erbringen kann, darin besteht, daß er jedem der 4 Gesichtspunkte, die in ihrem Zusammenklingen zum Erfolg des Geschäftes so viel beizutragen haben, sein Recht werden läßt.

Es gibt Geschäfte, die dieses Gleichgewicht der inneren Organisation entwickelt haben. Die praktischen Lösungen, die wir kennen, weichen jedoch fast alle grundsätzlich voneinander ab. In vielen Fällen ist die erreichte Gleichstellung weniger Tatsache als Formsache. Organisationsprobleme sind eben menschliche Probleme und menschliche Probleme werden nicht dadurch gelöst, daß man eine glänzende Organisations-Skizze zeichnet, auf der die Gleichstellung deutlich vermerkt ist. Die Umsetzung eines solchen in der Zeichnung festgelegten Organisationsschemas in die Praxis hat zur Voraussetzung, daß die richtigen Leute für die richtigen Stellungen vorhanden sind, daß der Betriebsablauf in seinen täglichen Funktionen den gleichrangigen Persönlichkeiten auch wirklich gleichen Einfluß einräumt, und daß schließlich eine weise Oberleitung jeden einzelnen gegen unberechtigte Eingriffe in seinen Machtbereich in Schutz nimmt. Die praktisch wirksame Gleichstellung der leitenden Persönlichkeiten des Betriebes ist deshalb von einer richtigen Verteilung der Einzelverantwortlichkeit im Betriebe abhängig, die die praktischen Betriebserfordernisse berücksichtigt, und die schließlich mit der Psychologie der in Frage kommenden Männer und Frauen rechnet. Nur wenn die Gleichberechtigung der in Frage kommenden Persönlichkeiten nicht nur auf dem Papier stehen bleibt, sondern wenn sie tatsächlich gleiche Rechte und gleiche Verantwortlichkeiten gegenüber den zahlreichen täglichen Erscheinungen, die der Geschäftsbetrieb in jeder seiner zahlreichen Funktionen mit sich bringt, besitzen; wenn also die Gleichberechtigung nicht einen theoretischen Anspruch darstellt, sondern durch tägliche Übung zur täglichen Routine geworden ist, dann wird das Gleichgewicht der Kräfte nicht nur bestehen, sondern dem Unternehmen den praktischen Dienst erweisen, der theoretisch von ihm erwartet werden muß.

Eine weitere Voraussetzung muß jedoch erfüllt sein, ohne die in der Praxis eine Ausbalancierung des Betriebseinflusses der Betriebsleiter nie zu erreichen sein wird: Es muß eine Geschäftsleitung vorhanden sein, die gerade in der Aufrechterhaltung und praktischen Nutzbarmachung dieses Gleichgewichtes der Kräfte ihre vornehmste Aufgabe erblickt. Eine Geschäftsleitung, die nicht dem Gesamtbetriebe gegenüber ihre Unabhängigkeit bewahrt, sondern willkürlich ihrer Vorliebe für die eine oder andere Arbeit, die im Geschäft zu leisten ist, nachgibt, wird die kollegiale Zusammenarbeit von vier gleich starken Betriebsleitern auch dann zerstören, wenn an und für sich die menschlichen Voraussetzungen für die Aufrechterhaltung eines Gleichgewichtzustandes besonders günstig liegen. Die Spitze des Unternehmens, die Stelle, von der jeder der Betriebsleiter seine Vollmacht bezieht und der gegenüber er sich zu verantworten hat, muß sich der Tatsache bewußt sein, daß die Art und Weise, in der sie ihre Macht anwendet, in der sie Vollmacht und Verantwortlichkeit verteilt, maßgebend nicht nur dafür ist, wie die einzelnen Betriebsleiter an ihre Aufgaben herangehen, sondern ebenso das Maß der Unterstützung bestimmt, das ihr durch die Gesamtorganisation des Betriebes und jede einzelne Abteilung geleistet wird. Der moderne Einzelhandelsbetrieb ist wie jeder andere moderne Wirtschaftsbetrieb davon abhängig, inwieweit es gelingt, das Prinzip der Arbeitsteilung nutzbringend zu verwerten. Zur Arbeitsteilung gehört vor allen Dingen eine Stelle, die die Arbeit zweckentsprechend und verantwortlich verteilt. Handelt es sich um die besonders schwierigen Fragen der Arbeitsteilung zwischen leitenden Persönlichkeiten, so kann der ganze Betriebserfolg von einer erfolgreichen Lösung dieser Frage abhängen.

Die Geschäftsleitung ist für die Durchführung der Arbeitsteilung im Gesamtbetriebe verantwortlich. Von ihr hängt es ab, das beste System der Arbeitsteilung zwischen den leitenden Beamten des Betriebes durchzuführen, das wir kennen: das Prinzip der Gleichberechtigung der 4 Betriebsleiter.

3. Die Funktionen der Geschäftsleitung.

Begriffsbestimmung.

Ehe wir im einzelnen an die Darstellung der Funktionen der Geschäftsleitung herangehen, ist es notwendig, klarzustellen, was im Rahmen unserer Untersuchung unter Geschäftsleitung verstanden werden soll. Es genügt für unsere Zwecke durchaus nicht, daß jemand ein Geschäft besitzt oder die Mehrheit einer Aktiengesellschaft kontrolliert, um ihn als Geschäftsleiter in unserem Sinne zu qualifizieren. Unter Geschäftsleitung verstehen wir diejenige Stelle im Hause, sei es nun eine Persönlichkeit oder seien es mehrere, die die Arbeit des Geschäftsleiters vollbringt, unabhängig davon, welchen Titel diese Persönlichkeit trägt, und ebenso unabhängig von der Frage, ob ihr das Geschäft zum Teil oder ganz gehört, oder ob es sich dabei um ein reines Angestelltenverhältnis handelt, wie dies bei den Vorstandsmitgliedern zahlreicher deutscher Aktiengesellschaften der Fall ist.

Insbesondere halten wir es, um Mißverständnisse zu vermeiden, für notwendig, darauf aufmerksam zu machen, daß der Titel Geschäftsführer im deutschen Waren- und Kaufhausgewerbe vielfach für ganz andere Funktionen gebraucht wird, als sie die Stellung einschließt, die wir im Rahmen unserer Untersuchung mit Geschäftsleitung und Geschäftsleiter bezeichnet haben. Wenn es eine eindeutige Bezeichnung für die Stellung der Geschäftsleitung gäbe, so würden wir sie gewählt haben. Angesichts der Mannigfaltigkeit der Titulaturen mußten wir den Ausdruck wählen, der, der Sache nach, dem, was wir ausdrücken wollten, am nächsten kommt, und mußten alle die Abweichungen, denen man in der Praxis begegnet, unberücksichtigt lassen. Erwähnt sei nur, daß z. B. gerade der Titel Geschäftsführer vielfach für Stellungen Anwendung findet, die in unserem Organisationsschema als Obereinkäuferpositionen bezeichnet worden sind, ebenso wie es Fälle gibt, in denen der Geschäftsführer etwa unserem „Inneren Betriebsleiter“ entspricht.

Weiter halten wir es für notwendig, den Unterschied klarzustellen, den wir in diesem Buche zwischen Geschäftsleiter und Betriebsleiter gemacht haben. Während wir unter Geschäftsleitung und Geschäftsleiter die oberste Spitze des Betriebes verstehen, haben wir für die Leiter der 4 Hauptbetriebsabteilungen die Bezeichnung Betriebsleiter gewählt. Zwar lassen sich gegen diese Wahl ebenfalls eine Anzahl von Gesichtspunkten anführen. Man kann insbesondere darauf hinweisen, daß unter Betriebsleiter jemand zu verstehen sei, der nicht nur seine Tätigkeit auf den gesamten Betriebsablauf ausdehnen, sondern dessen Vollmachten ebenfalls sich über den Gesamtbetrieb erstrecken müßten. Wir glaubten trotzdem an dieser Bezeichnung festhalten zu sollen — mangels einer besseren — weil sie uns wenigstens das eine klar zum Ausdruck zu bringen schien, daß ein Betriebsleiter eine Persönlichkeit ist, die einen Einfluß auf den ganzen Betriebsablauf ausübt, auch wenn dies nur in Ausübung begrenzter Vollmachten und eines begrenzten Verantwortungsbereiches geschieht.

Es ist nicht immer leicht, in der Praxis des Einzelhandelsbetriebes festzustellen, von welcher Stelle Energie und Initiative der Leitung ausgehen. Häufig kommt es vor, daß der Mann, den wir mit Geschäftsleiter bezeichnen würden, es mit dem Bismarckschen Wort hält: „Wo ich sitze, ist oben“ und sich nicht darum kümmert, welcher Platz ihm in der offiziellen Rangordnung des Unternehmens eingeräumt wird. Immerhin dürfte dieser Fall in Deutschland nicht so häufig sein wie z. B. in Amerika, wo die Ausmaße der großen Waren- und Kaufhäuser so gewaltig sind, daß man es sich leisten kann, einen großen Stab gutbezahlter und sämtlich zur Geschäftsleitung zählender Persönlichkeiten zu unterhalten, auch wenn der eine oder andere effektive Arbeit im Sinne unseres Begriffes „Geschäftsleitung“ nicht oder nicht mehr leistet.

In Deutschland — aber auch in der Mehrzahl der amerikanischen Geschäfte — liegt die Leitung der Waren- und Kaufhäuser in der Regel noch in den Händen der Inhaber. Entweder leben die Gründer der Geschäfte noch und leiten selbstverständlich die von ihnen geschaffenen Unternehmungen; oder die zweite Generation ist an ihre Stelle getreten und nimmt auf Grund des Erbrechtes den Platz in der Leitung ein. Außerdem findet man häufig den Fall, daß ein leitender Angestellter eines Unternehmens in späteren Jahren zur Teilhaberschaft zugelassen wird, sei es, daß er sich zu diesem Zwecke etwas Kapital beschafft, sei es, daß er seinen Geschäftsanteil allmählich aus den auf ihn entfallenden Gewinnen vergrößert.

Es ist das Ergebnis dieser historischen Entwicklung, daß die Organisationsformen, denen wir in der Praxis begegnen, fast überall durch die Eigenschaften der Inhaber bestimmt worden sind. Dies trifft nicht nur auf diejenigen Geschäfte zu, die durch die Tüchtigkeit einer starken kaufmännischen Persönlichkeit oder mehrerer Brüder, Partner oder Aktionäre aus kleinen Anfängen heraus entwickelt wurden und bei denen deshalb selbstverständlich die Eigentümlichkeiten der Leiter dafür bestimmend waren, wie die Funktionen der Geschäftsleitung entwickelt worden sind. Dies trifft auch heute auf solche Geschäfte zu, in denen die eigentliche Geschäftsleitung vollständig oder zum Teil in den Händen der Leiter der Hauptbetriebsbureaus liegt, weil die Ursache für diese Entwicklung vielfach darin bestanden hat, daß sich der Gründer des Geschäftes teilweise oder ganz von seinen geschäftlichen Verpflichtungen zurückziehen wollte und deshalb anderen die Verantwortung aufbürdete; oder auf der anderen Seite, daß er eine Teilung der Verantwortlichkeit aus anderen Gesichtspunkten heraus vornahm, wie z. B. um sich den ihn besonders interessierenden Spezialaufgaben intensiver widmen zu können. Daß noch viele andere persönliche und sachliche Gründe die Entwicklung einer starken und einheitlichen Geschäftsleitung erschweren können, wie Erbschaftsstreitigkeiten usw., ist bekannt genug. Wir haben deshalb anzuerkennen, daß in der Praxis weitgehende Verschiedenheiten gerade in der Frage der obersten Geschäftsleitung bestehen, und wir müssen sogar zugeben, daß eine radikale Änderung der bestehenden Verhältnisse in vielen Fällen nicht nur praktisch unmöglich ist, sondern auch kaum dem Gesamtunternehmen zum Vorteil gereichen würde. Aus allen diesen Gründen, die in der Praxis die Frage der obersten Geschäftsleitung einer Änderung und damit auch einer erfolgversprechenden Untersuchung entzieht, hätten wir nicht ungern die Erörterung der Aufgaben der obersten Geschäftsleitung aus unserer Untersuchung vollkommen herausgelassen, wenn nicht drei Gründe uns zwingend auf die Notwendigkeit des Gegenteiles hingewiesen hätten:

1. Gerade durch die praktischen Verhältnisse, die wir im vorstehenden kurz skizziert haben, sind die Elemente der obersten Geschäftsleitung stärker den persönlichen Empfindungen und Empfindlichkeiten der leitenden Persönlichkeiten unterworfen als andere Teile der Warenhausorganisation.

2. Mit der Zunahme des Druckes, der von der Wirtschaft auf das einzelne Unternehmen ausgeübt wird und dem man nur erfolgreich begegnen kann, wenn die Leistung des Geschäftes den objektiven Anforderungen der Wirtschaft entspricht, wird es auch in steigendem Maße notwendiger, daß die Geschäftsleitung selbst die ihr objektiv vom Betriebe aufgezwungenen Funktionen erfüllt. Dies wird insbesondere dann unumgänglich notwendig, wenn das Unternehmen so groß geworden ist, daß es nicht mehr als persönlicher Geschäftsbetrieb, sondern als wirtschaftliche Institution betrachtet werden kann.

3. Eine Untersuchung, die es sich zum Ziele gesetzt hat, aufzuzeigen, welche Schlußfolgerungen für die Organisation des Betriebes aus den objektiven Anforderungen, die die Wirtschaft stellt, gezogen werden müssen, kann keinesfalls an der Stelle vorübergehen, die für den organisatorischen Aufbau in erster Linie verantwortlich ist, noch eine Analyse der Aufgaben unterlassen, die von der Leitung der Organisation erfüllt werden müssen; ebensowenig wie sie darauf verzichten kann, die Fähigkeiten festzustellen, durch die die Persönlichkeit des Leiters ausgezeichnet sein muß.

Solange die Gründer selbst in ihren eigenen Geschäften tätig sind, mag es angehen, die Organisation aufs Persönliche abzustellen. Schon jetzt aber haben in zunehmender Zahl Nachfolger und Erben die Leitung unserer großen Einzelhandelsbetriebe übernommen. Auf die Dauer kann kein eingeführtes großes Geschäft sich gestatten, seine Organisation den Eigentümlichkeiten neu-eintretender Persönlichkeiten, selbst wenn es sich um Inhaber handelt, immer von neuem anzupassen. Vielmehr müssen trotz des Wechsels, der in der Leitung und im Personal aus natürlichen Gründen unvermeidbar ist, die Grundprinzipien der

Geschäftsorganisation aufrechterhalten werden. Eine durch persönliche Gesichtspunkte verursachte Neuverteilung der Verantwortlichkeiten und Umgruppierung der Funktionen schließt Risiken ein, die — abgesehen davon, daß sie kostbare Zeit beansprucht, um zur Auswirkung zu gelangen — den Reinertrag auf Jahre hinaus in Frage stellen kann. Gerade der Detailhandelsbetrieb entwickelt mit zunehmender Größe ein Eigenleben, das am allerwenigsten von der Geschäftsleitung mißachtet werden darf.

Die Aufgaben der Geschäftsleitung.

Die Geschäftsleitung — oder der Geschäftsleiter — eines Waren- oder Kaufhauses ist verantwortlich:

1. für das finanzielle Ergebnis,
2. für das Wachstum und
3. den gesicherten Fortbestand des Unternehmens.

Gewinn, Wachstum und Fortbestand sind die drei Ziele, auf die die gesamte Tätigkeit des Warenhauses gerichtet ist. Alle die einzelnen Gesichtspunkte, die die Geschäftsleitung beschäftigen, die Lage des Geschäftslokales und die Höhe der Kalkulation, Organisationsfragen und Nettoumsätze, Unkostenkonto und Pflege der Geschäftsreputation, Einkauf und Expedition, so unzusammenhängend sie insbesondere in dieser Gegenüberstellung zu zweien erscheinen mögen, haben als einzigen Zweck den Aufbau und die Aufrechterhaltung eines Geschäftsunternehmens, das die erworbene Stellung in den Einkaufsgewohnheiten der Verbraucherschaft einer Stadt oder Gemeinde sich erhalten und seinen Inhabern einen angemessenen Gewinn bringen soll.

Um die drei oben aufgeführten Ziele ihrer Tätigkeit, d. h. ein befriedigendes finanzielles Ergebnis, ein gesundes Wachstum und gesicherten Fortbestand des Unternehmens zu erreichen, hat die Geschäftsleitung die folgenden Aufgaben zu erfüllen:

1. Sie muß die Grundlinien der Geschäftspolitik festlegen, auf denen das Geschäft aufgebaut und nach deren Einzelbestimmungen der Geschäftsablauf vollzogen und die Geschäftspläne ausgearbeitet werden sollen.
2. Sie muß für eine richtige Lage des Geschäftslokales, ein zweckmäßig eingerichtetes Gebäude sorgen und die dauernde Unterhaltung des Gebäudes überwachen.
3. Sie muß für eine zweckentsprechende Verteilung der Verantwortung und der Vollmachten an die einzelnen Teile der Geschäftsorganisation Sorge tragen.
4. Sie muß einen möglichst hohen Wirkungsgrad der Zusammenarbeit zwischen den einzelnen Hauptteilen der Organisation, die die Träger der Verantwortung und Vollmacht sind, Vorsorge treffen.

5. Sie muß geeignetes Menschenmaterial für die Erfüllung der Aufgaben zu finden verstehen, die in den einzelnen Hauptteilen der Geschäftsorganisation zu lösen sind.

6. Sie muß sich selbst durch entsprechende Überwachung und dadurch, daß sie die geistige Führung in der Hand behält, davon überzeugen, daß die Grundsätze der Geschäftspolitik, die sie aufgestellt hat, in der Abwicklung der Betriebsvorgänge und in den Geschäftsergebnissen und in den Beziehungen der einzelnen Geschäftsinstanzen zueinander auch tatsächlich in lebendige Wirklichkeit umgesetzt werden.

Die letzten 4 Punkte sind ausgesprochene Organisationsprobleme. Die ersten beiden könnten vielleicht ohne Beziehung zu dem unterstellten Organisationsapparat gelöst werden. In der Praxis dürfte dies jedoch kaum vorkommen.

Denn wenn auch die Beschaffung eines geeigneten Geschäftslokales, Gebäudes usw. in hohem Grade von der Voraussicht der Geschäftsleitung abhängen, so ist auf der anderen Seite die Beratung durch die Sachverständigen der einzelnen interessierten Abteilungen des Betriebes nicht zu entbehren, wenn das Ergebnis den wirklichen Betriebsnotwendigkeiten Rechnung tragen soll.

Auch die Festlegung der Grundsätze der Geschäftspolitik stehen sowohl als Ergebnis wie als Ursache des Betriebsablaufes in zu enger Verbindung mit den technischen Betriebsproblemen, als daß eine kluge Geschäftsleitung sie ohne Beziehung zu den ausführenden Stellen niederlegen würde. Dazu kommt ferner noch, daß die gewählten Organisationsformen in hohem Maße davon abhängig sind, daß die geschäftlichen Grundsätze nicht nur zweckentsprechend aufgestellt, sondern auch in tatsächlicher, man möchte beinahe sagen, ehrlicher Übereinstimmung mit der Leistungsfähigkeit des Betriebes ausgearbeitet werden.

Der Aufbau des Organisationsgebäudes.

Es kann deshalb mit Recht festgestellt werden, daß die wichtigste Aufgabe der Geschäftsleitung eines bestehenden Betriebes der Auf- und Ausbau und die laufende Kontrolle der Geschäftsorganisation darstellt. Viele Organisationsformen sind in der Praxis bekannt. Wollten wir alle vorhandenen Verschiedenheiten behandeln, so wäre das Ergebnis entweder ein umfangreiches Tatsachenregister ohne viel praktischen Wert oder aber eine noch umfangreichere Darstellung der Gründe für die verschiedenen Variationen. Da wir aber bei unserer Skizze der 4 Hauptbetriebsabteilungen bereits viele der hauptsächlichsten Abweichungen beschrieben und kritisch besprochen haben, so dürfte es jetzt ausreichen, wenn wir feststellen, daß die Geschäftsleitung ihre Aufgaben am besten dadurch erfüllen kann, daß sie die Durchführung ihrer Geschäftspolitik den 4 Hauptbetriebsabteilungen überträgt, die wir kennen, d. h.

1. Kaufmännisches Betriebsbureau,
2. Werbebureau,
3. Inneres Betriebsbureau,
4. Finanz- und Kontrollbureau.

In der Praxis ist die Aufteilung der Funktionen eines Wahrenhauses in diese 4 Gruppen durchaus nicht selten. Man findet sie recht häufig auf den Organisationsskizzen fortschrittlicher Warenhäuser. Nicht selten bedeutet dies allerdings nicht, daß die Praxis der Theorie auch entspricht. Selbst viele von den Geschäften, die eine solche Organisationsskizze in Blaudruck an der Wand hängen haben, haben durchaus nicht immer in ihrer Organisation auch wirklich die Gleichstellung der 4 Hauptbetriebsbureaus durchgeführt.

Der Grund für die Kluft, die zwischen Plan und Tatsache oder, allgemeiner gesagt, Theorie und Praxis gähnt, liegt in der Verschiedenheit der Persönlichkeiten, die mit der Leitung der verschiedenen Betriebsbureaus betraut sind, in der Ungleichmäßigkeit der ihnen übertragenen Verantwortungen und Vollmachten, in der Vorliebe des Inhabers oder Geschäftsleiters für den einen oder anderen Zweig der Betriebsleitung oder schließlich in einer ungleichmäßigen Verteilung der verschiedenen Mitinhaber auf die einzelnen Zweige des kaufmännischen Betriebes im engeren Sinne, d. h. die Warenabteilungen.

Eine wirkliche Gleichstellung der 4 Hauptbetriebsbureaus ist in der Praxis tatsächlich so selten durchgeführt — und wir halten auf der anderen Seite die Durchführung dieses Prinzips oder den bestehenden Mangel an Gleichberechtigung in der Verteilung der Verantwortung für die Hauptfunktionen des Betriebes, für so entscheidend für den Geschäftserfolg —, daß wir auf diesen Punkt immer und immer wieder hinweisen, auf die Gefahr hin, den Leser mit dieser Wiederholung zu langweilen.

Es besteht wohl grundsätzliche Übereinstimmung darüber, daß auch der fähigste Kaufmann nicht in der Lage ist, ein Geschäft ohne Hilfe von verantwortlichen Mitarbeitern zu führen, sobald der Betrieb eine gewisse Mindestgröße überschritten hat. Wir hätten deshalb auch von einem anderen Gesichtspunkt aus an die Ausarbeitung eines allgemeinen Organisationsschemas herantreten können. Anstatt festzustellen, welche objektiven Anforderungen die Wirtschaft an den Betrieb stellt und welche Leitungen deshalb ein Betrieb vollbringen muß, um diese Ansprüche zu befriedigen, hätten wir von der Person eines Kaufmannes oder Kapitalisten ausgehen können, der die Absicht hat, einen großen Einzelhandelsbetrieb ins Leben zu rufen, und der seinerseits sich darüber klar werden will, welche Hilfskräfte er braucht, um einen solchen

Betrieb aufzuziehen — in der Annahme, daß zunächst die Hauptarbeit von ihm selbst geleistet werden wird, und ohne Berücksichtigung der objektiven — oder vielleicht in diesem Zusammenhange besser — gegebenen wirtschaftlichen Verhältnisse, die den meisten Kaufleuten erst dann zum Bewußtsein kommen, wenn der Betrieb eine gewisse Größe überschritten hat und sich aus dem einen oder anderen, ihnen vorläufig unverständlichen, Grunde Mißerfolge herausstellen. Das Resultat einer derartigen Methode hätte natürlich wesentlich anders ausgesehen, als unser Organisationsschema. Denken wir uns einen Chirurgen, der bei der Ausführung einer Operation von einer Anzahl von Assistenten unterstützt wird. Jeder der Assistenten arbeitet in direkter Fühlung mit ihm, reicht ihm Instrumente, Verbandsmaterial usw. und als Objekt der Operation sehen wir einen Patienten in Chloroformnarkose, über dessen Befinden die einzelnen Assistenten laufend Bericht erstatten. Es gibt Warenhäuser, und zwar auch sehr erfolgreiche Firmen, in denen derartige Organisationsprinzipien herrschen. In ihnen pflegt der leitende Kaufmann ein aktives Interesse an zahlreichen Details des täglichen Geschäftsbetriebes zu nehmen. Ihm wird von vielen Seiten täglich Bericht erstattet, und er wird durch eine große Zahl von mittleren Angestellten unterstützt, die jeder für sich wenig oder gar nichts zu sagen haben, sondern nur die Befehle des Allmächtigen ausführen, zu dem sie auf der anderen Seite trotzdem sämtlich Zutritt haben.

Solche Unternehmen, die ganz auf die Persönlichkeit des einen starken Führers abgestellt sind, pflegen in der Regel durch den völligen Mangel an starken Persönlichkeiten gekennzeichnet zu sein, wenn man von dem eigentlichen Führer absieht. Sie pflegen außerordentlich erfolgreich zu arbeiten, weil ihre Leistungen das direkte Ergebnis geistiger Meisterschaft sind. Sie besitzen auf der anderen Seite natürlich alle Nachteile ihrer Vorzüge. Insbesondere pflegt sich als Ergebnis der überspitzten Zentralisation und des persönlichen Elementes in der Leitung eine starke Ungleichmäßigkeit in den Einzelleistungen der Betriebsbureaus zu zeigen. Dieser Typ von Unternehmungen besitzt außerdem in der Regel nur eine relativ geringe Dauerhaftigkeit, weil es praktisch selten möglich ist, den starken Mann, der seine Organisation so aufgezogen hat, daß sie seine starke Seite in ihrer Wirkung steigert, durch eine Persönlichkeit zu ersetzen, die in Bahnen treten muß, die fest vorgezeichnet sind, und die sich einer Organisation einfügen muß, die aufgebaut wurde, angepaßt den besonderen Notwendigkeiten einer zwar überragenden, aber anders gearteten Führerpersönlichkeit.

Bei einem mittleren oder großen Einzelhandelsbetriebe kommen zu diesen allgemeinen Schwächen der auf die Persönlichkeit eines Führers abgestellten Organisation noch andere spezielle Faktoren der Schwäche hinzu. Wenn der ganze Betrieb auf der Stärke des einen Mannes basiert, so ist es unvermeidlich, daß eine Menge von Einzelfragen entweder dem obersten Betriebsleiter zur persönlichen Entscheidung vorgetragen werden, oder aber ohne nennenswerte Kontrolle von untergeordneten Persönlichkeiten entschieden und durchgeführt werden müssen. Der bedeutendste Mann verfügt auch nur über eine begrenzte Menge an Kraft und Zeit. Es kann deshalb leicht vorkommen und ist sogar die Regel in vielen derartigen Betrieben, daß die Einzelfühlung mit den zahlreichen Abteilungen dem einen Führer so viel kleine, um nicht zu sagen, kleinliche Aufgaben der täglichen Routine der Verwaltung aufbürdet, daß die schöpferischen und auf weite Sicht gestellten Funktionen, die dem obersten Geschäftsleiter in erster Linie zufallen, entweder völlig vernachlässigt werden oder aber in fliegender Eile. nur dann erledigt werden können, wenn einmal die tägliche Kleinarbeit nachläßt oder zu ihrem Nachteil zeitweilig beiseite geschoben wird.

Wir leben in einer Zeit, in der täglich grundsätzliche Veränderungen auf dem Gebiete des Detailhandels vor sich gehen. Diese Veränderungen und ihre Beziehung zu jedem einzelnen Betriebe bedürfen sorgfältigster Prüfung und Stellungnahme. Der Geschäftsleiter, der seine Organisation nur mit Hilfe von Unteroffizieren aufbauen will resp. aufgebaut hat, ohne den Offiziersstab, der die Verantwortung in hohem Grade selbst trägt, wird wenig Zeit finden, am Fenster wachen Träumen nachzuhängen und zu erschauen, was draußen passiert, und was er, abgesehen von den täglichen Routineangelegenheiten tun muß, um seinen Platz in der Heerschau der Wirtschaft zu halten. Die Übernahme der Verantwortung für eine Masse täglichen Kleinkrams nimmt dem obersten Geschäftsleiter in der Regel nicht nur die Zeit, die er zweckmäßiger seinen konstruktiven Ideen, wenn man will auch Traumdeutereien, reservieren müßte, sondern sie führt auch häufig genug dazu, die Fähigkeit für derartige schöpferische Betätigung zu zerstören. Es ist gefährlich, den Wald der grundsätzlichen wirtschaftlichen Umwälzungen vor den Bäumen der täglichen Kleinarbeit nicht zu sehen.

Bei den meisten Geschäften, die derartig auf die Persönlichkeit eines Führers eingestellt sind, der seinerseits sich nur untere Hilfskräfte als ausführende Organe heranzieht, pflegt der leitende Kaufmann eine der vier vorerwähnten Aufgaben in der Geschäftsführung selbst zu übernehmen, und zwar meistens die eigentlich kaufmännischen Aufgaben, die mit der Ware zusammenhängen. Durch diese Verbindung des leitenden kaufmännischen Bureaus mit der Stellung des obersten Geschäftsleiters wird diesem Teil der Aufgaben eines Warenhauses meistens automatisch der Vorrang innerhalb des Gesamtbetriebes manifestiert. Werbung, Innere Betriebsleitung und finanzielle Kontrolle verlieren demgegenüber an tatsächlicher und meistens in den Augen des Inhabers auch an theoretischer Bedeutung. Immerhin ist auch die reine Führung des kaufmännischen Betriebes eines Warenhauses so kompliziert und besteht aus einander so entgegengesetzten Funktionen, wie wir später zeigen werden, daß selbst die Vereinigung dieser Funktionen in einem einzigen Bureau, selbst wenn es unter der direkten Leitung des Inhabers steht, als unzweckmäßig und nicht ungefährlich bezeichnet werden muß.

Es ergibt sich daraus, daß der oberste Geschäftsleiter sich in jedem Falle dazu verurteilt, seine eigentlichen Funktionen zu vernachlässigen, wenn er sich selbst mit den Einzelheiten des täglichen Betriebes beschäftigt, unabhängig davon, welche speziellen Fragen er aus der Fülle der Gesamtaufgaben sich selbst vorbehält. Er wird finden, daß seine täglichen Einzelentscheidungen die von ihm aufgestellten allgemeinen Grundlinien der Geschäftspolitik häufig genug selbst verletzen, und daß also das Ergebnis der Vereinigung der Funktionen von oberster Geschäftsleitung und ausführendem Organ fast immer zum Teil in wichtigen, zum Teil lebenswichtigen, Fragen ein Durcheinander und eine Kompromißwirtschaft heraufbeschwört, die dem Geschäft gerade das vorenthält, was es am nötigsten braucht, eine von kleinlichen Gesichtspunkten freie, alle inneren und äußeren Umstände klug abwägende Oberleitung.

Und schließlich muß darauf hingewiesen werden, daß die Dauerhaftigkeit eines Warenhausbetriebes, die in hohem Grade von Personalfragen abhängig ist, in Betrieben, in denen eine Persönlichkeit autokratisch herrscht, selten wirksam sichergestellt ist. Sie hat nämlich zur Voraussetzung, daß sich im Betriebe selbst Führertalente entwickeln können. Ein autokratisch aufgezogener Betrieb pflegt aber jungen, strebsamen und auch befähigten Menschen diese Entwicklungschance selten oder nie zu gewähren.

Nur in den Fällen konnten sich die kleineren Ladengeschäfte zu großen und überragenden Warenhausbetrieben entwickeln, in denen der Inhaber und leitende Kaufmann eine wirklich starke Persönlichkeit war — stark entweder als Leiter und Führer von Menschen im besten Sinne des Wortes oder auch stark als Arbeiter und menschliche Maschine, die eine ungeheure Last selbst zu tragen vermochte. Nachdem aber einmal die großen Warenhausbetriebe geschaffen worden sind, ist es unumgänglich, daß auch in der obersten Geschäftsleitung die Prinzipien gebührende Berücksichtigung finden, die ein Betrieb solchen Umfanges aus sich selbst heraus stellt. Große Wirtschaftsbetriebe dieser Art können das Risiko der autokratischen Leitung nicht vertragen; auch wäre es ungerecht, die Verantwortung für einen eventuellen Rückgang des Geschäftes auf den Nachfolger eines wirklich großen Wirtschaftsführers abzuwälzen, der gezwungen war, in den ausgetretenen ererbten Gleisen weiter zu schreiten, deren Spurweite ihm nun einmal nicht angepaßt war. Abgesehen von dem unwahrscheinlichen Fall, daß der neue Führer denselben seltenen Typus überlegener Qualität und genialer Begabung darstellt, den der Gründer verkörperte, müssen sich die Schwächen des autokratischen Führerprinzips sehr bald nach dem Wechsel in der Leitung in einem Rückgange des Geschäfts ausdrücken, der oft genug die Erfolge der Lebensarbeit des Gründers — die gemessen am Lebensalter des Unternehmens nur eine kurze Periode darstellen sollte — in kurzer Zeit zum Verschwinden bringt. Moderne Warenhäuser gehören zu den größten Wirtschaftsbetrieben. Ihre Führung verlangt die sorgsame Durchführung und gleichmäßige Beachtung vieler Einzelaufgaben. Leiter eines Warenhauses zu sein ist eine gewaltige Aufgabe. Sie muß erfolgreich gelöst werden, wenn das Geschäft erfolgreich arbeiten und sich weiterentwickeln soll.

Das Geschäftsprogramm und seine organisatorische Sicherstellung.

Sind die Grundlinien und Prinzipien für die Organisation des Gesamtbetriebes klargestellt, so ist es die Aufgabe des Geschäftsleiters, das Geschäftsprogramm des Unternehmens festzulegen. Es ist zweckmäßig, wenn dies in schriftlicher Form geschieht, damit Unklarheiten und Mißverständnisse ausgeschaltet werden.

Bei der Festlegung des Geschäftsprogramms muß sich die Geschäftsleitung ganz allgemein über den Charakter im klaren sein, den sie ihrem Unternehmen zu geben wünscht. Das schriftlich festgelegte Programm muß zum Beispiel klar erkennen lassen, ob das Geschäft sich an die breite Masse der Bevölkerung wendet oder nur Spezialbedürfnisse engerer Käuferschichten befriedigen will. Es sollte ferner die Aufgaben deutlich und bewußt umschreiben, die vom Gesamtbetriebe sowie den einzelnen Abteilungen gelöst werden müssen, weil die Klarstellung und bewußte Festsetzung dieser Aufgaben die Voraussetzung dafür darstellt, daß der Apparat richtig bemessen wird, der zur Umsetzung der theoretischen Grundsätze in die Praxis erforderlich ist. Schließlich sollte schon aus dem Grunde ein schriftliches oder gedrucktes Geschäftsprogramm geschaffen werden, weil es der Geschäftsleitung greifbare Unterlagen für die laufende Kontrolle darüber bietet, daß die Einzelfunktionen aller Betriebsabteilungen in regelmäßigen Zeitabschnitten einer erneuten gründlichen Durchprüfung unterzogen werden.

(Man wird jedem Geschäftsgrundsatz zweckmäßigerweise eine kleine Organisationsausarbeitung beigeben, aus der ersichtlich ist, wie er verwirklicht werden soll, und in der auch die Abteilung bezeichnet wird, der am besten die Arbeit der praktischen Durchführung übertragen werden kann.)

Ein solches Geschäftsprogramm darf nicht statischen Charakter tragen, es muß sich vielmehr der Dynamik des Geschäftes anpassen. Es darf nicht der Stagnation, sondern es muß der Entwicklung dienen. Es sollte sich auch nicht darauf beschränken, eine Reihe schöner Gemeinplätze zusammenzustellen, um dem gelegentlichen Besucher einen imponierenden Eindruck von der Fortschrittlichkeit des Geschäftes zu vermitteln. Kein Geschäftsgrundsatz sollte aufgestellt und noch weniger aufgeschrieben werden, wenn nicht die notwendige Maschinerie für seine Durchführung und Kontrolle ebenfalls existiert oder geschaffen werden kann und soll. Auch sollten Grundsätze der Geschäftspolitik nur dann aufgestellt werden, wenn die praktische Möglichkeit vorhanden ist, die Verantwortung für ihre Durchführung Männern zu übertragen, die die Fähigkeit, Methodik und Stärke besitzen, das theoretisch Festgelegte auch wirklich zum Leben zu bringen. Dieses sollte besonders in solchen Geschäften Beachtung finden, in denen aus speziellen, dem Betriebe eigenen Gründen, die Möglichkeit nicht besteht, die Durchführung der Hauptaufgaben einer nötigen Vielzahl von Unterführern zu übergeben. Wenn man, wie es häufig geschehen muß, die Verantwortung für zwei einander widersprechende Geschäftsfunktionen derselben Persönlichkeit überträgt, so muß das naturnotwendig die Vernachlässigung oder vollständige Unterdrückung einer der beiden Funktionen zur Folge haben. Und es genügt nicht, daß man sich in solchen Fällen damit tröstet, daß schließlich alle Aufgaben und die Verwirklichung sämtlicher Grundsätze des Geschäftsprogrammes nur dem einen allen gemeinsamen Ziele dienen, das Unternehmen zum Erfolg zu führen, d. h. den Ertrag, das Wachstum und den Dauerbestand des Unternehmens sicherzustellen.

Wie schwierig es häufig ist, diese Gegensätzlichkeit der verschiedenen Geschäftsgrundsätze auszugleichen, mag aus einigen Gegenüberstellungen hervorgehen: Es gehört zweifellos zu den wichtigsten Aufgaben der Geschäftsführung, einen angemessenen Gewinn zu erzielen. Demgegenüber bedeutet alles, was zur Steigerung des Kundendienstes getan wird, wie wichtig und notwendig es auch sei, eine Steigerung der Unkosten und damit eine Beeinträchtigung des unmittelbar realisierbaren Gewinnes. Ein angemessener Aufschlag auf die Waren ist absolute Voraussetzung für die Erzielung eines Reingewinnes; demgegenüber kann eine strikt durchgeführte Unterbietungspolitik einen ursprünglich angemessenen Aufschlag leicht in ein nicht befriedigendes Nettoergebnis verwandeln, während andererseits eine Politik, die streng an dem ursprünglichen Aufschlag festhält, das Versprechen konkurrenzloser Billigkeit leicht zu einer gefährlichen Phrase machen kann. Vollständige Sortimente in allen Lägern werden in der Lage sein, alle Ansprüche der Kunden zu befriedigen, und bieten eine vorzügliche Basis für wirksame Reklame, haben auf der anderen Seite aber häufig eine starke Verminderung der Umschlagsgeschwindigkeit zur Folge und nötigen zu fühlbaren gewinnmindernden Preisreduktionen.

Aus diesen Gegenüberstellungen ergibt sich als Lehre für die Aufstellung des Geschäftsprogrammes, daß von zwei Grundsätzen, die unmöglich gleichzeitig durchgeführt werden können, einer als augenblicklich nicht realisierbar auszuscheiden hat. Allerdings können oft auch Grundsätze, die sich zu widersprechen scheinen, trotzdem wesentliche Teile eines Geschäftsprogrammes darstellen, wenn nur ihre praktische Verwirklichung durch eine wirklich fähige Leitung sichergestellt wird. Dies ist jedoch nur dann möglich, wenn bei der Verteilung der Verantwortlichkeiten für einen wirklichen Kräfteausgleich Sorge getragen worden ist.

Deshalb gehören die Verteilung der Verantwortung im internen Betrieb und gleichzeitig die Verteilung der Verfügungsmacht zu den wichtigsten und verantwortungsreichsten Aufgaben der Geschäftsleitung. Die Übertragung der Verantwortlichkeit auf die einzelnen Betriebsbureaus muß so vorgenommen werden, daß jede organisatorische Stelle, jedes Betriebsbureau, in der Lage ist, die ihm zukommenden Spezialaufgaben unter vollständiger Konzentration auf die erforderliche und erwachsende Arbeit durchzuführen. Insbesondere muß das Bereich der Verantwortung so abgemessen sein, daß es den Arbeitsbereich vollkommen deckt und dem Träger der Verantwortung auch die vollste Möglichkeit zur Erfüllung der seiner Verantwortung unterliegenden Aufgaben einräumt. Dabei ist jedoch als ebenso wesentlich zu beachten, daß die Beziehungen der einzelnen Hauptbetriebszellen so zueinander geregelt werden, daß jede Stelle in ihrer Wirksamkeit von der ebenso erfolgreichen Erfüllung der Aufgaben durch die übrigen Hauptbetriebszellen abhängig ist. Mit anderen Worten: Die tägliche Arbeit jeder Betriebszelle muß gleichzeitig automatisch die Arbeit aller anderen Stellen des Betriebes beeinflussen und dadurch auf sie eine dauernde Pression mit dem Ziele der Erledigung der ihnen übertragenen Arbeiten ausüben. Durch diese gegenseitige Abhängigkeit der Hauptabteilungen des Betriebes voneinander wird nicht nur eine außerordentliche Leistungshöhe jeder einzelnen Betriebszelle sichergestellt, sondern die oberste Geschäftsführung wird auch der Sorge enthoben, ein teures System zur Kontrolle der praktischen Durchführung der aufgestellten Geschäftsgrundsätze einzurichten, und es wird ferner ohne risikoreichen Zeitverlust möglich, Fehler zu lokalisieren und Leistungsunfähigkeit dort festzustellen, wo sie tatsächlich vorhanden ist.

Denn wenn es sich herausstellt — und nur die oben gekennzeichnete Methode der gegenseitigen automatischen Kontrolle der Hauptbetriebsabteilungen wird ein rechtzeitiges Erkennen derartiger Zustände ermöglichen — daß die wirkungsvolle Durchführung eines Geschäftsgrundsatzes durch eine Abteilung die entsprechend zufriedenstellende Lösung einer Aufgabe durch eine andere Abteilung unmöglich macht, kann und soll die oberste Geschäftsleitung eingreifen. Man wird dann entweder versuchen, die Arbeit einer Abteilung so zu verbessern, daß die beiden anscheinend unvereinbaren, aber in gleicher Weise erwünschten Elemente zu einer guten Ehe zusammengeschlossen werden, oder man wird sich gezwungen sehen, zeitweilig einen Geschäftsgrundsatz der Durchführung eines anderen zu opfern. Welchen Weg man dabei auch einschlagen mag, das Wesentliche bleibt, daß eine bewußte Entscheidung unter klarer Berücksichtigung und Herausarbeitung der beiden gegensätzlichen Grundsätze erfolgt. Eine solche Entscheidung kann nur durch die oberste Geschäftsleitung getroffen werden. Gerade deshalb ist es vor allem anderen wesentlich, daß sich die Geschäftsleitung nicht nur absolut das Recht vorbehält, in allen prinzipiellen Fragen zu entscheiden, sondern auch bereit ist, dafür die Verantwortung auf sich zu nehmen. Mögen derartige prinzipielle Streitfragen nur gelegentlich auftreten oder, wie es sehr häufig der Fall sein kann, bei vielen Einzelentscheidungen der täglichen Routine wiederkehren: in jedem Falle sind sie — eben weil sie auf prinzipiell entgegengesetzte Grundanschauungen oder Geschäftsprinzipien zurückgehen — so bedeutsam, daß die oberste Geschäftsleitung eine derartige Entscheidung in keinem Falle anderen Stellen überlassen oder gar durch Verwischung der Verantwortlichkeiten ein offenes Hervortreten verhindern darf. Prinzipielle Entscheidungen, deren Konsequenz allen anderen Abteilungen des Hauses erst das erforderliche Sicherheitsgefühl für das, was geschehen und nicht geschehen soll, schaffen kann, gehören zu den vornehmsten Reservatrechten, aber auch zu den schwierigsten Pflichten der Geschäftsleitung, die sich hierfür in ganz besonderem Maße Kraft, Zeit und Schöpferqualitäten reservieren muß.

Aus dem aufgestellten Geschäftsprogramm gehen die Einzelaufgaben hervor, die im Geschäftsbetriebe von den einzelnen Hauptverantwortlichen gelöst werden müssen. Die Organisation des Betriebes, der in seiner Gesamtheit das Geschäftsprogramm durchzuführen hat, muß deshalb so aufgezogen werden, daß die folgenden Grundprinzipien für die Unterverteilung der Verantwortlichkeit maßgebend sind:

1. Arbeitsteilung.
2. Volle Verantwortlichkeit der ausführenden Organe.
3. Gleichgewicht der Kräfte und gegenseitige Kontrolle.

Um dem Leser zu zeigen, wie ungefähr eine Organisation, die diesen Erfordernissen entspricht, aufgebaut werden sollte, geben wir im folgenden eine Aufstellung, die einen erheblichen Teil derjenigen Punkte enthält, über die das Geschäftsprogramm eines größeren Warenhauses üblicherweise eindeutige Richtlinien der Geschäftspolitik zu enthalten pflegt. Die wichtigsten dieser Punkte sind die folgenden:

1. Die Klasse des Publikums, die das Warenhaus an sich zu ziehen wünscht, d. h. mit anderen Worten: Die Bestimmung der maßgebenden Hauptpreislagen und zwar nicht nur im Falle der Geschäftseröffnung, sondern ebenso bei einer Veränderung der allgemeinen Wirtschaftsverhältnisse oder eines grundsätzlichen Wechsels im sozialen Charakter der Stadtgegend usw., in der sich das Geschäft befindet.
2. Die Hauptgesichtspunkte, mit denen das Geschäft die Kundschaft heranzuziehen hofft:
   A. Preiswürdigkeit,
   B. Kundendienst,
   C. Vollständige Sortimente,
   D. Modeneuheiten,
   E. Solidität.
3. Der allgemeine Charakter der Reklame:
   A. Angreifende Reklame,
   B. Zurückhaltende Reklame,
   C. Allgemeine, den Charakter des Geschäftes hervorhebende Reklame (Institutional),
   D. Preisreklame (Unterbietung der Konkurrenz),
   E. Trickreklame,
   F. Sonderveranstaltungen oder reguläres Geschäft,
   G. Sonderbare, bisweilen sogar komische Reklame,
   H. Wahre Reklame.
4. Eigene Marken oder allgemeine Markenartikel.
5. Normalkalkulation oder Preisschleuderei, evtl. unter besonderem Preiskampf gegen allgemeine Markenartikel, deren Preise für den Kleinverkauf festgesetzt sind und deren Unterbietung deshalb besonders geeignet ist, die Aufmerksamkeit auf sich zu lenken.
6. Waren, die geführt werden sollen:
   A. Möbel,
   B. Konfektion,
   C. Textilien (Meterware),
   D. Herrenkleidung und Herrenartikel,
   E. Weitere Artikel.
7. Eigene oder verpachtete Abteilungen.
8. Warenpolitik:
   A. Vollständige Sortimente oder schneller Umschlag bei kleinem Lager,
   B. Einkauf von Posten und Spezialangeboten oder reguläres Sortimentsgeschäft.

9. Innerhalb der festgelegten Richtlinien: die richtige Ware zum richtigen Preise in der richtigen Menge zur richtigen Zeit.
10. Kalkulation.
11. Umfang der Preisreduktionen (Preisminderung).
12. Eigene Preispolitik im Vergleich mit Konkurrenzangeboten.
13. Kundendienst:
    A. Informationsbureaus und Einkaufsberatung der Kundschaft,
    B. Kulante Bedienung,
    C. Entgegenkommen bei
        a) Notierungen und Krediten,
        b) Umtausch,
        c) Beschwerden,
    D. Zustellung und Versand
        a) Das Bereich des Zustellungsdienstes,
        b) Häufigkeit der Zustellung,
    E. Erleichterung und Bequemlichkeit beim Kaufen.
14. Verkaufsförderung:
    A. Keine Sonderveranstaltungen,
    B. Sonderangebote einzelner Abteilungen,
    C. Inventur- und Saisonverkäufe,
    D. Häufige Sonderveranstaltungen des Gesamtgeschäftes,
    E. Auswärtige Verkaufsstellen
        a) Filialgeschäfte,
        b) Verträge über Vertretungen durch auswärtige Detailgeschäfte (Niederlagen),
        c) Versandgeschäft,
        d) Reisende und Agenten.
15. Personalpolitik:
    A. Heranbildung der leitenden Beamten aus dem eigenen Personal,
    B. Personalausbildung,
    C. Personalfürsorge,
    D. Arbeitszeit,
    E. Gehalts- und Lohnsystem
        a) Lohnniveau,
        b) Prämiensystem,
        c) Beteiligungen.
16. Unkostenetat.
17. Finanz- (Kredit-) Politik:
    A. Barzahlung oder Kreditsystem,
    B. Ermutigung zum Kontoverkehr,
    C. Versand gegen Nachnahme, auch Zustellung gegen Bezahlung bei Ablieferung im Hause des Kunden,
    D. Abzahlungsgeschäft,

E. Annahme von Kundenvorauszahlungen auf bestimmte Waren,
F. Depositen- und Sparkonten der Kundschaft.

18. Grundstücke und Gebäude:
    A. Grundstück, gegenwärtige Lage und Zukunftserfordernisse,
    B. Um- und Neubauten.
19. Vereinigung mit anderen Häusern oder Gruppen:
    A. Gemeinsamer Einkauf,
    B. Statistischer Austauschdienst,
    C. Zusammenschluß und Fusion.
20. Finanzierung:
    A. Bankkredite,
    B. Ausgabe von Aktien oder Obligationen,
    C. Diskontierung von Außenständen,
    D. Inventuraufnahme zum Einkaufs- oder Verkaufspreis.

Diese Aufstellung ist zwar nicht vollständig, aber sie reicht aus, um dem Leser einen Eindruck davon zu geben, welche Fragen die Geschäftsleitung bei der Aufstellung ihrer Geschäftsgrundsätze zu behandeln hat. Wird ein Geschäft neu eingerichtet, so besteht die Möglichkeit, zu diesen Problemen oder wenigstens zu ihrer Mehrzahl von vornherein Stellung zu nehmen. Wenn man dagegen daran geht, die Geschäftsgrundsätze eines arbeitenden Betriebes niederzulegen, so werden selbst die allgemeinsten Grundsätze nur in Beratungen der beteiligten Ressorts und nach sorgfältiger Untersuchung der tatsächlichen Betriebspraxis festgestellt werden können. Immerhin sollte der Geschäftsleiter, wenn er auch die auf diese Weise gesammelten Informationen benutzen und die Meinungen der Betriebsleiter anhören soll, sich doch selbst die endgültige Entscheidung vorbehalten.

Da viele der vorerwähnten Punkte und die mit Beziehung auf sie aufgestellten Geschäftsgrundsätze hauptsächlich für die Arbeit der einzelnen Betriebszellen maßgebend sein werden, so haben wir im folgenden die Hauptpunkte der vorstehenden Aufstellung noch einmal wiederholt, aber sie entsprechend unserer Vierteilung der Betriebsorganisation neu gruppiert.

1. Kaufmännisches Betriebsbureau:
   A. Die richtige Ware zur rechten Zeit zu den richtigen Preisen und in der richtigen Menge. Zur Erfüllung dieses Programmpunktes muß der ganze Apparat der Warenbeschaffung und -kontrolle herangezogen werden. Außerdem ist sie von der richtigen Stellungnahme zu den folgenden Fragen abhängig:
      a) Bestimmung der sozialen Klasse des Publikums, das man als Kundschaft wünscht,
      b) Bestimmung der Sortimente,
      c) Umschlagsgeschwindigkeit,

d) zu führende Waren,

B. Einkauf von Posten und Spezialangeboten oder reguläres Sortimentsgeschäft,

C. Kalkulation,

D. Eigene Preisstellung im Vergleich mit der Konkurrenz,

E. Reduktionen,

F. Auswärtige Verkaufsstellen.

2. Werbebureau:
   A. Form der Werbung,
   B. Charakter der Reklame,
   C. Eigene Preisstellung im Vergleich mit der Konkurrenz,
   D. Niveau des Geschäftes,
   E. Verkaufsförderung.
3. Kundendienst:
   A. Verkauf,
   B. Information und Einkaufsberatung der Kundschaft,
   C. Bequemlichkeit und Einkaufserleichterungen,
   D. Expedition,
   E. Beschwerdebureau.
4. Personalverwaltung:
   A. Personalbureau, Personalausbildung, Personalfürsorge,
   B. Gehalts- und Lohnsystem.
5. Finanzkontrolle und Statistik:
   A. Kunden-Kreditpolitik,
   B. Ausreichende Kalkulation,
   C. Reduktionsetat,
   D. Unkostenetat.
   E. Betriebsstatistik.
6. Geschäftsleitung:
   A. Grundstücksgeschäfte,
   B. Mietung und Vermietung von Abteilungen,
   C. Finanzpolitik,
   D. Zusammengehen mit anderen Geschäften.

Aus dieser Aufstellung würde hervorgehen, daß die Geschäftsleitung die Durchführung ihrer Geschäftsgrundsätze 5 Hauptabteilungen ihres Betriebes übertragen müßte. Tatsächlich sollte jedoch aus Gründen, die später in Abschnitt 6 auseinandergesetzt werden, das Personalbureau mit dem Kundendienstbureau vereinigt werden, so daß sich als die Hauptbetriebsbureaus des Geschäftes die folgenden ergeben:

1. Kaufmännisches Betriebsbureau.
2. Werbebureau.
3. Inneres Betriebsbureau.
4. Finanz- und Kontrollbureau.

Verteilung der Verantwortlichkeit.

Die Beziehungen zwischen diesen 4 Hauptbetriebsbureaus, die sich häufig in fortschrittlichen Warenhäusern finden, sind nicht überall die gleichen. In unserer Einzelbesprechung der Aufgaben dieser 4 Bureaus werden wir zeigen, daß sie gleichgestellt sein sollten, nicht nur, weil nur auf diese Weise dem Charakter ihre besonderen Aufgaben am besten entsprochen wird, sondern vor allem auch, damit sich die Geschäftsleitung selbst auf die Aufgaben der Leitung beschränken resp. konzentrieren kann. Die Gleichstellung dieser 4 Bureaus auf einer wirklich gleichberechtigten, man kann auch sagen, demokratischen Basis, bedeutet nicht nur eine Garantie für die Geschäftsleitung, daß die Aufgaben jedes dieser Bureaus besonders wirksam erfüllt werden. Es bedeutet auch fernerhin eine einfache und angemessene Verteilung der Arbeit an vier starke Persönlichkeiten, die den Geschäftsleiter von Detailarbeiten befreien und ihn durch ihre besonders gute Spezialausbildung und Erfahrung wirksam unterstützen. Außerdem aber ist eine wirklich koordinierte Verteilung der Verantwortung und der Aufgaben auf die 4 Hauptabteilungen die beste Sicherung gegen die Unterdrückung oder Vernachlässigung eines Geschäftsgrundsatzes zugunsten eines anderen und ermöglicht der Geschäftsleitung eine selbstverständliche automatisch wirksame Kontrolle des gesamten Betriebsablaufes.

„Billiges Geschäft“ oder Normalkalkulation.

Prüfen wir die Gründe dafür an einzelnen, häufig in der Praxis wiederkehrenden Beispielen! Dem kaufmännischen Betriebsbureau ist die Aufgabe übertragen, die richtige Ware zu beschaffen. Das Werbebureau hat die Aufgabe, das Publikum durch geeignete Reklame in das Geschäft zu bringen und zum Kaufen zu veranlassen. Wenn Wahrhaftigkeit der Reklame ein Geschäftsgrundsatz ist — und der gesunde Menschenverstand ebenso wie die Geschäftsethik verlangen das —, so muß das gedruckte Reklamewort in der Ware seine Rechtfertigung finden, d. h. die angebotene Ware muß wirklich geeignet sein, die Wünsche der Schicht des Publikums, die man als Kundschaft haben möchte, zu erfüllen. Nun sollte allerdings das kaufmännische Bureau resp. seine Einkaufsorganisation keine Ware kaufen, die sich nicht verkaufen läßt. Immerhin sind die Einkäufer auch nur Menschen. Die richtige Durchführung des oben erwähnten Geschäftsgrundsatzes verlangt aber, daß falsch eingekaufte Ware nicht zum Kauf angeboten werden sollte. Die Geschäftsleitung, die ein Werbebureau geschaffen hat, um die angebotenen Waren der Kundschaft zu empfehlen, kann diese Kundschaft nur vor Enttsäuchungen schützen und das Geschäft nur vor einem Verlust an Ansehen bewahren, wenn sie dem

Werbebureau gestattet, sein Urteil über alle Waren abzugeben, die in der Reklame angeboten werden. Daraus ergibt sich von selbst, daß das kaufmännische Betriebsbureau und das Werbebureau sich gleichberechtigt gegenüberstehen müssen.

In diesem Zusammenhang sind die Kalkulationsgrundsätze und die Preisstellung im Wettbewerbskampfe von besonderem Interesse, weil sie alle 4 Betriebsbureaus angehen. Das Doppelproblem, ebenso billig oder billiger als die Konkurrenz verkaufen zu können und trotzdem Preise zu erzielen, die den erforderlichen Gewinn abwerfen, ist und bleibt die Hauptaufgabe des kaufmännischen Betriebsbureaus. Die Lösung dieser Aufgabe wäre furchtbar einfach, wenn das eigene kaufmännische Betriebsbureau den Einkaufsorganisationen aller Konkurrenzgeschäfte überlegen wäre. Da dies jedoch meistens in der Praxis nicht der Fall ist, sondern die Einkaufsbureaus insbesondere bei großen, gut organisierten, miteinander in Konkurrenz stehenden Geschäften etwa gleich gut zu sein pflegen, so kommt es häufig vor, oder so muß der Fall eintreten, daß entweder der Grundsatz der Wettbewerbsfähigkeit oder die Erzielung eines angemessenen Gewinnes über Bord gehen. Wenn die Geschäftsleitung mit Sicherheit erreichen will, daß sowohl die Wettbewerbsfähigkeit aufrechterhalten bleibt wie der notwendige Gewinn erzielt wird, so kann sie es sich nicht leisten, dieses schwierige Doppelproblem dem kaufmännischen Betriebsbureau allein zu überlassen. Die Verantwortung für die praktische Arbeit und Einhaltung der Richtlinien muß natürlich dem kaufmännischen Betriebsbureau übertragen werden; aber die Kontrolle über die Durchführung, d. h. der Schutz der Kundschaft und damit des Geschäftsansehens und die Sicherstellung des Geschäftsgewinnes gehört ebenso selbstverständlich in den Aufgabenbereich der drei anderen Betriebsbureaus. Den Angestellten des Werbebureaus und des Inneren Betriebsbureaus ist das Material über den Stand des Geschäftes im Wettbewerbskampfe zugänglich. Diese beiden Abteilungen, vor allem das Vergleichsbureau der Werbeabteilung, haben deshalb die Wettbewerbsfähigkeit der Warenangebote zu kontrollieren. Und um den Druck auszugleichen, den diese beiden Bureaus ausüben — so wichtig er auch sein mag als ein Schutz gegen den Ruf als „teures Geschäft“ — muß die Verantwortung für die Kontrolle der Kalkulation, der Reduktionen (Preisminderungen) und des Bruttogewinnes dem Finanz- und Kontrollbureau übertragen werden. Muß eine Entscheidung in diesen Fragen getroffen und zwischen niedrigen Preisen und niedriger Kalkulation auf der einen Seite und höheren Preisen bei angemessener Kalkulation auf der anderen Seite gewählt werden, so bleibt dieses der obersten Geschäftsleitung vorbehalten. Diese Entscheidung wird aber nur dann unabhängig und unter gerechter Bewertung aller Umstände gefällt und die Gefahr entweder zu hoher Preise oder eines zu niedrigen

Gewinnes vermieden werden können, wenn der Geschäftsleiter die vier beteiligten Hauptbetriebsbureaus einander wirklich gleichberechtigt gegenüberstellt, so daß sie gezwungen sind, zur Entscheidung über das Problem die höhere Instanz, den Geschäftsleiter selbst, anzurufen.

Kundendienst und Unkostenkontrolle.

Dem Inneren Betriebsbureau ist die Aufgabe gestellt, der Kundschaft jede Bequemlichkeit zu verschaffen. Dem Finanz- und Kontrollbureau liegt es ob, den Reingewinn sicherzustellen. Bei der Durchführung dieser Aufgaben, d. h. 1. Dienst am Kunden, 2. Wirksame Unkostenkontrolle werden sich diese beiden Hauptbetriebsbureaus vielfach in freundlichem, aber auf fundamentale Gegensätze sich gründendem Kampfe gegenüberstehen. In sämtlichen Geschäften, die wir untersucht haben, ist die Verantwortung sowohl für den Kundendienst wie für die Unkostenkontrolle im Inneren Betriebsbureau vereinigt. Ob der Kundendienst, den das Warenhaus bietet, mit den Leistungen der Spezialgeschäfte auf diesem Gebiete konkurrieren kann, wissen wir nicht; aber wir wissen, daß die sogenannten Luxusansprüche der Kundschaft auch in den Warenhäusern befriedigt werden, und es ist ebenso allgemein bekannt, daß in Amerika die Unkosten des Verteilungsprozesses im Einzelhandel in einer Zeit dauernd gestiegen sind, in der die allgemeine Belastung durch Generalunkosten dank der steigenden Umsätze in fast allen anderen Wirtschaftszweigen gesunken ist. Es ist nur natürlich, daß das Zusammenwerfen von Unkostenkontrolle und Kundendienst zu einer Betonung nur des einen Faktors und nicht zu einer gleichmäßigen Berücksichtigung beider Faktoren führen kann. Nur sehr gelegentlich wird sich ein Innerer Betriebsleiter finden, der in der Lage ist, diese beiden einander grundsätzlich widerstreitenden Elemente glücklich zu vereinen. In der Regel wird der Innere Betriebsleiter den ertötenden Einfluß übermäßig rigoroser Unkostenkontrolle gegen die Anforderungen des Kundendienstes anwenden oder er wird umgekehrt in die Versuchung kommen, das Prinzip der Unkostenbeschränkung zugunsten der Bequemlichkeit der Kundschaft über Bord zu werfen. Der Geschäftsleiter muß sich deshalb klarmachen, daß auf der einen Seite die Aufrechterhaltung einer angemessenen Dienstbereitschaft den Ansprüchen der Kundschaft gegenüber für das Ansehen des Geschäftes lebenswichtig ist, während auf der anderen Seite von der wirksamen Durchführung einer gesunden Unkostenkontrolle das Lebensblut des Geschäftes — der Reingewinn — abhängt. Wenn der Geschäftsleiter die Durchführung dieser beiden Grundsätze derselben Stelle in der Geschäftsorganisation überträgt, so schafft er weder Sicherheiten für den Kundendienst noch für die Unkostenkontrolle. Das Ergebnis muß in solchem Falle notwendigerweise mittelmäßig sein und ist vollständig davon abhängig, in welchem Grade der Innere Betriebsleiter die Fähigkeit besitzt, in sich selbst Gegensätze zum Ausgleich zu bringen; während die Geschäftsleitung darauf angewiesen ist, durch persönliche Kontrolle der Dienstbereitschaft und nachträgliches Studium der Unkostenziffern festzustellen, was von jedem der beiden wichtigen Grundsätze übriggeblieben ist.

Eine wirksame Sicherstellung der zweckentsprechenden Durchführung beider Geschäftsgrundsätze kann nur dadurch erreicht werden, daß man sie zwei verschiedenen Betriebsbureaus als Sonderaufgabe überträgt. Nur auf diese Weise wird es ermöglicht, daß die Gesichtspunkte des Kundendienstes die schädlichen Wirkungen übermäßiger Unkostenbeschränkung ausgleichen, während auf der anderen Seite die Stelle, die über die Unkosten zu wachen hat, übertriebene Ausgaben zugunsten des Kundendienstes zu verhindern wissen wird. Die Geschäftsleitung ihrerseits wird dann von 2 Seiten unterrichtet und braucht sich nicht mehr an dieselbe Stelle zu wenden, wenn Streitfälle auftauchen.

Tatsächlich muß die Entscheidung zwischen den Erfordernissen der Dienstbereitschaft und den Spargesichtspunkten der Unkostenkontrolle fast fortlaufend bei jedem einzelnen Geschäftsvorfall erneut getroffen werden. Wenn die Preise sinken, wird die Wahl zwischen beiden Prinzipien noch schwieriger. Überläßt der Geschäftsleiter die Lösung eines Problemes von solcher Bedeutung einer anderen Stelle, wie es jetzt meistens in der Praxis geschehen ist und geschieht, so bedeutet das gleichzeitig den Verzicht auf eine der wichtigsten Funktionen der Geschäftsleitung überhaupt. Wenn die Geschäftsleitung den erreichten Stand der Dienstbereitschaft aufrechterhalten und verbessern und außerdem den Betrieb mit Gewinn abschließen will, so kann sie sich nicht damit begnügen, einem noch so tüchtigen Dritten den Blankoauftrag zu erteilen, sowohl für die Bequemlichkeit der Kundschaft in jeder Weise zu sorgen, als auch gleichzeitig sparsam zu wirtschaften. Sie muß den Kundendienst zur Hauptaufgabe einer Abteilung und die Unkostenkontrolle zur Hauptaufgabe einer anderen Abteilung machen. Denn Sparsamkeit ist das Ergebnis fähiger Leitung und nicht unzweckmäßig eingesparter Dienstaufwendungen. Ist es aber wirklich aus wichtigen Gründen notwendig, den einen oder anderen der beiden in Frage stehenden Gesichtskunkte vorübergehend zurückzustellen, dann muß die Geschäftsleitung selbst die Entscheidung darüber treffen, denn es ist auch die Geschäftsleitung selbst, die für das Ergebnis der Entscheidung geradezustehen hat.

Einkäufer- und Propagandaoptimismus und Betriebsstatistik.

Die wachsende Bedeutung sogenannter Organisations- und Kontrollsysteme wird von vielen Geschäftsinhabern mit einer gewissen Besorgnis betrachtet. Man fürchtet, daß die schöpferischen und instinktiven Qualitäten des Kaufmannes durch die Anwendung oder Überanwendung von Statistiken ersetzt werden sollen. Man glaubt, daß der Einkäufer oder Abteilungsleiter durch derartige Methoden sein kaufmännisches Urteil verliert und statt dessen in den Begriffen des „Einkaufsetats" oder „Einkaufslimits" denkt. Diese Furcht ist durchaus nicht unbegründet. Der Grund hierfür liegt jedoch meistens nicht in einer Überbetonung der Statistik, sondern in einer falschen, den wirklichen Zwecken nicht entsprechenden Vermengung organisatorischer Aufgaben.

Statistische Kontrolle ist notwendig, die schöpferischen Qualitäten des Kaufmanns sind ebenfalls unentbehrlich. Gerade deshalb müssen wir den Grundsatz aufstellen, daß Einkäufer Einkäufer bleiben müssen (auch gute Verkäufer) und daß die Statistik zwar als Hilfsinstrument für den Einkauf herangezogen werden, sonst aber nur Kontrollfunktionen erfüllen sollte. Der Einkäufer muß natürlich lernen, seine Einkäufe so zu planen, daß die Läger richtig sortiert sind und unter Berücksichtigung der modischen Erfordernisse im Preise richtig liegen. Nachdem aber einmal der Einkauf getätigt ist, sollten die Kontrollmethoden den Einkäufern und Abteilungsleitern keine unerfüllbaren Aufgaben hinsichtlich der laufenden statistischen Kontrolle der Warenläger stellen.

Der Grundsatz, richtige Ware und vollständige Sortimente zu führen, widerspricht häufig dem Grundsatz hoher Umschlagsgeschwindigkeit und niedriger Reduktionsziffern. Optimismus im Einkauf und Verkauf ist ein notwendiges Geschäftserfordernis. Ungerechtfertigter Optimismus jedoch, der die Verkaufsmöglichkeiten überschätzt, führt auf der anderen Seite leicht zu einer Überversorgung der Läger und erheblichen Verlusten. Gegenüber der optimistischen Einstellung des kaufmännischen Betriebsbureaus und des Werbebureaus, die auf eine Steigerung des Umsatzes hinarbeiten, muß die Geschäftsleitung zu ihrer eigenen Sicherung dafür sorgen, daß im Geschäftsbetriebe auch der konservative Standpunkt zur Geltung gebracht wird, der die Absatz- und damit auch Einkaufsmöglichkeiten mit der bisherigen Entwicklung vergleicht und mögliche Verluste in Rechnung stellt. In einem Geschäft, dessen Umsätze sich dauernd wesentlich erhöhen, mag übertriebener Optimismus eine gewisse Zeit lang keine Gefahr bedeuten. In einem Geschäft jedoch, das in seiner Entwicklung ziemlich stabil geworden ist und jeden Pfennig Umsatzsteigerung und Reingewinn mühsam erkämpfen muß, würde ungezügelter Optimismus erhebliche Preisminderungen, d. h. Verluste zur Folge haben, während allerdings ungezügelter Pessimismus

Verfall bedeuten müßte. Die Geschäftsleitung sollte deshalb dem Leiter des Finanz- und Kontrollbureaus am Beratungstische den Platz einräumen, der Vorsicht und konservativen Geschäftsgeist repräsentiert; in den kaufmännischen Abteilungen und im Werbebureau dagegen sollte sie Optimismus propagieren. Muß eine Entscheidung getroffen werden, so kann sie dem Geschäftsleiter von zwei Seiten vorgetragen werden, einmal vom konservativen Standpunkte aus und einmal in fortschrittlichem Geiste. Die Entscheidung selbst muß dem obersten Geschäfsleiter überlassen bleiben und kann nicht auf andere Schultern abgewälzt werden; denn wenn vollständige Sortimente für den Umsatz und das Wachstum des Geschäftes notwendig sind, so sind schneller Umschlag und geringe Verluste durch Reduktionen maßgebend für den Reingewinn. Die Wahl zwischen einer Politik, die auf Umsatzsteigerung zu jedem Preise ausgeht oder einer Geschäftsführung, die die Erzielung eines unmittelbaren großen Reingewinnes zum Ziel hat, ist Sache der obersten Geschäftsleitung.

Aus diesen Beispielen geht eindeutig hervor, daß die Geschäftsleitung, wenn die aufgestellten Geschäftsgrundsätze wirksam in die Praxis umgesetzt werden sollen, 4 Hauptbetriebsbureaus einrichten muß, die die 4 Hauptaufgaben, die der laufende Betrieb stellt, zu lösen haben und sich gleichberechtigt gegenüberstellen sollen.

Aus der Schaffung von vier gleichwichtigen Hauptbetriebsbureaus ergibt sich, daß für die Betriebsführung 4 Persönlichkeiten vorhanden sein müssen, die durch ihre Befähigung, ihre Erfahrung und die Stärke ihrer Persönlichkeit das Zeug dazu haben, nicht nur die ihnen gestellten Aufgaben zu lösen, sondern mit gleicher Verantwortlichkeit und gleichen Rechten wie die drei anderen inneren Führer zu arbeiten. Der Geschäftsleiter kann natürlich nicht Persönlichkeiten einander gleichstellen, die nicht gleichwertige Fähigkeiten besitzen. Er muß die Organisation des Betriebes dem verfügbaren Menschenmaterial anpassen. Diese Anpassung ist notwendig. Sie kann im Rahmen unserer Untersuchung jedoch nicht dargestellt, sondern höchstens in gewissem Umfange vorgearbeitet werden, weil sie ganz von dem Charakter der verfügbaren Persönlichkeiten abhängig ist. Wir beschränken uns vielmehr darauf, festzustellen — und wir glauben, daß in der Betonung dieser Tatsache für viele Geschäfte eine der wertvollsten Anregungen unseres Werkes liegen wird —, daß unsere Untersuchung der Arbeit, die in der Leitung eines Warenhauses geleistet werden muß, ergeben hat, daß eine Organisation, die auf der gleichberechtigten Stellung von vier starken Persönlichkeiten beruht, die beste Methode ist, um das gewinnbringende Arbeiten, Wachstum und Fortbestand des Unternehmens zu garantieren.

Trifft diese Feststellung zu, dann gehört es zu den wichtigsten Verantwortlichkeiten der Geschäftsleitung, Männer zu finden, die sich für derartige Positionen eignen. Denn wenn es auch wichtig und notwendig ist, die Bedeutung der Positionen innerhalb des Geschäftes nach dem vorhandenen Menschenmaterial zu bemessen, so muß à la longue die Stellung selbst dafür ausschlaggebend sein, wem sie übertragen werden kann. Die Anforderungen, die die Stellung stellt, sind nicht von freundlichen Händen geschaffen oder durch Familienbeziehungen bedingt, sondern dem Geschäftsbetriebe durch die unpersönlichen und schwierigen Bedingungen des Wettbewerbskampfes aufgezwungen. Wo jetzt noch aus persönlichen oder sachlichen Rücksichten heraus eine zu weitgehende Anpassung der Betriebsorganisation und der Verteilung der Verantwortung im Betriebe wegen der persönlichen Bedingtheiten besteht, sollten sich die Geschäftsleiter darüber klar werden, daß dies ein Zustand ist, der nur vorübergehenden Charakter tragen kann, und sie sollten bewußt und dauernd daran arbeiten, das Menschenmaterial, das die Betriebsmaschinerie mit Leben erfüllt, so umzuwandeln, daß ein dauerndes Arbeiten des Unternehmens sichergestellt ist.

Hat die Geschäftsleitung den allgemeinen Organisationsplan ausgearbeitet, jedem Betriebsleiter die notwendige Verantwortung übertragen und schließlich sich die Persönlichkeiten für die Hauptbetriebsbureaus gesichert, so hat sie drei weitere wichtige Aufgaben zu erfüllen. Sie muß einmal die Grundlinien für die Organisation der Hauptbetriebsabteilungen schaffen oder bestimmen. Sie muß die Handhabungen und Methoden festlegen, auf Grund deren die theoretisch festgelegten Organisationspläne praktisch zur Verwirklichung gelangen sollen. Und sie muß schließlich die Ergebnisse ihrer gesamten Organisationsarbeit überwachen und dabei die schöpferischen Führerqualitäten beweisen, die für den Sieg im Wirtschaftskampfe mindestens ebenso wesentlich sind wie auf dem Schlachtfeld.

Geschäftsleitung und die innere Organisation der Betriebsbureaus.

Bei der Erfüllung der ersten dieser Aufgaben, wird sich die Geschäftsleitung natürlich gewisse Beschränkungen auferlegen und neben der selbstverständlichen Beratung und Überwachung der Betriebsleiter ihre Tätigkeit vor allem darin sehen, sich grundsätzlich für die eine oder andere Organisations- oder Betriebsmethode zu entscheiden.

Die innere Organisation jedes Betriebsbureaus und der ihm unterstehenden Abteilungen muß selbstverständlich ebenso unter Beachtung der allgemeinen Organisationsprinzipien aufgezogen werden, wie wir dies bei der Besprechung des organisatorischen Aufbaues des Gesamtunternehmens festgestellt haben. Der Betriebsleiter selbst kann ebensowenig die unter seiner Verantwortung stehenden Aufgaben allein lösen, wie die Geschäftsleitung die Anforderungen des Gesamtbetriebes in allen ihren Einzelheiten zu erfüllen vermag. Und ebenso wie die Geschäftsleitung ihre Unabhängigkeit den Betriebsleitern gegenüber wahren muß, so muß sich auch der Betriebsleiter die Übersicht über die Arbeit des ihm unterstellten Personales erhalten, indem er innerhalb seines Verantwortungsbereiches für Arbeitsteilung sorgt, die natürlich erheblich weiter ins einzelne gehen muß.

Die innere Organisation des Werbebureaus und des Finanz- und Kontrollbureaus lassen sich in der Regel ziemlich eindeutig aus den Aufgaben dieser beiden Hauptbetriebsbureaus ableiten.

Schwieriger ist die Situation bei den anderen Betriebsbureaus. Auch hier wird der Weg durch die zu lösenden Aufgaben gewiesen. Aber in beiden Fällen ist die Zahl der zu leistenden Einzelarbeiten so groß, daß viele Wege für den Aufbau der inneren Organisation möglich sind.

Das Innere Betriebsbureau ist bisher in der Praxis in geradezu unverständlicher Weise vernachlässigt und unterschätzt worden, obwohl es für die zweckmäßige Verwendung großer Geldsummen sowie für die gesamte Beziehung des Geschäftes zur Kundschaft, d. h. den Kundendienst verantwortlich ist. Das Ansehen des Geschäftes und die Sparsamkeit der Betriebsführung hängen in hohem Grade von der erfolgreichen Leitung des Inneren Betriebsbureaus ab. Es ist deshalb ausgesprochenermaßen eine Aufgabe der Geschäftsleitung, die gegenwärtige merkwürdige Situation, die gerade im Inneren Betrieb vieler Geschäfte herrscht, zu bereinigen und den unmöglichen Zustand zu beseitigen, der von dem Inneren Betriebsleiter die Vereinigung nicht zu vereinigender Prinzipien verlangt, und ein Organisationssystem auszuarbeiten, das in wirklich wirksamer Weise dem Wesen der Inneren Betriebsleitung gerecht wird.

Etwas anders verhält es sich mit dem kaufmännischen Betriebsbureau. Zwar sind wegen der Bedeutung dieser Hauptabteilung für das Geschäft die angewandten Organisations- und Betriebsmethoden in den letzten Jahren außerordentlich entwickelt worden. Auch hier herrscht aber eine Mannigfaltigkeit, die durch die Tatsache ihrer Existenz allein beweist, daß die Geschäftsleitung selbst die Grundlinien der Organisation des kaufmännischen Betriebsbureaus und der ihm unterstellten Abteilungen festlegen und die Wahl zwischen den verschiedenen Systemen treffen muß. Es mag durchaus zutreffen, daß es nicht nur eine „einzig richtige“ Methode für die Organisation der kaufmännischen Abteilungen gibt. Ebenso steht aber außer Zweifel, daß keinesfalls 10 oder 20 verschiedene Methoden den Erfolg der kaufmännischen

Arbeit in gleicher Weise sicherstellen können. Bei ihrer Prüfung der zweckmäßigsten Organisationsmethode für das kaufmännische Betriebsbureau darf die Geschäftsleitung an den folgenden Problemen nicht vorübergehen:

Sie muß die Grenzen zwischen der statistischen Kontrolle der kaufmännischen Arbeit und der schöpferischen, man möchte beinahe sagen künstlerischen, Freiheit des Einkäufers festlegen.

Die Wahl zwischen einem System vollständiger oder beinahe vollständiger Selbständigkeit der Abteilungsvorsteher-Einkäufer oder einer Organisationsform muß getroffen werden, die vom Einkäufer weniger von der kaufmännischen Allgemeinausbildung verlangt, die so selten wirklich zu finden ist, so teuer bezahlt werden muß, und die es so schwer macht, die Einkäufer zu wechseln.

Ebenso ist die Frage der Anstellung von Obereinkäufern für verschiedene Abteilungsgruppen und ihre Einordnung in die Organisation von erheblicher Bedeutung.

Und schließlich gehört die Entscheidung darüber, was für eine Persönlichkeit der oberste Warenmann des Betriebes (kaufmännischer Betriebsleiter) sein soll und ob ein solcher Posten überhaupt notwendig ist, zu den Fragen, die die Geschäftsleitung selbst beantworten muß.

Mit anderen Worten: Die Geschäftsleitung muß es als ihre Aufgabe betrachten, auch in der Organisation der Hauptabteilungen des Betriebes alle grundsätzlichen Entscheidungen zu treffen.

Ein Organisationsplan bleibt jedoch so lange ein lebloses Gebilde, bis der Betrieb als solcher zu arbeiten beginnt und die in ihm tätigen Menschen in Funktion treten. Die Geschäftsleitung kann sich nicht damit begnügen, ein Schema aufzeichnen zu lassen, das lediglich anzeigen kann, wie die Verteilung der Verantwortlichkeit im Betriebe theoretisch aussehen sollte. Sie muß sich vielmehr darum kümmern, daß die tägliche Kleinarbeit den Linien des aufgestellten Organisationsschemas folgt. Mit anderen Worten: Sie muß die Handhabungen ausarbeiten oder ausarbeiten lassen, die für den Betriebslauf *im einzelnen* maßgebend sein müssen. Die Zeitfolge der Arbeit jeder Betriebseinheit oder Untereinheit muß festgestellt und mit dem Organisationsplan in Übereinstimmung gebracht werden, damit die gewünschte Beziehung zwischen den im Betrieb tätigen Männern und Frauen auch wirklich praktisch hergestellt wird. Formulare müssen umlaufen, Entscheidungen getroffen und Kontrollen so ausgeübt werden, daß das gegenseitige Verhältnis und die Zusammenarbeit zwischen der Finanzleitung, dem Inneren Betriebsleiter, dem Werbeleiter und dem kaufmännischen Betriebsleiter mit seinen Einkäufern und Obereinkäufern aus dem toten Plan einen lebendigen Organismus schaffen.

Zwar braucht die Geschäftsleitung sich um die meisten Fragen innerhalb des Verantwortungsbereiches der einzelnen Betriebsbureaus nicht zu kümmern. Es verbleibt ihr aber als große Aufgabe die Sicherstellung einer entsprechenden Zusammenarbeit der Hauptbetriebseinheiten untereinander. Diese Aufgabe ist von entscheidender Bedeutung für die Existenz und Arbeitsweise des Betriebes. Man kann sie sich auch nicht dadurch erleichtern, daß man, wie es leider oft zu beobachten ist, die Last der Verantwortung von sich schiebt. Die Antwort auf diese Frage muß gegeben werden, und zwar von der Geschäftsleitung selbst. Dazu ist allerdings erforderlich, daß die Geschäftsleitung ihrerseits eine wirkliche, ins Einzelne gehende Kenntnis des Betriebsablaufes besitzt. Ein Geschäftsleiter, der sich darauf beschränkt, zu erklären: „Kinder, es muß etwas geschehen" oder „Ich habe Sie ja dazu angestellt. Sie werden das schon irgendwie schaffen" mag zwar die Entwicklung der Betriebsleiter zu starken Persönlichkeiten und zur Selbständigkeit fördern. Wird aber dieses „irgendwie" schließlich nicht gefunden, so ist die Geschäftsleitung für die eingetretenen Verluste zum mindesten ebenso verantwortlich wie der Betriebsleiter. Die Aufstellung eines Organisationsplanes ist wünschenswert, ja sogar lebenswichtig. Seine Erfolge hängen jedoch von der praktischen Durchführung ab. Und wenn die Geschäftsleitung für die Erfolge verantwortlich sein soll — wie es der Fall ist —, so muß sie sich auch für die praktische Durchführung interessieren.

Laufende Verwaltungsarbeit der Geschäftsleitung.

Die Ausarbeitung oder vielleicht besser Herausarbeitung geeigneter Betriebshandhabungen gibt der Geschäftsleitung die Unterlage, um die Erfolge zu kontrollieren, die Organisation zu leiten, Aufgaben zu stellen und Anregungen zur wirksamen Durchführung der Geschäftsgrundsätze zu geben. Das Studium der Umsatz- und Einkaufspläne, der Ausgabenetats, die Entscheidung über Meinungsverschiedenheiten zwischen den Betriebsleitern, die Prüfung der Umsätze, Gewinne, der Inseratentwürfe und der Unkosten liefert der Geschäftsleitung Einzelkenntnisse von der Arbeit ihrer Organisation und lenkt ihre Aufmerksamkeit darauf, welche Geschäftsgrundsätze verändert, welche Handhabungen erneuert, welche Organisationsbestimmungen modifiziert und welches Personal ersetzt werden muß.

Wie weit die Geschäftsleitung bei der Entgegennahme und dem Studium von Berichten ins einzelne gehen soll, hängt von der Art der Geschäftsleitung, der Art des Geschäftes und der Art der Organisation und des Personals ab. Es gibt Zeiten, so z. B. während der Durchführung eines Neubauprogrammes oder wenn sich in Teilen des Geschäftes besondere Kontrolle notwendig macht, in denen die Überwachung durch die Geschäftsleitung nur flüchtig sein kann. Aber auch sonst sollte der Geschäftsleiter die Erfüllung der täglichen Routineaufgaben der 4 Betriebsleiter nicht stören. Er würde sonst leicht den Sinn für Verantwortlichkeit und Initiative in den Betriebsleitern ertöten. In einer gut aufgezogenen Organisation kommen ohnedies durch die gegenseitige Kontrolle, die die 4 Betriebsbureaus automatisch gegenseitig ausüben, alle wirklich wichtigen Angelegenheiten zur Kenntnis der Geschäftsleitung. Laufende Berichte und Besprechungen bieten genügend Gelegenheit zur laufenden Überwachung. Im übrigen bildet das Geschäftsprogramm, dessen Durchführung die Geschäftsleitung verlangt, die beste Unterlage dafür, mit welchen Einzelfaktoren sich die Überwachung durch die Geschäftsleitung beschäftigen soll.

Bisher haben wir die Funktionen der Geschäftsleitung behandelt, die die innere Verwaltung betreffen. Es ist notwendig, daß die Geschäftsleitung eine gute und gut kontrollierte, im wesentlichen automatisch arbeitende Organisation aufstellt, weil die Probleme des modernen Waren- und Kaufhauses, insbesondere des großen Warenhausbetriebes, so kompliziert sind und so viele verschiedene Betriebsvorgänge einschließen, daß andernfalls die Geschäftsleitung von der täglichen Kleinarbeit überschüttet werden müßte, oder daß sie immer wieder zu der Entdeckung gezwungen würde, daß wichtige Betriebsnotwendigkeiten nicht zufriedenstellend gelöst worden sind. Beides ist in gleicher Weise schädlich. Das letztere bedeutet einen Verlust an Stoßkraft oder Verschwendung von Mitteln. Das erste nimmt der Geschäftsleitung die Zeit, die sie für die schöpferische und fortschrittliche Entwicklung des Geschäftes braucht.

Solange sich die großen Warenhäuser im Frühstadium ihrer Entwicklung befanden, mußte der Geschäftsleiter schöpferisch tätig sein, denn er hatte Aufbauarbeit zu leisten. Heute liegt an manchen Stellen bereits Gefahr in einer Art genügsamer Zufriedenheit, mit der man sein „gut geleitetes“ Geschäft betrachtet, für dessen Verwaltung im einzelnen gut gesorgt ist. Die Grundlagen des Geschäftslebens ändern sich jedoch zu schnell, als daß ein weitsichtiger Kaufmann mit dem Erreichten sich begnügen könnte. Das Schlagwort eines New-Yorker Warenhauses, mit dem es seiner Kundschaft seinen Umzug in die Oberstadt bekanntgab, daß man „um in New York stillzustehen, sich fortbewegen müsse“, beleuchtet schlaglichtartig die Situation. Ein aktives Geschäft kann heute nicht stillstehen, es muß mit den Erfordernissen der Zeit mitgehen.

Diese Feststellung bezieht sich sowohl auf Fragen der Organisation und des Kundendienstes, wie vor allem auch auf Grundstücksfragen. Läßt sich ein Wechsel des Verkaufslokales vermeiden, so sollte die Geschäftsleitung alles nur irgend mögliche versuchen. Ist er unvermeidlich, so ist es die Aufgabe der Geschäftsleitung, das Unternehmen dadurch vor Gefährdung zu schützen, daß es die Vorbereitungen zeitig genug trifft. Bei allen wichtigeren Bau- und Finanzierungsplänen hat die Geschäftsleitung selbst die entscheidende Arbeit zu leisten. Sie kann die Verantwortlichkeit hierfür nicht einem Betriebsleiter übertragen, wenn sie ihm nicht ungebührlich von seinen täglichen Aufgaben fernhalten will. Denn gerade wenn man Umzugspläne, Ausbaupläne oder ähnliche großzügige Unternehmungen vorhat, muß ganz besonders darauf geachtet werden, daß die normalen Funktionen des Geschäftes dadurch nicht in Mitleidenschaft gezogen und ein Verlust an Kundschaft usw. hervorgerufen wird.

Die Geschäftsleitung selbst muß ferner die Stelle sein, die dem Geschäft die Initiative gibt. Verbesserungen der Geschäftspolitik, Verbesserungen der Organisationshandhabungen, Einzelanregungen für das Wachstum und erhöhten Gewinn des Geschäftes; sie alle sollten einer schöpferischen Geschäftsleitung entspringen. Alle Informationsquellen, dauerndes Studium der eigenen Lage und der eigenen Arbeitsweise des Geschäftes, das dauernde Verfolgen der aufgestellten Programmgrundsätze und ihrer Ergebnisse, laufende Vergleiche mit konkurrierenden und befreundeten Geschäften und last not least schöpferische Gestaltungskraft müssen dem Geschäft zu weiterer Entwicklung verhelfen.

Die Veränderungen in der Wirtschaftslage, Verschiebungen des Preisniveaus, neue Produktionsmethoden oder Fortschritte der Organisation von Detailgeschäften sollten insbesondere in allen den Fällen von der Geschäftsleitung auf das sorgsamste und genaueste verfolgt werden, in denen die augenblickliche Geschäftssituation nicht so günstig ist, daß der Betrieb von äußeren Einflüssen mehr oder weniger unabhängig erscheint. Der Kampf der Fabrikanten um die Einführung von Markenartikeln mit gleichzeitiger Festsetzung der Verkaufspreise bedroht vielfach die Dispositionsfreiheit des Detailkaufmannes. Veränderungen des Preisniveaus und der allgemeinen Lage der Wirtschaft müssen bei der Aufstellung der Unkostenrechnung und der Grundsätze des Kundendienstes, bei der Festsetzung der Hauptpreislagen, der Inventuraufnahme, beim Eingehen langfristiger Mietverträge beachtet werden. Sie sind maßgebende Faktoren für die Zweckmäßigkeit eines Ausdehnungsprogrammes. Und schließlich sind die Entwicklung von Einkaufsorganisationen und der Zusammenschluß von Waren- und Kaufhäusern offensichtlich Momente von solcher Bedeutung, daß keine Geschäftsleitung eines einzelnen Waren- oder Kaufhauses an ihnen vorübergehen kann.

Nicht jeder glaubt, daß die Verschmelzung von Waren- und Kaufhäusern bisher den Beweis ihrer Lebensfähigkeit und Zweckmäßigkeit erbracht hat. Im Zusammenschluß liegen ohne Zweifel außerordentliche Elemente innerer Stärke, und es ist wahrscheinlich, daß im Laufe der Zeit die jetzt zu beobachtenden Schwächen verschwinden werden und damit der Beweis ihrer Lebenskraft in überraschender Stärke erbracht werden wird. Der Zusammenschluß unabhängiger Geschäfte zum Zwecke des Informationsaustausches und gemeinsamen Einkaufes hat bereits in vielen Fällen seinen Wert bewiesen. Die Geschäftsleitung muß die Lage prüfen und selbst über die Zweckmäßigkeit eines solchen Schrittes entscheiden, entweder unabhängig von oder wegen des Vorgehens der Konkurrenz. Hat sich die Geschäftsleitung jedoch einmal entschieden, Mitglied einer solchen Organisation zu werden, dann muß sie unter allen Umständen dafür sorgen, daß der eigene Betrieb alles tut, um die Zusammenarbeit innerhalb der Gruppe zu fördern und dadurch die größten Vorteile aus dem Zusammenschluß herauszuholen. Und hat sich die Geschäftsleitung grundsätzlich von der Zweckmäßigkeit des Zusammenschlusses überzeugt, so muß der Geschäftsleiter alle Anstrengungen machen, um den Fortbestand des Zusammenschlusses zu sichern und die Vorteile, die der Zusammenschluß bietet, weiter entwickeln zu helfen.

In denjenigen Fällen, in denen an die Stelle der freiwilligen Zusammenarbeit die tatsächliche geschäftliche Kontrolle durch eine Gesellschaft getreten ist (durch Aktienaustausch usw.), ist es die Aufgabe der Geschäftsleitung jedes Mitgliedgeschäftes, dafür zu sorgen, daß das eigene Geschäft den vollen Gegenwert des Zusammenschlusses erhält. Die Zentralstelle sollte jedoch auch in solchen Fällen einen direkten Einfluß nur mit Zustimmung oder durch die Geschäftsleitung jedes Mitgliedgeschäftes auf die innere Betriebsorganisation der Mitgliedergeschäfte ausüben.

Unabhängigkeit und Überparteilichkeit der Geschäftsleitung.

Die oberste Geschäftsleitung ist von uns als eine aktive lebendige Kraft im Geschäftsbetriebe dargestellt worden. Wir sehen sie weder als Vertreterin außenstehender Eigentümer noch als interessierten Zuschauer bei den Aufgaben der Betriebsleitung, sondern als konstruktive Kraft, mit Initiative und Führerqualitäten ausgestattet — Schöpfer, Entscheidungsinstanz und Verwalter zugleich. Die Geschäftsleitung, die eine Organisation aus starken Persönlichkeiten aufbaut, die diesen Spezialisten Pflichten überträgt, die in sich eine Zweckeinheit darstellen, und die die Verantwortung innerhalb des Betriebes verteilt, die Grundsätze und Programme schafft und kontrolliert, diese Geschäftsleitung wird zwar die Verantwortung im Einzelfalle abgeben, sie wird jedoch auf die wesentlichen Vollmachten der obersten Geschäftsleitung nicht verzichten. Sie wird sich davor hüten, einem Geschäftsleiter sich innerlich widersprechende Geschäftsgrundsätze zur Ausführung zu übertragen und ihm anheimzustellen, ohne volle Kenntnis der Geschäftsleitung den notwendigen Ausgleich herbeizuführen. Sie wird jeder Abteilung

Aufgaben stellen, die miteinander vereinbar sind. Sie wird dadurch erreichen, daß die Gegensätze, die von Natur innerhalb der Organisationseinheiten eines Warenhauses bestehen müssen, dadurch zum Austrag kommen, daß jede der getrennten Betriebseinheiten bestrebt ist, die Grundsätze hochzuhalten und die Leistungen zu vollbringen, deren Durchführung ihr von der Geschäftsleitung übertragen worden ist. Und sie wird dadurch in der Lage sein, darüber zu entscheiden, nach welchen Gesichtspunkten ein Ausgleich stattfinden soll, wenn die latenten Gegensätze offenbar werden. Mit anderen Worten: Die Geschäftsleitung, die für Gewinn, Wachstum und Fortbestand des Unternehmens verantwortlich ist, entscheidet auf Grund dieser Verantwortlichkeit allein, inwieweit im Einzelfalle das eine oder andere dieser Prinzipien den Vorzug verdient.

Die Organisation der Geschäftsleitung.

Welche Gesichtspunkte sind nun für die Organisation der Geschäftsleitung selbst maßgebend? In der Praxis findet man die folgenden Systeme:

1. Ein oberster Geschäftsführer.

2. Aufteilung der Funktionen der Geschäftsleitung zwischen einem leitenden Beamten mit dem Titel Geschäftsführer (oder auch Generaldirektor) und einem geschäftsführenden Ausschuß, auch Direktion genannt, und bestehend aus 4 Betriebsleitern.

3. Vereinigung der Arbeit der Geschäftsleitung mit der Leitung einer (oder mehrerer) der 4 Hauptbetriebsabteilungen durch eine oder mehrere Persönlichkeiten.

4. Teilung der Funktion zwischen zwei Partnern oder Großaktionären, die sich beide von der täglichen Kleinarbeit der Betriebsbureaus fernhalten.

Die erste der erwähnten 4 Möglichkeiten — Geschäftsleitung durch eine Persönlichkeit — ist ausgezeichnet. Eine solche Organisation folgt der Praxis, die sich in der Industrie ausgezeichnet bewährt hat. Übernimmt allerdings der einzelstehende Geschäftsführer auch die verantwortliche Leitung eines oder mehrerer Betriebsbureaus, dann wird das System durchbrochen und an Stelle einer leitenden Persönlichkeit nähert sich die Organisation des Betriebes dem ganz auf eine autokratische Leitung durch eine Führerpersönlichkeit abgestellten Unternehmens, dessen Schwächen wir bereits besprochen haben. Wenn ein Mann die Funktionen der Geschäftsführung erfüllen soll, so hat er wenig Zeit, sich um zu viele Einzelfragen zu kümmern. Die einzige Gefahr dieses Systems liegt in dem zunehmenden Wunsche, wichtige Funktionen der Geschäftsleitung an die Betriebsleiter zu delegieren. Denn nur wenige Einzelgeschäftsführer ringen sich bei zunehmendem Alter zu dem weisen Entschluß auf, einen Nachfolger zu bestimmen, sondern trachten in der

Regel danach, ihre Arbeitsbürde zu erleichtern, indem sie die Betriebsleiter als geschäftsführenden Ausschuß oder Direktion für die Aufgaben der Geschäftsleitung mit heranziehen. Dadurch gehen häufig genug die Vorteile, die das System des Einzelgeschäftsführers sonst zu haben pflegt, verloren, und die Organisation der Geschäftsleitung beruht dann eben nicht mehr auf einer einzelnen führenden Persönlichkeit, sondern ändert sich zu der oben unter 2 aufgeführten Organisationsform.

Gerade das System, die Geschäftsführung durch eine Direktion bestehend aus den Betriebsleitern (Betriebsausschuß) versehen zu lassen, ist aber das wenigst zweckmäßige. Es bietet wenig Vorteile, leidet dagegen unter zahlreichen und erheblichen Nachteilen, von denen wir nur einige herausgreifen wollen. Geschäftsführung durch einen Ausschuß der Betriebsleiter macht aus Spezialisten allgemeine Praktiker. Das hat häufig zur Folge, daß die ernste Diskussion und klare Herausarbeitung der aufkommenden Probleme und ihre Durchleuchtung von mehreren unabhängigen Stellen aus durch eine Kompromißeinstellung jeder Frage gegenüber ersetzt wird. Anstatt, daß die Betriebsleiter ihr volles Interesse ihren Spezialaufgaben zuwenden und diese bei der Geschäftsleitung durchzusetzen versuchen, müssen sie als Teile der Direktion zum Schaden ihrer eigentlichen Betriebsaufgaben dauernd die Gesichtspunkte des Gesamtbetriebes in den Vordergrund stellen. Man kann sich denken, wie sich die freundschaftliche Zusammenarbeit zwischen 4 Leuten entwickeln muß, wenn jeder gezwungen ist, mit all seiner Kraft fortdauernd gegen die Wünsche und Überzeugungen der anderen anzukämpfen. Und sollte die Beziehung zwischen den Betriebsleitern trotzdem freundschaftlich bleiben, so bleibt noch immer die Frage offen, ob diese freundschaftliche Übereinstimmung tatsächlich der so seltenen geistigen Unabhängigkeit entspringt, die die Fähigkeit besitzt, sachliche Konflikte offen auszukämpfen und trotzdem dadurch die freundschaftliche Zusammenarbeit nicht trüben zu lassen. Es kann allzu leicht passieren, daß der Zwang der Zusammenarbeit, der in diesem System liegt, zum Kuhhandel führt — stimmst du hier zu, so stimme ich da zu. Dieser Kuhhandel mag im parlamentarischen Betriebe unumgänglich notwendig sein. Für ein Privatunternehmen eignet er sich nicht. Dazu kommt ferner, daß eine Geschäftsleitung, die sich aus den 4 Betriebsleitern zusammensetzt, die Arbeitsweise jedes Betriebsbureaus nur mit Zittern und Zagen und meistens resultatlos kritisieren kann. Der Betrieb muß leiden, die Zügel der Geschäftsführung müssen am Boden schleifen, vor allem, wenn einer der Betriebsleiter einmal nicht besonders mit den Vorzügen einer starken Persönlichkeit ausgezeichnet sein sollte und trotzdem als Mitglied der Geschäftsleitung nicht ausgeschaltet werden kann. Die Geschäftsgrundsätze dürften bei einem solchen System der Geschäftsleitung höchstwahrscheinlich wunderbar auf dem Papier stehen bleiben. Wir wissen zwar, daß es ganz seltene Fälle gibt, in denen das System der Geschäftsführung durch einen Ausschuß der Betriebsleiter gute Arbeit leistet. Als empfehlenswertes Organisationsprinzip kann es jedoch nicht anerkannt werden.

Die dritte erwähnte Organisationsform, in der die Verantwortung für die Geschäftsführung und gleichzeitig eine oder mehrere der vier Hauptbetriebsabteilungen in der Hand einer oder mehrerer Persönlichkeiten zusammengefaßt ist, muß ebenfalls vom theoretischen Standpunkte aus abgelehnt werden. Die Praxis wird jedoch häufig zu anderen Entscheidungen kommen müssen, je nach der Größe des Geschäftes, der Zahl der in Frage kommenden Persönlichkeiten, die sich in die Aufgaben der Geschäftsführung und der Detailarbeit der Betriebsbureaus teilen sollen, und der (evtl. verwandtschaftlichen) Beziehungen zwischen diesen Persönlichkeiten.

Die Gefahr hierbei ist darin zu sehen, daß die Koordination der 4 Hauptbetriebsaufgaben verloren geht. In einem kleinen Geschäft wird der Geschäftsleiter meistens ohne übermäßige Schwierigkeiten in der Lage sein, die einzelnen Betriebsvorgänge aller 4 Hauptabteilungen im Auge zu behalten, und wenn er auch wahrscheinlich sein Steckenpferd reiten wird, so ist es doch wahrscheinlich, daß dieses Pferd Zugkraft genug besitzt, um den Wagen bergan zu ziehen.

In einem größeren Geschäfte ist die Vereinigung der Geschäftsleitung mit den Aufgaben eines Betriebsleiters wesentlich riskanter. Denn ein größeres Geschäft kann den Verlust der Vorteile, die die Gleichstellung der 4 Hauptabteilungen mit sich bringt, weniger vertragen, da der Verlust an Stoßkraft, der naturnotwendig die Folge sein muß, nicht wie im kleineren Geschäft dadurch ausgeglichen wird, daß der Geschäftsleiter die einzelnen Betriebsvorfälle der anderen Hauptabteilungen alle im Auge behalten kann. Der Geschäftsleiter wird also notwendigerweise seine anderen Aufgaben vernachlässigen müssen. Da er nicht genügend Zeit für die Wünsche der übrigen Betriebsleiter aufbringen kann, kann leicht der Fall eintreten, daß die Initiativkraft der übrigen Betriebsleiter, die ihre Arbeit vom Geschäftsführer nicht genügend gewürdigt sehen, erlahmt. Außerdem fehlt die gegenseitige Kontrolle, die von einer tatsächlich durchgeführten Gleichstellung der 4 Betriebsleiter abhängig ist. Die Übernahme eines Betriebsleiterpostens durch den Geschäftsleiter führt also notgedrungenermaßen entweder dazu, ihm eine Arbeit aufzubürden, die er nicht leisten kann, oder sie ersetzt bei wichtigen Aufgaben die konstruktive Führung des Geschäftsleiters durch schematisch arbeitende Ausführungsorgane.

Handelt es sich bei diesem System nicht nur darum, daß ein Mitglied der Geschäftsleitung oder Firmeninhaber gleichzeitig den Posten eines Betriebsleiters versieht, sondern daß zwei oder mehr Persönlichkeiten in Frage kommen, dann verschwinden auch die von uns zögernd konzedierten letzten praktischen Vorteile und die theoretisch aufgezeichneten Nachteile entwickeln sich in der Praxis zu Gefahren. Auch hier gibt es natürlich Fälle, die das Gegenteil beweisen. Zwei Brüder oder Partner mögen so aufeinander eingespielt sein, daß sie auch unter einem theoretisch so schwachen Organisationssystem gute Erfolge erzielen können. Ist aber das Ergebnis einer solchen Zusammenarbeit statt dessen ein Kompromiß in jeder Frage oder wird durch offenen Kampf die Entscheidungskraft gelähmt, dann stellen sich bei diesem System sehr bald dieselben Nachteile heraus, die wir bei der Besprechung des zweiten Punktes dargelegt haben. Daß sich in der Praxis Fälle finden, in denen trotzdem nach dieser Methode erfolgreich gearbeitet wird, beweist gar nichts für das System, da man ein System nicht so völlig, wie es hier notwendig wäre, von menschlichen Zufälligkeiten abhängig machen kann.

Selbst wenn aber die menschlichen Voraussetzungen denkbar günstig liegen, empfiehlt es sich doch, die Verteilung der Verantwortung im Betriebe so vorzunehmen, daß möglichst wenig Reibungsflächen entstehen. Man kann z. B. dem einen Inhaber die Finanzverwaltung und den gesamten Kontrollapparat inklusive Statistik übertragen, während der andere sich um die kaufmännischen Fragen, die Reklame und den Inneren Betrieb kümmert. Unmöglich dagegen erscheint es, die Kontrollfunktionen und die Innere Betriebsleitung zu vereinigen. Sie schließen so heftige Gegensätze in sich, daß kaum salomonische Weisheit in der Lage sein würde, einen gerechten Ausgleich zu finden. Sollte die oben vorgeschlagene Zusammenfassung der Funktionen nicht in Frage kommen, dann kann man dem einen Inhaber die Finanzen, die Beziehung zur Außenwelt und den Inneren Betrieb übertragen; der andere würde sich um den kaufmännischen Betrieb und die Reklame kümmern; während die Kontrollfunktionen von beiden gemeinsam ausgeübt werden. Das beste bleibt jedoch auf alle Fälle, wenn die Trennung zwischen der Geschäftsleitung und den eigentlichen Betriebsfunktionen nicht verwischt zu werden braucht.

Der 4. Punkt, den wir oben erwähnt hatten, bestand darin, daß die Geschäftsführung gemeinsam von zwei oder mehr Persönlichkeiten ausgeübt wird. Auch hier steigern sich die Schwierigkeiten mit der Zahl. Auch hier hängt der Erfolg des Systems von den Beziehungen zwischen den in Frage kommenden Persönlichkeiten ab, und auch hier spielt die Verteilung der Aufgaben innerhalb der Geschäftsleitung eine maßgebende Rolle für den Erfolg. Einen Weg gibt es, um diese Schwierigkeiten zu umgehen. Wenn nämlich die Arbeit der Geschäftsleitung in die Funktionen der Verwaltung, Organisation und Betriebskontrolle auf der einen und die allgemeineren Aufgaben, die in keiner direkten Beziehung zum Betriebe stehen, auf der anderen Seite geteilt werden. Dann sind die Reibungsflächen gering. Der Betrieb selbst hat dann einen Chef, der sich vor allem um die Organisation und die Steigerung des Wirkungsgrades im Betriebe kümmert. Dem anderen Mitgliede der Geschäftsleitung verbleibt das reiche Feld der „auswärtigen Beziehungen“, der Ausdehnungspolitik, der Fühlungnahme mit Behörden, Handelskammern, Berufsverbänden usw., des Studiums der allgemeinen Wirtschaftsentwicklung und schließlich die Ausarbeitung von allgemeinen Geschäftsgrundsätzen, kurzum alles, was schöpferische kaufmännische Fähigkeiten verlangt. Ein solches System zeigt keine Schwächen, wenn es richtig durchgeführt wird, und bietet dieselben, wenn nicht größere Vorteile als der Einzelgeschäftsführer.

Dagegen ist es außerordentlich selten, daß zwei gleichgestellte Mitglieder der Geschäftsleitung gemeinsam die Verantwortung für den Betrieb als solchen erfolgreich tragen können. Wenn diese beiden Menschen nicht gerade zufällig in ihrer geistigen Einstellung siamesische Zwillinge sind, dann läßt es sich gar nicht vermeiden, daß widersprechende Anordnungen gegeben werden, daß niemand im Betriebe weiß, welchem von den beiden Chefs er es recht machen soll, oder daß durch Cliquenbildung die freudige Zusammenarbeit, die für den Geschäftserfolg Voraussetzung ist, völlig zerstört wird. Auch dieses System hängt so stark von den persönlichen Bedingtheiten ab, daß im Rahmen dieser Untersuchung grundsätzliche Richtlinien, die über das Vorstehende hinausgehen, nicht aufgestellt werden können. Es gibt, wenn nicht außergewöhnliche Bedingungen vorherrschen, hier nur die eine Lösung, daß nämlich die Aufgaben der Geschäftsleitung unter die Geschäftsinhaber so verteilt werden, wie wir es oben beschrieben haben.

Geschäftsleitung und Betriebsausschuß.

Um Mißverständnisse zu vermeiden, wollen wir noch bemerken, daß eine Direktion oder ein Betriebsausschuß, der aus den Betriebsleitern besteht, auch wenn wir erklärt haben, daß er als oberste Geschäftsleitung nicht in Frage kommt, trotzdem einen wesentlichen Platz im Betriebe auszufüllen hat. Die Geschäftsleitung sollte sich einer solchen Organisationseinheit sogar sehr lebhaft bedienen, denn ein solcher Ausschuß der Betriebsleiter ist nicht nur ein hervorragendes Clearing-Haus für den Austausch von Informationen. Er sollte auch eine ausschlaggebende Rolle bei dem Studium der Geschäftsergebnisse und bei der Festlegung der Geschäftsgrundsätze spielen. Da in einem solchen Ausschuß alle Teile des Geschäftes vertreten sind und deshalb die 4 Hauptgesichtspunkte bei der Beurteilung aller Entscheidungen ihren Einfluß geltend machen, so wird gerade diese Stelle dem Geschäftsleiter häufig zur Klärung seines eigenen Standpunktes verhelfen können.

Voraussetzung dafür ist allerdings, daß in den Besprechungen die gegensätzlichen Interessen der 4 Betriebsleiter und damit der 4 Hauptabteilungen des Betriebes auch wirklich vertreten werden, und daß nicht die Betriebsleiter in falscher Zurückhaltung ihrerseits versuchen, sich als Geschäftsleiter zu betätigen. Der Geschäftsführer wird deshalb seine ganze Kraft und Energie dafür einzusetzen haben, daß die 4 Grundsäulen für den Erfolg des Detailgeschäfts — Kundendienst, Warenpolitik, Werbetätigkeit und Kontrolle — unangetastet bleiben. Eine vereinigte Säule mag stärker aussehen, aber ein Gebäude, das auf diesen 4 Säulen sicher ruht, dürfte den Stürmen besser standhalten.

4. Die Aufgaben des kaufmännischen Betriebsbureaus.

Die Entwicklung der kaufmännischen Planung im Einzelhandelsbetrieb.

Das Gebiet der kaufmännischen Planung ist, wie wir ausführlich im ersten Kapitel dargelegt haben, derjenige Zweig wirtschaftlicher Tätigkeit, auf dem der amerikanische Einzelhandel seine Berufsgenossen in der wirtschaftlichen Welt weit hinter sich gelassen hat. Im Aufbau, in der Aufrechterhaltung und Kontrolle der Lagervorräte hat man ganz allgemein seit Jahren Methoden zur Anwendung gebracht, die z. B. in der Industrie erst allmählich in ihrer ganzen Bedeutung für den Geschäftserfolg richtig gewürdigt werden.

Der Grund hierfür liegt im Wesen des Einzelhandelsgeschäftes. Ist die Kontrolle der Lagerbestände wichtig für den Fabrikanten, so ist sie die Lebensbasis des Detailgeschäftes. Kann der Fabrikant, wenn er seine Lagerdispositionen falsch eingestellt hat, damit rechnen, mit schweren Verlusten davonzukommen, so muß der Einzelhändler heute ohne richtige kaufmännische Planung zugrunde gehen.

Wenn trotzdem, wie wir bereits erwähnt haben, die Sterblichkeitsrate im amerikanischen Einzelhandel verglichen mit anderen Gewerbezweigen außerordentlich gering ist, so liegt das hauptsächlich an der Geschicklichkeit und Umsicht, mit der man sich der kaufmännischen Planung bedient hat. Zwar steht diese kaufmännische Planung durchaus nicht überall auf gleicher Entwicklungshöhe, noch ist der Apparat dafür einheitlich aufgezogen. Es existieren vielmehr zahlreiche Methoden und auch die Ergebnisse weichen stark voneinander ab. Immerhin darf gesagt werden, daß die Erfolge, die erzielt wurden, den eindeutigen Beweis für die kaufmännische Planung erbracht haben. Der Erfolg selbst hängt natürlich hier wie bei den meisten Problemen der wirtschaftlichen Tätigkeit von der Urteilsfähigkeit der beteiligten Menschen ab, und auch in diesem Falle trifft es zu, daß gute Urteilsfähigkeit bessere Resultate hervorbringen wird, auch wenn sie sich eines schlechten Systems bedient, als Urteilslosigkeit vereint mit der besten Organisationsmethode der Welt.

Eine allgemein bekannte Definition des Begriffes der kaufmännischen Planung besagt: „Die Funktion der kaufmännischen Planung besteht darin, daß man die richtige Ware zur richtigen Zeit in der richtigen Menge und zum richtigen Preise im Hause hat.“ Die kaufmännische Leitung jedes Detailgeschäftes muß die Grundsätze dieser Definition erfüllen, wenn das Geschäft erfolgreich arbeiten soll, ganz gleich, ob es sich um ein Geschäft handelt, das bis ins einzelne durchorganisiert ist, oder um eine Firma, die ganz nach dem kaufmännischen Instinkt der Leiter betrieben wird.

Zur erfolgreichen Geschäftsführung ist aber noch mehr erforderlich, als die Ware zu haben; sie muß nämlich auch verkauft werden, und zwar mit einem ausreichenden Aufschlag, der nicht nur die Unkosten deckt, sondern auch einen Reingewinn übrigläßt. Der Vorgänger des Detailhändlers, der sein Lager auf dem Rücken mitschleppte, beschränkte sich auf diese Tätigkeiten — er kaufte und verkaufte. Erst die Entwicklung großer Geschäfte mit ihren Spezialisten für die verschiedenen Arbeiten hat die Tendenz gezeitigt, die Einheit der Person des Ein- und Verkäufers zu zerstören. In einigen Fällen ist diese Zerstörung gelungen, in mehr Fällen jedoch besteht sie mehr in der Theorie als in der Praxis.

Der Grad, bis zu dem diese älteste von allen Betriebsfunktionen des Warenhauses modifiziert worden ist, und ebenso der Grad, bis zu dem die Durchführung der Arbeitsteilung die Vorrechte des einstigen Alleinherrschers im Einzelhandel — des Händler-Einkäufers — verschwinden lassen wird, bieten interessantes Material zur Überlegung.

Die gesamte Arbeit des modernen Finanz- und Kontrollbureaus, des Werbebureaus und der Inneren Betriebsleitung, ihr Einfluß auf den Einkauf, die Reklame, das Personal, dies alles stellt Eingriffe in das Arbeitsgebiet des früher allmächtigen Händler-Einkäufers dar, der Geld anlegte, wie er es für richtig hielt und wie er am besten zu verdienen hoffte, der seine eigenen Inserate schrieb und seine „jungen Leute“ anstellte und herauswarf, wie es ihm paßte.

Der Einkäufer von gestern hatte keinen Obereinkäufer und keinen kaufmännischen Betriebsleiter über sich. Es gab keine Mengenstatistik, die Zahlen an die Stelle kaufmännischen Urteiles setzte, es gab keine Einkaufslimite, die rigoros seiner Einkaufsbegeisterung Grenzen setzten, die „einen oft genug zur Verzweiflung treiben können“. Der Einkäufer kaufte und verkaufte; das Verkaufspersonal stand unter seiner

Leitung, und nur am Jahresschluß ergab die Inventur, ob man gut oder schlecht gearbeitet hatte.

Es gibt natürlich auch heute noch Geschäfte, die auf dieser Basis arbeiten und erfolgreich arbeiten. Im allgemeinen jedoch setzt sich die Tendenz zur Arbeitsteilung mit ihrer Analyse der kaufmännischen Aufgaben und ihrer Übertragung an Spezialisten immer mehr durch. Nicht nur innere Wandlungen haben ihren Einfluß auf die alles einschließende und alles beherrschende Stellung des Händler-Einkäufers geltend gemacht. Auch äußerliche Elemente haben sich verändert und ungekannte Möglichkeiten für das Detailgeschäft geschaffen. Die wachsende Zahl und Bedeutung von selbständigen Einkäufern in den Fabrikationszentren, die Zentraleinkaufsagenturen, die zunehmende Zahl von Unternehmungen, die Abteilungen in Warenhäusern mieten und zentral bewirtschaften, die Gruppenbildung von Geschäften, die gemeinsam einkaufen, und die finanziellen Zusammenschlüsse im Einzelhandel sind die Beweise einer Entwicklung, die in erster Linie auf die kaufmännische Leitung großer Einzelhandelsbetriebe und damit notwendigerweise den Händler-Einkäufer stärkste Wirkungen ausübt.

Wenn wir im Bewußtsein aller dieser Probleme darangehen wollen, in unserer Untersuchung die Form der kaufmännischen Organisation eines Detailbetriebes darzustellen, die in logisch einwandfreier Weise allen Erfordernissen entspricht, so wissen wir auf der anderen Seite, daß wir damit eine äußerst komplizierte Aufgabe unternehmen. Wir wissen, daß eine außerordentliche Vielgestaltigkeit der Organisationsformen in der Praxis sich findet, und daß außerdem die Regelung der Beziehungen des kaufmännischen Betriebsbureaus zu den anderen Hauptabteilungen des Geschäfts ebenso vielgestaltig ist. Und schließlich sind wir uns bewußt, daß die Entwicklung gerade auf diesem Gebiete der Einzelhandelsorganisation so schnell fortschreitet und so viele grundsätzliche Wandlungen innerer und äußerer Natur hervorruft, daß jede Lösung, die wir heute bringen, morgen überholt sein kann. Wir können deshalb nur versuchen, festzustellen, was heute ist, und das Ergebnis dieser Feststellung im Hinblick auf die zukünftigen Entwicklungsmöglichkeiten analysieren.

Die Aufgaben des kaufmännischen Betriebsbureaus und seine Beziehung zu den anderen Hauptbetriebsabteilungen.

Die innere Organisation des kaufmännischen Betriebsbureaus und der ihm unterstehenden Abteilungen hängt natürlich von den Aufgaben ab, die es zu erfüllen hat. Wenn man diese Aufgaben im einzelnen darstellen will, so ist es weiter notwendig, das Verhältnis des kaufmännischen Betriebsbureaus zur Geschäftsleitung und zu den jüngeren Hauptabteilungen des Geschäfts zu untersuchen und wenn möglich klarzustellen.

Die erste Tatsache, die man selbst bei der flüchtigsten Untersuchung der kaufmännischen Organisation der meisten Betriebe entdeckt, ist die „Firma". In der Regel beschäftigt sich einer, wenn nicht alle Firmeninhaber, mit der Ware. Sie pflegen jedoch ihre Stellung im Geschäft nicht als eine eigentliche Betriebsstellung zu empfinden. Sie halten sich nicht für kaufmännische Leiter oder Obereinkäufer, auch wenn sie tatsächlich eine solche Stellung bekleiden. Häufig wird man finden, daß auf die Frage nach dem kaufmännischen Leiter oder Obereinkäufer eine verneinende Antwort gegeben wird, wenn ein Mitinhaber diese Funktionen ausfüllt. In unserer Untersuchung können wir auf alle diese Spezialfälle keine Rücksicht nehmen. Wir können nur darauf aufmerksam machen, wie es bereits früher geschehen ist, daß derartige Beziehungen, daß die Personalunion zwischen Inhaber und Betriebsleiter notwendigerweise einen starken Einfluß auf die Organisation des Betriebes haben muß, die in vielen Fällen die Nachteile im Gefolge haben wird, von denen wir bei unserer Untersuchung der verschiedenen Formen der Geschäftsleitung bereits gesprochen haben. Da wir uns hier aber nur mit Menschen in ihrer Eigenschaft als Organisationseinheit, nicht aber als Mitinhaber einer Firma oder Aktionäre einer Gesellschaft zu beschäftigen haben, so müssen wir von einer Berücksichtigung solcher Einflüsse absehen, ohne daß wir damit zum Ausdruck bringen wollten, daß wir uns ihrer Bedeutsamkeit nicht bewußt wären.

Die kaufmännische Leitung und das Kontrollbureau.

Es ist nicht leicht, das Verhältnis zwischen einem gut organisierten und mit ausreichenden Vollmachten versehenen Kontrollbureau und dem kaufmännischen Leiter zu bestimmen, da sich die Aufgaben des einen schrittweise den Aufgaben des anderen angleichen. Das geht schon daraus hervor, daß im Falle der Leiter des Kontrollbureaus keine starke Persönlichkeit ist, der kaufmännische Betriebsleiter häufig viele der Arbeiten der Betriebskontrolle, die eigentlich dem Kontrollbureau obliegen, selbst durchführt, so daß das Kontrollbureau entweder mit der Betriebskontrolle und kaufmännischen Planung gar nichts zu tun hat oder sich seine Tätigkeit nur auf einige Buchungsarbeiten beschränkt. Ist aber der Leiter des Kontrollbureaus die stärkere Persönlichkeit, so wird oft genug der umgekehrte Fall eintreten. D. h. das Kontrollbureau kontrolliert die Läger nicht nur dem Werte, sondern auch der Menge nach und übt damit zahlreiche Funktionen aus, die eigentlich in den Aufgabenbereich des kaufmännischen Betriebsleiters gehören. Und sind beide der in Frage stehenden Persönlichkeiten starke und energische Naturen, so wird

Doppelarbeit, insbesondere auf den Gebieten der Betriebsstatistik und Kontrolle, häufig beobachtet werden müssen.

Wir haben bereits darauf hingewiesen, daß das Kontrollbureau eine für den Geschäftserfolg wesentliche Tätigkeit auszuüben hat, und daß es seine Aufgaben nur erfüllen kann, wenn es der kaufmännischen Betriebsleitung gleichgestellt ist. Wenn wir deshalb den Aufgabenkreis des kaufmännischen Betriebsleiters analysieren wollen, so müssen wir die Grenzen der Tätigkeit des Kontrollbureaus gleichzeitig damit festlegen. Wir geben zu diesem Zwecke im folgenden eine Liste derjenigen Aufgaben, die dem kaufmännischen Betriebsleiter im allgemeinen zufallen:

1. Planung der Lagerhöhe und des Einkaufes:
   A. dem Werte nach,
   B. der Menge nach.
2. Einkauf, wobei zu berücksichtigen ist:
   A. Mode,
   B. Sortierung in Größen und Farben,
   C. Preislagen,
   D. Qualität.
3. Verkauf durch:
   A. Reklame,
   B. tüchtiges Verkaufspersonal.
4. Kaufmännische Planung:
   A. Überwachung des Verhältnisses von Umsatz zu Lagerhöhe,
      1. dem Werte nach;
      2. der Stück- oder Meterzahl nach unter Berücksichtigung von:
         a) Sortierung,
         b) Einfluß der Mode,
         c) Preislagen.
   B. Änderung der Einkaufspolitik wegen des Verhältnisses von Lagerhöhe zum Umsatz, und zwar hinsichtlich:
      1. des Wertes;
      2. der Stück- oder Meterzahl, wobei zu beachten ist:
         a) Sortierung,
         b) modische Veränderungen — Nachbestellungen oder Neumusterung,
         c) Preislagen.
   C. Preisreduktionen, um das Lager sauber zu halten.

Ein Studium dieser Liste läßt bereits erkennen, daß *jedes* der 4 Hauptbetriebsbureaus zu einem Teile an der Lösung dieser Probleme mitarbeiten muß. Um den Grad der Beteiligung der anderen Betriebsbureaus festzustellen, haben wir deshalb diese Aufgaben noch einmal etwas anders gegliedert und glauben damit eine Basis für die notwendige

Abgrenzung der Arbeitsgebiete der 4 Hauptbetriebsbureaus geschaffen zu haben, soweit die Probleme der eigentlichen kaufmännischen Betriebsführung in Frage kommen. Diese Neugruppierung bietet folgendes Bild:

1. Statistische Arbeit in den kaufmännischen Abteilungen, und zwar sowohl der Menge wie dem Werte nach unter Berücksichtigung von:
   A. Aufzeichnungen aus den Vorjahren,
   B. Voranschlägen (Budgets) für die Zukunft,
   C. der gegenwärtigen Situation in ihrer Beziehung zu der gegenwärtigen Lagerhöhe und den geplanten Einkäufen.
2. Bearbeitung der Warenmärkte:
   A. Studium der Marktlage,
   B. Bearbeitung der Bezugsquellen,
   C. Studium der Moderichtungen,
   D. Aushandeln des billigsten Preises.
3. Fühlung und Zusammenarbeit mit dem Reklamebureau:
   A. Was soll inseriert werden?
   B. Wann soll inseriert werden?
   C. Wie soll inseriert werden?
   D. Wo soll inseriert werden?
4. Fühlung mit und Anleitung des Verkaufspersonals:
   A. Ausbildung,
   B. Anregung,
   C. Sammlung von Material über das Urteil der Kundschaft.

Eine Prüfung dieser Zusammenstellung ergibt sofort, daß das Kontrollbureau weder mit der Bearbeitung des Marktes noch mit dem Verkaufspersonal noch mit der Reklame etwas zu tun hat. Seine einzige Beziehung zum kaufmännischen Betriebsleiter liegt in der statistischen Kontrolle.

Ein Blick auf die statistischen Aufgaben des kaufmännischen Betriebsleiters läßt eine Teilung der Aufgaben erkennen, nämlich der Menge und dem Werte nach. Viele Kaufleute sind bereits mit der Überwachung der Lagerhöhe und der Umsätze dem Werte nach vertraut. Einkaufslimite werden gewöhnlich dem Werte nach festgesetzt. Es besteht jedoch die lebhafte Tendenz, die Mengenstatistik nach Stück- und Meterzahl als Basis für die Lagerkontrolle und Lagerplanung zu verwenden.

Der Gedanke der Mengenkontrolle ist durchaus gesund. Die Kundschaft kauft nicht für soundsoviel Mark Ware, sondern ein Kleid, eine Bluse, 3 m Stoff, 1 Dtzd Taschentücher. Tatsächlich sucht man 1 Paar Schuhe aus einem Sortiment von 1000 Paar Schuhen heraus und nicht aus 15000 M. Wert an Schuhen. Die Schuhe werden außerdem nicht aus dem Gesamtlager herausgesucht, sondern nur aus dem Sortiment, das in der richtigen Größe und Weite in der gewünschten Farbe unterhalten wird. Ein Lager von 40000 M. mag viel zu groß sein und trotzdem nur 10 Paar enthalten, die in der gewünschten Größe, Weite und Preislage dem Kunden als die Auswahl des Geschäfts vorgelegt werden können.

Es ist deshalb klar, daß sich das Kontrollbureau um die Mengenkontrolle nicht kümmern kann. Das Studium der Mengenstatistik erfordert ausgezeichnete Warenkenntnis und hat nur dann Sinn, wenn es dem Einkäufer Hilfsmittel für seine Arbeit an die Hand gibt. Die Mengenstatistik kann dem Einkäufer wertvolles Material für die Beurteilung seiner Bezugsquellen, für die Notwendigkeit von Neukäufen oder Nachbestellungen geben. Gerade weil aber kein Zweifel darüber bestehen kann, daß nur der Warenmann die Mengenstatistik mit Nutzen verwerten kann, können wir uns keine Möglichkeit denken, die Bearbeitung der Mengenstatistik anderen Händen als denen des Warenmannes zu übertragen.

Das besagt nicht, daß das Kontrollbureau mit seiner statistischen Erfahrung nicht für die Einrichtung der Mengenstatistik herangezogen werden sollte, wie es tatsächlich auch in den meisten Geschäften geschieht oder geschehen ist. Die eigentliche statistische Arbeit, d. h. die Zusammenstellung und Verwertung der Mengenstatistik, sowie insbesondere die Aufstellung der Einkaufspläne nach Stück- oder Meterzahl, sollte dagegen eine Arbeit bleiben, in die den kaufmännischen Abteilungen niemand hineinredet. Einmal trägt die Führung der Statistik durch die Stellen, die sie benutzen sollen, wesentlich zur Steigerung des Benutzungsgrades der Statistik bei. Dann aber muß vermieden werden, daß bei dem Personal der kaufmännischen Abteilungen die Empfindung wachgerufen wird, als handele es sich bei der Mengenstatistik um ein fremdes Element, das von außen aufoktroyiert wurde, und dem man deshalb mit einem gewissen Mißtrauen gegenübertreten müsse. Eine Mengenstatistik wird nur dann den gewünschten Erfolg bringen und vor allem richtig verwertet werden, wenn ausschließlich Personal des kaufmännischen Betriebsbureaus mit ihr zu tun hat, d. h. wenn die Abteilungsleiter, Obereinkäufer und der kaufmännische Betriebsleiter selbst die Überzeugung haben, daß es sich hierbei um ein System handelt, das sie selbst zu ihrem eigenen Besten eingerichtet haben und durchführen.

Es ergibt sich deshalb, daß der einzige Berührungspunkt zwischen Kontrollbureau und kaufmännischer Betriebsleitung die Wertstatistik ist. Es ist zweifellos richtig, daß die Mengenstatistik in vielen Fällen die angemessenere Basis für die kaufmännische Einzelarbeit darstellt. Es gibt aber z. B. Waren, bei denen der Preis des einzelnen Stückes so gering und die Zahl der geführten Artikel so groß ist, daß eine sorgfältig geführte Mengenstatistik dem Betriebe eine unerträgliche Arbeitslast aufbürden würde. Dazu kommt, daß die Mengenstatistik als Grundlage der Gesamtkontrolle der Läger von vornherein ausscheiden muß. Es ist unmöglich, die tausend Artikel des Warenhauses nach Preislagen, Größen und Farben statistisch einzeln zu erfassen und auf Grund solcher Arbeit zu brauchbaren Resultaten zu gelangen. Der Generalnenner des Waren- und Kaufhausbetriebes ist der erlöste Wert. Die Umsätze werden in Mark erlöst. Einkäufe werden in Mark bezahlt; Ausgaben in Mark gemacht und das Finanzprogramm muß in Mark aufgestellt werden. Einkaufspläne kann man per Stück- oder Meterzahl machen. Sie müssen trotzdem in Mark umgerechnet werden. Ebenso mag es zweckmäßig sein, die Beziehung zwischen Lagerhöhe, Umsatz und Rückstand auch der Menge nach zu überwachen; die Wertkontrolle läßt sich trotzdem nicht entbehren. Und Einkaufslimite sowie Gesamtaufstellungen des Einkaufsetats sind für die Zwecke der Kontrolle durch die Geschäftsleitung nur dann verwendbar, wenn sie nicht der Menge, sondern dem Werte nach aufgemacht sind. Die Aufstellung und Überwachung derartiger Etatsziffern ist normalerweise die Aufgabe des Kontrollbureaus. Die Feststellung und Kontrolle der Umsätze, die Verbuchung der Wareneingänge und die Feststellung der Lagerhöhe gehören ebenfalls zu seinen Aufgaben. Daß die statistischen Ergebnisse dem kaufmännischen Betriebsbureau zur Kenntnis gebracht werden müssen, ist selbstverständlich. Aber das Kontrollbureau sollte in erster Linie sein Urteil über sie abgeben. Und das Kontrollbureau sollte den kaufmännischen Betriebsleiter darauf aufmerksam machen, wenn die tatsächlichen Ziffern mit den aufgestellten Voranschlägen nicht übereinstimmen oder die geplanten Ziffern unausreichend erscheinen im Lichte der Entwicklung, die die jüngste Vergangenheit wahrscheinlich macht. Der Leiter des Kontrollbureaus muß die Vollmacht haben, zusätzliche Ausgaben zu sperren, wenn der kaufmännische Betriebsleiter sich diesen Vorstellungen gegenüber passiv verhält, mindestens so lange, bis die Geschäftsleitung eine endgültige Entscheidung getroffen hat.

Mit anderen Worten: Die Wertkontrolle durch das Finanz- und Kontrollbureau hat die Aufgabe, Fehler der käufmännischen Betriebsleitung festzustellen. Die Geschäftsleitung sollte bei ihrer Verteilung der Verantwortlichkeit darauf achten, daß sie sich durch das automatische Funktionieren dieser Kontrolle gegen übertriebenen Optimismus oder auch Pessimismus der kaufmännischen Abteilungen sichert, die anderenfalls leicht zu ernsten Verlusten führen könnten.

Kaufmännisches Betriebsbureau und Werbeabteilung.

Das Verhältnis zwischen dem kaufmännischen Betriebsbureau und der Werbeabteilung läßt sich mit kurzen Worten darlegen, soweit es hier wichtig ist. Eine eingehendere Besprechung wird bei der Untersuchung der Aufgaben der Werbeabteilung erfolgen. Hier genügt es, festzuhalten, daß die beiden Berührungspunkte Inserate und Schaufenster sind. Die Beziehung läßt sich am besten dadurch zusammenfassen, daß man sagt: Die Werbeabteilung kann die kaufmännischen Abteilungen des Hauses nicht zwingen, irgend etwas zu tun, aber sie kann auch ihrerseits nicht gezwungen werden, Ware in ihren Inseraten oder Dekorationen anzubieten, die ihren Standardsätzen für das, was in der Reklame vertretbar ist, nicht entsprechen.

Die Beziehung zur Inneren Betriebsleitung.

In unserer Zusammenstellung der Aufgaben des kaufmännischen Betriebsbureaus war auch die Fühlung mit dem Verkaufspersonal und dessen Anregung durch den kaufmännischen Betriebsleiter aufgeführt. Es war gesagt worden, daß eine gut geführte kaufmännische Organisation der Ausbildung und Anregung des Verkaufspersonals besondere Aufmerksamkeit widmen müsse. Wir müssen deshalb an dieser Stelle auch auf Personalfragen eingehen, unbeschadet der Tatsache, daß die gesamte Personalverwaltung fast durchgängig in sämtlichen Geschäften an einer Stelle zusammengefaßt ist und unter der Leitung des Inneren Betriebsbureaus steht. Der Grund dafür, daß wir uns trotzdem hier mit Personalfragen und zwar vor allem mit der Stellung des Verkaufspersonals zu befassen haben, liegt darin, daß gerade über diese Frage in der Praxis starke Meinungsverschiedenheiten herrschen. Während bei der Mehrzahl der Waren- und Kaufhäuser das Verkaufspersonal der speziellen Leitung der Einkäufer untersteht, gibt es auf der anderen Seite in zunehmender Zahl Geschäfte, in denen das Verkaufspersonal ebenso wie alle anderen Angestellten, dem Inneren Betriebsbureau zugeteilt sind. Und die Geschäfte, in denen diese Regelung zum Mindesten auf dem Organisationsplan getroffen worden ist, sind insgesamt so bedeutend und in ihrem gesamten Betrieb so modern eingestellt, daß wir diese Frage einer besonders eingehenden Untersuchung unterwerfen müssen.

Wir haben im vorstehenden mit Absicht den Ausdruck „Auf dem Organisationsplan“ gebraucht, weil wir auf Grund intimer Kenntnisse der in Frage kommenden Geschäfte unsere Zweifel daran haben, ob die praktische Handhabung mit den Vorschriften des Organisationsplanes auch tatsächlich übereinstimmt. Diese Zweifel werden noch verstärkt, wenn wir losgelöst von den praktischen Tatsachen, wie wir sie gefunden haben, die Probleme in ihrer inneren Beziehung zueinander analysieren.

Die Verteidiger dieses Prinzips, daß nämlich das Verkaufspersonal dem Inneren Betriebsbureau unterstehen müsse, pflegen etwa folgendes anzuführen: „Da das Verkaufspersonal ein Instrument des Kundendienstes ist, sollte es die Interessen des Kunden wahrnehmen und nicht die des Einkäufers. Wir weisen in unseren Inseraten darauf hin, daß wir zwanglose Prüfung und Besichtigung begrüßen und daß niemand zu einem für ihn ungünstigen Einkauf veranlaßt werden wird. Das Versprechen, das wir auf diese Weise geben, kann nur dann erfüllt werden, wenn das Verkaufspersonal demjenigen Betriebsbureau des Hauses untersteht, dessen Aufgabe der Kundendienst ist, nicht aber, wenn die Einkaufsorganisation die Kontrolle hat. Wir sollten dem Kunden das verkaufen, was er braucht, nicht aber, was wir verkaufen wollen. Dazu kommt ferner, daß die automatische innere Kontrolle zwischen den gleichberechtigten Betriebsbureaus gefährdet wird, wenn die Einkaufsorganisation durch Überwachung des Verkaufspersonals praktisch ein Monopol auf die enge Berührung und Fühlung mit der Kundschaft eingeräumt erhält."

Diese Gründe mögen einen richtigen Kern enthalten. Die Praxis stimmt jedoch mit einer solchen Theorie nicht überein. Schließlich und endlich betreibt man ein Warenhaus, um Geld zu verdienen. Und wenn auch selbstverständlich alle Anstrengungen darauf gerichtet sein müssen, die Ware am Lager zu haben, die man verkaufen kann, so muß das Geschäft doch in erster Linie das verkaufen, was es hat. Wenn das Verkaufspersonal tatsächlich dem Kundendienst seiner Verkaufstätigkeit gegenüber den Vorzug geben sollte, so müßten — wie eingeschaltet sei — auch die überall eingeführten Prämien- oder Provisionssysteme in Fortfall kommen, weil sie das Verkaufspersonal gerade im Gegensatz zu der oben zitierten Theorie zu lebhafter Verkaufsanstrengung ermutigen. Denn man kann derartige theoretische Grundsätze mit Engelszungen predigen: so lange man das Einkommen des Durchschnittsmenschen nach anderen Gesichtspunkten bemißt, werden sie Theorie bleiben müssen.

Ein anderer Gesichtspunkt kommt noch hinzu. Selbst wenn wir zugeben wollten, daß das Verkaufspersonal in erster Linie Kundendienst zu leisten hätte, so könnte es diese Aufgabe nicht erfüllen, wenn es nicht über eine intime Kenntnis der Ware, die am Lager ist, verfügt, wenn es nicht weiß, inwieweit das Lager den Anforderungen oder Wünschen der Kundschaft entspricht und wenn es nicht über eine gute Verkaufsausbildung verfügt. Alle diese Voraussetzungen bedingen aber eine viel zu enge Verbindung mit der Ware, als daß die von manchen Seiten propagierte Trennung Platz greifen könnte. Zudem sollte das Innere Betriebsbureau, gerade wenn es seine Hauptaufgabe im Kundendienst sieht, von sich aus gar nicht verlangen, daß das Verkaufspersonal ihm unterstellt werde, weil dadurch seine Fähigkeit zur Dienstleistung vermindert werden würde. Da es ferner keinen anderen Maßstab für die Arbeit des Verkaufspersonals gibt als die erzielten Umsätze und Gewinne, und da unter allen Umständen die Erzielung von Umsatz und Gewinn vor den Gesichtspunkten des Kundendienstes den Vorrang haben müssen, so würde auch die Fähigkeit des Inneren Betriebsbureaus, selbst den Kundendienst sicherzustellen, leiden, wenn es die Überwachung des Verkaufspersonals durchzuführen und sich dabei natürlicherweise weniger von den Gesichtspunkten der Dienstbereitschaft als denen der Umsatz- und Gewinnerzielung leiten lassen müßte. Nur wenn das Aufsichtspersonal, das dem Inneren Betriebsbureau untersteht, in seiner Wahrnehmung der Interessen der Kundschaft nicht durch die Verantwortlichkeit für den menschlichen Apparat, der Kundendienst und Gewinn zur gleichen Zeit produzieren soll, gehindert wird, kann sich außerdem die automatische Kontrolle der Tätigkeit des Verkaufspersonals und der Einkäufer auswirken, die gerade diesen Betriebsstellen gegenüber die Gesichtspunkte des Kundendienstes vertreten soll.

Dem Einkäufer selbst muß eine Ausschaltung seines Einflusses auf das Verkaufspersonal entweder als störender Eingriff in seine selbstverständlichen Rechte erscheinen oder sie dient ihm als Alibibeweis. Denn wenn dieses System wirklich in der Praxis durchgesetzt wird, so müssen sich die Beziehungen zwischen dem Verkaufspersonal und den Einkäufern erheblich lockern. Der Einkäufer wird dann entweder ein Einkäufer ohne jede Verantwortlichkeit für den Verkauf oder aber, er muß die Verantwortung für den Verkauf tragen, ohne durch engen Kontakt mit dem Verkaufspersonal auf seine Durchführung Einfluß nehmen zu können. Bleibt der Plan auf dem Papier stehen, so ergibt sich die Schwierigkeit, daß tatsächlich zwar die Einkäufer die Vorgesetzten des Verkaufspersonals sind, daß das Verkaufspersonal aber trotzdem theoretisch Anweisungen nur vom Inneren Betriebsleiter resp. seinen Vertretern, den Aufsichtspersonen, entgegennehmen darf. Eine solche Lösung hat dann zur Folge, daß der Einkäufer mit einem gewissen Recht die Verantwortung für einen Mißerfolg beim Verkauf ablehnen kann, während das Verkaufspersonal vor der Frage steht, zwei Herren zu dienen, eine Frage, die noch kaum je in der Wirtschaftspraxis mit Erfolg gelöst wurde.

So lange als der Einzelhandel daran glaubt, daß eine innerlich begründete Beziehung zwischen Einkauf und Verkauf besteht, müssen die Einkaufsorganisation und das Verkaufspersonal zu gegenseitigem Vorteil aufs engste miteinander verbunden bleiben. Ist es einmal so weit, daß Ein- und Verkauf in den meisten Abteilungen eines Warenhauses ohne Schaden voneinander losgelöst und unabhängigen Organisationsstellen übertragen werden können, dann ist die Zeit riesenhaftester Verschmelzungen im Einzelhandel da. Solche Verschmelzungen mögen durchgeführt werden, auch ehe diese Trennung Tatsache geworden ist. Läßt sich diese Frage aber lösen, so fallen die letzteren Gegengründe fort. Bis dahin bleibt der praktische Beweis zu erbringen, ob eine Trennung der Personeneinheit im Ein- und Verkauf möglich ist.

Nebenbei sei nur erwähnt, daß natürlich die Unterstellung des Verkaufspersonals unter die Einkäufer nicht so weit zu gehen braucht, daß man ihnen absolute Vollmacht einräumt. Die Personalverwaltung (unter der Oberleitung des Inneren Betriebsbureaus) wird trotzdem zweckmäßigerweise alle Personalfragen regeln und insbesondere die Fragen der Anstellung, eventueller Vertragsabschlüsse, der Entlassung usw. in der Hand zu behalten haben, ebenso wie die Verteilung des Personals auf die einzelnen Abteilungen, der Austausch des Personals im Hause usw., von der zentralisierten Personalverwaltung ausgehen muß. Daß umgekehrt die Personalverwaltung nicht auf den Gedanken kommen wird, einem Abteilungsleiter oder Einkäufer Personal aufzuzwingen, das er nicht haben oder nicht behalten will, versteht sich ebenfalls von selbst. Auch in diesem Falle darf eines der Grundprinzipien jeder Organisation der menschlichen Arbeit nicht vernachlässigt werden, daß man nämlich nur mit den Menschen und nicht gegen die Menschen organisieren kann.

Noch ein Punkt bleibt zu erörtern, der sich auf das Verhältnis zwischen dem Inneren Betriebsleiter und der kaufmännischen Leitung bezieht. Es handelt sich um die Frage, in wessen Machtbereich die Warenannahme sowie die Lager- und Vorratsräume gehören sollen. In einigen Fällen unterstehen diese Abteilungen der kaufmännischen Betriebsleitung, während in der Mehrzahl das Innere Betriebsbureau die Stelle ist, die für die Durchführung der Bewegung der Lagervorräte, die Warenannahme und die Auszeichnung, die Verantwortung trägt. Wir halten es ebenfalls für richtig, daß das Innere Betriebsbureau diese Aufgaben übertragen bekommt, ziehen es aber vor, auf die Gründe für diese Lösung und die organisatorischen Einzelfragen in unserer Besprechung der Inneren Organisation näher einzugehen.

Die Organisation der kaufmännischen Betriebsabteilungen.

Die Hauptaufgaben der kaufmännischen Betriebsabteilungen sind also die folgenden:

1. Ausarbeitung der Einkaufspläne, der Menge nach.
2. Ausarbeitung der Einkaufspläne, dem Werte nach.

Die aufgestellten Pläne unterliegen der weiteren Prüfung durch das Finanz- und Kontrollbureau.

3. Die Bearbeitung der Märkte, d. h. vor allem die Auffindung neuer Bezugsquellen, die Auswahl der Ware unter modischen Gesichtspunkten sowie die Beschaffung preiswerter Qualitätsangebote.
4. Überwachung des Verkaufspersonals.
5. Ausarbeitung der Pläne für Reklame und Dekoration sowie Beschaffung der für diese Zwecke geeigneten Ware.

Das Werbebureau hat das Recht der Kritik und des Einspruchs und soll außerdem auch selbst Vorschläge über die Warenvorbereitungen machen.

6. Kontrolle der Lagerhöhe dem Werte nach, in Zusammenarbeit mit und Prüfung durch das Kontrollbureau.

7. Sortiments- und Mengenkontrolle der Läger.

8. In den Fällen, in denen andere Betriebsbureaus auch Einfluß auf die Arbeit der kaufmännischen Hauptabteilungen ausüben können, sollte bei Meinungsverschiedenheiten abgewartet werden, bis die Geschäftsleitung eine Entscheidung trifft. Die übrigen Betriebsleiter sollen jedoch nicht die Macht haben, die Durchführung ihrer Anordnungen auch innerhalb der kaufmännischen Betriebsabteilung zu verlangen, weil das dem Prinzip des Gleichgewichts der Kräfte und der Gleichstellung der Hauptbetriebsfunktionäre zuwiderlaufen würde.

Die Ansichten über die zweckmäßigste Organisationsform zur Erfüllung der vorerwähnten Aufgaben und Leistungen gehen weit auseinander. Die Verschiedenheiten beruhen nicht nur auf einer verschiedenen Bewertung der Bedeutung der wesentlichen Teile und Unterteile der kaufmännischen Betriebsorganisation, sondern sie sind oft genug auch darin begründet, daß über die Natur der Aufgaben, für deren Erfüllung organisatorische Vorkehrungen getroffen werden müssen, Meinungsverschiedenheiten herrschen. Wir fassen im folgenden die Hauptformen zusammen, die wir in den verschiedenen kaufmännischen Betriebsbureaus der untersuchten Geschäfte gefunden haben, unter Hervorhebung des jeweils wesentlichsten Punktes resp. Differenzpunktes.

1. Es gibt Geschäfte, die einen obersten kaufmännischen Betriebsleiter haben und Geschäfte, in denen eine solche Stellung nicht existiert.

2. Es gibt Geschäfte, in denen die besondere Stellung des obersten kaufmännischen Betriebsleiters als solche unbekannt ist, in denen aber einer der Firmeninhaber die Doppelstellung als Mitglied der Geschäftsleitung und kaufmännischer Betriebsleiter bekleidet.

3. In anderen Geschäften sind die Einkäufer in ihrer Stellung so unabhängig, daß sie nur der Geschäftsleitung selbst unterstellt sind.

4. In anderen Geschäften sind die Einkäufer zwar einer gewissen Kontrolle durch Obereinkäufer für verschiedene Warengruppen unterworfen, aber trotzdem in ihrer Tätigkeit ziemlich unabhängig. Ein oberster kaufmännischer Betriebsleiter ist nicht vorhanden.

5. In anderen Geschäften sind die Vollmachten der Einkäufer stark eingeschränkt. Sie unterstehen Obereinkäufern für bestimmte Warengruppen, die wiederum dem obersten kaufmännischen Betriebsleiter unterstellt sind.

6. Und schließlich gibt es auch Fälle, in der dieser Organisation noch eine weitere Instanz übergeordnet ist, in denen es also Einkäufer,

Obereinkäufer, den kaufmännischen Betriebsleiter gibt und schließlich einen Firmeninhaber, der, meistens mit einem besonderen Direktortitel ausgestattet, eine Art kaufmännischen Oberbetriebsleiter darstellt.

Das Für und Wider für alle diese verschiedenen Organisationsformen darzustellen, würde nur Verwirrung hinterlassen. Wir halten es deshalb für besser, die Organisation der kaufmännischen Betriebsabteilungen von unten her darzustellen, weil schließlich auch der Erfolg des Warenhauses primär im Verkaufsbon oder Kassenzettel zum Ausdruck kommt und das Verkaufspersonal diejenige Stelle ist, an der Kundschaft und Warenhaus in intimste Berührung miteinander treten. Die Wirksamkeit des Verkaufspersonals hängt schließlich davon ab, was für Ware es zu verkaufen hat, ferner von der Kundschaft, die ins Haus gezogen wird und schließlich von der Tüchtigkeit des Verkäufers, der die Bedürfnisse der Kundschaft zu erraten und zu befriedigen versteht. Außerdem sind die leitenden Beamten eines Warenhauses nicht dazu da, um Untergebene zu haben, sondern im Gegenteil, um die Anstrengungen ihrer Untergebenen zu unterstützen und zu leiten. Sie haben dieser „Feuerlinie des Warenhauses", Waffen, Munition und Material zuzuführen und durch persönliche Beaufsichtigung und Leitung die wirksamste Verwendung dieser Kampfmittel sicherzustellen.

Verkaufspersonal und Einkäufer.

Wenn wir die Organisation der kaufmännischen Abteilungen von unten aufbauen wollen, so müssen wir mit dem Verkaufspersonal anfangen. Die Hauptaufgaben des Verkaufspersonals bestehen darin, Ware zu verkaufen, das Geschäft der Kundschaft gegenüber so zu vertreten, daß das Geschäft durch aufmerksame Bedienung an Ansehen und Ruf gewinnt und schließlich den Einkäufer auf Grund ihrer Kenntnis aus erster Hand mit den Bedürfnissen und Wünschen der Kundschaft vertraut zu machen.

Das Verkaufspersonal einer Abteilung sollte deshalb dem Einkäufer dieser Abteilung (Abteilungsleiter) direkt unterstellt sein.

Daraus ergeben sich für den Einkäufer die folgenden Aufgaben:

1. Beschaffung der Ware,
2. Vorschläge für geeignete Reklame,
3. Ausbildung, Überwachung und Anregung des Verkaufspersonals,
4. Verwaltung des Lagers mit dem Ziele schnellen Umschlages, zufriedenstellender Bruttoverdienste (niedrige Reduktionsziffern) und guten Umsatzes.

Anders zusammengefaßt kann man sagen: Es ist die Aufgabe des Einkäufers, durch Ausnutzung aller Bezugsquellen, die der Markt bietet, Ware zu beschaffen und sie mit Nutzen zu verkaufen, unterstützt durch das Verkaufspersonal und mit Hilfe guter Reklame.

Eine große Anzahl von Warenhauskaufleuten vertritt den Standpunkt, daß wir hiermit bereits alles erledigt haben, was über die Organisation der kaufmännischen Betriebsabteilungen zu sagen wäre. Mit anderen Worten: daß es organisatorische Stellen über dem Einkäufer und Abteilungsleiter nicht zu geben brauche. Die Vertreter dieser Ansicht verlangen, daß die Einkäufer der Geschäftsleitung direkt verantwortlich sind, und negieren die Zweckmäßigkeit irgendeiner Zwischeninstanz.

Zur Verteidigung dieses Standpunktes wird in der Regel darauf hingewiesen, daß das Geschäft mit einer derartigen Organisation gute Erfahrungen gemacht habe, und daß kein Grund bestehe, Einrichtungen zu ändern, die sich in jahrelanger Praxis gut bewährt haben. Man kann diesem Standpunkt eine gewisse Berechtigung nicht absprechen, und es gibt sicher Geschäfte genug, die aus den verschiedensten Gründen heraus diese historisch gewordene kaufmännische Organisation noch erfolgreich verwenden können, weil sie nicht mit Bedingungen zu rechnen brauchen, für die dieses System nicht leistungsfähig genug ist.

Man kann auch durchaus verstehen, wie sich derartige etwas primitive Organisationsformen entwickelt und erhalten haben. Der Inhaber eines kleinen Geschäftes, das sich zum Großbetrieb entwickelte, mußte selbstverständlich ein vielseitig, wenn nicht allseitig gebildeter Kaufmann sein, und man braucht nicht viel Vorstellungskraft zu besitzen, um es natürlich zu finden, daß sich eine solche Persönlichkeit bei der Auswahl seiner wichtigsten Assistenten, der Einkäufer, mit Vorliebe nach Menschen umsah, die ebenfalls eine allseitige kaufmännische Ausbildung besaßen. Spezialistentum und Arbeitsteilung sind schließlich erst moderne Errungenschaften.

Wollen wir die Elemente prüfen, in denen der Erfolg eines solchen Organisationssystems begründet ist, so kommen wir etwa zu folgenden Gedankengängen:

„Ein System, das dem Einkäufer, abgesehen von der Kontrolle durch die Geschäftsleitung, seine Selbständigkeit läßt, löst in glücklicher Weise die richtige Verteilung von Macht und Verantwortung. Da der Einkäufer für den Erfolg verantwortlich ist, muß er Vollmachten genug besitzen, um alle zum Erfolg notwendigen Elemente selbst kontrollieren zu können, d. h. er muß sowohl im Einkauf wie in der kaufmännischen Planung, im Verkauf wie bei der Reklame das entscheidende Wort zu sprechen haben. Selbständigkeit und Machtvollkommenheit des Einkäuferpersonals entwickeln Männer und Frauen, die ausreichende Kenntnisse, guten kaufmännischen Instinkt, Initiative und Verantwortungsfreude besitzen. Mit anderen Worten: Dieses System schafft starke Persönlichkeiten und starke Persönlichkeiten erzielen gute Resultate. Das moderne System, das den Einkäufer durch eine obere kaufmännische Leitung zu ‚unterstützen' trachtet und seine Machtvollkommenheit durch statistische ‚Beratung' nur hemmt, tötet die kaufmännische Initiative und bringt lediglich blutleere Schwächlinge hervor."

„Der Einkäufer steht ferner an der entscheidenden Wegekreuzung zwischen Konsument und Produzent. Er ist am besten in der Lage, die Wünsche der ersten zu den Angeboten des letzteren in die richtige Beziehung zu setzen. Hemmnisse und Beschränkungen, auch wenn sie Unterstützung genannt werden, können die wirkliche Bedeutung dieser Position nicht fördern, sondern müssen sie untergraben. Der selbständige Einkäufer kann zwar leichter Fehler machen. Gerade seine Selbständigkeit ist aber geeignet, in ihm die Qualitäten heranzubilden, die Fehler vermeiden helfen."

„Dazu kommt ferner, daß dieses Organisationssystem für die kaufmännischen Abteilungen sehr billig ist, denn es verlangt weder den Aufbau einer teuren Verwaltungsorganisation noch die Schaffung des ganzen unbequemen Apparates, der weiter nichts soll, als Statistik an die Stelle des gesunden kaufmännischen Urteils setzen."

Diesen Argumenten stehen auf der anderen Seite jedoch höchst gewichtige Gegenargumente gegenüber.

Einmal muß in jedem Falle eine Stelle vorgesehen werden, die sich davon überzeugt, ob die Einkäufer erfolgreich arbeiten, und die zum mindesten dafür sorgt, daß Stellen, die frei geworden sind, sei es weil untüchtige Einkäufer entlassen werden mußten, sei es aus anderen Gründen, wieder, und zwar richtig, besetzt werden. Diese Stelle kann im gegebenen Falle nur die Geschäftsleitung selbst sein und die Geschäftsleitung wird nur in einem kleinen Geschäft diesen Aufgaben neben ihren sonstigen Verpflichtungen die notwendige Aufmerksamkeit widmen können. Man darf deshalb behaupten, daß ein solches Organisationssystem schon wegen der geringen Zahl der für derartige Einkäuferstellen in Frage kommenden Persönlichkeiten, je länger je weniger als allgemein verwendbar bezeichnet werden kann. Dazu kommt ferner, daß ein System, nach dem nur allseitig gebildete Kaufleute als Einkäufer Verwendung finden können, in viel höherem Grade, als das heute noch der Fall ist, zur Folge haben müßte, daß jeder Abteilung der besondere individuelle Stempel des Leiters aufgedrückt wird. Die Aufrechterhaltung eines gleichmäßigen Niveaus im ganzen Hause bliebe dadurch dem Zufall überlassen oder könnte nur durch kostenreichen Druck von oben durchgesetzt werden. Ferner können sich die Schwierigkeiten im Falle eines Wechsels in der Person eines Abteilungsleiters oder Einkäufers, die schon heute, wo dieses System vielfach überwunden ist, recht erheblich sind, unter dem besprochenen Organisationsaufbau der kaufmännischen Abteilung geradezu zu einer Lebensfrage des Geschäfts auswachsen.

Aber wenn man selbst von all diesen Gründen absieht, so muß als höchst unwahrscheinlich bezeichnet werden, daß heute noch, wieviel weniger in einigen Jahren, ein solches Organisationssystem mit dem für Einkäuferstellen verfügbaren Menschenmaterial durchgeführt werden könnte. Vor 20 Jahren bot sich in den relativ kleinen Geschäften, die die heutigen Großbetriebe damals meistens noch waren, den Einkäufern Gelegenheit, sich allgemeine kaufmännische Erfahrung, Warenkenntnisse auf vielen Gebieten usw., anzueignen. Heute sind die Geschäfte zu groß geworden, als daß sie das Risiko übernehmen könnten, erst auszuprobieren, ob der Einkäufer oder die Einkäuferin, die ein derartiges Maß von Selbständigkeit erhalten soll, auch die notwendigen Fähigkeiten besitzt. Es muß deshalb ein System gefunden werden, das dafür Sorge trägt, daß die Aufgaben des Einkaufs wirkungsvoll, und zwar dauernd erfolgreich, gelöst werden und daß die möglichen Fehlerquellen auf ein Minimum reduziert werden. Wenn wir beurteilen wollen, ob dieses System, das, wie wir sagten, durch die Existenz des Großbetriebes bedingt, unter allen Umständen gefunden werden muß, darin bestehen kann, daß die gesamte Arbeit der Leitung einer Abteilung mit allen dazu nötigen Vollmachten in der Hand eines Einkäufers oder einer Einkäuferin konzentriert wird, so gehen wir am besten die Liste dieser Aufgaben noch einmal durch. Für die Vollbringung dieser Aufgabe sind drei voneinander getrennt zu haltende Elemente maßgebend:

1. Einkauf, der umfaßt:
   - A. Auffindung und Bearbeitung der besten Bezugsquellen,
   - B. Auswahl der richtigen Ware unter modischen Gesichtspunkten und unter Berücksichtigung von
     - a) Modeneuheiten,
     - b) der Schätzung des zukünftigen Bedarfs,
     - c) des gegenwärtigen Bedarfs;
   - C. Herausarbeitung billiger Spezialangebote.
2. Statistik, die umfaßt:
   - A. Verhältnis von Lagerhöhe zum Umsatz
     - a) bisher,
     - b) augenblicklich,
     - c) Zukunftsschätzung;
   - B. laufende Umsatzstatistik.
3. Verkauf, der umfaßt:
   - A. Leitung des Verkaufspersonals,
   - B. Reklame.

Prüfen wir diese Aufgaben genauer, so ergibt sich: Der Einkauf ist eine Tätigkeit, die hauptsächlich im Besuch der Märkte und Lieferanten besteht. Die statistische Arbeit und die kaufmännische Planung sind Dinge, die hauptsächlich im Geschäft selbst, am Lager und im Bureau zu leisten sind. Im Geschäft selbst muß festgestellt werden, was für Ware man braucht, und zwar wieviel Stücke und in welchen Preislagen; dann erst lohnt sich der Besuch des Marktes, um die Ware zu finden und herauszuarbeiten, von der man weiß, daß sie verlangt wird. Und schließlich erfordert die Leitung des Verkaufspersonals die administrativen Fähigkeiten des Vorgesetzten und Verkäufertalent.

Stellt man danach eine Liste der Fähigkeiten zusammen, die für die Ausfüllung einer solchen Position unerläßlich sind, so ergibt sich folgendes: Der Geschmack eines Künstlers, um die modischen Neuschöpfungen richtig zu beurteilen, das geschulte Auge des Detektivs, um neue Bezugsquellen ausfindig zu machen, große Verhandlungskraft und Erfahrung, um Preise und Konditionen herauszuholen, die statistische Erfahrung des Wirtschaftskritikers, die schöpferischen Qualitäten des geborenen Führers, die Erfindungskraft des guten Verkäufers und für die Berührung mit dem Publikum die liebenswürdige Dienstbereitschaft des guten Hoteliers.

Werden in den Laboratorien des Wunderdoktors „Moderne Zivilisation" solche vollkommenen Menschen in genügender Zahl geschaffen, um ein kaufmännisches System darauf aufbauen zu können? Die Erfahrung in der Industrie lehrt, daß dies nicht der Fall ist. Schließlich sind auch Massenproduktion und die heutige Verbilligung der Herstellungskosten die Ergebnisse des Spezialistentums und der Arbeitsteilung. Wenn heute in der Industrie ungeschulte Hände komplizierte Artikel besser herstellen, als der kunstfertigste Handwerker sich jemals träumen ließ, und billiger, als selbst Jules Verne sich vorstellen konnte, dann kann der Handel nicht verlangen, entsprechend gute Resultate zu erzielen, wenn er derselben Persönlichkeit die Aufgabe stellt, gleich gut Billard zu spielen, auf dem Seil zu balancieren und Kartenkunststücke zu machen.

Es ist deshalb nur natürlich, daß in allen großen Geschäften die Praxis sich von einem System, das auch im einzelnen zu stark auf die Persönlichkeit abgestellt ist, in größerem oder geringerem Grad abgewandt hat. Die Reklame wurde den Einkäufer-Abteilungsleitern zuerst aus der Hand genommen. Die Notwendigkeit, mit dem eigenen Kapital sparsam zu wirtschaften, erzwang die Einführung von mehr oder weniger strikten Einkaufslimiten. Die Einkaufs- und Verkaufstätigkeit selbst wird und soll dem Einkäufer überlassen bleiben, und zwar als in sich zusammengehörige Einheit, so lange bis ein Einkaufssystem gefunden worden ist, das auch getrennt vom Verkaufsapparat in der Lage ist, in jeder Hinsicht die Bedürfnisse und Wünsche der Kundschaft zu erfüllen, und das Ware beschafft, deren Qualität und Preiswürdigkeit und deren Lieferung zur rechten Zeit dem Verkaufsapparat das Vertrauen einflößt, das zur Erzielung von Erfolgen notwendig ist.

Aber auch auf dem eigentlichen Warengebiete hat sich eine Überwachung und Beratung des Einkäufers mehr und mehr als notwendig herausgestellt. Der Einkäufer muß, wenn er erfolgreich sein will, optimistisch eingestellt sein. Optimismus und Überzeugtsein von der Ware sind gleichbedeutend mit Verkaufsgeist und guten Verkaufsergebnissen. Allerdings können sie auch leicht zu einer Überversorgung der Läger führen, weil der Einkäufer wie jeder andere Mensch, wenn er sich nur auf seinen Instinkt verläßt, von bestimmten Eindrücken abhängig ist, die er über- oder unterschätzt. Drei energische Zufallsnachfragen nach irgendeinem Artikel, die zufällig in einer Stunde hintereinander erfolgen, hinterlassen vielfach einen größeren Eindruck, als sechs Nachfragen nach einem anderen Artikel, die sich über den ganzen Tag verteilen. Ebenso ist der Fall häufig genug, daß sich ein Einkäufer durch die Tendenz der Lieferanten hinreißen läßt. Bemerkungen wie „Blauer Ottoman ist das richtige für diesen Winter" stecken an. Leider aber manchmal nur die Einkäufer und nicht auch die Kundschaft.

Es mag sich z. B. am Lager und in der Berührung mit der Kundschaft herausstellen, daß schwarze Halbschuhe einer besonderen Qualität zum Preise von 12 Mark verlangt werden. Der Markt bietet zu diesem Preise nur unbrauchbare Waren, dagegen sind sehr gute Schuhe zum Verkaufspreise von ca. 25 Mark erhältlich. Ein guter Händler mag sich zum Einkauf dieses Angebotes verleiten lassen, während ein kaufmännisch gut kontrolliertes Einkaufsplanen verlangt, daß der Markt weiter abgesucht wird, bis man schließlich zweckentsprechende Angebote zu Verkaufspreisen von ca. 15—18 Mark aufgetrieben hat.

Zweifellos gibt es, oder vielleicht richtiger gesagt, gibt es noch Leute, die die Fähigkeiten des Einkäufers, des Verkäufers und des guten Warenkaufmannes im Sinne der kaufmännischen Planung in sich vereinigen. Solche Leute werden unter den einengenden Vorschriften der kaufmännischen Leitung erheblich leiden. Auf der anderen Seite gibt es aber sicher in größerer Zahl Menschen, die ausgezeichnete Einkäufer und Verkäufer sind, aber für die größeren kaufmännischen Gesichtspunkte weder Fähigkeiten noch Verständnis mitbringen. Sie werden nur mit Hilfe und unter Leitung von Obereinkäufern resp. kaufmännischen Betriebsleitern gute Leistungen vollbringen. Da außerdem die fortschreitende Arbeitsteilung die Zahl derartiger Spezialisten dauernd steigert, so muß in der Organisation des Warenhauses entsprechende Rücksicht auf diese Entwicklungstendenz genommen werden.

Zusammenfassend können wir also sagen: Das Geschäftsinteresse verlangt eine Begrenzung der Lagerhöhe; es verlangt einen Schutz gegen zu optimistische Tendenzen des Marktes, und damit also die Aufrechterhaltung einer kaufmännischen Organisation, getrennt von und zur Unterstützung des Einkäuferpersonals. Mögen die Einkäufer noch so billige Angebote heranschaffen: der Preis der Ware allein ist erst interessant, wenn man sich über die Absatzmöglichkeiten klargeworden ist, die durch viele Faktoren, vor allem aber durch die kaufmännischen Gesichtspunkte der umsatzfähigen Gesamtmenge und der Anpassung an die Hauptverkaufspreislagen bestimmt werden. Um die kaufmännischen Arbeiten, die im Geschäft zu leisten sind, mit den Notwendigkeiten der Einkaufsleitung unter Berücksichtigung der aus den Marktverhältnissen sich ergebenden Notwendigkeiten vereinen zu können, braucht man deshalb irgendeine Form der Leitung innerhalb der kaufmännischen Abteilungen, der auch das Einkäuferpersonal unterstellt sein muß.

Die Stellung der Obereinkäufer.

Im allgemeinen findet man drei verschiedene Formen für die Organisation der kaufmännischen Leitung und Überwachung des Einkäuferpersonals. In einzelnen Geschäften unterstehen die Einkäufer direkt dem kaufmännischen Betriebsleiter. In anderen sind sie einer Anzahl von Obereinkäufern unterstellt, die praktisch das Ende der kaufmännischen Betriebsorganisation nach oben darstellen, abgesehen von einer losen Beziehung, die zum Geschäftsleiter oder einem der Mitinhaber der Firma meistens besteht. Und schließlich gibt es Geschäfte, in denen die Einkäufer mehreren Obereinkäufern für verschiedene Abteilungsgruppen unterstellt sind, während diese wiederum dem kaufmännischen Betriebsleiter gegenüber die Verantwortung tragen.

Der Gedanke, das Einkäuferpersonal der Leitung verschiedener Obereinkäufer zu unterstellen, gewinnt immer mehr an Boden. Diese Entwicklung erscheint uns nicht nur verständlich, sondern innerlich in den Organisationsprinzipien des kaufmännischen Betriebsbureaus und seiner Unterabteilungen begründet. Welche Abteilungen unter der Leitung eines Obereinkäufers zusammengefaßt werden sollen, hängt von verschiedenen Gesichtspunkten ab. Die Abteilungen müssen selbstverständlich einander ähneln, sei es darin, daß dieselben Fabrikanten als Bezugsquellen in Frage kommen, sei es auch, daß an dieselbe Sorte von Kundschaft verkauft wird. Es kann also z. B. einen Obereinkäufer für Damen- und Mädchenkonfektion geben oder auch einen Obereinkäufer für Damenkonfektion, Schuhe, feine Lederwaren und andere dazugehörige Artikel.

Die Stellung des Obereinkäufers (in der deutschen Praxis auch Dezernent genannt) ist deshalb besonders bedeutungsvoll, weil sich in ihr Einkaufstätigkeit und statistische Kontrolle vereinigen müssen, wenn die Statistik und der Gebrauch von Ziffern überhaupt eine konstruktive und nicht nur eine unpersönlich akademische Rolle im Betriebe der kaufmännischen Abteilungen spielen sollen. Wenn man oft Klagen darüber hören muß, daß Geschäfte überorganisiert sind, so hat das meistens seinen Grund darin, daß die „Organisation“ an einer falschen Stelle zutage tritt. Mit anderen Worten: daß das Geschäft nicht über-, sondern falsch organisiert ist. So selbstverständlich es ist, daß eine übermäßige Ausdehnung der ziffernmäßigen Kontrolle unzweckmäßig und hinderlich ist, so selbstverständlich ist es auf der anderen Seite auch, daß jemand, der die schwierigen Fragen des Einkaufs und der Lagerhaltung verantwortlich zu überwachen hat, zuverlässige Ziffern nicht entbehren kann, wenn sein Urteil nicht nur konstruktiv und fördernd, sondern vor allem auch auf der Wirklichkeit aufgebaut sein soll. Innere Betriebs- und Warenstatistik wirken nur dann auf die Einkaufstätigkeit lähmend, wenn sie ohne genügend enge Fühlung mit den kaufmännischen Abteilungen bleiben. Auf der einen Seite ist der Obereinkäufer mit den Einzelfragen der ihm unterstellten Abteilungen eng genug verknüpft, um die Wünsche und Notwendigkeiten von der Warenseite her richtig beurteilen zu können. Er steht auf der anderen Seite den täglichen Kleinlichkeiten des Abteilungs- oder Einkaufsbetriebes zu fern, um nicht einen kühlen unbeeindruckten Stand diesen Fragen gegenüber einnehmen zu können. Der Obereinkäufer ist deshalb die geeignete Stelle, um die Ergebnisse der Betriebs- und Lagerstatistik bei der Einkaufstätigkeit zur Geltung zu bringen und insbesondere dabei die Ergebnisse und Lehren der Mengenstatistik in den Vordergrund zu rücken. Da er, seiner gehobenen Stellung wegen, dem Verkauf, dem Einkauf und der Betriebs- und Lagerstatistik in gleicher Weise eng verbunden, aber auch genügend im einzelnen uninteressiert ist, um die Ergebnisse der Statistik im Lichte der Ein- und Verkaufstätigkeit überprüfen und bewerten zu können, so ist der Obereinkäufer der Zentralpunkt für die notwendige Einheitlichkeit in der Verkaufs- und Einkaufspolitik und der Lagerhaltung.

Bei der Größe und Verschiedenheit der Aufgaben, die der Obereinkäufer zu lösen hat, ist es selbstverständlich, daß er nicht überlastet werden darf. Unter der Voraussetzung, daß die Aufteilung des Geschäfts in Läger zweckmäßig erfolgt ist, kann man sagen, daß nur Geschäfte mit weniger als 10 Lägern oder Abteilungen auf die besondere Stellung des Obereinkäufers ohne Schaden verzichten können, weil in solch kleinen Geschäften der kaufmännische Betriebsleiter dem Einkäufer selbst die nötige Unterstützung gewähren kann. Alle größeren Betriebe jedoch können nur gewinnen, wenn sie durch die Schaffung von Obereinkäufer-Positionen für ähnlich gelagerte Abteilungsgruppen den größeren kaufmännischen Gesichtspunkten beim Einkauf, Verkauf und der Lagerhaltung die gebührende intensive Beachtung verschaffen.

Die geeigneten Persönlichkeiten für die Stellung als Obereinkäufer sind nicht leicht zu finden. In der Praxis trifft man Menschen, die einander vollkommen entgegengesetzte Entwicklungsgänge hinter sich haben. Auf der einen Seite findet man Obereinkäufer, die aus dem kaufmännischen Betriebe hervorgegangen sind, immer in enger Fühlung mit der Ware gestanden haben und nach erfolgreicher Einkäufertätigkeit Obereinkäufer wurden. Auf der anderen Seite stehen die Zahlen- oder Bureaumenschen, die z. B. aus den Verwaltungsbureaus großer Gesellschaften hervorgegangen sind, große statistische Erfahrungen besitzen; man findet Volkswirtschaftler oder auch Ingenieure. Welchem Typus man den Vorzug geben soll, ist schwer zu sagen. Der letzterwähnte Typus verdankt seinen Erfolg in der Regel seiner Fähigkeit, die Lagerhöhe im richtigen Verhältnis zum Umsatz zu halten und dadurch einen angemessenen Gewinn zu erzielen und größere Preisreduktionen zu verhindern. Der erste pflegt vor allem Gewicht auf Umsatz und modefrische Ware zu legen, ohne allzu große Rücksicht auf sparsame Lagerhaltung. Es finden sich jedoch auch Männer, die die wesentlichen Eigenschaften beider Typen in sich gut und harmonisch zu vereinigen verstehen.

Im allgemeinen wird man besser daran tun, auf die frühere Erfahrung kein übermäßig großes Gewicht zu legen und sich den Mann selbst anzusehen. Der Obereinkäufer braucht, um seine Stellung richtig auszufüllen, eine Reihe von Fähigkeiten und ein bestimmtes Wissen. Er muß besitzen:

1. Warenkenntnis,
2. Marktkenntnis,
3 .Kenntnis der Moderichtungen,
4. Kenntnis der statistischen Kontrollmethoden,
5. Die Fähigkeit, ein größeres Personal zu leiten und anzuspornen.

Entspricht ein Mann diesen Erfordernissen, so ist er geeignet, welche Vorbildung auch immer er haben mag. Er muß diese Fähigkeiten aber auch besitzen, denn die Aufgaben, die der Obereinkäufer zu lösen hat, sind wichtige und bedeutungsvolle Aufgaben, von denen der Erfolg des Geschäfts in hohem Grade abhängt.

Der kaufmännische Betriebsleiter (Erster Warenmann des Geschäfts).

In zahlreichen erfolgreich betriebenen Geschäften hört die kaufmännische Betriebsorganisation mit den Obereinkäufern auf. Es pflegt in solchen Fällen lediglich eine gewisse Verbindung nach oben zur Geschäftsleitung zu bestehen oder zu dem Firmeninhaber oder Mitinhaber, der die Geschäftsleitung darstellt. Es gibt auch Fälle, in denen diese Beziehungen klarer gefaßt sind. In allen diesen Fällen fehlt jedoch eine klar herausgearbeitete Stellung, die die Funktionen der kaufmännischen Betriebsleitung umfaßt. Meistens sind dann die Obereinkäufer selbst mit Machtvollkommenheiten ausgestattet, die sonst nur der oberste kaufmännische Betriebsleiter ausübt. Diese Machtstellung beruht entweder auf der Tüchtigkeit der in Frage kommenden Persönlichkeiten oder auf anderen Einflüssen, in erster Linie verwandtschaftlichen Beziehungen oder Beteiligungsfragen.

Es gibt aber auch Praktiker, die grundsätzlich gegen die Schaffung der Position eines obersten kaufmännischen Betriebsleiters Einwendungen erheben. Entweder behauptet man, daß der kaufmännische Betriebsleiter praktisch nur dasselbe tue wie die Obereinkäufer, daß also die Schaffung einer solchen Position weiter nichts als Doppelarbeit bedeutet. Oder man fürchtet, daß der kaufmännische Betriebsleiter den einzelnen Abteilungen und ihren Wünschen so fern steht, daß er mit großer Wahrscheinlichkeit die kaufmännischen oder händlerischen Gesichtspunkte zugunsten der statistischen Kontrolle benachteiligen muß.

Demgegenüber ist zu sagen, daß die Aufgaben des obersten kaufmännischen Betriebsleiters in jedem Falle erfüllt werden müssen. Wird eine solche Position nicht geschaffen, so gehen ihre Funktionen automatisch auf die Geschäftsleitung über, die damit ihre unabhängige Stellung den vier gleichgestellten Kraftzentren des Betriebes gegenüber einbüßt. Wenn die Geschäftsleitung gleichzeitig die kaufmännische Betriebsleitung ist, dann steht das Geschäft naturnotwendig unter dem dominierenden Einfluß der kaufmännischen oder händlerischen Gesichtspunkte. Der Werbeleiter, der Innere Betriebsleiter und der Leiter des Finanz- und Kontrollbureaus sind dann eben nicht mehr dem Leiter des kaufmännischen Betriebsbureaus gleichgeordnet, sondern sie unterstehen ihm, weil er zu gleicher Zeit die Geschäftsleitung repräsentiert.

Erfüllt aber, wie es natürlich auch vorkommen kann, der Geschäftsleiter die Pflichten des kaufmännischen Betriebsleiters nicht oder nebenbei — weil er sich der Notwendigkeit bewußt ist, über den Einzelheiten des Geschäftsbetriebes zu stehen — dann besteht die Gefahr, daß die verschiedenen Abteilungsgruppen, die den Obereinkäufern unterstehen, die Einheitlichkeit in der Führung einbüßen, die für den Erfolg und die Schlagkraft des Gesamtbetriebes Wesentliches bedeutet. Das innere Gleichgewicht der Kräfte, von dessen wirksamer Aufrechterhaltung für den Geschäftserfolg so unendlich viel abhängt, wird nur zu häufig leiden, wenn an die Stelle eines kaufmännischen Betriebsleiters mehrere starke Persönlichkeiten als Obereinkäufer treten. Zum mindesten sind uns aus der Praxis nur wenig Fälle bekannt, in denen sich Werbeleitung, Innere Betriebsleitung und Finanz- und Kontrollbureau gegenüber einer Mehrzahl von Warenkaufleuten wirklich durchzusetzen vermocht hätten.

Wir glauben also, daß die Position eines obersten kaufmännischen Betriebsleiters geschaffen werden muß, nicht nur, um innerhalb der kaufmännischen Abteilungen die notwendige Einheitlichkeit im Wirkungsgrad der Arbeit und im Niveau der Warenangebote aufrechtzuerhalten resp. herbeizuführen, sondern vor allem auch deshalb, damit die gleichwichtigen Funktionen der anderen Hauptbetriebsbureaus einen gleichberechtigten Gegenspieler finden, mit dem zusammen sie die Betriebsprobleme ausfechten, oder sie der allen gleichmäßig übergeordneten Geschäftsleitung vortragen können.

Im einzelnen wird sich der kaufmännische Betriebsleiter mit den folgenden Problemen zu beschäftigen haben:

1. Leitung und Überwachung der Obereinkäufer,
2. Kontrolle der kaufmännischen Planung,
3. Aufstellung des Investitionsplanes für den Gesamtbetrieb,
4. Kontrolle der kaufmännischen Abteilungen hinsichtlich
   a) Lagerhaltung,
   b) Einkauf,
   c) Umsatz,
   d) Preisreduktionen,
5. Vorbereitung von Sonderveranstaltungen, in enger Zusammenarbeit mit der Werbeabteilung,
6. Zusammenarbeit mit dem Finanz- und Kontrollbureau bei der Ausarbeitung der Normallagerwerte und Einkaufslimite,
7. Zusammenarbeit mit dem Finanz- und Kontrollbureau bei der Unkostenkontrolle der kaufmännischen Abteilungen,
8. Leitung der, oder Zusammenarbeit mit, Einkaufsbureaus im In- und Ausland zum Zwecke der Auffindung und Entwicklung neuer brauchbarer Bezugsquellen,
9. Zusammenarbeit mit Einkaufsorganisationen mit dem Ziele, dem eigenen Geschäft die größtmöglichen Vorteile des Zusammenschlusses zu sichern,
10. Beobachtung der Preistendenzen und der allgemeinen Entwicklung der Produktionsmärkte als wesentlicher Faktoren für die Festlegung der Grundsätze für die eigene Lagerhaltung resp. Wareninvestition,
11. Zusammenarbeit mit der Inneren Betriebsleitung in den Fragen des Personals, des Kundendienstes, der Warenannahme, Expedition und Lagerräume.

Bei der Bestimmung der Persönlichkeit, der die Erfüllung der zahlreichen und bedeutungsvollen Aufgaben der kaufmännischen Betriebsleitung übertragen werden soll, wird es mehr noch als im Falle der Obereinkäufer zweckmäßig sein, die Fähigkeiten der Persönlichkeit der Frage nach der Ausbildung und bisherigen Laufbahn voranzustellen.

Händlerische Begabung ist zweifellos für den kaufmännischen Betriebsleiter von Vorteil, aber nur dann, wenn sie als Ergänzung der größeren kaufmännischen Fähigkeiten dient. Denn es ist für einen Menschen vollkommen unmöglich, sich bei der großen Zahl der Artikel, die ein Warenhaus führt, und bei der Schnelligkeit des Mode- und Geschmackswechsels so auf dem Laufenden zu halten, daß er die Einzelheiten der Marktentwicklung wirklich beherrscht. Allgemeine Kenntnis der Einkaufstechnik und der Marktverhältnisse sowie der jeweiligen Geschmacksrichtungen sind nur unter der Voraussetzung nützliche Eigenschaften des kaufmännischen Betriebsleiters, daß er nämlich die Spezialerfahrungen, die er sich erworben hat, nicht fälschlich auf alle Warengebiete überträgt oder aber gar die Maßnahmen der Gegenwart auf Grund seiner zehn Jahre zurückliegenden praktischen Erfahrungen zu beurteilen und zu bestimmen versucht.

Der kaufmännische Betriebsleiter muß in erster Linie die Sprache der Ziffern verstehen. Er muß wissen, was er mit den Ergebnissen der Wertstatistik anzufangen, was er aus ihnen zu schließen hat, und wie er sie mit seiner Beurteilung der allgemeinen Marktlage vereinigen kann. Diese Fähigkeit ist ein unerläßliches Requisit für einen erfolgreichen kaufmännischen Betriebsleiter, weil, wie schon erwähnt, der Wert in Mark der einzige Generalnenner im Warenhausbetriebe ist. Hat der kaufmännische Betriebsleiter nur Warenkenntnisse und allgemeine kaufmännische Erfahrung, so muß er sich Hilfskräfte heranziehen, die für ihn die statistischen Ergebnisse auswerten, sei es, daß er mit dem Leiter des Finanz- und Kontrollbureaus auf diesem Gebiete besonders eng zusammenarbeitet, sei es, daß er sich sein eigenes statistisches Bureau schafft. Voraussetzung für den Erfolg in einem solchen Falle ist aber, daß der Charakter der Persönlichkeit den mit ihm arbeitenden Hilfskräften auch erlaubt, ihre Ansichten ihm gegenüber zur Geltung zu bringen. Mit anderen Worten: daß er sich den statistischen Beistand nicht nur zu Dekorationszwecken schafft. Vor allem aber muß der kaufmännische Betriebsleiter eine bewegliche, vorwärtstreibende Persönlichkeit sein. Seine Abteilung schafft den Reingewinn. Er muß also das ihm unterstellte Personal, wenn nötig auch mit weiser Zurückhaltung zu leiten, vor allem aber zu inspirieren und mit Begeisterung für seine Arbeit zu erfüllen verstehen.

Aus allen diesen Gründen ist es leicht erklärlich, daß man in den kaufmännischen Betriebsbureaus in zunehmendem Maße Leute findet, die nicht aus der Einkäuferkarriere hervorgegangen sind, sondern aus der Verwaltung oder den statistischen und Finanzbureaus stammen oder schließlich auch Betriebsingenieure.

Zusammenfassung.

Die vollständige Organisation des kaufmännischen Betriebsbureaus und seiner Unterabteilungen soll also bestehen aus dem Verkaufspersonal, den Einkäufern, den Obereinkäufern und dem kaufmännischen Betriebsleiter. Außerdem sind kaufmännisches Betriebspersonal, Einkäuferstellvertreter oder Substituten, Einkaufsbureaus in den Produktionsmärkten und Fachassistenten des kaufmännischen Betriebsleiters zur Vervollständigung des Aufbaues erforderlich. Die Arbeit, die die Organisation zu leisten hat, besteht im Einkauf und Verkauf von Ware. Als Hilfsmittel dient die Statistik, und zwar sowohl Wert- wie Mengenstatistik, die die Basis für Planung und Kontrolle abgibt. Die Einkaufspläne werden auf Grund einer sorgfältig aufgemachten Bedarfsschätzung ausgearbeitet. Es folgt die eigentliche Einkaufsarbeit mit dem Ziele, den festgelegten Befarf durch intensive Bearbeitung des Marktes zu befriedigen. Gleichlaufend mit dieser Tätigkeit wird die Kontrolle der Lagerhöhe durchgeführt, und zwar unter Berücksichtigung von zwei Gesichtspunkten, die divergieren und zwischen denen der praktische Ausgleich hergestellt werden muß: Auf der einen Seite muß der Lagerbestand so klein sein, daß er abgesetzt werden kann, ehe die Ware sich entwertet und deshalb herabgezeichnet werden muß. Auf der anderen Seite müssen die Läger so groß und in ihrer Zusammensetzung so richtig sein, daß die Ansprüche der Kundschaft sowohl mit Bezug auf die Vollständigkeit des Sortimentes und die Größe der Auswahl wie auch in modischer Richtung voll befriedigt werden können.

Gemeinsamer Einkauf.

„Gut gekauft, ist halb verkauft“ sagt ein bekanntes kaufmännisches Sprichwort, das auch in der heutigen Zeit noch nichts von seiner Wahrheit verloren hat. Der Einkauf ist nach wie vor das Kardinalproblem für den Erfolg des Einzelhandelsgeschäftes. Erst wenn man sicher sein kann, daß auf diesem Gebiete das denkbar Beste geleistet wird, können alle die mannigfaltigen Methoden und Systeme, die eine Steigerung der Umsatztätigkeit zum Ziel haben, sei es daß sie in einer besseren Organisation des Kundendienstes bestehen, sei es daß sie auf dem Gebiete der Verkaufspropaganda liegen, auch ihrerseits 100prozentige Erfolge bringen.

Es ist deshalb kein Zufall, daß in Amerika ebenso wie in Deutschland in den letzten Jahren starke Anstrengungen gemacht worden sind, um die Einkaufsmethoden zu verbessern und vor allem die Vorteile der Machtposition auszunutzen, die die Möglichkeit, Aufträge zu erteilen, dem Einzelhändler gibt.

Theoretisch betrachtet ist, wenn nicht gerade besondere Konjunkturverhältnisse herrschen, die Ausnutzung aller Einkaufsvorteile kein Problem, wenn die in Frage kommende Einzelhandelsfirma eine gewisse Bedarfshöhe überschritten hat. Es ist einfach notwendig, genügend große Aufträge zu erteilen, wenn man die Vorteile hinsichtlich Preis und Konditionen eingeräumt erhalten will, die für Großabnehmer im allgemeinen mehr oder weniger einheitlich durch die Fabrikantenkonventionen oder die Praxis des Großhandels festgesetzt sind.

In der Praxis stellen sich jedoch der Beschreitung dieses Weges um so größere Schwierigkeiten entgegen, je moderner das Geschäft geleitet wird. Das Grundprinzip moderner kaufmännischer Betriebsführung im Waren- oder Kaufhaus schreibt vor, daß ein kleines, gutsortiertes Lager möglichst oft umgeschlagen werden soll. Was unter guter Sortierung zu verstehen ist, hängt natürlich von dem ganzen Charakter des Geschäfts und damit von den Bedingungen des individuellen Falles ab. Mit Ausnahme weniger Geschäfte jedoch, die ausschließlich billigste Stapelware führen, dürfte es nur in seltenen Fällen möglich sein, alle die Qualitäten, Sorten, Farben, Größen und Preislagen zu führen, die zu einer guten Sortierung, wie sie das individuelle Geschäft verlangt, erforderlich sind und gleichzeitig, wenn nicht in allen, so doch in den meisten Artikeln, die überhaupt geführt werden, Aufträge in einem Umfange zu erteilen, der den für Großabnehmer vorgeschriebenen Mindestquanten entspricht.

Das Problem: Schneller Umschlag und Massenpreise als Kernproblem der Rationalisierung im Einzelhandel.

Ist man genötigt, um die Preise der Konkurrenz halten zu können, trotzdem Aufträge im Rahmen dieser Großabnehmer-Mindestquanten zu vergeben, so läuft man entweder Gefahr, die durch die Betriebsstatistik ausgewiesene höchste Lagermindesthöhe erheblich zu überschreiten. Mit anderen Worten, man verletzt das Prinzip des schnellen Umschlages, erhöht das investierte Kapital und damit gleichzeitig das geschäftliche Risiko, nimmt sich außerdem die Elastizität, die gerade heute in der Zeit zunehmend verstärkten Modewechsels für den Geschäftserfolg im Einzelhandel lebenswichtig geworden ist. Oder man ist gezwungen, sein Sortiment gewaltsam zu verkleinern und sich auf die Führung solcher Artikel, Farben, Größen usw. zu beschränken, in denen der bisherige Umsatz ausreichte, um Aufträge im Umfange des Großabnehmer-Mindestquantums zu rechtfertigen, oder in denen der Absatz groß genug erscheint, um die Erteilung größerer Aufträge nicht übermäßig riskant erscheinen zu lassen. Die Gefahren, die in der oben erwähnten Dispositionsmethode liegen, ergeben sich von selbst.

Die zuletzt erwähnte Möglichkeit der Sortimentsbeschränkung ist aber vielleicht noch gefährlicher, weil sie vielfach den Charakter des Geschäfts grundsätzlich ändert und nur dann zu einem Erfolg führen kann, wenn es gelingt, für die größeren Quanten einer geringeren Anzahl von Artikeln neue Käufer zu finden, die vielfach aus anderen sozialen Schichten stammen werden als die bisherige Stammkundschaft, während auf der anderen Seite viele von den alten Kunden, die an die bisherige große Auswahl und Sortierung gewöhnt waren, sich mit einer geringeren Auswahl nicht ohne weiteres zufriedenstellen lassen werden.

Dieser scharfe Gegensatz zwischen den modernen Methoden der Lagerhaltung im Waren- und Kaufhaus und den Vorbedingungen, die erfüllt werden müssen, wenn der Einzelhandelsbetrieb und damit seine Kunden in den vollen Genuß der erzielbaren Einkaufsvorteile gesetzt werden sollen, darf ohne Übertreibung als das Kernproblem der Rationalisierung im Einzelhandel bezeichnet werden. Es ist bisher praktisch kaum gelöst worden, wenngleich sowohl in Deutschland wie in Amerika in Einzelfällen ein guter Ausgleich gelungen ist. In Amerika hat man in den letzten Jahren auf verschiedenen Warengebieten, die allerdings bisher relativ engbegrenzt sind, die Erfahrung gemacht, daß ein System sich praktisch besonders gut bewährte, das die volkswirtschaftlich erforderliche Lagerhaltung drittelt; etwa in der Weise, daß der Einzelhandel ein Drittel der Lagerhaltung also z. B. für einen Bedarf von ca. 14 Tagen übernimmt, daß ein weiteres Drittel, wieder für ca. 14 Tage, von der Vermittlungsstelle, sei es daß es sich um einen Einkaufskonzern, um einen Großhändler oder die mehr oder weniger selbständige und im Verkaufsmarkte gelegene Verkaufsstelle des Fabrikanten handelt, übernommen wird, und daß schließlich beim Fabrikanten selbst entweder das letzte Drittel des erforderlichen Lagers unterhalten, oder die Fabrikation so eingestellt wird, daß Nachlieferungen in einer Zeit von ca. 14 Tagen möglich sind. Der Artikel, um den es sich bei diesem System der Lagerhaltung handelt, sind Damenstrümpfe, und die Firma, die sich für dieses System einsetzt, konnte im letzten Jahre einen Engrosumsatz von mehr als 300 Mill. Dollars erzielen.

Mit der Anführung dieses praktischen Beispieles wollen wir durchaus nicht behaupten, daß dieser selbe Weg in Deutschland auch nur für den Artikel Damenstrümpfe gangbar wäre. Gleichwohl hielten wir die Erfahrung dieses amerikanischen Hauses für so interessant, daß wir auf ihre Wiedergabe nicht verzichten wollten, weil sie uns zum mindesten geeignet erscheint, eine Diskussion dieses Problems in präziser Form hervorzurufen. Sie zeigt wenigstens das eine, daß nämlich das in Deutschland jetzt übliche System großer Saisonvoraufträge nicht ohne weiteres, wie es vielfach geschieht, als das einzig mögliche

Dispositionssystem anerkannt werden kann. Wir wissen sehr wohl, daß z. B. für die Beteiligung der Fabrikanten an der volkswirtschaftlich notwendigen Lagerhaltung in Deutschland noch fast alle materiellen Voraussetzungen fehlen, abgesehen von den Fällen, in denen der Fabrikant selbst eine ausreichende oder wenigstens einen hohen Prozentsatz seiner Fabrikation bewältigende Verkaufsorganisation aufgezogen hat und ebenso abgesehen von der Organisation der Konsumgenossenschaften, die vielleicht in Deutschland diejenige Stelle ist, an der am erfolgreichsten praktisch an dem Ausgleich zwischen statistisch fast vollständig erfaßtem Bedarf und Produktion gearbeitet wird. Der Überführung derartiger Gedankengänge in die Praxis steht vor allem die heute leider noch immer durchaus übliche allgemeine Gepflogenheit des Einzelhandels gegenüber, Lagerware auch, wenn sie frisch ist und allen modischen Anforderungen genügt, von vornherein als zweitklassige Ware zu behandeln und Preisabschläge von Fabrikanten und Großhändlern zu verlangen, die meistens verlustbringend sind und auf lange Zeit jede noch so leise Absicht eines Fabrikanten, Lager zu halten, im Keime ersticken müssen.

Lösung durch den Großhandel?

Das Problem wird auch dann nicht einfacher, wenn man seine Lösung nicht vom Einzelhändler und Fabrikanten, sondern vom Großhandel verlangt. Es wird vielfach behauptet, daß der Großhandel in Vorkriegszeiten diejenige Instanz des volkswirtschaftlichen Verteilungsapparates gewesen ist, die für die praktische Durchführung dieses Interessenausgleichs sorgte. Wir können uns dieser Auffassung nicht ohne weiteres anschließen. Tatsache ist, daß der Großhandel in den Vorkriegsjahren in wesentlich größerem Umfange sortierte Läger unterhalten hat, aus denen der Einzelhändler durch kurzfristige Nachbestellungen seine Sortimente ergänzen konnte. Tatsache ist aber auch, daß es vor dem Kriege wohl kaum große Einzelhandelsbetriebe gegeben hat, die in ihren Lägern nicht nennenswerte Warenbestände besaßen, die nicht nur aus der Vorsaison, sondern vielmehr aus einer ganzen Reihe zurückliegender Jahre stammten. Man kannte eben damals dieses Problem noch kaum, jedenfalls nicht in seiner ganzen heutigen Bedeutung und Schwere, und man brauchte es auch nicht zu kennen. Denn wenn es auch Tatsache ist, daß der heute umkämpfte Ausgleich damals hergestellt wurde, so ist es auf der anderen Seite unbestreitbar, daß es nicht Methoden rationeller Disposition und Lagerhaltung waren, die für die Herbeiführung des Ausgleichs sorgten. Er wurde vielmehr hergestellt, wenn man will auch übertüncht, durch die besonders liberale Kredithandhabung, zu der man damals bekanntlich in ausreichendem Maße Mittel zur Verfügung hatte, nicht nur in Fabrikantenkreisen, sondern vor allem auch im Großhandel. Dadurch daß man jedem sonst gut fundierten Unternehmen des Einzelhandels — und auch des Großhandels — mit beinahe beliebig langen Fristen, Fristen jedenfalls, die über die Dauer des heute erstrebten Umschlages weit hinausgingen, Kredite zu gewähren vermochte, schuf man die finanziellen Unterlagen, die eine Fortführung des Geschäftes auch dann ermöglichten, wenn eine nach unseren heutigen Begriffen gefährlich niedrige Umschlagsziffer durch die Notwendigkeit, alte Waren mitzuschleppen, bedingt war.

Wir sind, wie aus unseren bisherigen Darlegungen klar geworden sein dürfte, selbstverständlich weit davon entfernt, das System des schnellen Umschlages im Einzelhandel lediglich als eine durch die besonderen Umstände der Nachkriegszeit bedingte Aushilfsmethode zu betrachten. Im Gegenteil. Gerade die Tatsache, daß dieses System in den Vereinigten Staaten, die sich sicherlich nicht über Kapitalmangel und Kreditrestriktionen zu beklagen haben, mit solchem Erfolg zur Anwendung und Entwicklung gebracht worden ist, dürfte als Beweis dafür genügen, daß es sich dabei um einen von den Zeit- und Kapitalverhältnissen unabhängigen wesentlichen Fortschritt handelt. Wir glauben allerdings, daß die besonders schwierigen Kapital- und Kreditverhältnisse, mit denen wir wohl noch auf eine Reihe von Jahren zu rechnen haben werden, einen ganz besonderen Antrieb in dieser Richtung teils bereits gegeben haben, teils noch in steigendem Maße geben werden.

Wir müssen, nachdem wir nun einmal durch unsere Kapital- und Kreditnot der Möglichkeit beraubt sind, der Lösung dieses Problems auszuweichen, alle Hebel ansetzen, um möglichst bald die praktische Lösung zu finden, resp. die verschiedenen Wege auszuprobieren, auf denen je nach den verschiedenen Produktions- und Dispositionsnotwendigkeiten der verschiedenen Warengebiete die Lösung gefunden werden kann. Klar ist jedenfalls, daß wir weder darauf verzichten können, die oben ausführlich besprochenen modernen Methoden der Lagerhaltung, d. h. der Unterhaltung kleiner, gut sortierter Läger und der Aufrechterhaltung der Sortimentierung durch häufige kurzfristige Nachdispositionen zu immer allgemeinerer Durchführung zu bringen, ja sogar diese Methoden durch die Einführung einer sorgfältigen und spezialisierten Mengenstatistik noch wesentlich zu verfeinern; noch daß wir die notwendige dauernde Erhöhung aller Umsatzziffern erreichen werden, wenn nicht durch rationellste Arbeit des gesamten Verteilungsapparates, in diesem Spezialfalle insbesondere des Einkaufsapparates, sichergestellt wird, daß die durch Großaufträge und die auf ihnen basierende Serien- und Massenproduktion erzielbaren Preisvorteile sich auch in den Einkaufspreisen des letzten Verbrauchers auswirken können.

Eines der Mittel, das der Einzelhandel auf dem Wege zu der Lösung dieses Problems anwenden kann und in zunehmendem Maße bereits anwendet, liegt in dem gemeinsamen Einkauf mehrerer Geschäfte, von Geschäftegruppen oder Waren- und Kaufhauskonzernen. Man konnte dabei in den letzten Jahren mehrfach die interessante Beobachtung machen, daß große Waren- und Kaufhäuser, vor allem aber Kaufhäuser, weil im Kaufhaus seit jeher auf die Sortimentshaltung besonderes Gewicht gelegt wird, gerade durch die Einführung moderner Planungs- und Lagerhaltungsmethoden veranlaßt wurden, ihre dem Zusammenschlußgedanken gegenüber bis dahin ablehnende Haltung aufzugeben. Diese „Rationalisierung der Lagerhaltung", zu der sie sich vielfach aus finanziellen Gründen gedrängt sahen, machte es ihnen schwer, wie bisher die z. B. bei modischen Meterwaren vielfach als Großabnehmer-Mindestquantum vorgeschriebenen 100 m pro Dessin aufzugeben. Sie suchten demgemäß nach einer Möglichkeit, die es ihnen gestattete, auf der einen Seite ihre bekannte, reich sortierte Auswahl in vollem Umfange aufrechtzuerhalten, auf der anderen Seite aber trotzdem der Preisvorteile nicht verlustig zu gehen, die sie bisher als direkte Kunden der Fabrikanten genossen hatten. Sie fanden einen Ausweg vielfach in dem Anschluß an Einkaufsverbände oder an die Einkaufszentralen bestehender Waren- und Kaufhauskonzerne, durch die sie mit wesentlich geringeren Kosten, als es bei Bezug durch den Großhandel möglich gewesen wäre, die Möglichkeit erlangten, mit anderen Firmen zusammen die erforderlichen 100 m pro Dessin oder sogar ein größeres Quantum zu disponieren.

Es kann allerdings nicht zweifelhaft sein, daß auch der Weg über Einkaufsverbände oder Einkaufszentralen die vollständige Lösung des oben skizzierten Problems nicht oder jedenfalls noch nicht in sich schließt. Denn wenn es, wie oben beschrieben, durch die Beschreitung dieses Weges auch dem einzelnen Waren- oder Kaufhaus ermöglicht wird, sich bei der Erteilung der ersten Aufträge in der Saison auf Quanten zu beschränken, die den Notwendigkeiten der modernen Prinzipien der Lagerhaltung entsprechen, so ist es auf der anderen Seite bisher nicht gelungen, denselben Erfolg in der Frage der Nachdispositionen zu erzielen.

Mitarbeit der Industrie.

Ob und wann es gelingen wird, das Problem zu lösen, das heute noch in der Erteilung häufiger, im einzelnen nicht zu großer, Nachdispositionen durch den Einzelhandel zu Preisen, die das Niveau der Saisonauftragspreise nicht nennenswert überschreiten, liegt, läßt sich nicht voraussagen. Es erscheint beinahe unmöglich, auch innerhalb einer Gruppe, die sonst mit vollkommener Geschlossenheit disponiert, die Nachdispositionen zusammenzufassen, weil der Bedarf wohl kaum jemals so genau vorausberechnet werden kann, daß die Mitgliedergeschäfte zum gleichen Zeitpunkt Nachdispositionen für notwendig halten dürften. Praktisch liegen die Verhältnisse heute so, daß man gerade aus diesem Grunde entweder auf eine Ergänzung des Sortimentes gerade in den Artikeln verzichten muß, die besonders gefragt werden und in denen deshalb die Bestände — erfreulicherweise — besonders schnell abgesetzt werden konnten, oder daß man von einem Großhändler zum anderen laufen muß, um zu Preisen, die oft 10—20% über den Saisonpreisen liegen, greifbare Ware zu beschaffen.

Es gibt natürlich Wege, um auch dieses Problem seiner Lösung näherzubringen. Voraussetzung für ihre Beschreitung ist aber vor allem, daß die praktische Arbeit an dieser Frage nicht auf den Einzelhandel — und den Großhandel — beschränkt bleibt, sondern daß sich auch die Industrie der Bedeutung bewußt wird, die gerade dieses Problem für die Rationalisierung der volkswirtschaftlichen Verteilung besitzt, und daß sie deshalb im Rahmen der Möglichkeiten, die der Produktionsprozeß und seine Bedingtheiten offen lassen, bereit ist, ihre Mitarbeit ebenfalls zur Verfügung zu stellen. Wir glauben, daß gerade die zunehmende Genauigkeit der Absatzvorausschätzung im Einzelhandel vielleicht auch hier dazu beitragen wird, die Lösung zu fördern. Sie könnte z. B. darin bestehen, daß eine Einkaufszentrale mit einem Fabrikanten ein Gesamtquantum abschließt — für dessen Höhe die Umsatzvoranschläge Anhaltspunkte geben können — für dessen Lieferung aber nicht vorher bestimmte Lieferungstermine mit vierwöchentlicher Nachlieferungsfrist maßgebend sein dürfen, sondern das vielmehr auf kurzfristigen Abruf abgeschlossen wird. Für den Einzelhandel könnte ein solches Verfahren allerdings nur dann die ersehnte Lösung bringen, wenn der Produktionsprozeß einmal nicht dazu zwänge, daß die Abrufsfristen über das durch das Wesen des schnellen Lagerumschlages bedingtes Höchstmaß von ca. 3 Wochen ausgedehnt werden müssen. Ferner dürften auch weder Muster noch Farbe im voraus festgelegt werden, weil man gerade vermeiden will, sich von vornherein möglicherweise an Artikel binden zu müssen, die sich im Laufe der Saison als ungangbar herausstellen. Wir wissen sehr wohl, daß der Durchführung dieses Vorschlages große, vielleicht sogar unüberwindbare technische Schwierigkeiten sowohl in der Disposition des Einzelhandels und der Einkaufszentralen wie vor allem auch auf Seiten der Industrie entgegenstehen. Wir haben diesen Vorschlag nur erwähnt, um die Richtung zu verdeutlichen, in der möglicherweise eine praktische Lösung gefunden werden kann. Jedenfalls aber glauben wir auf das bestimmteste, daß über kurz oder lang der Zeitpunkt eintreten wird, an dem man sich auch in der Industrie, sei es in der oben angedeuteten, sei es in anderer Richtung bemühen wird, praktische Vorschläge zu machen und auszuprobieren, im Gegensatz zu der heutigen Praxis, die oft genug rigorose Verbandsbestimmungen und hohe Konventionalstrafen gegen alle Konditionen kennt, die für Preisstellung oder Rabattgewährung nicht die Größe des einmal erteilten Auftrages, sondern den gesamten Umsatz innerhalb einer bestimmten Dispositionsperiode — Saison, Halbjahr oder Jahr — zugrunde legen.

Praktische Probleme des gemeinsamen Massenbezuges[1].

Die praktische Inangriffnahme dieser Frage wird selbstverständlich verschiedenartig sein müssen, weil es sich bei den im Waren- und Kaufhaus geführten Waren um Artikel handelt, die von ganz verschiedenen Produktions- und Absatzbedingungen abhängig sind. Der Hauptunterschied dürfte vor allem zwischen modischer Ware und Stapelware bestehen. Allerdings erscheint es, als ob auch diese Unterscheidung im Laufe der Zeit und mit der zunehmenden Einführung kurzfristiger Dispositionsmethoden nicht nur im Handel, sondern auch in der Fabrikation immer schwieriger und unbestimmter würde, da sich der Modewechsel auf immer weitere Gebiete ausdehnt. Die einzige sichere Unterscheidung zwischen Mode- und Stapelware kann vielleicht darin gesehen werden, daß man als Stapelware solche Ware bezeichnet, bei der der Modewechsel in der Regel etwas langsamer vor sich geht als etwa bei Damenhüten oder Kleidern, d. h. auf solchen Warengebieten, bei denen man mit einem Modeumschlag von heute auf morgen rechnen muß. Außerdem pflegt bei den sogenannten Stapelartikeln eine gewisse Einheitlichkeit der Geschmacksrichtung im Gesamtwirtschaftsgebiet eines Volkes vorzuherrschen im Gegensatz zu den streng modischen Artikeln, die vielfach auch regionalen Schwankungen unterworfen sind. In diesem Zusammenhange sei darauf hingewiesen, daß die zunehmende Rationalisierung in Produktion und Vertrieb mit ihrer Beschränkung der Zahl der fabrizierten oder geführten Artikel dazu drängt, auf gewissen Gebieten aus modischen Artikeln Stapelartikel zu machen, wenigstens wenn man den letzterwähnten Gesichtspunkt als maßgebend anerkennt, daß ein einheitlicher Geschmack im Gesamtgebiet der Volkswirtschaft für sie kennzeichnnend sein soll. So sind z. B. seidene oder kunstseidene Damenstrümpfe trotz des Wandels der Modefarben allmählich ausgesprochen zu einem Stapelartikel in diesem Sinne geworden. Außerdem tendiert diese Entwicklung deutlich zur Bevorzugung von Markenartikeln, wobei allerdings die Frage noch offen bleibt, ob es Sache des Fabrikanten bleiben soll, Marken ein-

[1] Siehe auch 11. Kapitel.

zuführen oder ob nicht auch der Einzelhandel selbst durch geeignete Maßnahmen Waren zu Markenartikeln machen kann und soll. Voraussetzung für einen Erfolg solcher Maßnahmen des Einzelhandels wäre allerdings, daß diese „Einzelhandels-Marken-Artikel" ebenso wie die Marken der Fabrikanten mit einer ziemlichen Gewißheit hinsichtlich Qualität und Preis überall dort zu haben sind, wo überhaupt Waren derselben Art verkauft werden. Mit anderen Worten: Eine einzelne Einzelhandelsfirma wird dazu kaum in der Lage sein. Dies ist vielmehr ausgesprochen ein Arbeitsgebiet, das Warenhaus- oder Kaufhauskonzernen, großen Einkaufsorganisationen und den ihnen angeschlossenen Geschäften oder auch großen Filialbetrieben vorbehalten bleiben wird.

Der zentrale Einkauf von Stapelwaren ist in der Regel das erste Betätigungsfeld, das mit dem zunehmenden Zusammenschluß von Waren- und Kaufhäusern in Angriff genommen wird. Unter Zusammenschluß verstehen wir in diesem Zusammenhang allerdings weniger den finanziellen Zusammenschluß (Fusion), als vielmehr zentral zusammengefaßte oder geleitete oder kontrollierte Betriebsführung.

Die erste Aufgabe zentraler Einkaufsbureaus pflegt die Auffindung und Bearbeitung neuer Bezugsquellen im In- und Auslande zu sein. Dann überträgt man der Zentralstelle die Weitergabe der Nachbestellungen und die Sicherstellung prompter und mustergerechter Lieferung. Weiterhin werden gemeinschaftliche Aufträge erteilt und der Versuch gemacht, Spezialpreise und Konditionen durchzudrücken, und zwar entweder im Wege des sogenannten Komiteesystems, d. h. durch Komitees beauftragter Einkäufer der Mitgliedergeschäfte oder durch den Zentraleinkäufer, der sich das Vertrauen der Mitgliederfirmen erworben hat. Und schließlich schließt die Einkaufszentrale für die angeschlossenen Firmen im voraus im großen ab, sei es um Preise rechtzeitig und günstig festzulegen, sei es um frühzeitige Lieferung zu erreichen. Solche Abschlüsse, die natürlich nur dann gewagt werden können, wenn man der Abnahme durch die angeschlossenen Firmen ziemlich sicher ist, können evtl. auch besonders vorteilhaft in Rohgeweben oder auch Konfektionsstoffen usw. getätigt werden, weil auf diese Weise zwar das feststehende Grundmaterial und der Rohstoffpreis fixiert werden, jedoch in den modischen Fragen der Form oder Farbe dem Abnehmer noch für längere Zeit ein Spielraum bleibt. Nur derartige Gesamtabschlüsse können den zusammengeschlossenen Firmen die vollen Vorteile der gemeinsamen Disposition, vor allem hinsichtlich der Preise bringen. Sie haben jedoch ein hohes Maß von Zusammenarbeit und Geschlossenheit sowie ausgezeichnete Unterlagen über den voraussichtlichen Bedarf zur Voraussetzung. Anderenfalls enthalten sie Risiken, denen weder die Zentrale noch die angeschlossenen Konzernfirmen ohne Not ausgesetzt werden dürfen.

Der Einkäufer des Mitgliedergeschäfts und der zentrale Einkauf.

Die Schwierigkeiten, die vorläufig noch der weiteren Entwicklung zentraler Einkaufsstellen entgegenstehen, liegen weniger auf dem Gebiete realer Tatsachen oder auch in der vielfach behaupteten großen Verschiedenheit lokaler Bedürfnisse. Tatsächlich ist der Verbrauch viel einheitlicher als vielfach behauptet wird und wird auch in der Praxis von den maßgebenden Detailgeschäften dadurch befriedigt, daß sie im wesentlichen dieselben Waren verkaufen. Die Schwierigkeiten liegen vielmehr auf psychologischem Gebiet, nämlich darin, daß man sich vielfach einfach nicht zu der Überzeugung durchringen kann, daß eine Trennung des Einkaufs vom Verkauf möglich ist. Diese Schwierigkeiten können nur langsam überwunden werden, und zwar durch Erziehung der Einkäufer-Verkäufer-Abteilungsvorstände.

Die beste Vorbereitung, die die Organisation des Einzelgeschäftes für den weiteren Ausbau des gemeinsamen Einkaufs treffen kann, liegt unseres Erachtens darin, daß einer Organisationseinheit die Verantwortung für Ein- und Verkauf gemeinsam übertragen wird. Entwickelt sich dann der zentrale Einkauf zu größerer Höhe und gewinnt er in stärkerem Maße das Vertrauen der angeschlossenen Firmen, so bleibt dem Abteilungsvorstand, der nicht nur Einkäufer, sondern auch Verkäufer war, noch immer die wesentliche Aufgabe der Verkaufsförderung vorbehalten. Oder, wenn der Abteilungsleiter zu stark in alten Vorurteilen befangen ist, so kann die Geschäftsleitung noch immer den stellvertretenden Lagervorstand zum Abteilungsvorsteher machen, weil er bereits heute daran gewöhnt ist, sich im wesentlichen als Verkaufsvertreter des Einkäufer-Abteilungsvorstandes zu betätigen und Ware zu verkaufen, die er nicht selbst eingekauft hat. Er hat also die nötige Vorbildung für diese Aufgabe, die schließlich der menschlichen Natur nicht so stark zuwiderlaufen kann, wie von Einkäuferseite so gern behauptet wird, weil sonst der Erfolg derjenigen Filialbetriebe oder Kettenläden, die auf völlig zentralisiertem Einkauf beruhen, schlechterdings unerklärlich wäre.

Solange der Abteilungsvorstand im wesentlichen Einkäufer und nicht Verkäufer ist oder sich wenigstens dafür hält, wird er natürlich der Zentralisation des Einkaufes schärfsten Widerstand entgegensetzen und sie als Eingriff in seine Rechte empfinden. Verurteilung des Systems und passiver Widerstand treten dann naturgemäß an die Stelle des Vertrauens und der freudigen Zusammenarbeit, die für den Verkaufserfolg der gemeinsam getätigten Einkäufe Vorbedingung sind. Es gibt keinen vernünftigen Grund, warum 10 Geschäfte, die in einer Gruppe zusammengeschlossen sind, vor allem, wenn sie zur selben Firma gehören, 10 Einkäufer haben müssen, wenn einer bequem zur

Bearbeitung des Marktes ausreicht. Die Einkaufstätigkeit kann zentralisiert werden, und es gehört zu den wichtigsten Aufgaben, die die Geschäftsleitung in der Gegenwart und in der nächsten Zukunft zu lösen haben wird, daß sie das Einkäufer- oder vielmehr Abteilungsvorsteherpersonal in diesem Sinne erzieht und damit den Weg freimacht für ein System, das sowohl privatwirtschaftlich wie volkswirtschaftlich erhebliche Ersparnisse im Verteilungsprozeß zur Folge haben muß.

Verkauf und kaufmännische Planung müssen dagegen Aufgaben bleiben, die an Ort und Stelle, d. h. im einzelnen Verkaufsgeschäft zu lösen sind. Nur wo die Verkaufstätigkeit die Unterlagen liefert, können die Aufstellungen über die benötigten Warenmengen und die richtigen Preislagen mit genügendem Anspruch auf Zuverlässigkeit ausgearbeitet werden. Diese Aufgaben ebenfalls in die Zentrale zu verlegen, kann bei dem Überwiegen des Einkäufergesichtspunktes, das dort befürchtet werden muß, leicht dazu führen, daß die Angebote der Lieferanten den Verkaufsstellen aufgezwungen werden, während doch gerade das Gegenteil richtig ist, d. h. die Bearbeitung des Marktes und der Lieferanten so erfolgen sollte, daß die Bedarfsanforderungen der Verkaufsstellen hinsichtlich Qualität und Menge ausschlaggebend für den Einkauf sind.

Während wir also allen Grund haben, eine zunehmende Entwicklung des Systems des zentralisierten Einkaufs für Waren- und Kaufhauskonzerne vorauszusehen, müssen wir auf der anderen Seite darauf hinweisen, daß eine gewisse Gefahr darin liegt, wenn Einkaufsorganisationen, die auf dem Prinzip freiwilliger Mitgliedschaft aufgebaut sind, denselben Weg einschlagen. Der Grund liegt nicht darin, daß nicht prinzipiell dieselben Erfolge erzielt werden könnten — das wird vielmehr von der Tüchtigkeit der Leitung der Zentrale abhängen — als vielmehr darin, daß der Fortbestand derartiger freiwilliger Organisationen nicht ebenso sichergestellt ist. Damit soll nicht notwendigerweise gesagt sein, daß sich derartige Einkaufsorganisationen überhaupt auflösen müßten oder nicht auf eine weitere günstige Entwicklung rechnen dürften. Unsere Feststellung geht vielmehr von dem Gesichtspunkt des einzelnen Mitgliedsgeschäftes aus, das heute seine eigene Einkaufsorganisation zugunsten der Einkaufszentrale vernachlässigt, um morgen, wenn es aus irgendeinem Grunde seine Mitgliedschaft aufgibt oder verliert, vor der Notwendigkeit zu stehen, sich eine neue eigene Einkaufsorganisation aufbauen zu müssen. Aus diesem Grunde und auch, weil der Druck, der vielfach zur Herbeiführung eines wirksamen zentralen Einkaufs notwendig ist, in Organisationen, die auf freiwilliger Mitgliedschaft beruhen, nicht stark genug sein kann, glauben wir, daß Konzerne, die auch finanziell zusammengeschlossen sind, voraussichtlich größere Vorteile aus dem zentralen Einkauf werden ziehen können, als die genossenschaftlich oder auf dem Prinzip der Freiwilligkeit aufgebauten Gruppen, und zwar auch deshalb, weil die Interessengleichheit der Mitgliedergeschäfte, die eine der wichtigsten Voraussetzungen für die erfolgreiche Durchführung des zentralisierten Einkaufs ist, durch finanzielle Bande wesentlich gestärkt und erst wirklich dauerhaft gestaltet wird.

Für die Organisation des Einzelgeschäftes ergibt sich aus diesen Entwicklungstendenzen, daß das kaufmännische Betriebsbureau und seine Unterabteilungen den Verkaufsproblemen und den Aufgaben der kaufmännischen Planung, vor allem der Mengenkontrolle, ganz besondere Aufmerksamkeit widmen müssen. Die Einkaufstätigkeit wird dann von selbst in zwei Teile zerfallen, nämlich die Bestimmung der Menge und der Preislage im Verkaufsgeschäft als Grundlage für den Auftrag, der an die Einkaufszentrale geht, und die eigentliche Bearbeitung des Marktes und das Aushandeln der Ware, die im Einkaufsbureau der Zentrale vorgenommen wird. Voraussetzung des Erfolges bleibt natürlich, hier wie überall, eine enge Zusammenarbeit aller in Betracht kommenden Instanzen. Wir sind überzeugt, daß diese Entwicklung kommen wird. Wann — hängt davon ab, in welcher Zeit die Erziehung des Einkäuferpersonals weit genug fortgeschritten ist. Es erscheint uns jedoch unvermeidlich, daß zentraler Einkauf in näherer Zukunft als wirksame Unterstützung der Tätigkeit des kaufmännischen Betriebsleiters und seines Personals die ihm gebührende Anerkennung findet und nicht mehr als Eingriff in fremde Rechte oder Herabwürdigung der Einkäufergeschicklichkeit des Abteilungsvorstandes zurückgewiesen und abgetan wird.

Das System der kaufmännischen Planung als solches muß schon heute als höchst bedeutungsvoller Beitrag zur Entwicklung unserer Wirtschaftstechnik bezeichnet werden. Zentraler Einkauf und die weitgehende Ausnutzung der Mengen- und Stückkontrolle sind die beiden nächsten Schritte auf dem Wege dieser Entwicklung. Wir glauben deshalb zuversichtlich erwarten zu können, daß die nächsten 10 Jahre eine Entwicklung der exakten kaufmännischen Planung bringen werden, von der nicht nur der Einzelhandel, sondern alle Zweige der Wirtschaft befruchtet werden. Das System der vernunftgemäßen Bedarfsanalyse und Absatzschätzung, der Bemessung von Lagerhaltung und Einkaufsmenge auf Grund des Bedarfes und der durch ihn begründeten Absatzmöglichkeiten wird in steigendem Maße in allen Zweigen der Wirtschaft volkswirtschaftlich unrationelle Verschwendung verhindern und durch eine gleichmäßig rationelle Ausnutzung des Produktions- und Verteilungsapparates einen wertvollen Beitrag zu der Lösung des für Wissenschaft und Praxis augenblicklich brennendsten Gegenwartproblems liefern: der Stabilisierung der Konjunktur.

5. Die Aufgaben der Werbeabteilung und ihre Stellung in der Gesamtorganisation.

Ist der Reklamechef der oberste Werbeleiter?

Auf wenigen Gebieten des Detailgeschäfts herrscht ein solches Durcheinander der Auffassungen nicht nur über Bezeichnungen, Namen und Titel, sondern auch über die sich unter ihnen verbergenden Aufgaben wie auf dem Gebiete der Werbung. Versteht man allerdings unter Werbung lediglich Zeitungsreklame, dann trifft diese Feststellung nicht zu. Zeitungsreklame ist das einzige Gebiet aus dem großen Felde der Propaganda, das von allen größeren Geschäften mehr oder minder lebhaft bearbeitet wird. Alles aber, was über das reine Zeitungsinserat hinausgeht, ist umstritten. Und ebenso umstritten ist auch die Stellung, die der Werbeleiter im Geschäft einnimmt. Man darf sich dabei durch Namen oder auch durch den Ausbildungsgang der betreffenden Persönlichkeiten nicht täuschen lassen. Es gibt eine ganze Reihe von Geschäften, die einen Werbeleiter und Reklamechef haben — wenn man die Anstellungsverträge als maßgebend anerkennt — bei denen aber die eigentliche Werbeleitung an ganz anderer Stelle ruht, so z. B. bei der Geschäftsleitung selbst oder bei Prokuristen, denen dann Bezeichnungen wie Verkaufsleiter, Verkaufspropagandist oder auch neue Wortbildungen wie Betriebsförderer beigelegt zu werden pflegen. Das Reklamebureau in dem Sinne des deutschen Sprachgebrauchs ist häufig gar nicht einmal das eigentliche Werbebureau, sondern fast ausschließlich ein Zeichenatelier oder das Bureau des Mannes, der die Nachrichten redigiert, die die Warenabteilungen über bevorstehende Angebote in der Öffentlichkeit bekanntgeben wollen. Seltener findet man Werbebureaus, die unter diesem Namen die Propagandazentrale des Betriebes auch tatsächlich sind und von denen sogar bisweilen die Anregungen zu Sonder- und Reklameveranstaltungen ausgehen. Oder man stößt auch neben dem Reklame-, d. h. Zeichenbureau auf eine Propagandaabteilung, die dann ein merkwürdiges Gemisch von Aufgaben in sich vereinigt, wie z. B. die Informationsbureaus, den Post- und Telephondienst der Kundschaft, die Einkaufsberatung für die Kundschaft usw. aus dem Gedanken heraus, daß derartige Leistungen schließlich auch eine werbende Wirkung ausüben.

Will man wirklich wissen, was für, und vor allem wieviel, Propaganda von einem Waren- oder Kaufhaus betrieben wird, so ist man häufig genug gezwungen, die Reklame- oder Propagandabureaus gänzlich außer acht zu lassen und ebenso alles beiseite zu lassen, was man auf dem Organisationsschema des Betriebes verzeichnet findet. Eine wirkliche Auskunft über die Aufgaben, die das Werbebureau eigentlich erfüllen sollte, pflegt häufig nur die Sparte Propaganda in der Unkostenrechnung zu geben, in der fast in allen Fällen eine Reihe von Posten zu finden sein werden, mit denen der Leiter des Reklamebureaus auch nicht das mindeste zu tun gehabt hat, sondern über die von anderen Stellen im Hause, sei es dem kaufmännischen Betriebsleiter, sei es dem Inneren Betriebsleiter, sei es von der Geschäftsleitung selbst verfügt wurde.

Es ist demnach nur selbstverständlich, daß die Bedeutung, die dem Werbeleiter und (oder) Reklamechef in den verschiedenen Geschäften beigemessen wird, alles andere als einheitlich ist. Den Fällen, in denen der Werbeleiter überhaupt nichts zu sagen hat, stehen andere gegenüber, in denen er als der wichtigste Mann im Betriebe gilt, ja sogar einen Vorrang vor dem kaufmännischen Betriebsleiter genießt.

Will man versuchen, in diesen Wirrwarr der verschiedenartigsten Erscheinungen etwas Klarheit zu bringen, so läßt sich vielleicht mit einem gewissen Recht sagen, daß zwei grundsätzliche Auffassungen zu bemerken sind, auf denen sich dann die praktische Ausgestaltung der Stellung des Werbeleiters entsprechend aufbaut. Die eine läßt sich am besten dadurch kennzeichnen, daß man sagt: Der Werbeleiter ist ausführendes Organ anderer bestimmender Faktoren des Geschäfts, meistens des kaufmännischen Betriebsleiters. Er hat also auszuführen, was man ihm aufgibt, und sich um das Warum nicht zu kümmern. Die andere Auffassung geht davon aus, daß in der Werbung eine konstruktive Antriebskraft des Geschäfts liegt, die nicht nur als lebensnotwendig im Auftreten des Hauses der Öffentlichkeit gegenüber empfunden, sondern vor allem auch als belehrende und vorwärtstreibende Kraft im Innenbetriebe anerkannt wird.

Welche von diesen zwei Auffassungen ist die richtige? Welche Aufgaben hat die Werbeabteilung zu erfüllen? Wie soll sie der Gesamtorganisation eingegliedert sein? Welche Gebiete soll sie umfassen und wie muß sie schließlich organisiert sein, um ihren Aufgaben gerecht werden zu können?

Man wird oft finden, daß die Antwort auf diese Fragen im wesentlichen von der Persönlichkeit abhängt, die der Werbeabteilung vorsteht. Mit einer solchen Feststellung ist jedoch nichts gesagt. Sie hat keinen praktischen, sondern nur allgemein psychologischen Wert. Viel richtiger wäre es, umgekehrt zu behaupten, daß die Persönlichkeit des Werbeleiters oder derjenigen Männer, die in Zukunft die Werbeabteilungen der großen Waren- und Kaufhäuser leiten werden, davon abhängen wird, wie diese Fragen von der Geschäftsleitung beantwortet werden. Denn man muß schließlich davon ausgehen, daß die richtigen Leute entweder verfügbar sind oder in der Zukunft verfügbar sein werden, wenn nur die Stellungen, die für sie bestimmt sind, in ihrer Verantwortung und in ihren Vollmachten so umgrenzt sind, daß die Anforderungen, die sie stellen, von tüchtigen Leuten auch erfüllt werden können. Deshalb müssen wir, ehe wir an die Einzelheiten herangehen, feststellen, was die Werbeabteilung sein soll und in welcher Beziehung sie zu den anderen Arbeitsgebieten resp. den anderen führenden Persönlichkeiten des Betriebes stehen soll. Denn ehe man das Ziel kennt, kann man die Maschine nicht konstruieren, mit der es erreicht werden soll.

Die Bedeutung und die Aufgaben der Werbetätigkeit.

Um die Bedeutung der Werbetätigkeit im Betriebe und für den Betrieb eines großen Waren- oder Kaufhauses richtig abgrenzen zu können, wollen wir uns einmal vorstellen, daß für ein neu aufgebautes großes Geschäft 4 Betriebsleiter gewonnen werden, und zwar ein kaufmännischer Betriebsleiter, ein Innerer Betriebsleiter, ein Finanzmann und ein Werbeleiter, von denen jeder in seiner bisherigen Stellung den dominierenden Einfluß im Geschäft ausgeübt hat. Eine solche Anhäufung starker Persönlichkeiten würde gewaltige Möglichkeiten in sich schließen, zum Guten wie zum Bösen.

Wenn jeder von den 4 Beteiligten versuchen würde, die Herrschaft an sich zu reißen, dann müßte das Ergebnis die Katastrophe sein. Wäre es aber möglich, ihre Arbeitsgebiete so zu begrenzen und miteinander abzustimmen, daß ernste Kämpfe vermieden und nur die im laufenden Geschäft sich von selbst entwickelnden Meinungsverschiedenheiten in freundschaftlicher Zusammenarbeit durchgefochten werden, dann müßte das Ergebnis geradezu eine Offenbarung auf dem Gebiete der Leistung eines großen Einzelhandelsbetriebes darstellen.

Nach welchen Grundsätzen würde man in unserem Beispiel bei der Begrenzung der Arbeitsgebiete und Gleichordnung der Tätigkeiten der 4 Betriebsleiter zu verfahren haben? Diese Frage läßt sich am leichtesten beantworten, wenn man sich über die volkswirtschaftliche Bedeutung des großen Waren- oder Kaufhauses klar wird. Ein Warenhaus ist ein Markt, auf dem die Konsumenten eines lokalen Bezirks die Warenangebote der ganzen Welt zusammengetragen finden. Daraus ergibt sich:

1. daß Waren da sein müssen, die gekauft werden können,
2. daß die Konsumenten zum Einkauf auf den Markt kommen müssen,
3. daß gute Bedienung und Verkäufertalent die Kundschaft zum Einkauf veranlassen,
4. daß bei dem Betrieb des Marktes ein Nutzen erzielt wird.

Im Rahmen dieser Gesichtspunkte ist es die Verantwortung der Werbeorganisation, der Kundschaft das Geschäft und seine Ware so nahezubringen, daß das Geschäft an Ansehen gewinnt und Kundschaft in das Verkaufslokal gezogen wird, die kaufen will.

Es ist deshalb in erster Linie notwendig, zu wissen, wer die Kundschaft ist, was sie braucht und welche Formen der Werbung die beste Wirkung erhoffen lassen, sowie ferner, an welchen Stellen man am erfolgreichsten werben kann.

Es ist erforderlich, Ware anzuzeigen, die einen Neuigkeitswert besitzt, sei es in modischer Beziehung, sei es wegen außergewöhnlicher Billigkeit, sei es weil sie dem Bedarf besonders gut entspricht. Es ist erforderlich, eine Geschäftsreputation heranzubilden, die entweder auf besonders gutem Kundendienst oder besonders ansprechenden Geschäftsgrundsätzen basieren kann. Es ist erforderlich, das, was man zu sagen hat, wirkungsvoll zu sagen, es dann zu sagen, wenn eine Wirkung erwartet werden kann, und außerdem das Organ sorgfältig auszuwählen, durch das man sich an die Öffentlichkeit wendet.

Die verschiedenen Arten von Reklame stellen jedoch nur einen Teil der Methoden dar, die man anwendet, um Kundschaft ins Haus zu ziehen. Dekoration, und zwar Außen- wie Innendekoration, stellen ebenfalls einen wichtigen Teil der Geschäftspropaganda dar, weil sie die Aufmerksamkeit der Kundschaft direkt auf Waren lenken, die man abzusetzen wünscht, und schließlich darf die zwar indirekte, aber deswegen nicht minder wichtige Methode, Käufer heranzuziehen, nicht vergessen werden — die Reklame von Mund zu Mund. Wenn auch diese Propaganda kaum als Aufgabe der Werbeabteilung bezeichnet werden kann, so ist es doch nicht mehr als selbstverständlich, daß sie sich für alles, was darauf Bezug haben kann, lebhaft interessiert. Schließlich ist das, was Frau Schmidt ihrer Nachbarin über die Bedienung und die Ware eines Geschäftes erzählt, in den meisten Fällen maßgebender, als was das Geschäft selbst sagt. Und ferner darf die große Wirkung nicht übersehen werden, die das Auftreten und die persönliche Reklame des Verkaufspersonals auf die Kundschaft ausübt. Alle diese Dinge lassen sich am besten unter dem Schlagwort ,,Verkaufspropaganda“ zusammenfassen. Die Faktoren, die dabei mitsprechen, sind so mannigfaltig, daß es falsch wäre, hier eine Zentralisierung dadurch zu versuchen, daß man einer Abteilung des Hauses, so wichtig sie auch sein möge, die alleinige Verantwortung überträgt. Anregungen zur Belebung des Verkaufs sollten immer willkommen sein und immer Beachtung finden, von welcher Stelle des Hauses sie auch ausgehen und ihren Ursprung nehmen. Aber man kann wohl mit einem gewissen Recht die Behauptung aufstellen, daß die Werbeabteilung ganz besondere Energie in dieser Richtung entfalten muß, und daß sie auf der anderen Seite das Recht zugebilligt erhalten sollte, alle von anderen Stellungen ausgehenden Anregungen zu begutachten. Zu solchen Anregungen usw. würden z. B. Vorträge, Demonstrationen, Modenschau usw. gehören.

Alle Arbeiten, die in erster Linie Werbecharakter tragen und nicht aus praktischen Gründen besser anderen Betriebsbureaus unterstehen, sollten unter der Leitung des Werbebureaus zentralisiert werden. Insbesondere sollte auch die Innen- und Außendekoration und auch die Schaufensterdekoration der Werbeleitung unterstellt werden. Denn wenn auch Zeitungsreklame und Dekoration sich in gewisser Beziehung verschiedener Mittel bedienen, so haben sie doch beide die eine Aufgabe, nämlich die Aufmerksamkeit der Kundschaft auf die Warenangebote hinzulenken. Beide haben ein künstlerisches und ein technisches Element in sich, dem am besten im Werbebureau Rechnung getragen werden kann. Mit den Fragen des Kundendienstes oder den sonstigen Betriebsaufgaben des Inneren Betriebsleiters hat dagegen Dekoration innerlich nichts zu tun.

Die Verwendung von Ware für Schaufensterdekoration muß deshalb zweckmäßigerweise nach denselben Methoden geregelt werden, wie sie bei der Bestimmung der Ware für Reklame im allgemeinen Anwendung finden. Die Wahl zwischen dem Reklamemedium des Schaufensters oder des Inserates muß an einer Stelle getroffen, die Gleichordnung des Werbeappells des Schaufensters und der Zeitungsreklame von einem Manne durchgeführt werden. Die technischen Einzelaufgaben der Dekoration und der sonstigen Reklame können natürlich verschiedenen Leuten übertragen werden. Die Verantwortung für beide muß dagegen zentralisiert sein in der Person eines Betriebsleiters, der seine Tätigkeit auf Werbegesichtspunkte einstellt.

Aus denselben Gesichtspunkten, die uns veranlaßt haben, für die Vereinigung von Zeitungsreklame und Dekoration in der Hand des Werbeleiters einzutreten, ergibt sich auch die Notwendigkeit, der Werbeleitung die folgenden Arbeitsgebiete zu übertragen.

1. Post- und Versandreklame (persönliche Briefe),
2. Haus- und Reklamezeitschriften,
3. Modenschau,
4. Demonstrationen und Führungen.

Im Punkte der Post- und Versandreklame möchten wir unsere Stellungnahme allerdings mit gewissen Einschränkungen versehen; insofern, als berücksichtigt werden muß, ob das Geschäft ein großes Versandgeschäft betreibt oder nicht. Ist das Versandgeschäft groß genug, um unter einer besonderen Leitung außerhalb der eigentlichen Organisation des Detailgeschäftsbetriebes zu stehen, so ist es selbstverständlich, daß auch die spezielle Versandreklame getrennt von der Propagandatätigkeit des übrigen Geschäftes verwaltet werden muß. Auf alle Fälle dürfte es, wenn das Versandgeschäft überhaupt einen größeren Umfang erreicht, zweckmäßig sein, innerhalb der Werbeabteilung die Versandreklame in eine besondere Hand zu legen.

Nicht ganz eindeutig ist auch die Einstellung gegenüber Verkaufsveranstaltungen an anderen Plätzen als im eigenen Geschäft durch gelegentliche oder zeitweilige Ausstellungen (sei es, daß dabei Musterläger unterhalten werden oder nicht). Unserer Auffassung nach sollten derartige Verkaufsveranstaltungen wie Verkaufsabteilungen behandelt werden und auch der Verkaufsleitung des Geschäftes unterstehen, wenn auch vielleicht unter Zusammenfassung der Gesamtverantwortung in der Hand eines Spezialdezernenten. Sie gehören jedenfalls nicht in den Bereich der Werbeabteilung, weil diese gar nicht in der Lage wäre, die Warenprobleme, die sich aus solcher Verkaufspropaganda entwickeln müssen, sachgemäß zu bearbeiten. Die Auswahl der richtigen Waren aus den Lägern, die Retournierung der ausgestellten Ware, spezielle Einkäufe für derartige Zwecke, das alles sind Punkte, die zu Störung und Gegensätzlichkeit führen müssen, wenn sie den für den kaufmännischen Betrieb Verantwortlichen aus der Hand genommen werden. Die Werbeabteilung kann Vorschläge machen, kann den Gedanken derartiger Ausstellungen oder Verkaufsveranstaltungen an dritter Stelle propagieren und wird auf alle Fälle für zweckentsprechende Reklame Sorge zu tragen haben. Die Verantwortung für die Durchführung gehört jedoch nicht zu ihren Aufgaben.

Einige Worte noch über Spezialaufgaben, die häufig der Werbeleitung unterstehen, ohne daß ein anderer Grund als der Zufall für diese Tatsache erkennbar wäre. Wir denken dabei an die bereits erwähnten Fahrkarten und Theaterbilletbureaus, Informationsbureaus, Einkaufberatung der Kundschaft usw. Sie gehören unserer Ansicht nach ebenfalls nicht in den Arbeitsbezirk des Werbeleiters, auch wenn sie schließlich Leute ins Haus ziehen. Mit demselben Rechte könnte man dann der Werbeleitung die Ruhe- und Erfrischungsräume unterstellen oder überhaupt die Fürsorge für das Gebäude, das, wenn es interessant und anziehend eingerichtet ist, ganz gewiß einen Einfluß darauf ausübt, ob das Publikum gern in das Geschäft kommt oder nicht. Alle diese Dinge sind vielmehr ausgesprochene Bestandteile des Kundendienstes und gehören deshalb in den Machtbereich des Inneren Betriebsleiters, ebenso wie sie unkostenmäßig scharf von den Reklame- und Propagandakosten getrennt und deutlich als Kosten des Inneren Betriebes und seiner Dienstbereitschaft verbucht werden müssen.

Mit anderen Worten: Die Aufgabe der Werbeabteilung besteht darin, in der Kundschaft den Wunsch zum Einkauf zu wecken und Leute zum Besuch des Geschäfts anzuregen. Die Werbeabteilung tut dies mit Hilfe aller Arten von Reklame und mit Hilfe aller Arten von Ausstellungen, Auslagen und Dekoration, in denen sie das Geschäft in der Öffentlichkeit so zu zeigen sich bemüht, wie es der Charakter der geführten Ware und die Dienst- und Leistungsbereitschaft des Geschäftspersonals rechtfertigen.

Die Beziehung der Werbeleitung zu den anderen Betriebsbureaus.

Wir haben bereits darauf hingewiesen, daß die Stellung, die der Werbeleiter heute in den verschiedenen Großbetrieben des Einzelhandels einnimmt, sehr verschieden ist. Da wir auf der anderen Seite der Überzeugung sind, daß die Leistungen der Werbeabteilung von der Bedeutung dieser Stellung außerordentlich stark abhängen, so müssen wir, auf die Gefahr der Wiederholung hin, noch einmal die 4 Hauptmöglichkeiten für die Einordnung der Werbeleitung in den Organisationsaufbau des Betriebes anführen und sie in ihren Einzelheiten und Folgewirkungen erörtern:

1. Soll die Tätigkeit der Werbeabteilung darauf beschränkt sein, wirkungsvolle Texte und Entwürfe vorzubereiten und Schaufensterdekorationen zu entwerfen, die den Einkäufern auf Wunsch zur Verfügung stehen, wobei wir als weiteres Tätigkeitsgebiet die Arrangements mit den Zeitungen als selbstverständlich einbegreifen?

2. Oder soll die Werbetätigkeit zu einer Betriebseinheit zusammengefaßt werden, die dem kaufmännischen Betriebsleiter untersteht und im Range etwa einer Obereinkäuferposition gleicht?

3. Oder soll die Werbeabteilung gleichberechtigt neben den anderen Hauptbetriebsbureaus stehen und nur der Geschäftsleitung verantwortlich sein?

4. Oder soll schließlich die Werbeabteilung den bestimmenden Einfluß im Geschäft ausüben, d. h. entweder vom Geschäftsleiter persönlich geleitet werden oder nur in Ausnahmefällen einem Veto der Geschäftsleitung sich fügen müssen?

Die letzte dieser Möglichkeiten kann am leichtesten ausgeschieden werden, weil sie die geringste Zahl von Befürwortern in der Praxis aufweist. Es gibt zwar Geschäfte, bei denen der Propagandagesichtspunkt allmächtig herrscht. Ihre Zahl ist jedoch nicht übermäßig groß. Man findet Betriebe, bei denen die Propaganda eine solche ausschlaggebende Rolle spielt, viel häufiger in der Markenartikelindustrie, wenn nämlich der Absatz des Fabrikats in viel stärkerem Maße von der Reklame und allgemeinen Aufmachung beeinflußt wird als von der ihm innewohnenden Qualität. Die einzigen Gründe, die für eine derartige Propagandaorientierung eines großen Waren- oder Kaufhauses angeführt werden können, sind in folgenden Gedankengängen zu finden: 1. In der Reklame werden Versprechungen gemacht. Deshalb sollte diejenige Stelle, die diese Versprechungen zu vertreten hat, auch die Machtvollkommenheiten besitzen, um die Erfüllung des Versprechens durchzusetzen. 2. Die Werbeabteilung ist diejenige Stelle, die am engsten mit der Kundschaft und ihren Bedürfnissen in Fühlung steht. Sie sollte deshalb auch die Arbeiten überwachen können, die zur Befriedigung der Wünsche der Kundschaft geleistet werden, sei es, daß es sich um die Beschaffung der richtigen Ware, sei es, daß es sich um wirkungsvollen Kundendienst handelt.

Diese Ansprüche können jedoch einer näheren Prüfung nicht standhalten. Die Vielgestaltigkeit der Warenangebote ist viel zu groß, als daß sie von einer Stelle aus übersehen werden könnte, die sich nicht dauernd und hauptsächlich um die Ware kümmert. Die Angebote des Marktes sind die Vorläufer des Bedarfs; wenn nicht immer, so doch in vielen Fällen. Die tausend Artikel eines Waren- oder Kaufhauses unterliegen im Gegensatz zu dem einen eingeführten Markenartikel so vielen Veränderungen, daß nur eine Organisation, die die Marktverhältnisse dauernd verfolgt, das Geschäft in seinen Warenangeboten auf moderner Höhe halten kann. Beim Markenartikel konzentriert sich die Nachfrage auf die Marke. Man verlangt nicht Zahnwasser, sondern Odol. Kommt man dagegen ins Waren- oder Kaufhaus, so fragt man nicht nach einem Artikel, sondern nach etwas Neuem, etwas Billigem oder etwas, was man braucht. Und die Antwort auf die Frage wird in den ersten beiden Fällen durch die Angebote der Fabrikanten gegeben, im letzten Falle hängt sie von der Geschicklichkeit der Lagerhaltung ab. Aus alledem ergibt sich, daß die Werbeabteilung nicht der dominierende Faktor des Geschäfts sein sollte.

Das Gegenstück zu dieser Überspannung der Bedeutung der Werbeabteilung ist ihre Verdammung zu absoluter Bedeutungslosigkeit, abgesehen von der technischen Aufgabe, die Sprache des Einkäufers in Reklame zu übersetzen. Man findet solche Zustände durchaus nicht etwa selten. Sie existieren in den meisten großen Geschäften, in denen der einkäuferische Gesichtspunkt dominiert und der Händler autokratisch über den Ein- und Verkaufsbetrieb und über die Unkosten bestimmt. Man findet sie in den zahlreichen kleineren Geschäften, denen entweder die Unkosten eines spezialisierten Reklamebetriebs zu hoch sind oder die — der häufigere Grund — die wirkliche Bedeutung der Werbetätigkeit noch nicht erkannt haben.

In einem sehr kleinen Geschäft mag ein solches Verfahren noch nicht einmal das schlechteste sein, besonders dann nicht, wenn der Inhaber den Reklamemann persönlich überwacht, sich der Bedeutung der Reklame bewußt ist und noch in so enger Berührung mit der Kundschaft steht, daß er die Wirkung der Reklame auf das Publikum direkt verfolgen kann. Aber das trifft, wie gesagt, nur für wirklich kleine Geschäfte und auch nur mit den eben erwähnten Einschränkungen zu.

Findet man sonst die Reklametätigkeit zur Dienstmagd degradiert und die eigentliche Bestimmung über die Reklame den Einkäufern überlassen, so pflegt das meistens seinen Grund darin zu haben, daß der Geschäftsleiter oder Inhaber über die Bedeutung der Werbung nicht genügend nachgedacht hat. Die einzigen Argumente, die zugunsten einer derartigen Aschenputtelstellung vorgebracht werden könnten, würden etwa wie folgt lauten: Der Einkäufer weiß, warum er die Ware gekauft hat. Er kauft, um zu verkaufen, und kann deshalb am besten Auskunft darüber geben, was für Verkaufsargumente Wirkung haben werden. Da er außerdem für den Verkauf verantwortlich ist, so sollte er auch über die Verkaufsapparatur und alles, was dazugehört, zu bestimmen haben, ganz gleich, ob es sich dabei um die Überwachung des Verkaufspersonals oder um Inserate und Schaufenster handelt.

Ist der Reklamemann in eine solche Stellung gedrängt, so ist es völlig unmöglich, eine einheitliche Reklamepolitik durchzuführen oder auch nur eine gewisse Einheitlichkeit in die Reklameangebote des Geschäfts zu bringen. Alle die Vorteile, die die Spezialisierung auf die Reklame gebracht hat und bringen kann, gehen in einem solchen Geschäft verloren. Augenblicksbedürfnisse einer Verkaufsabteilung oder der Wunsch eines Einkäufers, Ware unter allen Umständen loszuwerden, können nicht wieder gutzumachende Schäden hervorrufen. Die Werbetätigkeit ist viel zu bedeutungsvoll für den Erfolg des Geschäfts und spielt im Unkostenkonto und im Gesamtbetrieb eine viel zu große Rolle, als daß man sie derartigen Zufälligkeiten aussetzen dürfte. Die heutige Bedeutung der Reklame ist das Ergebnis des Spezialistentums und der Arbeitsteilung auch auf diesem Gebiete. Wenn das Waren- und Kaufhaus seine Stellung als hauptsächlichste Bezugsquelle von Ware aufrecht erhalten und sich nicht zu einem Lagerhaus bekannter Markenartikel degradieren lassen will, dann muß es auf seine Reklame achten und allen Anforderungen der Neuzeit auf diesem Gebiete gerecht werden. Andernfalls werden die Fabrikanten den Kampf um die Gunst des Publikums gewinnen und ihre Artikel durchsetzen, während es doch die Aufgabe des Waren- und Kaufhauses ist, den Wünschen der Kundschaft gerade durch die Vertretung der Verbraucherinteressen den Fabrikanten gegenüber Geltung zu verschaffen. Will aber eine Geschäftsleitung diesen Notwendigkeiten Rechnung tragen und dafür sorgen, daß die Propaganda des Geschäfts in jeder Form den Anforderungen, die mit Recht aus dem Betrieb heraus und auch von der Öffentlichkeit an sie gestellt werden, gerecht wird, dann muß sie die Grundlage für eine richtige Bearbeitung der Propaganda schaffen, die nur in einem zweckmäßig organisierten, mit hinreichender Vollmacht ausgestatteten und mit spezialisierten Fachleuten besetzten Reklamebureau gesehen werden kann.

Es gibt eine Anzahl großer und besonders gut organisierter und geleiteter Geschäfte, die diese Gesichtspunkte voll anerkennen und das gesamte Propagandawesen auch an einer Stelle unter einer Leitung zentralisiert haben, aber glauben, daß der Werbeleiter dem kaufmännischen Betriebsleiter unterstehen und nur etwa den Rang eines Obereinkäufers für eine Abteilungsgruppe erhalten solle. Die Gründe für eine derartige Einreihung des Werbeleiters in den Organisationsaufbau des Geschäfts werden in einer gedruckten Erklärung eines dieser Geschäfte wie folgt zusammengefaßt:

„Wir betrachten die Werbetätigkeit als der Verkaufstätigkeit zugehörig und haben deshalb den Leiter der Werbeabteilung in die Verkaufsorganisation eingereiht mit Vollmachten, die denen der Obereinkäufer gleichkommen. Für uns stellt Reklame das Mittel dar, mit dem wir für unsere Waren die wirksamste schriftliche Werbung sicherstellen, die überhaupt denkbar ist. Wir halten die Innen- und Außendekoration für das Mittel, die beste Form der Ausstellung und Sichtbarmachung unserer Ware zu erreichen, und wir halten schließlich unser Verkaufspersonal, unterstützt von dem Lehr- und Ausbildungspersonal, für das Instrument, das unsere Ware mündlich in der denkbar günstigsten Weise empfiehlt."

Ein anderes Geschäft gibt für dieselbe Einstellung der Werbeabteilung gegenüber die folgende Begründung:

„Die Aufgabe der Reklameabteilung ist Nachrichtendienst. Die Nachrichten basieren auf der Ware des Geschäfts, und deshalb sollte von den kaufmännischen Abteilungen aus die Kontrolle dieses Nachrichtendienstes der Werbeabteilung erfolgen. Reklame und Dekoration sind also als Unterstützungsorgane der kaufmännischen Abteilungen zu betrachten. Folglich gehören sie unter die Leitung des kaufmännischen Betriebsbureaus."

Da diese Erklärungen aus ganz besonders gut geleiteten Geschäften stammen, so wird man ihnen nur mit guten Gründen widersprechen dürfen. Will man die Unterstellung der Werbeabteilung unter den kaufmännischen Betriebsleiter nicht anerkennen, so bleibt als endgültige Lösung nur die gleichberechtigte Stellung der Werbeabteilung den anderen Betriebsbureaus gegenüber. Vielleicht ist es möglich, durch eine Untersuchung der Folgerungen, die sich aus einer derartigen organisatorischen Eingliederung ergeben, die beste Antwort auf die Frage zu geben, ob es zweckmäßig ist, den Werbeleiter in den Machtbereich des kaufmännischen Betriebsleiters, wie vorgeschlagen, einzugliedern oder nicht. Wir sind davon ausgegangen, daß es die Aufgabe der Reklameabteilung ist, das Geschäft der Kundschaft so nahezubringen, daß es an Ansehen gewinnt und Kundschaft ins Haus gezogen wird. Ist diese Ansicht richtig, so ergibt sich von selbst, daß der Erfolg der Werbetätigkeit davon abhängt, daß der Werbeleiter die Bedürfnisse und die Art der Kundschaft genau kennt. Insbesondere muß die Werbeleitung, wenn sie ihre Arbeit erfolgreich leisten soll, sich die vollkommene Vorurteilslosigkeit und Empfänglichkeit für den Standpunkt des Kunden bewahren, d. h. sie darf in keiner Weise durch das beeinflußt werden, was das Geschäft selbst oder seine Lieferanten verkaufen möchten.

Nun wird natürlich die kaufmännische Betriebsleitung für sich in Anspruch nehmen, daß sie keine Ware kauft, ohne die Überzeugung zu haben, daß das Publikum sie auch wirklich braucht. Ein objektiver Beurteiler weiß jedoch, daß sich der Einkäufer nie vollständig der Stimmung des Marktes entziehen kann, d. h. also, daß er Ware kauft, nicht weil er weiß, daß das Publikum sie braucht, sondern weil die Fabrikanten und der gesamte Markt den festen Glauben daran haben, daß das Publikum sie brauchen wird. Die Werbeleitung auf der anderen Seite, die ihr Interesse darauf konzentriert, welche Verkaufsmöglichkeiten bestehen, dürfte viel geeigneter sein, um gegenüber der durch Warenkenntnis beeinflußten Ansicht des Einkäufers die Einstellung des Laien zur Geltung zu bringen, d. h. sie kann viel besser als die kaufmännischen Abteilungen voraussagen, was wirklich gekauft werden wird. Ihre laienhafte Einstellung der Ware gegenüber dient deshalb als Kontrolle der Einkäufertätigkeit. Sie bewahrt das Geschäft davor, dem Publikum Ware, eventuell unter Verlusten, aufdrängen zu müssen. Sie stellt die Interessen des Publikums sicher und wahrt damit gleichzeitig das Geschäftsinteresse; und schließlich sichert sie damit auch den Nachrichtencharakter der Reklame. Alle diese Kontrollfunktionen kann sie aber nur dann ausüben, wenn sie der kaufmännischen Leitung gleichberechtigt gegenübersteht.

Wir glauben, daß diese eben kurz angedeuteten Gesichtspunkte für einen Geschäftserfolg so bedeutsam sind, daß wir sie noch einmal in allen Einzelheiten erörtern müssen. Wenn es richtig ist, daß das Inserat den Wert einer Nachricht haben soll, so muß auf der anderen Seite bei der Beurteilung des Nachrichtenwertes der Reklame der Standpunkt des Lesers, d. h. des Verbrauchers maßgebend sein, nicht aber der Standpunkt des Marktes oder der Lieferanten. Als Illustration dessen, was damit gemeint ist, sei darauf hingewiesen, daß es häufig genug vorkommt, daß ein Einkäufer aus dem Markte zurückkommt und einen fabelhaft billigen Posten — beurteilt aus seiner Marktkenntnis heraus — gekauft hat, daß aber trotzdem der Nachrichtenwert dieses Angebots bereits erloschen ist, weil in der Zwischenzeit dieselbe Ware zum gleichen oder niedrigeren Preise in einem anderen Geschäft der Stadt angeboten wird. Mit anderen Worten: Nicht jede frisch eingekaufte Ware hat Nachrichtenwert. Der Nachrichtenwert hängt von Faktoren ab, die vom Einkauf unabhängig sind und über die eine dritte sachverständige Stelle entscheiden muß, unserer Ansicht nach die Werbeleitung. Sie muß bestimmen, ob die Modeneuheiten noch Neuheitswert besitzen. Sie muß bestimmen, ob, wenn die Ware selbst keinen Neuheitswert mehr hat, vielleicht in der Preisstellung das Moment gesehen werden kann, das eine Weitergabe der Nachricht an das Publikum rechtfertigt.

Da der Erfolg der Reklame sowohl im Einzelfall wie in der Dauerwirkung, die sie für den Aufbau der Geschäftsreputation ausüben soll, davon abhängt, ob die Ware die Reklameversprechungen auch hält, so muß die Werbeabteilung das Recht haben, sich selbst davon zu überzeugen, daß das, was sie verspricht, von den kaufmännischen Abteilungen des Geschäfts auch gehalten werden wird. Sie muß also die Ware prüfen, die in ein Inserat aufgenommen werden soll. Und diese Prüfung muß gänzlich frei und ohne Bindung durch Warenkenntnisse usw. rein vom Standpunkte des Verbrauchers aus vorgenommen werden, wenn sie wirklich den Charakter haben soll, der für den Erfolg der Reklame ausschlaggebend ist. Eine solche Prüfung wird die Reklameabteilung aber nur dann vornehmen können, sie wird nur dann ihre Unvoreingenommenheit bewahren können, wenn sie mit höheren Vollmachten ausgestattet ist, als sie der kaufmännische Betriebsleiter zu verleihen vermag. Nur dann wird es insbesondere möglich sein, die Prüfung zeitig genug vorzunehmen, d. h. möglichst ehe sich die Einkaufsabteilungen in einer Ware groß engagiert haben.

Noch von anderen Gesichtspunkten aus erscheint es uns unerläßlich, daß die Werbeabteilung nicht zu eng mit den kaufmännischen Abteilungen liiert ist. Schließlich sind es nicht nur Nachrichten über Warenangebote, die in der Reklame dem Publikum zugänglich gemacht werden. Die Verkündung allgemeiner kaufmännischer Grundsätze und der Hinweis auf besonders vorzügliche Dienstbereitschaft spielen schon jetzt eine große Rolle und dürften in Zukunft immer mehr an Bedeutung gewinnen. Auch derartige Nachrichten über das Geschäft müssen, wenn sie erfolgreich sein sollen, mit den Augen des Kunden gesehen werden. Der Werbeleiter muß sich bewußt darauf einstellen, die Dinge dem Publikum so zu zeigen, wie es sie finden wird, nicht aber so, wie die in Frage kommenden verantwortlichen Persönlichkeiten gern möchten, daß man sie findet. Würden die Wünsche der Betriebsleiter maßgebend für die Abfassung der Reklame sein, nicht aber die Tatsachen, wie sie von dritter uninteressierter Seite gesehen werden, so wird das Publikum, das auf die Versprechungen der Reklame hin das Geschäft besucht, nur allzuleicht enttäuscht werden, und wir brauchen wohl kaum darauf hinzuweisen, was es für das Geschäft bedeutet, seine Kundschaft, und wenn auch nur in Nebendingen, enttäuscht zu haben. Auch aus diesen Gesichtspunkten heraus, aus der Tatsache heraus, daß es ja nicht nur die kaufmännischen Abteilungen sind, über die in der Reklame berichtet wird, ergibt sich, daß der Werbeleiter dem kaufmännischen Betriebsleiter nicht unterstellt werden kann.

Wer vom Gegenteil ausgeht, verlangt, daß die Initiative der Reklame von den kaufmännischen Abteilungen ausgeht. Wir glauben gerade, daß eine erhebliche Bereicherung der Initiative des Geschäfts als ganzem darin gesehen werden muß, daß zu der kaufmännischen Initiative noch die des Reklamemannes hinzukommt. So müssen sich z. B. gerade aus dem Studium der Bedürfnisse der Kundschaft heraus für den Reklameleiter fortlaufend Anregungen ergeben, die er dann an die Warenabteilungen weitergibt, und die zur Folge haben, daß man dort rechtzeitig Vorbereitungen für Sonderveranstaltungen trifft oder andere Schritte unternimmt, mit dem Ziel, die frühzeitig erkannten Bedürfnisse des Publikums zu befriedigen, ehe noch die Lieferanten ihrerseits ganz allgemein auf diese Bedürfnisse aufmerksam gemacht worden sind und die Anregung aus den Einkaufsmärkten kommt, dann aber nicht nur an das eine Geschäft, sondern zu gleicher Zeit auch an seine Konkurrenz.

Ein weiteres Beispiel dafür, welche segensreiche Tätigkeit die Werbeabteilung im inneren Betriebe ausüben kann, aber auch nur unter der Voraussetzung, daß sie die notwendige Unabhängigkeit besitzt, ist das Folgende: Ein Reklameargument von besonderer Zugkraft ist der Hinweis auf vollständige Sortimente. Gerade die Unterhaltung vollständig sortierter Läger in allen Stapelartikeln ist aber ein Gebiet, das in sehr vielen Warenhäusern in der heutigen Zeit der Lagerkontrolle gern und häufig vernachlässigt wird. Gegenüber der Schlagkraft von Sonderangeboten und ähnlichen Veranstaltungen, die auf dem Einkauf von Posten oder auf besonders günstigen Großabschlüssen beruhen, wird die Sortimentshaltung mehr und mehr vernachlässigt. Man scheint dabei zu vergessen, daß das Geschäft nur das verkaufen kann, was es hat, und daß ein dauerndes Geschäft auf gewissen Gebieten bestimmt nur dann zu machen ist, wenn dauernd ein richtig sortiertes Lager unterhalten wird, unabhängig von und neben allen angeblich besonders anziehenden Sonderangeboten. Die Reklame kann auf vollständig sortierte Läger natürlich nur dann hinweisen, wenn auch wirklich volle Sortimente unterhalten werden und wenn sich die Reklameabteilung davon überzeugen kann, daß das auch tatsächlich der Fall ist. Die Zusicherung des Einkäuferpersonals, die Läger seien richtig sortiert, hat sich in der Praxis häufig genug als nicht ausreichend herausgestellt; schon aus dem Grunde, weil die vielfach unbeachtete Kleinarbeit, die zur laufenden Ergänzung der Sortimente notwendig ist, leider selten die richtige Anerkennung findet, und weil der Einkäufer es deshalb vorzieht, als erfolgreiche Einkaufskanone lieber durch Großabschlüsse seine Fähigkeit zu beweisen als dadurch, daß auch nie ein Handschuh, Größe $5\,^3/_4$, in seinem Lager fehlt. Die Reklameabteilung muß sich also von der wirklich vollständigen Sortierung der Läger in den grundlegenden Stapelartikeln überzeugen können. Als ein Glied von mehreren, innerhalb der kaufmännischen Organisation, wird sie dazu aber niemals die ausreichenden praktischen Vollmachten besitzen. Woraus sich ergibt, daß eine solche Einordnung der Reklameabteilung entweder zum Verzicht auf das Argument der vollständigen Sortierung zwingt oder aber die Gefahr der Enttäuschung der Kundschaft heraufbeschwört.

Wir haben gesehen, daß die Reklame eine Art Nachrichtendienst über das Geschäft ist. Genau wie die Zeitung aber, ehe sie die Berichte ihrer Reporter abdruckt, prüfen muß, ob die Nachricht auch vom Standpunkte des Lesers aus Interesse finden wird, so muß die Werbeabteilung bei den geschäftlichen Nachrichten die analoge Prüfung vornehmen. Und genau wie die Zeitung, wenn sie erkennt, daß eine bestimmte Sorte von Nachrichten geeignet ist, den Kreis der Leser auszudehnen und die Auflage zu erhöhen, Anstrengungen machen wird, derartiges Nachrichtenmaterial beizubringen, so wird der Nachrichtenredakteur des Geschäfts, der Werbeleiter, im analogen Falle ebenfalls seine ganze Kraft daran setzen müssen und wollen, um auch seinerseits Geschäftsnachrichten, sei es in Form besonders günstiger Angebote, sei es in einer Erhöhung der Dienstbereitschaft, zu beschaffen resp. ihre Beschaffung in den in Frage kommenden Abteilungen anzuregen. Auch diese Tätigkeit, die selbständige Initiative voraussetzt, verlangt Selbständigkeit der Organisation.

In Geschäftsbetrieben, die eine Zentralisation der kaufmännischen Leitung nicht kennen, sondern in denen mehrere Obereinkäufer oder Firmeninhaber sich in die kaufmännische Betriebsleitung teilen, wird besonderes Gewicht auf die Existenz einer Werbeabteilung gelegt werden müssen, die nur der Geschäftsleitung untersteht. Denn in solchen Geschäften, die in verschiedene, mehr oder weniger eng zusammenarbeitende Betriebsgruppen gespalten sind, besteht die Gefahr, daß innerhalb der kaufmännischen Abteilungen nicht für das wünschenswerte einheitliche Niveau der Warenangebote gesorgt wird. Da aber eine solche Einheitlichkeit Voraussetzung für den Erfolg nicht nur der Reklame im engeren Sinne, sondern jeder Art kaufmännischer Propaganda ist, so wird in diesen Fällen gerade die selbständige, nur der Geschäftsleitung verantwortliche, Werbeabteilung den ausgleichenden Einfluß auszuüben vermögen. Denn die Werbeabteilung, die den einzelnen kaufmännischen Abteilungsgruppen gleichmäßig interessiert oder uninteressiert gegenübersteht, muß ihrerseits ein Interesse daran haben, ein gewisses Einheitsniveau der Reklame aufrechtzuerhalten. Und sie vermag außerdem durch ihre Kenntnis des Waren- und Preisniveaus der verschiedenen Abteilungsgruppen, sowohl wie dessen, was vom Publikum verlangt wird, nicht nur einen ausgleichenden Druck auszuüben, sondern kann auch die materiellen Anregungen geben, die die Voraussetzung für die Schaffung eines einheitlich hohen Niveaus darstellen.

Zusammenfassend können wir sagen: Wenn die Gründe, die wir im einzelnen erörtert haben, ausreichen, um die Vereinheitlichung der Werbetätigkeit des Geschäfts und die Gleichstellung der Werbeleitung mit den drei anderen Hauptbetriebsbureaus zu rechtfertigen, dann haben wir die früher angeführten Gegengründe widerlegt. Es bleibt dann kein Zweifel darüber bestehen, daß der Werbeleiter aus der Natur der ihm obliegenden Aufgaben heraus ein gleichberechtigter Faktor in dem Parallelogramm der Kräfte sein muß, das eine so wesentliche Bedeutung für den Geschäftserfolg besitzt. Eingegliedert in den organisatorischen Aufbau des Geschäfts als selbständige Hauptbetriebsabteilung, die nur der Geschäftsleitung verantwortlich ist, unterliegt die Werbeleitung der automatischen Kontrolle der anderen Betriebsbureaus, im besonderen hinsichtlich ihres Reklamebudgets der Kontrolle des Finanzbureaus. Sie dient auf der andern Seite als freundschaftliche Kontrollinstanz alles dessen, was die Stellung des Geschäfts und die Vertretung seiner Leistungen der Öffentlichkeit gegenüber zu beeinflussen vermag.

Wohin gehört das Vergleichsbureau?

In unserer Besprechung des Verhältnisses der Werbeabteilung zu den anderen Betriebsbureaus wurde häufig darauf hingewiesen, daß die Werbeabteilung die Möglichkeit haben müsse, Preise, Moden, Sortimente und Dienstleistungen zu kontrollieren. In unserem Schema der Aufgaben der Werbeabteilung sind wir dafür eingetreten, daß die Stelle, die alle diese Tätigkeiten ausübt, meistens Vergleichsbureau (auch Vertrauenskundin) genannt, der Werbeleitung unterstehen müsse. Es gibt eine große Anzahl von Geschäften, die über eine derartige Institution überhaupt nicht verfügen. Wo sie existiert, pflegt sie dem kaufmännischen Betriebsleiter zu unterstehen, seltener der Geschäftsleitung direkt und nur in den allerseltensten Fällen dem Werbeleiter. In einem der Häuser, deren Organisation wir studiert haben, untersteht das Vergleichsbureau der Geschäftsleitung, während dort die Werbeleitung dem kaufmännischen Betriebsleiter unterstellt ist. Man könnte darin ein schweigendes Zugeständnis erblicken, daß das Vergleichsbureau, weil es die Arbeit der kaufmännischen Abteilungen und der Inneren Betriebsleitung kontrolliert, jedenfalls nicht dem kaufmännischen Betriebsleiter unterstehen dürfe.

Nun kontrolliert das Vergleichsbureau aber nicht die Einkäufertätigkeit. Es stellt nicht fest, ob die Einkäufe wirklich zu den billigsten Preisen getätigt wurden, die herausgeholt werden konnten, sondern es kontrolliert die Konkurrenzangebote und vergleicht sie mit den Angeboten des eigenen Geschäfts, und zwar vom Konsumentenstandpunkt aus, in der Regel unter besonderer Berücksichtigung der inserierten Preise oder inserierten Geschäftsgrundsätze. Bei seiner Tätigkeit der Preis- und Warenvergleichung stellen die Vertreter des Vergleichsbureaus außerdem fest, welches Maß an Dienstleistung das eigene Geschäft bietet, im Vergleich mit der Konkurrenz, und sie bemerken ebenfalls, welche Warenangebote der Konkurrenzgeschäfte vor allem das Interesse des Publikums finden. Es ist selbstverständlich, daß alle derartigen Informationen dem kaufmännischen und dem Inneren Betriebsbureau zur Verfügung gestellt werden müssen. Auf der anderen Seite würde es einem allgemein anerkannten Organisationsprinzip widersprechen, wenn das Vergleichsbureau, daß ja die Tätigkeit dieser beiden Betriebsbureaus kontrolliert, seine Vollmachten von derselben Stelle zugewiesen erhielte, die es kontrollieren soll. Das Vergleichsbureau hat ferner die Aufgabe zu lösen, die Sortimente zu kontrollieren, und zwar durch Stichproben, d. h. ausgehend vom Standpunkte der geschulten und erfahrenen Kundin. Auf seinen Erfahrungen wird die Werbeabteilung aufbauen müssen, wenn sie in ihren Inseraten besonders auf vollständige Sortimente hinweisen will. Ebenso wird das Gutachten des Vergleichsbureaus im wesentlichen ausschlaggebend dafür sein, welchen Nachrichtenwert und damit Reklamewert die Werbeabteilung Sonderangeboten in Qualität und Preis beizumessen hat.

Das Vergleichsbureau, das dem Geschäft gegenüber den Kundenstandpunkt einnimmt, ist das Auge und Ohr des Geschäfts und soll die Wettbewerbsfähigkeit der eigenen Läger und Dienstleistung feststellen. Die Werbeabteilung ist das Mundstück, dessen sich das Geschäft bedient, um durch Reklame oder Schaustellung bekanntzugeben, was das Geschäft an interessanten Neuigkeiten bietet. Die Arbeit des Vergleichsbureaus und der Werbeabteilung sind ihrer ganzen Natureinstellung und auch dem Arbeitsmechanismus nach so eng miteinander verbunden, daß sie nicht getrennt werden sollten.

All diesen Gesichtspunkten könnte zwar auch durch direkte Unterstellung des Vergleichsbureaus unter die Geschäftsleitung Rechnung getragen werden, weil damit der Geschäftsleitung Kontrollmaterial geliefert würde. Eine solche organisatorische Eingliederung würde jedoch den Geschäftsleiter mit Detailarbeit belasten. Sie würde ferner das Vergleichsbureau einer Instanz unterstellen, die sich nicht so ausschließlich, wie es zur richtigen Beurteilung der Vergleichsergebnisse notwendig ist, auf den Standpunkt der Kundschaft gegenüber dem Geschäft zu stellen vermag. Deshalb halten wir daran fest, daß das Vergleichsbureau in den Machtbereich des Werbeleiters eingegliedert werden sollte, da dieser am besten in der Lage sein wird, die Ergebnisse der vergleichenden Arbeit im Einzelnen nachzukontrollieren und damit das zusammengetragene Material im Interesse des Gesamtbetriebes nutzbar zu machen.

Voraussetzung für eine erfolgreiche Tätigkeit des Werbeleiters als oberster Instanz der Vergleichsarbeit ist aber auch in diesem Fall wieder, daß er den kontrollierten Abteilungen des Hauses als gleichberechtigter Faktor gegenübersteht.

Die Arbeit der Werbeabteilung.

Nachdem wir in allgemeinen Umrissen die Bedeutung der Propaganda für den Geschäftserfolg und ihre Beziehung zu den anderen Funktionen des Geschäfts erörtert haben, können wir nunmehr feststellen, welche Aufgaben die Werbeleitung im einzelnen zu leisten hat.

Die folgende Liste gibt darüber Auskunft:

1. Aufstellung des Reklamebudgets in gemeinsamer Beratung mit den Betriebsabteilungen und dem Kontrollbureau unter Berücksichtigung von
   A. allgemeine Geschäftsreklame und Propaganda,
   B. Zeitungsreklame,
   C. Schaufenster,
   D. Modenschau,
   E. Vermischtes.
2. Auf Grund des Budgets Ausarbeitung von Plänen und Terminkalendern für
   A. Zeitungsreklame,
   B. Dekoration.
3. Prüfung der Ware, die im Inserat angeboten oder die ausgestellt werden soll,
4. Überwachung der Ausgaben und ihre Abstimmung mit dem Reklameetat,
5. Vorschläge für Reklame und Dekoration bei
   A. allgemeinen Veranstaltungen,
   B. Spezialveranstaltungen.
6. Ausarbeitung und Entwurf von Inseraten und Dekorationen,
7. Kontrolle und Freigabe der Inseratentwürfe, Korrekturlesen und Imprimatur,
8. Feststellung des Reklameerfolges,
9. Verfolgen der Reklametätigkeit der Konkurrenzgeschäfte, um
   A. die Genauigkeit der Inserate zu kontrollieren (accuracy),
   B. Anregungen für Inserate zu gewinnen, die hinweisen auf
      a) Kundendienst,
      b) Geschäftsgrundsätze,
      c) vollständige Sortimente.
10. Vorbereitung allgemeiner Reklame durch entsprechende Bekanntgabe interessanter Nachrichten an die Zeitungen,
11. Durchführung von Spezialuntersuchungen über
    A. die beste Form der Reklame,
    B. die beste Zeit der Reklame,
    C. die besten Wege der Veröffentlichung.
12. Herausgabe von Modezeitschriften,
13. Versorgung des Verkaufspersonals mit Reklameanregungen.

Die Organisation der Werbeabteilung.

Der Umfang der Werbeabteilung und damit auch die Organisation, die ihr zur Erfüllung ihrer Aufgaben zur Verfügung steht, hängen natürlich von der Größe und Bedeutung des Geschäfts ab und ferner davon, welche Aufgaben die Geschäftsleitung der Werbeabteilung zuweist, resp. ob alle Möglichkeiten der Reklame ausgenutzt werden sollen oder nicht. Unter der Voraussetzung, daß die Tätigkeit der Reklameabteilung ziemlich umfangreich sein soll, würde das Organisationsschema etwa folgendermaßen aussehen:

1. Werbeleiter,
2. Abteilung der Zeitungsreklame,
3. Abteilung für Dekoration,
4. Vergleichsbureau,
5. Modemagazin und Drucksachen, Kataloge usw.

In einem großen Geschäft wird entweder der Werbeleiter selber gleichzeitig die Leitung der Abteilung für Zeitungsreklame mitversehen oder er wird sich einen besonderen Assistenten dafür heranziehen. Diese Abteilung pflegt meistens in zwei Unterabteilungen gegliedert zu sein, von denen eine die Zeichner, die andere die Textdichter umfaßt.

Die Textdichter sind in der Regel Reklamefachleute, die sich auf die eine oder andere Gruppe von Abteilungen spezialisiert haben. Es gibt also z. B. besondere Textspezialisten für

1. billige Angebote und Posten,
2. Damen- und Mädchenkonfektion und verwandte Abteilungen,
3. Kinderkonfektion usw.,
4. Herrenkonfektion usw.,
5. Meterware, Dekorationsmaterialien usw.

Ein interessanter Vorschlag, der in der letzten Zeit mehrfach in die Praxis umgesetzt worden ist, sieht vor, die Textspezialisten für jede Warengruppe in möglichst enge Beziehung zu den interessierten Abteilungen zu bringen. Die Vorteile, die man sich davon erwartet, bestehen in größerer Warenkenntnis des Textschreibers, der deshalb durch spezielle Abfassung des Inseratentextes der Reklame zu größerer Wirkung verhelfen könne. Und man verspricht sich stärkere Überzeugtheit von der Richtigkeit der Ware als Ergebnis der engeren Fühlung mit dem Einkauf und dem Einkäuferpersonal und daraus resultierend einen beschwingteren Text; ferner vollständigere Kenntnis der Läger und der neu hereingekommenen Ware mit dem Ergebnis, daß die Reklameabteilung besser in der Lage sei, Ware vorzuschlagen und auszuwählen, die starke Verkaufsargumente bietet. Man erwartet, daß bei einer solchen Organisation die Reklameabteilung weniger als bisher dem freudig erhitzten Einkäufer eine kalte Dusche applizieren werde, weil er nach Ansicht des Werbeleiters die Ware für die Reklame aus Einkaufsgründen und nicht aus Verkaufsgründen heraus in Vorschlag gebracht habe. Außerdem begünstigen die kaufmännischen Abteilungen vielfach eine solche Organisation, weil sie glauben, sich auf die Weise den persönlichen Einfluß (hintenherum) sichern zu können, der notwendig sei, um genügenden Raum und besonders ins Auge fallende Aufmachung für die eigene Abteilung durchzusetzen, weil man jetzt jemanden bei sich habe, der selbst in der entscheidenden Behörde Sitz und Stimme hat.

Der einzige Gefahrenpunkt, der der Verwirklichung dieses Vorschlages zu widersprechen scheint, ist darin zu sehen, daß dadurch die Werbeabteilung ihres uninteressierten resp. Verbrauchergesichtspunktes verlustig gehen und statt dessen allzu stark vom Einkäuferstandpunkt beeinflußt werden könnte. Das wäre nicht nur deshalb gefährlich, weil dadurch möglicherweise bei der Auswahl der Ware der Reklamegesichtspunkt beiseite geschoben werden könnte, sondern vor allem auch deshalb, weil der Textschreiber allzu leicht unter dem Einflusse seiner Umgebung der Versuchung unterliegen könnte, im Inserat sich der Einkäufersprache zu bedienen, anstatt Verkaufsargumente zu bringen, die dem Kundenstandpunkt angenähert sind. Die ersten der beiden erwähnten Gefahrenpunkte kann man ausschalten, indem man die Ware dem Vergleichsbureau vor Erscheinen des Inserates zur Prüfung vorlegt. Der zweite Gefahrenpunkt, d. h. die Beeinflussung des Textstils durch den Einkäufer, läßt sich dagegen nicht in derselben präzisen Weise feststellen resp. ausschalten, weil er zu stark auf psychologischen Voraussetzungen beruht und deshalb erst mit der Zeit herausgefunden werden kann.

Alles in allem kann man sagen, daß sehr viel für die praktische Einführung dieses Vorschlages spricht. Obereinkäufer, die in dieser Weise mit der Werbeabteilung zusammenarbeiten, geben die denkbar besten Urteile über die erzielten Erfolge ab. Ob diese günstige Beurteilung allerdings wirklich mit den Tatsachen übereinstimmt oder nur die natürliche Reaktion darauf bedeutet, daß dadurch natürlich der Druck, den die Reklameabteilung bisher ausgeübt verringert wird, wissen wir nicht. Da es ungerecht wäre, anzunehmen, daß die laxere Handhabung der Kontrolle der Grund für diese Beurteilung wäre, so glauben wir, unsere Bedenken zurückstellen und die allgemeine Einführung dieses Systems empfehlen zu können.

Zusammenfassung.

Im Rahmen unserer Untersuchung haben wir nicht die Möglichkeit, über Reklame und Reklameleiter ein Urteil abzugeben. Es ist jedoch gelegentlich die Behauptung aufgestellt worden, daß in beiden Richtungen noch weite Möglichkeiten der Verbesserung beständen.

Jedenfalls kann darüber kein Zweifel herrschen, daß, was auch bisher geleistet sein mag und welche Fähigkeiten die Werbeleiter auch bisher entwickelt haben mögen, die Zukunft die Lösung wesentlich größerer Aufgaben fordern wird.

Wenn nicht wider Erwarten die Zukunft eine allgemeine Steigerung des Preisniveaus bringt, dann wird eine Vergrößerung des Umsatzes nur durch eine Vergrößerung der Zahl der Geschäftstransaktionen, d. h. der Verkäufe zu erzielen sein. Da außerdem bereits jetzt die Gewinnmarge des Detailgeschäfts in der Regel recht begrenzt ist, so dürfte es kaum möglich sein, den Reklameetat, mindestens das Prozentverhältnis des Reklameetats zum Umsatz, nennenswert zu steigern. Soll Reklame in jeder Form auch weiterhin zur Steigerung des Umsatzes beitragen — und das ist schließlich der einzige Zweck der Reklame —, so kann dies nur durch eine Intensivierung der Reklamewirkung, und zwar sowohl der Zeitungsinserate wie der Ausstellungen erreicht werden.

Gleichzeitig muß aber der Werbeleiter mehr als jede andere verantwortliche Persönlichkeit im Geschäft darüber wachen, daß der Dauererfolg der Reklame nicht durch allzu starkes Drängen auf sofort realisierbare Erfolge in Frage gestellt wird. Der Reklameleiter ist mehr als irgend jemand anderes mit den höchst empfindlichen, unsichtbaren und unfaßbaren Imponderabilien vertraut, aus denen sich die stärkste Werbungsreserve des Geschäfts, das Ansehen bei der Kundschaft, zusammensetzt. Er muß nicht nur wissen, welchen Platz er für das Geschäft in den Augen der Kundschaft erobern will resp. bereits erobert hat. Er muß auch im Geschäft durchzusetzen vermögen, daß nichts getan wird, um diese mühsam errungene Stellung zu gefährden. Mit anderen Worten: Er muß verhindern, daß eine auf zu schnelle Erfolge drängende Geschäftsleitung ihr Erstgeburtsrecht für ein Linsengericht verkauft. Moden wechseln, Preise ändern sich, der Kundendienst, den das Geschäft leistet, ist der Veränderung unterworfen. Ein Wechsel in allen diesen Fragen kann sehr schnell, kann von heute auf morgen eintreten. Aber der Platz, den sich das Geschäft im Herzen der Kundschaft erworben hat, ändert sich nur langsam. Geht man nicht mit äußerster Vorsicht an Änderungen des Geschäftscharakters heran, so besteht die große Gefahr, daß das Geschäft das angestammte Publikum verliert. Und wieviel Tausende von Mark werden nicht Jahr für Jahr und Monat für Monat in den großen Geschäften gerade dafür aufgewandt, sich eine solche Stammkundschaft zu schaffen?

Das Warenhaus ist wie ein Vierzylinder-Automobilmotor. Wie ein Automobil, dessen 4 Zylinder nicht gleichmäßig arbeiten und ihre Kraft der Kurbelwelle übermitteln, nicht in der Lage sein wird, das Rennen zu machen, so wird auch das Warenhaus bei der bevorstehenden Verschärfung des Wettbewerbskampfes nicht Erfolg haben können, wenn es die 4 Kraftquellen, die ihm in den 4 Hauptbetriebsbureaus zur Verfügung stehen, nicht voll ausnutzt. Die Initiativkraft des Werbeleiters ist eine dieser Kraftquellen. Sie sollte nicht ohne Not ausgeschaltet werden, denn sie ist in ganz besonderem Maße geeignet, neue Gesichtspunkte zu bringen und belebend auf alle Teile des Geschäfts einzuwirken.

6. Innere Betriebsleitung.

Ist eine zentralisierte Leitung des gesamten Innenbetriebes notwendig?

Während die drei anderen Hauptbetriebsbureaus eines Waren- oder Kaufhauses jedes für sich einen mehr oder weniger einheitlichen Grundgedanken repräsentieren, sind die Aufgaben, die dem Inneren Betriebsleiter erwachsen, so gegensätzlich und vielgestaltig, daß sie sich nicht auf eine Formel bringen lassen. Es kann deshalb sehr wohl die Frage aufgeworfen werden, ob die Stellung eines Inneren Betriebsleiters überhaupt geschaffen, ob einer einzigen Persönlichkeit die Durchführung und Überwachung so verschiedenartiger Aufgaben wie z. B. Aufrechterhaltung wirksamen Kundendienstes, Kontrolle der elektrischen Aufzüge, Bearbeitung der Personalfragen, Leitung der Expedition, Überwachung des Mobiliars und der Ausstattung des Geschäfts sowie die Durchführung aller Aufgaben der Hausverwaltung mit Aussicht auf Erfolg übertragen werden kann. Verneint man diese Frage, so verbleibt als Ausweg, diese Aufgaben einzeln einzelnen untergeordneten Persönlichkeiten zu übertragen. Ob das vorteilhafter ist als die Schaffung eines zentralisierten Inneren Betriebsbureaus, ist eine Frage, die erst nach sorgfältiger Untersuchung aller der Arbeiten beantwortet werden kann, die in den Bereich des Inneren Betriebsbureaus zu fallen hätten.

Daß die Aufgaben der Inneren Betriebsleitung so verschiedenartigen Charakter tragen, findet seine natürliche Begründung in der historischen Entwicklung. Abgesehen von der eigentlichen Händlertätigkeit ist die Arbeit der Hausverwaltung eine der ältesten Funktionen des Waren- oder Kaufhauses. Sie entwickelte sich automatisch aus der Hausreinigung des kleinen Geschäfts, und es war selbstverständlich, daß der Kaufmann, der mit dem Anwachsen der Arbeit seine Aufmerksamkeit auf die kaufmännischen Probleme konzentrierte, diese unangenehme und schmutzige Aufgabe einem Gehilfen übertrug.

Mit der Entwicklung des kleinen Geschäftslokals zum großen Waren- oder Kaufhaus, mit der Einführung der Lieferautomobile an Stelle von Hand- und Pferdewagen oder Zustellung durch Radfahrer wurden die Probleme komplizierter. Das Aufkommen der Reklame- und Kontrollabteilungen änderte nichts an dieser Situation, weil ihre Aufgaben zu scharf umrissen waren, als daß man hätte daran denken können, ihren Leitern einige der in Frage kommenden Arbeiten nebenbei noch zu übertragen. So kam es dahin, daß schließlich alles, was nicht deutlich zu dem Arbeitsbereich der kaufmännischen Betriebsleitung, der Werbeleitung oder des Finanz- und Kontrollbureaus gehörte, dem ursprünglichen Hausverwalter übertragen wurde, der sich mehr und mehr zu der bedeutsamen Position des Inneren Betriebsleiters emporkämpfte.

Wir geben im folgenden eine Aufstellung, die den größten Teil der Aufgaben des Inneren Betriebsbureaus enthält. Sie liest sich wie eine Liste aus einem Bureau für industrielle Berufsberatung:

1. Anstellung und Entlassung von Angestellten.
2. Personalausbildung.
3. Aufstellung von Entlohnungsplänen.
4. Gehalts- und Lohnfestsetzung.
5. Versetzung von Angestellten innerhalb des Geschäfts.
6. Bearbeitung von Lohn- und Gehaltserhöhungen.
7. Bearbeitung der Personalakten und Personalstatistik.
8. Wohlfahrts- und Sanitätsdienst.
9. Kontrolle der Anwesenheit.
10. Aufrechterhaltung der Disziplin.
11. Aufzüge und mechanische Treppen.
12. Telephondienst.
13. Leitung des Aufsichtspersonals in den Verkaufsräumen, das die Aufgabe hat,
    a) auf gute Bedienung zu achten und die Wünsche der Kundschaft entgegenzunehmen,
    b) das Verkaufspersonal zu überwachen,
    c) Beschwerden entgegenzunehmen, den Umtausch zu regeln usw.,
    d) die Einrichtung laufender Konten für die Kundschaft zu kontrollieren usw.
14. Leitung des Beschwerdebureaus.
15. Leitung der Einkaufsberatung der Kundschaft, der Informationsbureaus, Billetverkaufsstellen usw.
16. Gebäude- und Mobiliarverwaltung.
17. Verwaltung aller mechanischen Apparate.
18. Licht, Kraft und Heizung.
19. Kühlräume und Ventilation.
20. Kontrolle des Feuerlöschdienstes.
21. Hausreinigung.
22. Sicherheitsdienst (Hausdetektive).
23. Hausreparaturen, Um- und Neubauten.

24. Überwachung von
    a) Warenannahme und Auszeichnung,
    b) Lagerhäusern,
    c) Reserve- und Vorratsräumen,
    d) Expedition.
25. Einkauf von Bureaumaterialien usw.
26. Unkostenkontrolle.
27. (In manchen Fällen) Innen- und Außendekoration.

Diese Liste verliert viel von ihrer Schrecklichkeit, wenn man einige Punkte fortläßt resp. anderen Abteilungen des Hauses, denen sie natürlicher zugehören, überweist und die anderen nach unterliegenden Gesichtspunkten zu gruppieren versucht.

Die beiden Punkte, die fortgelassen werden können, sind einmal die Verantwortlichkeit für die Dekoration. Dekoration ist, wie wir oben auseinandergesetzt haben, ein wesentlicher Bestandteil der Werbetätigkeit und sollte sicher nicht einem Bureau angegliedert werden, das bei der Vielgestaltigkeit seiner Aufgaben gar nicht in der Lage sein kann, ihr die nötige konzentrierte Aufmerksamkeit zu widmen, die erforderlich ist, gerade bei einem Gebiete, das soviel schöpferische Initative verlangt. Das zweite Aufgabengebiet, das nicht hierher gehört, ist die Unkostenkontrolle. Sie wird zwar in sehr vielen Fällen vom Inneren Betriebsleiter ausgeübt, aber — wie wir später auseinandersetzen werden — durchaus zu unrecht, weil auf diese Weise das grundlegende Organisationsprinzip verletzt werden würde, das vorsieht, daß Kontrollen niemals von derselben Stelle ausgeübt werden sollen, die Objekt der Kontrolle ist.

Läßt man diese beiden Aufgabenkreise fort, so kann man die verbleibenden Punkte in zwei große Gruppen einteilen, erstens Personal und zweitens Kundendienst. Und dehnt man seine Vorstellungskraft noch etwas weiter aus, so kann man auch den Standpunkt vertreten, daß das Personal einer der wesentlichsten Faktoren des Kundendienstes ist, so daß also eigentlich nur ein Arbeitsgebiet für das Innere Betriebsbureau übrigbliebe, der Dienst am Kunden.

Ganz so einfach liegt allerdings die Sachlage nicht, obwohl man anerkennen muß, daß die meisten der erwähnten Aufgaben Wesentliches für die Dienstbereitschaft des Geschäftes bedeuten. Heizung, Licht und Kraft, Fahrstühle, Sauberkeit des Geschäfts usw. sind Voraussetzungen dafür, daß sich die Kundschaft im Geschäft wohlfühlt. Expedition und Zustellung sind ohne jeden Zweifel Elemente des Kundendienstes, ebenso wie Informationsbureaus, Billetverkaufsstände und die Einkaufsberatung der Kundschaft. Die Warenannahme und Auszeichnung, Lagerräume usw. sind dem Verkaufsdienst eng verbunden und schießlich ist die mechanische Arbeit und Kontrolle alles dessen, was zur Bewegung der Ware innerhalb des Geschäfts zum Lager und vom Lager, vom Packtisch in die Expedition, von der Expedition zur Kundschaft, von und zu den Vorratsräumen gehört, so ähnlich gestaltet, daß aus praktischen Gründen die Zusammenfassung dieser Arbeit in einer Hand selbstverständlich sein sollte. Man kann deshalb wohl sagen, daß alles, was zum Kundendienst, zur Dienstbereitschaft des Geschäfts gehört, mit der einzigen Ausnahme der Beschaffung und Aufrechterhaltung ausreichender Sortimente in den richtigen Preislagen, die Arbeit des Inneren Betriebsleiters sein soll. Wir glauben nicht, daß es viele Inhaber, Geschäftsleiter oder Innere Betriebsleiter gibt, die dem widersprechen würden. Aber wir haben ebenfalls unsere Zweifel darüber, ob das Motiv der Dienstleistung wirklich die treibende Kraft des Inneren Betriebes ist, und ob der Wirkungsgrad der Inneren Betriebsleitung nach der Höhe der erreichten Dienstleistung beurteilt wird. Vielfach hat der Gesichtspunkt einer scharfen Unkostenkontrolle auf den Inneren Betriebsleiter einen so dominierenden Einfluß gewonnen, daß er, statt die Förderung der Dienstbereitschaft, wenn auch vielleicht unter gewissen finanziellen Opfern, in den Vordergrund zu stellen, aus dem Förderer und Pfleger des Kundendienstgedankens gerade umgekehrt zu seinem Hemmnis geworden ist.

Über die moderne Tendenz, das Verkaufspersonal dem Inneren Betriebsleiter zu unterstellen, haben wir an anderer Stelle bereits das Nötige gesagt. Das Verkaufspersonal hängt mit der Ware zu eng zusammen, als daß es nicht natürlicherweise den Einkäufern oder Abteilungsvorständen untergeordnet werden müßte. Gerade wenn die Vertreter des Inneren Betriebsbureaus in den Verkaufsabteilungen, die Aufsichtspersonen, eine wirksame Kontrolle über Bedienung und allgemeine Dienstbereitschaft ausüben wollen, so folgt daraus, daß sie nicht die direkten Vorgesetzten des Verkaufspersonals sein dürfen, denn Kontrollfunktionen und direkte Verantwortlichkeit widersprechen sich.

Der Aufgabenkreis des Inneren Betriebsbureaus.

Unter Berücksichtigung der vorstehenden Gesichtspunkte läßt sich der Aufgabenkreis des Inneren Betriebsleiters in die folgenden natürlichen Unterabteilungen verlegen:

1. Personalverwaltung,
2. Kundendienst,
3. Hausverwaltung inkl. Baubureau,
4. Technischer Betrieb,
5. Sicherheitsdienst,
6. Materialeinkauf.

Die Gesamtliste der unter diese Hauptgruppen entfallenden Einzelausgaben sieht demnach folgendermaßen aus:

1. Personalverwaltung, d. h.
   a) Anstellung und Entlassung,
   b) Ausbildung,
   c) Entlohnungspläne,
   d) Gehalts- und Lohnfestsetzung,
   e) Versetzung innerhalb des Betriebes,
   f) Gehaltsaufbesserungen usw.,
   g) Wohlfahrts- und Sanitätsdienst,
   h) Personalstatistik,
   i) Anwesenheitskontrolle,
   k) Disziplin.
2. Kundendienst:
   a) Aufsichtspersonal,
   b) Beschwerdebureau,
   c) Einkaufsberatung der Kundschaft,
   d) Billettbureaus usw.,
   e) Fahrstühle, usw.
3. Hausverwaltung inkl. Baubureau:
   a) Gebäude- und Mobiliarverwaltung,
   b) Verwaltung aller mechanischen Apparate,
   c) Beleuchtung, Heizung, Kraft,
   d) Kühlräume und Ventilation,
   e) Hausreinigung usw.,
   f) Neu- und Umbauten, Hausreparaturen.
4. Technischer Betrieb:
   a) Warenannahme und Auszeichnung,
   b) Lagerhäuser,
   c) Vorrats- und Lagerräume,
   d) Expedition und Zustellung.
5. Sicherheitsdienst,
6. Materialeinkauf.

Die Organisation des Inneren Betriebsbureaus.

Über die Organisation des Inneren Betriebsbureaus wäre eigentlich nicht viel zu sagen, weil sich die organisatorische Unterteilung nach der Klarstellung der Funktionen im wesentlichen von selbst ergibt. Trotzdem ist es notwendig, dieser Frage eine etwas größere Aufmerksamkeit zu schenken, nicht weil auf diesem Gebiete besondere Probleme zu lösen wären — mit Ausnahme eines einzigen, auf das später ausführlich eingegangen werden soll — sondern weil in vielen Geschäften aus der historischen Entwicklung heraus diesen Aufgaben nicht die gebührende Beachtung zuteil wird, wenn man vielleicht von dem gelegentlichen Stoßseufzer eines Chefs absieht, daß man doch eigentlich etwas tun müsse, um die Dienstbereitschaft des Geschäfts zu fördern.

Denn die meisten der Aufgaben des Inneren Betriebsbureaus sind so wenig spezifischer Natur und so parallel gelagert mit entsprechenden Stellungen, sei es in der Fabrik, sei es in irgend welchen anderen großen Betrieben, daß jemand, der seiner Natur nach Interesse für die praktischen Aufgaben des Einzelhändlers hat, wie es nun einmal bei dem Inhaber oder Leiter eines großen Einzelhandelsbetriebes der Fall ist, bei aller grundsätzlichen Anerkennung der Wichtigkeit doch nicht das nötige Interesse für allen diesen „technischen Kleinkram" aufzubringen wünscht. Deshalb brauchen wir vor allem auch die Diskussion darüber, ob diese Aufgaben etwa mehreren untergeordneten Stellen übertragen werden sollten, nicht erst ernsthaft zu eröffnen, da das eine in der Praxis ganz allgemein abgelehnte Belastung des Geschäftsleiters nach sich ziehen würde, und auch keine der in Frage kommenden Persönlichkeiten aus der Natur der Sache heraus sich den übrigen maßgebenden Herren im Hause gegenüber wirklich durchzusetzen vermöchte.

Es ergibt sich vielmehr aus der Aufzählung der Funktionen von selbst, daß ein zentralisiertes Inneres Betriebsbureau geschaffen werden muß, und daß für seine Leitung eine Persönlichkeit gefunden werden muß, die allen diesen Einzelfragen genügend Aufmerksamkeit zu widmen imstande ist, die auch die genügende Vorbildung besitzt, um die für die Einzelausführung Verantwortlichen zu beraten und zu kontrollieren, die aber auf der anderen Seite im Format groß genug ist, um sich auch im Geschäft durchzusetzen. Denn — und nun kommen wir zu dem oben zurückgestellten Punkte — von der zufriedenstellenden Lösung aller dieser unangenehmen und belastenden Einzelprobleme wird die Dienstbereitschaft des Geschäftes resp. der Eindruck, den das Publikum von den ihm gebotenen Bequemlichkeiten gewinnt, entscheidend beeinflußt. Der Innere Betriebsleiter hat deshalb die schwierige Aufgabe zu lösen, eine große Anzahl heterogener Einzelprobleme zu lösen und dabei trotzdem in den ihm unterstehenden ausführenden Organen das Bewußtsein davon stark genug einzupflanzen, daß die Ausführung nicht nur sachlich oder technisch einwandfrei sein, sondern dem Ideal eines vollkommenen Kundendienstes entsprechen muß. Gerade dieser Punkt ist es, der uns zu einer ausführlicheren Besprechung der Organisation des Inneren Betriebsbureaus veranlaßt, weil diese Aufgabe nur in seltensten Fällen bisher wirklich zufriedenstellend gelöst wurde. Wieviel auf diesem Gebiete noch zu tun ist, weiß jeder, der die unpersönliche Atmosphäre eines großen Waren- oder Kaufhauses mit dem Empfang vergleicht, der ihm in einem kleinen Spezialgeschäft zuteil wird. Wir wissen, daß es kaum möglich sein wird, im Waren- oder Kaufhause dieselbe Atmosphäre des persönlichen Vertrauens zu schaffen, die einer der wesentlichen Gründe dafür ist, daß das kleine Spezialgeschäft bisher seinen Platz neben den Großbetrieben erfolgreich behauptet hat. Wir wissen, daß es schwer möglich ist, im Großbetriebe den individuellen Bedürfnissen der Kundschaft so nachzukommen, wie es in der Absicht liegt. Wir wissen aber auch, — denn die Erfahrung hat es gelehrt — daß in Geschäften, die mit zielbewußter Energie auf die Verbesserung des persönlichen Kundendienstes hinarbeiten, ein Zustand geschaffen werden kann, der der persönlichen Atmosphäre des Spezialgeschäftes wieder erheblich näherkommt.

Dieser Punkt ist es, der wesentlich ist, und dieser Punkt ist es, der die Stellung des Inneren Betriebsleiters von ähnlichen Stellungen im Fabrikbetriebe oder anderen Großbetrieben grundsätzlich unterscheidet. Die technische und organisatorische Leistung muß vollbracht werden, mindestens ebensogut wie in anderen Großbetrieben. Daneben aber muß den sämtlichen ausführenden Organen noch der Geist der Dienstbereitschaft, der Geschäftsgeist, eingeflößt werden, der die technische Leistung erst die Anerkennung der Kundschaft finden läßt. Das kann der Innere Betriebsleiter natürlich nicht persönlich machen. Es genügt auch nicht, daß er jeden Kunden, mit dem er in Berührung kommt, besonders verbindlich und entgegenkommend behandelt. Er wird, wenn überhaupt, immer nur in Einzelfällen persönlich eingreifen können. Nein, es kommt darauf an, daß der Geist der Dienstbereitschaft allen denen eingeimpft wird, die in Berührung mit der Kundschaft kommen, und daß alle diese meistens recht untergeordneten Stellen von dem Bewußtsein durchdrungen sind, die ausschlaggebenden Vertreter des Geschäfts und seiner Prinzipien der Kundschaft gegenüber zu sein. Das Aufsichtspersonal, das Personal der Informationsbureaus, die Einkaufsberater der Kundschaft, die Liftboys, die Fahrer des Zustellungsautos und last not least das Verkaufspersonal sind dafür verantwortlich, ob das Publikum gern ins Geschäft kommt oder nicht, ob es davon überzeugt ist, dort die Aufnahme und Behandlung zu finden, die es wünscht, kurz, ob der allgemein aufgestellte Geschäftsgrundsatz des Kundendienstes nicht auf dem Papier stehenbleibt, sondern in die tägliche Praxis überführt und dadurch im Ruf des Geschäfts bei der Kundschaft verankert wird.

Die Persönlichkeit des Inneren Betriebsleiters.

Mehr noch als in den früheren Fällen, in denen wir darüber sprachen, welche Art von Persönlichkeit für eine bestimmte Stellung gefunden werden müsse, ist es im Falle des Inneren Betriebsleiters notwendig, davon auszugehen, was geleistet werden muß, um auf der so geschaffenen Basis die Fähigkeiten zu bestimmen, die für diesen Posten und seine wirksame Ausfüllung Voraussetzung sind. Man wird sich in diesem Falle auch in wesentlich geringerem Grade an „Erfahrungen" halten können, weil einmal diese Erfahrungen in vielen Geschäften zugegebenermaßen durchaus nicht besonders zufriedenstellend sind, und weil auf der anderen Seite die erfolgreichen Inneren Betriebsleiter, die wir kennen, fast durchgängig mit dem Geschäft groß geworden sind und nacheinander die verschiedenartigsten Probleme, wie sie auftauchten, mit mehr oder minder großem Geschick aufgegriffen haben. Die meisten Inneren Betriebsleiter waren früher in irgendeiner Weise mit dem Kundendienst eng verbunden, sei es, daß sie als Aufsichtspersonen tätig waren, sei es in anderen Stellungen, die sie in direkte Berührung mit der Kundschaft brachten. Mit der Übernahme weiterer Verpflichtungen, so der Personalverwaltung, so vor allem aber der Unkostenkontrolle, gerieten dann die Gesichtspunkte des Kundendienstes immer weiter in den Hintergrund, mit dem Erfolg, daß heute, wie schon einmal erwähnt, viele der an dieser Stelle stehenden Persönlichkeiten gerade das Gegenteil von dem in den Vordergrund schieben, was in erster Linie die Aufmerksamkeit des Inneren Betriebsleiters erfordert.

Dazu kommt, daß aus den oben entwickelten Gesichtspunkten heraus vielfach die Stellung des Inneren Betriebsleiters noch nicht so anerkannt ist und sich noch nicht den anderen Betriebsleitern gegenüber so durchgesetzt hat, wie wir es für unbedingt wünschenswert und erforderlich halten. Wir glauben aber, daß mit der zunehmenden Entwicklung, wenn nicht schon jetzt, die Stellung des Inneren Betriebsleiters genügend Bedeutung besitzt, um eine hochwertige, gutbezahlte Persönlichkeit mit ihr zu betrauen. Mit anderen Worten: Es wird die Aufgabe einer vorausschauenden Geschäftsleitung sein, wo es erforderlich ist, nicht in falscher Sparsamkeit die Stellung des Inneren Betriebsleiters zu drücken, sondern mit allen Mitteln zu heben.

Die Fähigkeiten, die jemand besitzen muß, um die Stellung des Inneren Betriebsleiters erfolgreich ausfüllen zu können, sind ohnedies nicht leicht in einer Persönlichkeit zu finden. An erster Stelle steht natürlich die Fähigkeit, überhaupt einem großen Betriebe vorstehen zu können. Danach kommen (der Dringlichkeit nach geordnet):

1. Allgemeine Kenntnis des Geschäftsbetriebes,
2. Menschenkenntnis und Erfahrung in der Personalverwaltung,
3. Kenntnis der Methoden und Erfordernisse des Kundendienstes,
4. Technische Kenntnisse,
5. Erfindungsgabe.

Welche Bedeutung unter diesen Punkten dem Kundendienst zukommt, ist bereits genügend hervorgehoben worden. Weitere Einzelfragen brauchen in diesem Zusammenhang nicht erörtert zu werden. Das einzige, worauf vielleicht hinzuweisen ist, ist die Wahrscheinlichkeit, daß gerade dieser Posten in Zukunft wohl nur noch selten von Persönlichkeiten wird ausgefüllt werden können, die im Geschäftsbetriebe selber emporgewachsen sind, weil die Ausbildung, die erforderlich ist, zu vielseitig sein müßte, als daß sie in praktischer Arbeit allein erworben sein könnte. Die Bedeutung der Stelle als Innerer Betriebsleiter ist zu groß, als daß die Geschäftsleitung gerade auf diesem Gebiete experimentieren könnte. Die jetzigen Inneren Betriebsleiter haben ihre Stellung langsam entwickelt. Jetzt aber ist die Stellung da und muß ausgefüllt werden. Einen neuen Entwicklungsprozeß kann das Geschäft nicht vertragen. Denn eine Vernachlässigung eines der beiden wesentlichsten Gesichtspunkte, die der Innere Betriebsleiter wahrzunehmen hat, muß katastrophale Folgen nach sich ziehen. Kundendienst ist eines der wesentlichsten Elemente für den Ruf des Geschäfts, aber auch für den Verkaufserfolg. Sparsamkeit im Inneren Betriebe ist die unerläßliche Voraussetzung für einen zufriedenstellenden Reingewinn. Der Innere Betriebsleiter ist von ausschlaggebender Bedeutung in beiden Fällen.

Die Personalverwaltung.

Die Aufgaben der Personalverwaltung als Teil des Inneren Betriebsbureaus lassen sich wie folgt zusammenfassen:

1. Suchen nach geeignetem Personal,
2. Anstellung und Entlassung,
3. Einarbeitung und Ausbildung,
4. Ausarbeitung von Entlohnungsplänen und Prämiensystemen,
5. Gehaltsaufbesserungen usw.,
6. Versetzung innerhalb des Betriebes,
7. Wohlfahrtsdienst.

An und für sich besteht zwischen der Personalverwaltung des großen Waren- oder Kaufhauses und der Personalverwaltung irgendeines anderen großen Betriebes kein nennenswerter Unterschied. Alle modernen Systeme der Personalauslese, psychotechnische Prüfungen usw. müssen hier wie dort beachtet werden, werden aber im Augenblick noch keine ausschlaggebende Rolle spielen. Auch besonders darauf hinzuweisen, daß es notwendig ist, ein zentralisiertes Personalbureau zu schaffen und die Verantwortung für das Personal nicht in den Händen der einzelnen Abteilungsvorstände zu lassen, erübrigt sich, weil die einer solchen Regelung zugrunde liegenden Gesichtspunkte längst Allgemeingut geworden sind, womit allerdings nicht gesagt werden soll, daß sie in der Praxis nicht doch immer wieder vernachlässigt würden.

Das einzige, was der Aufgabe der Personalverwaltung im Waren- oder Kaufhaus, im Einzelhandelsbetriebe überhaupt, einen besonderen

Stempel aufdrückt, ist die Tatsache, daß der Einzelhandelsbetrieb, wie schon im Anfang ausführlich auseinandergesetzt, eigentlich aus nichts anderem als aus Personal besteht. Die ganze Organisation des Waren- oder Kaufhauses ist weiter nichts als die Organisation menschlicher Arbeit, die Schaffung eines organisatorischen Aufbaues, der die wirkungsvollste Ausnutzung des vorhandenen oder erreichbaren Menschenmaterials sicherstellt, und deshalb kommt der Personalverwaltung des Großbetriebes im Einzelhandel eine etwas größere Bedeutung zu als gewöhnlich, denn — das ist der zweite Punkt, der zu den Besonderheiten des Einzelhandelsbetriebes gehört — hier ist die Arbeitsteilung zwar auch weit fortgeschritten, kann aber aus Gründen, die in der Natur der Sache liegen, nicht dieselben Wirkungen ausüben, wie z. B. im Fabrikationsunternehmen. Eine ganze Reihe von Arbeiten im Einzelhandelsbetriebe können gut ausgebildeten Spezialisten übertragen werden und der Menge des Personals sozusagen in vorbereiteter Form zugeführt werden. Es gibt natürlich auch in den technischen Abteilungen gerade des Inneren Betriebsbureaus Fälle genug, in denen Arbeit geleistet werden muß, für die besondere Qualifikationen nicht verlangt werden, und die deshalb von ungeschulten Arbeitskräften geleistet werden kann. Dies ist jedoch nicht wie in der Fabrik die Regel, sondern die Ausnahme. Es wird niemandem einfallen können, die Verkaufstätigkeit etwa mit der normalen ungelernten Arbeit auf eine Stufe zu stellen, obwohl auf der anderen Seite jeder zugeben muß, daß eine besondere Vorbildung für die gute Ausfüllung eines Verkäuferpostens im Waren- oder Kaufhaus nicht verlangt wird, wenn man von den gehobenen Stellen absieht, die über Warenkenntnisse verfügen müssen. Vielleicht ist es notwendig, diese Feststellung etwas einzuschränken. Es sollte zweifellos eine Vorbildung verlangt werden, ehe jemand als Verkäuferin oder Verkäufer qualifiziert ist. In vielen kleineren Geschäften ist dies bei uns auch heute noch durchweg die Regel. Wo dies aber nicht der Fall ist, oder aus besonderen Umständen heraus nicht der Fall sein kann, da wird es die Aufgabe der Personalverwaltung als ausführendes Organ der Inneren Betriebsleitung sein, das Versäumte nachzuholen und für eine entsprechende nachträgliche Ausbildung zu sorgen. Das Wesen dieser Ausbildung, soweit sie allgemeiner Natur sein muß, ist es aber gerade, was das Spezifikum des Personalproblems im Waren- oder Kaufhause gegenüber anderen Großbetrieben ausmacht. Denn es handelt sich dabei im Gegensatz zu den sonstigen Gepflogenheiten gerade nicht darum, dem Personal eine Reihe von Fertigkeiten beizubringen — oder wenigstens ist das erst in zweiter Linie notwendig —, sondern es handelt sich vor allem darum, in einer größeren Anzahl mehr oder weniger ungeschulter Menschen das psychologische Verständnis für die besonderen Anforderungen ihrer Stellung zu wecken, die eben nicht in erster Linie darin bestehen, in der Abteilung

Kurzwaren oder Schuhe „beschäftigt“ zu sein, wie man z. B. in einer Wäschefabrik mit dem Knopfannähen oder Knopflöcherausstanzen beschäftigt ist, sondern es handelt sich vor allem darum, Vertreter eines großen Unternehmens einem vielgestaltigen, in seinen Ansprüchen immerwährend wechselnden Publikum gegenüber zu sein, und unbeschadet der technisch einwandfreien Abwicklung der vorliegenden Kleinarbeit den Verkaufsgeist zu entwickeln, der für den persönlichen Erfolg des betreffenden Angestellten zum mindesten ebenso ausschlaggebend ist wie für den Gesamterfolg und den Ruf des Unternehmens.

Die Personalverwaltung eines großen Einzelhandelsbetriebes muß deshalb unabhängig von der Erledigung der zahlreichen übrigen Aufgaben in erster Linie ihre Aufmerksamkeit darauf richten, Angestellte zu finden, wenn nötig zu entdecken, die nach dieser psychologischen Seite hin begabt und entwicklungsfähig sind, und sie muß vor allem in enger Zusammenarbeit mit den direkten Vorgesetzten des Personals darauf achten, daß alles geschieht, um bewiesenen Fähigkeiten auf diesem Gebiete auch zur verdienten Anerkennung zu verhelfen.

Es gibt die verschiedensten Wege, um dieses Ziel zu erreichen. Ob der vielfach eingeschlagene Weg der Umsatzbeteiligung des Verkaufspersonals am persönlichen Umsatz der richtige ist; ob man zu Quotensystemen greifen soll, die das Ziel haben, die Ungerechtigkeiten der rohen Ziffern des persönlichen Umsatzes auszugleichen, durch die z. B. Verkäuferinnen in der Damenmäntelabteilung gleich qualifizierten Kräften in den Kurzwarenabteilungen ungebührlich vorgezogen werden und durch die weiter eine Differenzierung auch nach der Höhe der nach dem Gehalt zu erwartenden Grundverkaufsleistungen herbeigeführt werden kann; alle diese Fragen sind zu ungeklärt, um eindeutig entschieden zu werden. Wir haben nur einzelne Beispiele herausgegriffen, um anzudeuten, was für Gesichtspunkte in Frage kommen können resp. in welcher Richtung die Bemühungen einer vernünftigen Personalleitung im Waren- oder Kaufhause sich erstrecken sollten. Daß die oben erwähnten Gesichtspunkte vor allem bei der Bearbeitung von Vorschlägen für Gehaltserhöhungen Beachtung finden müssen, versteht sich von selbst. Auch wird ein anderes Problem nicht übergangen werden dürfen, daß nämlich ein Teil des Bureaupersonals irgendeinen Ausgleich dafür bekommen muß, wenn Verkaufspersonal, das etwa auf der gleichen Stufe steht, Zusatzeinnahmemöglichkeiten durch Verkauf- oder Umsatzprämien besitzt.

Ein weiteres Problem, das eine Besonderheit des Einzelhandelsbetriebes darstellt, besteht darin, daß die Personalverwaltung die Unterlagen für einen Einsatz von Personal im Bedarfsfalle an den Stellen schaffen muß, wo es brennt. Da — wie wir bereits auseinandergesetzt haben — Menschenkräfte im wesentlichen das einzige sind, was den

Einzelhandelsbetrieb und seine Organisation ausmacht, so ist eine wirklich rationelle Ausnutzung des verfügbaren Menschenmaterials ein Punkt von nicht zu unterschätzender Bedeutung. Durch entsprechende praktisch-ausnutzbare Bearbeitung der Personalstatistik kann die Personalabteilung sehr leicht ein System ausarbeiten, das den Ausnutzungsgrad des Personals wesentlich erhöht. Die heutige Praxis hat gerade diesen wichtigen Punkt ungebührlich vernachlässigt. Oder kann man sich tatsächlich damit zufrieden geben, daß der in Frage kommende Aufsichtsherr, wenn an einer Stelle Verkaufspersonal dringend fehlt, zufällig in der Nähe befindliche Kräfte, evtl. sogar unter Störung des geordneten Betriebs, an die gebrauchte Stelle beordert? Und wie häufig kommt es vor, daß er sich den Abteilungsvorstehern gegenüber nicht durchzusetzen vermag, gar keine Abhilfe schaffen kann und Publikum unbefriedigt herausgehen lassen muß! Bei einem gut ausgearbeiteten Rollenverteilungssystem müßte ein Anruf beim Personalbureau genügen, um an der gefährdeten Stelle nicht nur genügend Kräfte überhaupt, sondern auch richtig vorgebildete Kräfte einzusetzen, die nach ihrer Vergangenheit befähigt sind, den Anspruch der Kundschaft, der bei dem jetzigen System vielfach zu einer Enttäuschung sowohl auf seiten des Geschäfts als auch auf seiten der Kundschaft zu führen pflegt, in den vollen Geschäftserfolg umzuwandeln, der möglich ist, wenn eine vernunftgemäße Vorausdisposition getroffen wurde.

Eine Frage, die vielleicht weniger prinzipiell zu entscheiden ist als von der Größe des Betriebes und den Fähigkeiten des Personaldirektors abhängt, besteht darin, ob eine Scheidung zwischen Personalverwaltung und Personalausbildung, und zwar in getrennte Abteilungen des Inneren Betriebsbureaus, vorgenommen werden soll. Ausbildung des Personals in dem allgemeinen Sinne, wie sie oben beschrieben wurde, wird kaum von dem Aufgabenkreis der Personalverwaltung selbst losgelöst werden können, wenn es auch selbstverständlich ist, daß das Personalbureau dazu alle Hilfskräfte und Mitarbeiter heranzieht, deren es innerhalb und außerhalb des Geschäftes habhaft werden kann. Man sollte deshalb vielleicht, damit die Begriffe nicht verwirrt werden, jetzt nicht von Aus-, sondern von Weiterbildung des Personals, wenn auch nicht im speziellen Fachsinne, sondern im Sinne des Geschäftes sprechen. Die Arbeit, die auf diesem Gebiete zu leisten ist und die für den Fortbestand des Unternehmens eine mindestens ebenso große Bedeutung hat wie die oben beschriebene Ausbildung für den gegenwärtigen Erfolg, ist im wesentlichen organisatorischen Charakters. Zwar kann einiges durch Heranziehung außenstehender Lehrkräfte geleistet werden. Es erscheint aber geradezu unsinnig, allzuviel gerade von dieser Aufgabe an Außenstehende abschieben zu wollen, wo doch im Geschäft selbst, wenn auch an hundert verschiedenen Stellen, ein viel größeres Maß von Sachkenntnis zu finden ist, als es ein Angestellten-Ausbilder oder auch außenstehende Fachlehrer ihr eigen nennen können. Das gegebene Weiterbildungspersonal sind die Abteilungsvorstände oder auch jede andere Stelle des Hauses, die sich mit wichtigen Fachproblemen befaßt. Nun ist es bekannt, daß Sachbeherrschung und Lehrbefähigung durchaus nicht immer Hand in Hand gehen, daß der Fachmann nur in einer gewissen Anzahl von Fällen in der Lage ist, einem Anfänger ein Bild seines Fachgebietes in so elementaren Formen zu geben, daß nicht nur Verständnis dafür vorausgesetzt, sondern auch Interesse wachgerufen werden kann. Hier setzt nun die organisatorische Aufgabe ein, die, wie gesagt, entweder vom Personalbureau oder von einer gesondert zu schaffenden Stelle zu lösen ist. Es gilt, die Sachkenntnis, die im Geschäft vertreten ist, zu mobilisieren, und die Sachverständigen des Geschäftes zu beraten, sie evtl. in besonderen Kursen darin auszubilden, in welcher Weise sie ihre Spezialkenntnisse in den Dienst der Weiterbildung des Personals stellen können.

Daß das Personalbureau bei allen diesen Fragen entweder direkt oder durch den ihm vorgesetzten Inneren Betriebsleiter mit dem Kontrollbureau Hand in Hand arbeiten muß, damit die für diese Zwecke vorgesehenen Unkostenbudgets eingehalten werden, bedarf keiner besonderen Erläuterung.

Die Abteilung für Kundendienst.

Die wesentlichsten Aufgaben des Leiters der Abteilung für Kundendienst haben wir bereits dargestellt. Er ist der Mann, der neben dem Inneren Betriebsleiter in erster Linie dafür verantwortlich ist, daß im Großbetriebe eine Atmosphäre geschaffen wird, die den intimeren kleinen Spezialgeschäften möglichst nahekommt. Er ist die Stelle, die durch direkte Überwachung all der Institutionen des Geschäftes, die dem Kunden im eigentlichsten Sinne d i e n e n und seine Bequemlichkeit steigern sollen, den Dienst am Kunden aus der Höhe des Prinzips herunterholen und in kleine und kleinlichste praktische Dienstbereitschaft umsetzen muß. Das Kundendienstbureau hat dem Grundsatze zur Geltung zu verhelfen, daß „es der Kunde ist, der Recht hat". Mag man aus logischen Gründen oder um der Gerechtigkeit willen diesem Grundsatz noch soviel widersprechen. Die Erfahrung hat gelehrt, daß es kaum ein erfolgreiches Detailgeschäft gibt, das seinen Erfolg nicht zum großen Teil der peinlichsten Beachtung dieses Prinzips verdankte. Daß sich auch logisch sehr viel für diesen Grundsatz anführen läßt, sei nur nebenbei bemerkt. In den allerwenigsten Fällen kommen Differenzen dadurch zustande, daß auf einer der beiden Seiten, insbesondere auf seiten der Kundschaft, böser Wille vorliegt. Es handelt sich meistens um Mißverständnisse oder Ungeschicklichkeiten, bei denen es völlig falsch wäre, den Beleidigten zu spielen, weil es, wo die Absicht der Beleidigung fehlt, eine Beleidigung nicht gibt und Gekränktsein ohnedies meistens nur ein Ausfluß der Schwäche der eigenen Position ist. Auch wer die Menschenwürde des Verkaufspersonals oder des Liftboys noch so hoch einschätzt, wird ihnen nicht das Recht zugestehen dürfen, wegen einer gelegentlichen Gereiztheit eines Kunden oder gar wegen eigener Ungeschicklichkeit, Menschen gegenüber, die man schließlich zu sich gebeten hat, um mit ihnen Geschäfte zu machen, Prestigefragen auszufechten. Im Gegenteil, der Standpunkt jedes Mitgliedes des Inneren Betriebsbureaus und seiner Unterabteilungen muß der Standpunkt des vollendeten Gastgebers sein, der sein eigenes Ich vollkommen in den Hintergrund schiebt, um die Stimmung sich ganz so entwickeln zu lassen, wie es den Wünschen der Gäste entspricht.

Einzelne Spezialfragen, die innerhalb der Organisation des Kundendienstbureaus gelöst werden müssen, sind die folgenden:

Das Aufzugspersonal sollte dem Kundendienstbureau unterstehen und nicht, wie es häufig der Fall ist, der Hausverwaltungsabteilung des Inneren Betriebsbureaus. Denn die Bedeutung der Liftboys usw. für das Geschäft besteht nicht darin, daß sie die Aufzüge technisch einwandfrei bedienen können, sondern vielmehr in ihrer Fähigkeit, freundlich und höflich zu sein und genau zu wissen, wo im Geschäft alles zu haben ist.

Umgekehrt sollte das Personal der Lieferwagen der technischen Abteilung im Inneren Betriebsbureau unterstehen, weil seine Kenntnisse in erster Linie technische sind, womit nicht gesagt sein soll, daß sie auf die Zuvorkommenheit, die das Charakteristikum des Kundendienstes sein soll, verzichten dürften.

Das Beschwerdebureau.

Dem Kundendienstbureau im Rahmen der Inneren Betriebsleitung untersteht ferner das Beschwerdebureau. Das Beschwerdebureau hat eine ganz besondere Beachtung zu beanspruchen. Es ist die einzige Stelle im Betriebe, die der Kundschaft eine wirklich aktive Kontrolle der Dienstleistung des Gesamtbetriebes ermöglicht und die auf der anderen Seite, selbstverständlich im engsten Zusammenarbeiten mit Abteilungsvorständen und vor allem dem Aufsichtspersonal, dafür zu sorgen hat, daß auf diese Weise festgestellte Fehler so korrigiert werden, daß keine Schädigung des Geschäftsinteresses zurückbleibt, und daß vor allem — was nur im wohlverstandenen Geschäftsinteresse liegt — bei der Kundschaft die Überzeugung erweckt wird, daß es sich bei dem gerügten Mangel nur um etwas handelt, was nicht nur Ausnahme ist, sondern sogar den Wünschen der Geschäftsleitung strikt zuwiderläuft. Bei dieser Ausnahmestellung des Beschwerdebureaus, in dessen Aufgabenkreis natürlich nicht nur alle Beschwerdeangelegenheiten, sondern überhaupt alle Streitfälle mit der Kundschaft fallen, sei es, daß sie auf mangelnde Dienstleistung, sei es auf Beanstandung der gelieferten Ware, sei es auf Differenzen im Geld- und Kreditverkehr, Mahnwesen usw. zurückzuführen sind, ist es verständlich, daß von verschiedenen Seiten der Auffassung Ausdruck gegeben wird, das Beschwerdebureau gehöre seinem Wesen nach nicht in die Organisation des Inneren Betriebsbureaus, überhaupt nicht in eine der 4 Hauptbetriebsgruppen hinein, sondern müsse der Geschäftsleitung direkt unterstehen. Man weist im allgemeinen darauf hin, daß es für die Geschäftsleitung häufig sehr schwer ist, konkrete Fälle zu finden, die ein Eingreifen in den Betrieb rechtfertigen, das als Ausgangspunkt für grundlegende Verbesserungen usw. dienen könnte. Fälle, in denen die Kundschaft selbst das Geschäft auf Mängel aufmerksam macht, müßten deshalb auf direktem Wege zur Kenntnis der Geschäftsleitung gelangen.

Dieser Standpunkt wäre durchaus richtig, wenn es sich bei den Beschwerden der Kundschaft in der Hauptsache um wesentliche Punkte handeln würde. Tatsächlich hat die Erfahrung aber gelehrt, daß das Geschäft und sein Ruf die schwersten Schädigungen bei den Kunden und ihren Kreisen erfahren, die sich nicht beschweren, sei es weil es ihnen unangenehm ist, sei es weil sie nicht die nötige Energie aufbringen wollen, dafür aber ihre schlechten Erfahrungen mit dem Geschäft nachher um so lieber breittreten. Der größte Teil der Fälle, die vom Beschwerdebureau bearbeitet werden, bezieht sich erfahrungsgemäß gerade nicht auf solche wesentlichen Punkte, sondern auf sachlichere Differenzen, die also z.B. mit der Ware oder dergl. zusammenhängen, die zwar auch wichtig genug sind, bei denen es aber genügt, wenn im Geiste des Kundendienstes für eine wirklich vornehme und entgegenkommende Regelung gesorgt wird. Deshalb genügt es in den allermeisten Fällen tatsächlich, daß der Innere Betriebsleiter, dem die Zufriedenstellung der Kundschaft in allererster Linie am Herzen liegen muß, diese Gesichtspunkte den Mitgliedern des Beschwerdebureaus genügend einprägt, die Tätigkeit des Beschwerdebureaus evtl. durch die Vertrauenskundinnen des Vergleichsbureaus überwachen läßt und sich im übrigen persönlich so intensiv wie möglich um das Beschwerdebureau und seine Arbeit kümmert. Eine Übertragung der direkten Verantwortlichkeit für das Beschwerdebureau an die Geschäftsleitung selbst würde diese nur mit einer großen Menge von Detailarbeit belasten, ohne daß durch eine solche organisatorische Eingliederung in den Betriebsaufbau eine größere Sicherheit dafür gegeben wäre, daß das Beschwerdebureau seine Aufgaben wirklich in dem Geiste erfüllt, der wünschenswert ist, und daß es sich in möglichst weiten Kreisen den Ruf der Konzilianz erwirbt, der seine lebhafte Inanspruchnahme durch die Kundschaft in allen zweifelhaften Fällen ermöglicht — damit eben verhindert wird, daß Beschwerden über das Geschäft nicht innerhalb, sondern außerhalb des Geschäftshauses vorgebracht werden. Zweckmäßig dürfte es vielleicht sein, daß sich die Geschäftsleitung regelmäßig direkte Berichte des Beschwerdebureaus über die Zahl der bearbeiteten Streitfälle zugehen läßt, bei deren Prüfung sie aber nicht ins Einzelne gehen, sondern sich im wesentlichen auf die Feststellung der Zahl der Inanspruchnahmen beschränken sollte. Hier aber wiederum nicht von dem Gesichtspunkt ausgehend: Wie gut ist doch unser Betrieb geleitet — in den letzten 14 Tagen hat sich nur ein Kunde beschwert — sondern gerade umgekehrt unter der Berücksichtigung der auch in diesem Falle zutreffenden Lebenswahrheit: Mißtrauen ist immer dort in erster Linie berechtigt, wo die Dinge allzu glatt zu laufen scheinen.

Weiter unterstehen dem Leiter des Kundendienstbureaus die Aufsichtspersonen, die die direkten Repräsentanten des Inneren Betriebsleiters in den Verkaufsräumen sind und meistens stockwerkweise oder nach räumlichen Gesichtspunkten verteilt sind; im Gegensatz zu den Abteilungsvorständen, die selbstverständlich auch möglichst häufig in den Verkaufsräumen anwesend sein müssen, deren Befugnisse aber mit dem Ende ihrer Abteilung aufhören. Wir haben bereits darauf hingewiesen, daß es unzweckmäßig ist, das Aufsichtspersonal direkt für das Verkaufspersonal verantwortlich zu machen, weil die Tätigkeit der Aufsichtspersonen in vieler Hinsicht eine Kontrolltätigkeit dem Verkaufspersonal gegenüber ist und die Kontrollwirkung leicht durch eine derartige direkte Verantwortlichkeit beeinträchtigt werden könnte. Es ist selbstverständlich, daß die Aufsichtspersonen mit den Abteilungsvorständen Hand in Hand arbeiten müssen. Auf der anderen Seite sind sie es, die ohne durch sachliche Funktionen gehemmt zu sein, dafür zu sorgen haben, daß das Prinzip des Kundendienstes an allen Stellen durchgesetzt wird und nicht hinter den mehr sachlichen Anforderungen des Abteilungsdienstes zurücktreten muß.

Hausverwaltung.

Die Abteilung für Hausverwaltung, die im übrigen, wie bereits bemerkt, das Baubureau einschließt, ist deshalb wichtig, weil der Zustand des Gebäudes, des Mobiliars usw. einen wesentlichen Einfluß darauf hat, ob es gelingt, die Atmosphäre im Geschäft so anziehend zu gestalten, daß die Kundschaft wirklich gern ins Haus kommt. Gute Beleuchtung und gute Luft, Wärme und Sauberkeit sowie ein anständiges, zweckentsprechendes Mobiliar sind sicher ebenso bedeutsam wie gute Bedienung. Mit einer Ausnahme allerdings: Geschäfte, die sich hauptsächlich an die untersten Bevölkerungsklassen wenden, werden in der Wahl der Ausstattung ihres Gebäudes, in der Gesamtaufmachung des Betriebes vorsichtig sein müssen, weil eine bestimmte Bevölkerungsschicht ein Gebäude, das zu vornehm aussieht, ungern betritt, und weil auf der anderen Seite Kundschaft, die selbst zu größter Sparsamkeit gezwungen ist, leicht zu der Schlußfolgerung kommt, daß sie letzten Endes für diesen ganzen „Luxus" der Ausstattung mitbezahlen müsse. Das mag richtig sein oder nicht. Auf alle Fälle ist es notwendig, einen solchen Eindruck zu verhüten, wobei es ganz von der Bevölkerungsschicht, die man als Kundschaft hat und wünscht, abhängen wird, was in diesem Sinne als übertriebener Luxus angesehen werden muß. Mit welcher Vorsicht man jedoch auf diesem Gebiete vorgehen muß, sei an dem Beispiel eines Geschäfts in einem ländlichen Bezirke illustriert, das sich hauptsächlich aus Gründen der Sauberkeit entschloß, den nicht mehr ganz einwandfreien Dielenfußboden durch Parkettfußboden zu ersetzen und dadurch, wie dem Inhaber auf seine Frage von alten Kunden bestätigt wurde, einen solchen Umsatzrückgang verursachte, daß ihm nichts anderes übrigblieb, als das Parkett wieder herauszureißen und durch Dielen zu ersetzen.

Da die Aufgaben der Hausverwaltung in erster Linie technischer Natur sind, so müssen sie einem Manne übertragen werden, der entsprechende technische Vorbildung besitzt und vor allem gelernt hat, technische Sparsamkeit zu üben. Wichtig ist, daß sich der Innere Betriebsleiter selbst um diese Dinge mindestens soweit kümmert, daß er den Abteilungsleiter kontrolliert oder durch das Aufsichtspersonal mitkontrollieren läßt. Im übrigen ist natürlich gerade in den Fragen der Hausverwaltung usw. die sorgfältige Einhaltung des aufgestellten Budgets von besonderer Bedeutung. Ob zu diesem Zwecke der Hausverwalter selbst mit dem Kontrollbureau in Verbindung treten soll oder ob dies durch das Innere Betriebsbureau zu geschehen hat, wird von Fall zu Fall zu entscheiden sein.

Betriebstechnische Abteilung.

Die andere Unterabteilung des Inneren Betriebsbureaus, die sich hauptsächlich mit mechanischen Aufgaben beschäftigt, ist die betriebstechnische Abteilung, die besteht aus:

1. Warenannahme und Auszeichnung,
2. Lagerhaus,
3. Vorrats- und Reserveräumen,
4. Expedition.

Diese 4 Funktionen wurden in einer Gruppe zusammengefaßt, weil sie im wesentlichen ähnliche Aufgaben zu erfüllen haben. Jede beschäftigt sich mit der schnellen, sparsamen und unnütze Zeit- und Kraftverschwendung vermeidenden Bewegung von Ware.

Die Warenannahme und Auszeichnung sowie die Vorrats- und Lagerräume sind in erster Linie Hilfsorganisationen der kaufmännischen Abteilungen. Das Organisationsprinzip, das die Zentralisation der Verantwortung propagiert, würde fordern, daß diese Betriebseinheiten deshalb dem kaufmännischen Betriebsbureau unterstellt werden sollten. Wir glauben aber, daß eine einheitliche Leitung der erwähnten vier Abteilungen vorteilhafter ist, weil durch die Hervorhebung der, und Spezialisierung auf, die mechanische Arbeit, die das Bewegen von Ware nun einmal ist, aller Wahrscheinlichkeit nach ein größerer Wirkungsgrad im Betriebe und gleichzeitig ein sparsameres Arbeiten möglich gemacht wird. Durch eine derartige Regelung soll natürlich dem kaufmännischen Betriebsbureau resp. den im einzelnen interessierten kaufmännischen Abteilungen nicht die Möglichkeit einer Einflußnahme auf Warenannahme, Auszeichnung usw. genommen werden. Im Gegenteil, wie auch in anderem Zusammenhange bereits wiederholt dargelegt, dürfte auch in diesem Falle eine Trennung zwischen direkter Verantwortlichkeit und Kontrolle durch die hauptinteressierten Abteilungen ein besserer Erfolg erzielt und eine größerer Ausnutzungsgrad des Apparates sichergestellt werden, als wenn der zweiseitige Druck, der so geschaffen wird, zugunsten der direkten Verantwortlichkeit in Fortfall käme.

Das Lagerhaus, sofern eins vorhanden ist, pflegt sowohl als zusätzlicher Vorratsraum, manchmal auch als Sitz kleiner Fabrikationsabteilungen und sonst als Ausgangsstelle für die Expedition zu dienen.

Die Expedition untersteht fast überall dem Inneren Betriebsleiter. Inhaltlich ist die Funktion der Expedition den Funktionen der Warenannahme und der Vorratshaltung ähnlich, da alle diese Stellen sich mit der Empfangnahme, Bewegung und Verteilung von Ware beschäftigen. Die Warenannahme und die Vorratsräume beschäftigen sich mit der Bewegung von Ware zu den Verkaufsabteilungen, die Expedition mit der Bewegung von Ware zu den Verbrauchern. Ein gewisser Unterschied besteht nur darin, daß die Warenannahme in ihrer Tätigkeit automatisch durch die Stellen kontrolliert wird, die beliefert werden, so daß jeder Fehler und jedes vorübergehende Nachlassen den Wirkungsgrad der Arbeit in diesen Abteilungen beeinträchtigt und deshalb sofort abgestellt wird, während die Expedition und der Versand an die Kundschaft speziell kontrolliert, inspiziert und durch Stichproben überprüft werden müssen, wenn nicht Fehler unentdeckt bleiben sollen, die eine Verärgerung der Kundschaft und damit eine Schädigung des Geschäfts zur Folge haben.

In der Regel unterstehen die Leiter der Warenannahme und Auszeichnung, der Vorrats- und Lagerräume sowie der Expedition direkt dem Inneren Betriebsleiter. In einigen Fällen findet man einen Verkehrsleiter, der alle vier technischen Betriebseinheiten unter sich hat, obwohl meistens eigentlich ein Verkehrsleiter wohl ursprünglich nur in solchen Geschäften beschäftigt wurde, in denen wegen der Entfernung vom Markte eine ganze Menge Fracht- und Speditionsprobleme zu bearbeiten sind. Ob die Einschiebung eines Verkehrsbeamten vorteilhaft ist oder nicht, dürfte von den speziellen Verhältnissen, insbesondere der Größe des Geschäfts abhängen. In großen Geschäften wird sie dann vorteilhaft sein, wenn der Innere Betriebsleiter mehr Kaufmann als Techniker ist und aus diesem Grunde einen technischen Assistenten braucht, der für die technisch zweckmäßigste Ausnützung des Apparates besser zu sorgen versteht, als es der Innere Betriebsleiter allein zu tun vermöchte.

Materialverwaltung.

Aus Sparsamkeitsgründen wird auf alle Fälle darauf bestanden werden müssen, daß alle für den Geschäftsbetrieb notwendigen Materialien nur von einer Stelle aus eingekauft werden dürfen. Der Materialverbrauch eines mittleren Waren- oder Kaufhauses ist groß genug, um einem Spezialisten auf diesem Gebiete oder sogar einem ganzen Bureau Existenzberechtigung zu verleihen und trotzdem noch durch die Zentralisation und sachgemäße Bearbeitung für das Geschäft eine Ersparnis zu bedeuten. Auch im kleineren Geschäft jedoch, bei dem diese Arbeit nur eine Nebenarbeit darstellt, sollte die Zentralisation des Einkaufs scharf durchgeführt und überhaupt dem Materialeinkauf größere Aufmerksamkeit geschenkt werden, weil gerade auf diesem Gebiete durch sachgemäße Bearbeitung viel unnütze Ausgaben vermieden werden können.

Die wesentlichsten Voraussetzungen für eine zweckentsprechende Bearbeitung des Materialeinkaufs bestehen in folgendem:

1. Einkaufstalent des Einkäufers.

2. Kontrolle des Geschäftsbedarfes und Ausgleich der Anforderungen der verschiedenen Abteilungen unter besonderer Kontrolle darüber, daß nicht von einer Sorte von Materialien zu große Vorräte und von anderen zu geringe Bestände unterhalten werden. Mit anderen Worten: Richtige zeitliche Abschätzung des Bedarfs und Durchsetzung dieses Gesichtspunktes in den einzelnen Abteilungen.

3. Kenntnis des Marktes und der Preisbewegungen. Zweckentsprechende Ausnützung günstiger Einkaufszeiten.

4. Auffindung und Entwicklung billiger und guter Bezugsquellen.

Um die unter 2 aufgeführte Voraussetzung für eine zweckentsprechende Materialwirtschaft zu erfüllen, ist es nicht nur notwendig, daß ein zentralisierter Materialvorratsraum unterhalten, sondern auch eine sorgfältige Statistik über den Materialverbrauch der einzelnen

Abteilungen sowohl der Menge nach wie vor allem auch hinsichtlich der Zeit des Hauptbedarfes geführt wird. Ob es notwendig ist, neben dem Leiter des Materialamts noch einen Extraeinkäufer für Materialien anzustellen, hängt von der Größe des Geschäftes und auch davon ab, inwieweit die oben erwähnten statistischen Unterlagen geschaffen sind, durch die der Materialeinkauf nach einer gewissen Einführungszeit zu einer automatischen und kaum mehr von kaufmännischer Tüchtigkeit abhängigen Arbeit gestaltet wird, die mit einer rechtzeitigen Ausfüllung von Nachbestellungsformularen getan ist.

Gemeinsamer Materialeinkauf.

Mit der zunehmenden Entwicklung der zentralen Einkaufsorganisationen dürften überdies die Funktionen des Materialeinkäufers immer mehr an Bedeutung verlieren, weil wirklich kein Grund dafür besteht, daß das Mitglied einer Einkaufsorganisation nicht auf diesem Gebiete die Vorteile des zentralisierten Einkaufes zu 100 % ausgenutzt. Gewiß ist dazu im jetzigen Stadium der Entwicklung vielfach noch ein Entschluß notwendig. In manchen Geschäften glaubt man augenblicklich noch nicht, die lokalen Vertriebsvertreter, von denen man bisher sein Material bezogen hat, vor den Kopf stoßen zu dürfen, auch wenn man dadurch das kaufmännische Prinzip des billigen Einkaufs verletzt. Eine scharfe Durchrechnung der Materialausgaben in Zeiten steigender Unkostenprozentsätze bringt aber mehr und mehr Geschäfte dazu, zu erkennen, daß darin nicht nur ein logischer Fehler, sondern meistens auch geschäftlicher Unsinn liegt. Ein nicht übermäßig großes Geschäft hat neulich einmal festgestellt, daß es, um die Kundschaft der Frau eines Vertreters von Einpackkartons nicht zu verlieren und sich in diesem Falle nicht dem Ruf auszusetzen, daß es das lokale Gewerbe und den lokalen Handel bewußt schädigen wolle, durch Überzahlung seiner Materialien dieser Frau nicht nur ihre ganze teure Garderobe umsonst geliefert, sondern ihr, bzw. ihrem Manne noch beinahe 1000 M. dafür zugezahlt hat, daß es der Frau die Garderobe umsonst liefern durfte. Es ist allerdings für viele Geschäfte nicht ganz so einfach, sich dem zentralisierten Einkauf auf diesem Gebiete anzuschließen, weil dazu meistens ein gewisses Abgehen vom Althergebrachten oder lange Eingeführten notwendig ist. Man muß sich nämlich mit den Firmen, mit denen man zusammengehen will, über Formate, Qualitäten, Muster usw., ebenso einigen, wie beim zentralen Wareneinkauf, und das ist auf diesem Gebiete vielleicht noch schwieriger als beim Wareneinkauf im allgemeinen, weil man nicht gewöhnt ist oder bisher wenigstens nicht gewöhnt war, auf diese nebensächlichen Dinge wenigstens für eine Weile ebensoviel an Gedankenarbeit zu wenden, als man es selbstverständlich beim

Wareneinkauf tut. Ohne eine Begrenzung der Formate, Größen, Muster, Farben usw. auf diesem Gebiete sind aber natürlich Vorteile durch Großdispositionen nicht zu erzielen. Ehe hier also nicht Standardisierung eingetreten ist, können die möglichen Ersparnisse nicht praktisch wirksam werden.

Dabei sei noch auf einen anderen Punkt hingewiesen, der von Bedeutung ist. Man verlangt mit einem gewissen Recht von den zentralen Einkaufsorganisationen, daß sie nicht langsamer liefern als der Materialgrossist. Hier wie auf dem reinen Warengebiet muß die Einkaufsorganisation sich jedoch so lange dem Tempo der Fabrikanten anbequemen, als sie nicht in der Lage ist, durch geschlossene größere Orders einen Druck auf die Produktion auszuüben. Die Geschlossenheit der Orders kann aber erst durch Standardisierung im oben erwähnten Sinne erreicht werden. Ist man aber einmal soweit, dann erscheint es gerade auf diesem Gebiete leichter möglich als auf vielen anderen, das Problem der Lagerhaltung zu lösen und die Fabrikanten zu einer so schnellen Lieferung von Nachbestellungen zu veranlassen, daß die zentrale Einkaufsorganisation es ohne nennenswerte Kapitalinvestition und ohne nennenswertes Risiko auf sich nehmen kann, in den festgelegten Standardgrößen und -formen ein Lager zu unterhalten oder auch vorauszudisponieren, um dadurch den angeschlossenen Geschäften ihrerseits zu ermöglichen, mit kleinen Vorräten auszukommen und durch häufige Nachbestellungen ihren Materialvorrat trotzdem gut sortiert zu halten.

Ein weiterer Punkt, der in diesem Zusammenhang zum mindesten erwähnt werden muß, besteht in der Frage, ob es zweckmäßig ist, daß der Materialeinkauf in der Einkaufszentrale einer Gruppe zusammengefaßt wird, oder ob dies nicht lieber lokal — in größeren Städten von den dort doch meistens im Detaillistenverband zusammengschlossenen Geschäften oder sonst evtl. distriktweise (in Landbezirken) — geschehen sollte. Eine prinzipielle Entscheidung darüber läßt sich auf Grund von praktischen Erfahrungen noch nicht fällen. In Amerika hat man durch lokale Zusammenfassung unbeschadet der sonst bestehenden Konkurrenzverhältnisse nennenswerte Erfolge erzielt. In Deutschland dagegen dürfte vorläufig nur dort eine Zusammenfassung erreicht werden können, wo überhaupt für die praktischen Erfordernisse des Zusammenschlußgedankens Verständnis vorhanden ist; und dies scheint uns vorläufig nur im Rahmen von zum zentralen Einkauf überhaupt zusammengeschlossenen Gruppen der Fall zu sein. Der ausschlaggebende Gesichtspunkt in dieser Frage wird einmal später in der Frachtdifferenz liegen, d. h. der lokale Zusammenschluß auf diesem Gebiete wird gegenüber der regionalen Zusammenfassung den Sieg davontragen, wenn durch die fortschreitende Rationalisierungsarbeit die

Differenz zwischen den Preisen, die die verschiedenen lokalen Geschäfte für Material zu zahlen haben, praktisch ausgeglichen ist und deshalb durch verschärfte Zentralisation und Verengerung des Typensortimentes keine Vorteile mehr zu erzielen sind. Da wir aber vorläufig noch ganz am Anfang dieser Arbeit stehen und die erzielten Erfolge erst ganz geringfügig sind, so dürfte es bis zur lokalen Zusammenfassung in Deutschland noch gute Weile haben.

Zusammenfassung.

So unscheinbar viele der einzelnen Aufgaben auch zu sein scheinen, die dem Inneren Betriebsleiter obliegen, so hat sich doch aus unserer Betrachtung ergeben, daß alle diese Fragen von erheblichem Einfluß auf die Auswirkung der Gesamtarbeit des großen Detailbetriebes und damit auf den Geschäftserfolg sind. Der Innere Betriebsleiter hat einen maßgebenden Einfluß auf die Höhe der Unkosten, wenn wir ihm auch die direkte Unkostenkontrolle nicht überweisen wollen, und er hat ferner in erster Linie dafür zu sorgen, daß das Geschäft wirklich das wird, d. h. in den Augen der Kundschaft wird, was das Ziel jedes modernen Detailkaufmanns sein soll: eine Institution der Dienstbereitschaft und Dienstleistung, die sich mehr und mehr zur wirklichen Interessenvertretung eines großen Verbraucherkreises entwickelt.

7. Das Finanz- und Kontrollbureau.

Seine Stellung im Betriebe.

Wenn wir dieses Kapitel mit Finanz- und Kontrollbureau überschreiben haben, so sind wir uns der Tatsache wohl bewußt, daß wir damit der heute noch allgemein herrschenden Praxis zum Teil recht erheblich vorauseilen. Das Finanz- und Kontrollbureau eines Waren- oder Kaufhauses ist in den meisten Fällen heute noch nicht mehr als die Buchhaltung, der vielleicht einige mehr oder weniger umfangreiche statistische Arbeiten mit übertragen sind. Der Leiter dieser Abteilungen pflegt in den meisten Fällen seine Tätigkeit auf die Feststellung und buchmäßige Zusammenfassung der gegebenen Tatsachen zu beschränken, abgesehen von der selbstverständlichen Aufgabe, die ihm obliegt, die Konten des Geschäftes in Ordnung zu halten und im Einvernehmen mit dem Geschäftsinhaber über den finanziellen Status zu wachen, die Technik der Regulierung durchzuführen, kurz alles zu tun, was eben zur Abwicklung einer ordnungsgemäßen Buch- und Kassenführung gehört.

In gelegentlichen Fällen tritt der Buchhalter etwas über diesen engen Rahmen hinaus, indem er zusammenfassende Berichte ausarbeitet. Seltener lenkt er die Aufmerksamkeit der Geschäftsleitung auf Punkte, die nach seiner Ansicht und nach Ausweis der Bücher oder Statistiken einer Änderung bedürftig sind. Noch seltener stehen Leute an der Spitze dieser Abteilung, die nicht nur statistische Tatsachen zusammenstellen, sondern sie auch zu kommentieren versuchen und darauf dringen, daß die leitenden Persönlichkeiten die nötigen Konsequenzen aus den sich ergebenden Schlußfolgerungen ziehen, und nur in einigen wenigen Fällen findet man Persönlichkeiten, die wirklich ein Finanz- und Kontrollbureau leiten; mit anderen Worten: die es tatsächlich verstanden haben, sich zu wesentlichen Faktoren der Geschäftsleitung zu machen, einen maßgebenden Einfluß auf die Planung der Betriebsvorgänge auszuüben, die laufende Geschäftsentwicklung sorgfältig zu verfolgen und zu prüfen und schließlich die Geschäftsleitung zur Stellungnahme in solchen Fragen zu zwingen, die sofortiges energisches Eingreifen erfordern.

Was ist nun richtig? Soll die Funktion des Leiters dieser Abteilung darauf beschränkt bleiben, den eigentlich maßgebenden Persönlichkeiten mehr oder weniger bedeutsames Material zuzuführen und außerdem die Bücher in Ordnung zu halten? Oder soll der Leiter des Finanz- und Kontrollbureaus einen wirklich starken Einfluß auf die Betriebsleitung ausüben, Unterlagen schaffen und beurteilen, bei der Aufstellung der Unkosten- und Betriebsbudgets maßgeblichen Einfluß für sich verlangen und vor allem die gesamten Betriebsvorgänge überwachen, wie sie sich von Tag zu Tag abrollen.

Die Ansichten darüber sind geteilt. Auf der einen Seite glaubt man — dies ist auch der Standpunkt vieler Praktiker — daß der „Buchhalter" seine Funktionen überschreitet, wenn er mehr tut, als die Betriebsleitung — der er selbst fern steht — mit dem nötigen statistischen Material zu versehen. Auf der anderen Seite finden sich gerade in den modernsten Geschäften eine Reihe von Persönlichkeiten, die den Standpunkt vertreten, daß die Aufgabe dieser Abteilung des Geschäftes als Teil der Betriebsleitung überhaupt erst da anfängt, wo diese Grenze überschritten wird. Mit anderen Worten: daß das Finanz- und Kontrollbureau erst dann seinen Namen und seine Funktionen rechtfertigt, wenn es wesentlich mehr leistet als die Zusammenstellung statistischer Daten für — jemand anders.

Um diese Frage beantworten zu können, ist es notwendig, die bisherige Entwicklung der Betriebsstatistik und ihrer Funktionäre im Warenhaus kurz zu streifen.

Die Bedeutung der Betriebsstatistik.

Die Buchführung als solche ist sehr alt und geht Jahrhunderte, ja Jahrtausende in ihren Ursprüngen zurück. Die Aufzeichnung der Bareingänge und -ausgänge, der Kreditoren und Debitoren sind Funktionen, die schon beinahe ehrwürdig geworden sind, sich aber trotzdem im Wesen nicht, sondern höchstens in der technischen Ausführung geändert haben. Demgegenüber ist die Statistik eine junge Wissenschaft, und ihr Zweig, die Betriebsstatistik, überhaupt erst in der letzten Zeit in ihrer Bedeutung allgemein anerkannt worden. Die Entwicklung der Gestehungskostenkontrolle auf statistischer Basis ist, soweit sie auch in den letzten Jahren gefördert wurde, noch keinesfalls zur völligen Reife entwickelt, und das Prinzip der Budgetierung oder Etatisierung als allgemein anerkanntes Glied privatwirtschaftlicher Betriebsmethoden befindet sich durchaus noch im embryonalen Stadium.

So jung aber die Methoden der Betriebsstatistik noch sind und so beschränkt die Erfahrungen sind, die bisher mit ihrer Verwertung als Basis der inneren finanziellen Betriebskontrolle gemacht wurden, so ist auf der anderen Seite die Tatsache über allen Zweifel erhaben, daß schon jetzt durch diese modernen Methoden ein erheblicher Beitrag zur exakten Ausgestaltung der Betriebstechnik, wenn man nicht gar Betriebswissenschaft sagen will, geleistet worden ist. Nicht der begabte und mit kaufmännischer Intuition ausgerüstete Händler, sondern der Buchhalter und Statistiker ist es gewesen, der die Vergangenheit abgesucht hat, um aus ihren Erfahrungen für die Gegenwart und Zukunft zu lernen, und der Tabellen und Aufstellungen und Kontrollsysteme ausarbeitete, die zum mindesten als Warnungssignale maßgebende Bedeutung für die gesamte Betriebsführung schon heute beanspruchen dürfen.

So wichtig eine gute Betriebsstatistik für ein industrielles Unternehmen ist, im Detailgeschäft ist sie ungleich wichtiger. Überkauft sich der Fabrikant in Rohmaterialien, so ist das in einer Zeit der Depression sicher ein überaus ernstes Problem. Auf der anderen Seite steht dagegen die Tatsache, daß das Rohmaterial nur einen relativ geringen Prozentsatz des Verkaufswertes des Fertigprodukts ausmacht und außerdem häufig eine leicht realisierbare Stapelqualität darstellt, die sich ohne übermäßig große Verluste absetzen läßt, wenn nicht im Inlande, dann im Auslande. Der Fabrikant kann ferner eine Depressionsperiode wieder einholen, indem er in einer guten Konjunktur Überschichten arbeiten läßt. Ist er gezwungen, Fertigwaren auf Lager zu nehmen, so ist sein Risiko zwar wesentlich größer, aber schließlich handelt es sich bei den meisten industriellen Fertigprodukten noch immer um Waren, die für eine gewisse Zeitperiode ihren Wert behalten und außerdem durch besondere Verkaufsanstrengungen absatzfähig sind, wenn nicht im eigentlichen Absatzbezirk der Fabrik, dann anderswo auf den Weltmärkten. Mit all dem soll natürlich nicht behauptet werden, daß der Fabrikant es sich leisten könnte, die Marktverhältnisse zu vernachlässigen, übermäßige Vorräte zu unterhalten oder einem Anwachsen seiner Produktionskosten gleichgültig gegenüberzustehen. Was wir zum Ausdruck bringen wollen, ist lediglich, daß der Fabrikant, trotz des großen Ernstes derartiger Schwierigkeiten, den wir durchaus nicht verkennen, sich noch immer leichter helfen kann, als sein kaufmännischer Kollege, der Einzelhändler.

Denn der Einzelhandelsbetrieb, sei es das Waren- oder Kaufhaus, sei es das kleine Ladengeschäft, ist auf den täglichen Umsatz angewiesen. Ein verlorener Tag kann nie mehr eingeholt werden. Wie „auf den Tag gestellt" das Einzelhandelsgeschäft ist, darüber machen sich die wenigsten Menschen ein klares Bild. Weiß man, was es bedeutet, daß jeden Tag — ganz gleich wie das Geschäft geht — Ware hereinkommt und die Läger vergrößert, Ware, die man im vorhinein disponieren mußte? Die Warenvorräte des Detailgeschäfts verringern sich nur so weit, als Kundschaft kauft, oder genauer gesagt, als Kunden in das Geschäft kommen und kaufen. Ist man sich darüber klar, was das bedeutet? Diese Kundschaft muß aus einem relativ kleinen Verbraucherdistrikt angezogen werden. Andere Absatzmöglichkeiten als der Verkauf an die Leute, die ins Geschäft kommen, die man ins Geschäft hineinzuziehen vermag, gibt es nicht. Zu große Warenbestände können nicht durch einen Verkaufsappell an andere Kreise der Bevölkerung, an die Einwohner einer mehrere Eisenbahnstunden entfernten Großstadt liquidiert werden. Man ist auf das angewiesen, was ein relativ begrenzter Konsumentenkreis aufnehmen kann und will, und über diese Grenzen hinaus gibt es nichts. Und wie leicht kann schlechtes Wetter, können Geschmacksänderungen, können allgemeine wirtschaftliche Umstände, lokale Arbeitslosigkeit oder schließlich die Untüchtigkeit eines Einkäufers diese engbegrenzte Kundschaft in ihrer Aufnahmefähigkeit und in ihrem Kaufwillen ungünstig beeinflussen. Ein Teil des Lagerbestandes, vielleicht ein zunehmend wachsender Teil der Läger, besteht zudem aus Waren, die ein längeres Lagern nicht vertragen. Bis sich das Wetter ändert, bis der Streik aufhört, kann die Ware, die nicht verkauft wurde, schon längst unansehnlich geworden sein und damit einen wesentlichen Teil ihres Wertes verloren haben. Mit anderen Worten: Gegenüber dem Fabrikanten, der bei aller Schwierigkeit immer noch über relativ weite Absatzmöglichkeiten verfügt oder verfügen kann, ist der Einzelhändler darauf angewiesen, seine Läger abzusetzen, und zwar schnell abzusetzen, an einen lokal begrenzten Abnehmerkreis, und nicht einmal das, vielmehr nur an den Teil des lokal begrenzten Abnehmerkreises, der den Weg ins Geschäft findet.

Der Einzelhändler hat aber nicht nur mit all den oben beschriebenen Schwierigkeiten zu rechnen. Er muß weiterhin auch sein Kapital investieren auf die Möglichkeit hin, daß jemand kaufen kommt, und zwar in Ware, die, wenn sie nicht verkauft wird, ihren Wert schnell verliert. Er ist nicht in der glücklichen Lage wie mancher Fabrikant, seine Dispositionen erst auf der Basis bereits eingegangener Aufträge treffen zu können. Wenn er überhaupt ein Geschäft machen will, so muß er vollständige Sortimente unterhalten, in Stapelwaren sowohl wie in dem Modewechsel noch schärfer unterworfenen Neuheiten. Er muß die teure Bodenrente an den Geschäftsstraßen des Stadtzentrums bezahlen, ein teures Gebäude aufführen lassen und unterhalten, und er muß Personal genug zur Verfügung haben, und zwar dauernd zur Verfügung haben, um auch ein lebhaftes Geschäft bewältigen zu können.

Er kann die dadurch entstehenden General- und Betriebsunkosten nicht plötzlich reduzieren, sondern muß sich darauf verlassen, daß die Umsätze ihm das Geld wieder hereinbringen werden, das er für die Bezahlung seiner Organisation und seiner allgemeinen Geschäftsunkosten ausgelegt hat. Mit anderen Worten: Alles, aber auch wirklich alles im Einzelhandel hängt vom Umsatz ab. Umsatz ist erforderlich, damit die Ware ihren Wert nicht vorzeitig verliert. Der Umsatz ist das wesentlichste Moment für die Entwicklung der Lagerhöhe und ebenso für die Höhe des Unkostenprozentsatzes. Die Umsatzentwicklung muß deshalb jeden Tag aufs sorgfältigste festgestellt und überwacht werden und ebenso ihr Einfluß auf Unkosten und Reingewinn. Im Detailgeschäft hat man nicht die Zeit wie im chemischen Laboratorium, in ruhiger Arbeit die Reaktionen zu verfolgen. Das Geschäft ist in dauernder Bewegung. Nachträgliche Klarstellung der Gründe ist nutzlos. Die Gegenwart muß man kennen. Sie muß in die Zukunft projiziert werden. Sie muß als Aktionsbasis dienen. Die statistischen Methoden im Detailgeschäft müssen so beweglich und schnell sein wie der tägliche Filmnachrichtendienst, und möglichst noch weniger als dieser durch technische Erfordernisse verlangsamt werden. Man muß sofort feststellen, was passiert ist, was passiert und was morgen passieren wird. Und auf Grund dieses kinematographischen Bildes muß man heute über die Korrekturen beschließen, die das Morgen sicherstellen sollen.

Es ist deshalb klar, daß statistische Aufzeichnungen über Umsätze, Bruttogewinn, Lagerbestand und Unkosten wesentliche Betriebsfaktoren darstellen. Von einer zweckentsprechenden Benutzung der statistischen Ergebnisse und Aufzeichnungen hängt eine erfolgreiche Bewirtschaftung des Betriebskapitals ebenso ab wie die Erzielung befriedigender Gewinne. Diese Ziffern können nur aus dem Finanz- und Kontrollbureau stammen und seine Tätigkeit muß deshalb folgerichtig als ein wesentlicher Bestandteil der Betriebsleitung anerkannt werden, gleichgültig ob dem Leiter dieser Abteilung nun selbst der Rang eines Betriebsleiters eingeräumt wird, oder ob er nur den Betriebsleitern oder der Geschäftsleitung selbst entsprechende Hilfe leistet.

Um nun unter Berücksichtigung aller dieser Besonderheiten des Detailgeschäftes darüber entscheiden zu können, ob der Leiter des Finanz- und Kontrollbureaus als gleichberechtigter Betriebsleiter anerkannt werden soll oder nicht, dürfte es das Zweckmäßigste sein, den Ablauf derjenigen Betriebsvorgänge zu analysieren, die auf der Benutzung statistischer Aufzeichnungen basieren.

Wenn dabei von uns der nüchtern kaufmännische Gesichtspunkt der Rentabilität und des Reingewinns stärker in den Vordergrund geschoben wird, so befinden wir uns nur scheinbar im Gegensatz zu den von uns in früheren Abschnitten lebhaft vertretenen allgemeineren Prinzipien, wie z. B. des Kundendienstes oder allgemeinen Verbraucherinteresses. Denn darüber, ob diese Prinzipien zuviel oder zuwenig beachtet und beherzigt worden sind, entscheidet in letzter Linie ganz ebenso der rein rechnerische Erfolg der Gewinn- und Verlustrechnung und der Bilanz, wie über alle anderen Geschäftsgrundsätze. Vom Standpunkte des Kaufmanns aus wäre eine andere Einstellung diesen Prinzipien gegenüber gefährlich. Verbraucherinteresse und Kundendienst sind richtige Grundsätze für ein großes Einzelhandelsunternehmen, aber richtige Geschäfts- und nicht charitative Grundsätze.

Es sei uns gestattet, in diesem Zusammenhange darauf hinzuweisen, daß das Prinzip wirklicher Dienstleistung nicht dadurch ethisch entwertet wird, daß damit ein Gewinn erzielt wird resp. werden soll. Da wir hier von wirtschaftlichen Dingen sprechen, so hoffen wir, nicht mißverstanden zu werden, wenn wir erklären, daß bei der gegenwärtigen Organisation unserer Wirtschaft und so lange, als es gilt, wirtschaftliche Risiken einzugehen, kein Betrieb, sei er in privater, gemischter oder öffentlicher Hand, auf die Dauer der Masse der verbrauchenden Bevölkerung und damit der modernen Zivilisation einen wirklichen Dienst leisten kann, wenn durch seine Arbeit nicht ein Überschuß erzielt wird, der zum mindesten ausreichend sein muß, um gelegentliche Verluste ausgleichen zu können bezw. neues Kapital zu schaffen. Jemand, der es fertig bekommt, und sei es aus gemeiner Profitgier heraus, dafür zu sorgen, daß 200000 Menschen rechtzeitig in den Besitz eines warmen Wintermantels gelangen können, und der dabei Geld verdient, vielleicht mehr verdient als andere, leistet diesen 200000 Verbrauchern einen wesentlich größeren Dienst, als jemand, der aus ethischen Gesichtspunkten heraus, einem wirklich warmen Herzen folgend, eine Weile lang seine Wintermäntel 5 Mark pro Stück billiger verkauft und dann in Konkurs geht, nicht ohne alle mit seinem Betriebe zusammenhängenden Arbeiter, Angestellten, Gläubiger usw. erheblich zu schädigen und ohne die Möglichkeit, weiter für eine ausreichende Versorgung der Verbraucherschichten arbeiten zu können.

Sicherstellung der Rentabilität.

Die folgenden Gesichtspunkte sind im Auge zu behalten, wenn ein angemessener Reingewinn erzielt werden soll:

1. Der ursprüngliche Kalkulationsaufschlag auf die hereinkommende Ware muß ausreichen, um einen angemessenen Gewinn sicherzustellen, und zwar unter Berücksichtigung der zu erwartenden Preisreduktionen (Preisminderungen) resp. ihres Voranschlages und nach Abzug der Unkosten.
2. Die effektive Ziffer der Preisreduktionen darf den Voranschlag nicht überschreiten.
3. Der Umsatz muß genügend groß sein. Er muß einen ausreichenden Bruttogewinn in Markziffern ergeben, damit nach Abzug der Unkosten ein entsprechender Reingewinn übrigbleibt.
4. Die Unkosten müssen in den Grenzen des Voranschlages bleiben, wenn unter der Voraussetzung eines entsprechenden Umsatzes und bei Aufrechterhaltung eines angemessenen Bruttogewinnprozentes ein Reingewinn verbleiben soll.

Diese 4 Gesichtspunkte haben einen entscheidenden Einfluß auf die Erzielung des Reingewinnes. Ihre Beachtung und Durchführung ist offensichtlich eine Angelegenheit, die den Gesamtbetrieb angeht und ebenso offensichtlich in den Verantwortungsbereich aller Betriebsleiter, des kaufmännischen Betriebsleiters, des Werbeleiters und des Inneren Betriebsleiters, gleichmäßig gehört und nicht nur einen Einzelnen angeht. Auf der anderen Seite gibt es nur einen allen diesen Gesichtspunkten gemeinsamen Generalnenner, die Markziffer, und außerdem nur eine Stelle, an der sie alle zusammentreffen — die Bücher und Tabellen des Finanz- und Kontrollbureaus.

Über die Bedeutung dieser Arbeit ist kein Wort zu verlieren. Werden diese 4 Elemente nicht dauernd und regelmäßig überwacht und ausbalanciert, so ist die Erzielung eines Reingewinns gefährdet. Ist es deshalb richtig, diese Arbeit, die Überwachung und Ausbalancierung dieser 4 Elemente den erwähnten Betriebsleitern — als Nebenarbeit zu übertragen? Soll sich der Geschäftsleiter selbst darum kümmern? Oder wäre es nicht zweckmäßiger, diese Arbeit auch an der Stelle zu zentralisieren, an der ohnedies das zugrunde liegende Material gesammelt und in täglicher Arbeit überwacht wird?

Auf Grund des bisher erörterten Materials können wir diese Frage nicht schlüssig beantworten. Um die Entscheidung sachgemäß treffen zu können, ist vielmehr wesentlich, daß wir die folgenden vier für den Reingewinn ausschlaggebenden Faktoren durch den gesamten Ablauf des Betriebsprozesses hindurch verfolgen, um auf diese Weise festzustellen, an welcher Stelle am leichtesten und zweckentsprechendsten der notwendige Ausgleich hergestellt resp. die erforderliche Abstimmung der Faktoren gegeneinander vorgenommen werden kann:

1. Ursprünglicher Kalkulationsprozentsatz,
2. Preisreduktionen (Preisminderungen),
3. Umsatz,
4. Unkosten.

Die Ursprungskalkulation.

Der Kalkulationssatz wird in der Regel durch die Geschäftsleitung bestimmt. Für eine kurze Zeit kann sogar ein Kalkulationssatz dem Geschäft durch die Geschäftsleitung mehr oder weniger willkürlich aufgezwungen werden. Aber die schließliche Aufrechterhaltung einer angemessenen Kalkulation ohne Verletzung der Wettbewerbsfähigkeit des Geschäftes läßt sich nicht anordnen. Sie hängt vielmehr von der Einkaufstätigkeit, d. h. der Auswahl guter Bezugsquellen, der Ausnutzung aller händlerischen Fähigkeiten und der möglichsten Ausnutzung von Quantitätspreisen ab. Mit anderen Worten: Die wirkliche und dauernde Aufrechterhaltung einer angemessenen Kalkulation wird praktisch in erster Linie durch die Leistungen der kaufmännischen Betriebsabteilungen bestimmt.

Wir haben aber schon früher kurz darauf hingewiesen, daß gerade bei den Fragen, die mit der Aufrechterhaltung eines angemessenen Kalkulationssatzes zusammenhingen, Konfliktsmöglichkeiten innerhalb des Geschäftes vorliegen. Die Geschäftsleitung, die auf der einen Seite Richtlinien für die Kalkulation festlegt, verkündet häufig auf der anderen Seite in der Reklame, daß die Preisstellung des Geschäfts jeden Vergleich mit der Konkurrenz aushält. Wir haben gesehen, daß die loyale Erfüllung dieses Versprechens davon abhängt, daß der Werbeabteilung, die keine Einkaufsverantwortlichkeit hat, die Aufgabe übertragen wird, die Verkaufspreise zu kontrollieren und mit den Angeboten der Konkurrenz in Übereinstimmung zu bringen, weil es eben ihre Aufgabe ist, alle öffentlich verkündeten Geschäftsprinzipien auch in die Praxis umzusetzen. Es könnte natürlich genügen, wenn man den kaufmännischen Abteilungen die Aufgabe stellte, zu gleicher Zeit einen hohen Kalkulationssatz aufrechtzuerhalten und trotzdem im Vergleich mit der Konkurrenz niedrig auszuzeichnen. Solange aber die Einkünfte der Einkäufer vom erzielten Gewinn mit beeinflußt werden, spricht die praktische Erfahrung dafür, daß die Forderung nach wettbewerbsmäßig niedriger Auszeichnung auf dem Papier stehenbleiben wird, es sei denn, daß man sie wirksam kontrolliert.

Stellt man aber den kaufmännischen Abteilungen eine so schwierige Doppelaufgabe, wie sie hoher Kalkulationssatz und wettbewerbsfähige Verkaufspreisstellung einschließen, und verlangt man ferner von der Werbeabteilung, daß sie die Wettbewerbsfähigkeit der eigenen Verkaufspreise nachkontrolliert, so dürfte wahrscheinlich der Fall eintreten, daß der Druck auf die Preisstellung gegenüber dem Wunsche nach hoher Kalkulation überwiegt, mindestens so lange, als die Ergebnisziffern nicht einen Verlust oder einen ungenügenden Betriebsgewinn aufgewiesen haben. Es ist deshalb erforderlich, die Überwachung der Kalkulation einer Stelle zu übertragen, deren Interesse auf die Erzielung eines Gewinnes konzentriert ist, und die trotzdem nicht verhindert, daß die vorerwähnten Einflüsse der kaufmännischen Betriebsleitung und der Werbeleitung in entsprechendem Umfange wirksam werden. Diese Stelle kann nur das Finanz- und Kontrollbureau sein. Werden die Rollen so verteilt, dann ergibt sich der folgende für die Erzielung eines hohen Wirkungsgrades wünschenswerte Zustand, daß nämlich die Werbeleitung, um den Umsatz zu forcieren und die öffentlichen Versprechungen zu halten, darauf aufpaßt, daß das Geschäft in der Preisstellung wettbewerbsfähig bleibt, während die kaufmännischen Abteilungen gezwungen werden, einen angemessenen Kalkulationssatz aufrechtzuerhalten, ohne dadurch die Wettbewerbsfähigkeit der Verkaufspreise in Frage zu stellen, d. h. ihre gesamten einkäuferischen Fähigkeiten anzuspannen und nicht zu versuchen, durch eine gefährliche Besteuerung der Kundschaft ihren resp. Abteilungen zu dem vorgeschriebenen Gewinn zu verhelfen. Je mehr Geschäfte es zu ihrem Prinzip erheben, die Konkurrenz preismäßig zu schlagen oder mindestens jede Unterbietung zu verhindern, um so wichtiger wird das richtige Funktionieren der Organisation, die für die Aufrechterhaltung einer gesunden Kalkulation einzutreten hat. Der finanzielle Betriebsleiter, der Leiter des Finanz- und Kontrollbureaus, erhält damit aber eine Aufgabe überwiesen, die er nur lösen kann, wenn er den anderen Hauptabteilungen des Geschäfts ebenbürtig gegenübertreten kann, da er seinen praktischen Einfluß dahin geltend machen muß, daß zwei andere Betriebsbureaus, die aufs innigste mit dieser Frage verbunden sind, aber grundsätzlich verschiedene Einstellungen zu vertreten haben, nicht durch übermäßige Betonung ihres Interessenstandpunktes das Gesamtinteresse des Geschäfts schädigen, sondern vielmehr zu einer gesunden Synthese veranlaßt werden.

Das Problem des Herabzeichnens.

Das Herabzeichnen (Preisreduktionen, Preisminderungen) ist das Damoklesschwert, das über den Einzelhandelsgewinnen hängt. Diese Preisminderungen haben ihren Grund einmal in den lebhaften und zum

Teil sehr plötzlichen Schwankungen des Bedarfs, auf der anderen Seite in Dispositionsfehlern, und zwar sowohl in Fragen der Mode und des Geschmackes wie vor allem auch hinsichtlich der Bestimmung der voraussichtlichen Bedarfsmengen. Diese Umstände bedingen ein nachträgliches Herabsetzen des Verkaufspreises mit dem Ziele, die nicht mehr modefrische Ware oder die zu großen Quantitäten durch Sonderpreisstellung anziehend zu machen und dadurch die Läger wieder rein zu gestalten. In Amerika beträgt der Durchschnittssatz der Reduktionen, wie wir auf Grund der allgemeinen statistischen Erhebungen wissen, nicht weniger als ca. 8 % vom Umsatz. Nur wenige gutgeleitete und mit besonders schnellem Umschlag arbeitende Geschäfte kommen mit einem Satz von ca. 5 % aus. Für Deutschland lassen sich derartige allgemeine Angaben nicht mit gleicher Sicherheit machen, weil die innere Betriebsstatistik vorläufig noch auf zu wenige große Geschäfte beschränkt ist und deshalb allgemeines zuverlässiges Material nicht ausreichend zur Verfügung steht. Von Inhabern mittlerer Kaufhäuser wird ein Prozentsatz von 5—8 % als für deutsche Verhältnisse zu hoch bezeichnet. Wahrscheinlich ist aber, daß der allgemeine deutsche Satz dem amerikanischen nicht viel nachsteht, und daß diejenigen Geschäfte, die seine Richtigkeit bestreiten, entweder die großen Preisherabsetzungen gelegentlich der Ausverkäufe nicht gebührend in Ansatz gebracht haben oder daß sie — ein glücklicherweise abnehmender Fall — noch immer an dem früheren, aber überlebten Prinzip festhalten, lieber die Ware zu den ursprünglich ausgezeichneten Preisen von einer Saison zur anderen im Lager mitzuschleppen, als durch entschlossene Reduktion und entsprechende allgemeine Verkaufspropaganda die Läger zu reinigen und durch Aufnahme neuer anziehender Waren und Auffrischung ihrer Sortimente das Geschäft zu beleben, d. h. einen kleineren Anfangsverlust in Kauf zu nehmen, um dann dauernd größere Gewinnchancen ausnutzen zu können. Kaufleute, die noch an diesen alten Prinzipien festhalten, haben die Zeichen der Zeit und die Bedeutung der modernen Betriebsmethoden nicht erkannt und dürften in nicht übermäßig langer Zeit entweder zu einer — verspäteten — Änderung ihrer Methoden gezwungen oder überhaupt von der modernen Konkurrenz überrannt werden. Denn der Grundgedanke eines großen Teils dessen, was man moderne Methoden im Einzelhandel nennt, hat gerade zum Ziel, die Preisminderungen, die erforderlich sind, zu reduzieren, und dies kann erst geschehen, wenn überhaupt die Notwendigkeit schneller Warenbewegung in ihrer vollen Bedeutsamkeit erkannt worden ist. Solange nicht der Prozentsatz der Wertminderung der Ware durch kluge kaufmännische Planung, schnellen Lagerumschlag, sorgfältige Wert- und Mengenstatistik erheblich reduziert worden ist, wird es notwendig sein, in die Ursprungskalkulation etwa 6 %, vom

Umsatz gerechnet, von vornherein mit aufzunehmen, die völlig zum Ausgleich für spätere Herabzeichnungen verwandt werden müssen und voraussichtlich in vielen Geschäften bei dem jetzigen Stande der inneren Betriebsorganisation in Deutschland kaum ausreichen werden, um die auf diese Weise entstehenden Verluste auszugleichen.

Die Geschäftsleitung kann und sollte eine Prozentgrenze für die Preisreduktionen festsetzen, die nicht überschritten werden darf, wenn der Reingewinn nicht gefährdet werden soll. In den meisten Fällen wird es sich dabei jedoch nur um anhaltsmäßige Festsetzungen handeln können. Eine gesunde Geschäftspraxis verträgt es im allgemeinen nicht, daß derartige künstliche Anordnungen wirklich notwendige Preiskorrekturen verhindern, auch wenn dadurch der Reingewinn geschmälert wird. Das wirksamste Mittel, die Reduktionen zu kontrollieren, liegt in einer möglichst intensiven Arbeit an ihrer Verhütung, und tatsächlich wird auch in wirklich modern organisierten Geschäften ein größerer Apparat für diesen Zweck aufgeboten und regelmäßig beschäftigt als für irgendein anderes Element, das den Reingewinn beeinflußt.

Bei der Behandlung der Preisreduktionen müssen zwei Gesichtspunkte beachtet werden. Die Reduktionen dürfen nicht zu großen Umfang annehmen, um nicht die Gewinnaussichten ernstlich zu bedrohen. Auf der anderen Seite darf der Druck nach dieser Richtung hin nicht so stark sein, daß er notwendige Preiskorrekturen verhindert. Ein Geschäftsbetrieb, der noch bis vor kurzem an den alten Methoden festgehalten hat, wird in erster Linie darauf zu achten haben, daß von den zur Verfügung stehenden Reduktionsmöglichkeiten ausreichender Gebrauch gemacht wird, damit die Läger beweglicher, die Waren modefrischer werden und das Geschäft insgesamt einen höheren Grad an Elastizität gewinnt. Ein Geschäft, das im Gegensatz dazu bereits dem Wettbewerbsprinzip billiger Preisstellung den ihm gebührenden Platz eingeräumt hat, wird umgekehrt mehr darauf zu achten haben, daß von dem Blaustift kein allzu liberaler Gebrauch gemacht wird, weil über ein gewisses Tempo hinaus auch schärfste Preisreduktionen keine Umsatzforcierung mehr herbeizwingen können, dagegen dadurch freiwillig in Kauf genommene Verluste die heute ohnedies schon schwer genug belasteten inneren Betriebsreserven weiter schwächen.

In einem modern organisierten Geschäft werden diese beiden Gesichtspunkte, wie schon oben kurz erwähnt, abwechselnd im Vordergrunde stehen und richtig gegeneinander abgewogen werden müssen. Verhindert werden muß, daß die Einkäufer aus Furcht, den rechnungsmäßigen Reingewinn zu stark zu verringern, von den Mitteln der Preisreduktion zu wenig Gebrauch machen, daß als natürliche Folge die Läger anwachsen, die Einkaufslimite überschritten werden und die Ware überaltert. Verhindert werden muß aber auch, daß ein zu scharfer Druck auf die kaufmännischen Abteilungen zur Einhaltung der gesetzten Limite, sei es für den Einkauf, sei es für die Reduktionen, die kaufmännische Initiative lähmt und dadurch das Gegenteil des oben geschilderten Zustandes herbeiführt, daß nämlich die Läger, statt übervoll, zu klein und die Sortimente unvollständig werden.

Das beste Mittel für die richtige Ausbalancierung dieser gegensätzlichen Gesichtspunkte erscheint auch in diesem Falle wieder eine zweckentsprechende Verteilung der Verantwortlichkeiten. Den kaufmännischen Abteilungen wird es obliegen, durch sorgfältige Aufstellung der Voranschläge, Ausnutzung aller Fähigkeiten und Möglichkeiten des Einkaufs und einen wirksamen Verkaufsdienst, Preisherabsetzungen soweit wie möglich von vornherein zu verhüten. Gute Reklame und ein vorbildlich arbeitender Innenbetrieb werden sie dabei zu unterstützen haben. Dem Leiter der finanziellen Kontrolle wird auf der anderen Seite die Aufgabe zu stellen sein, seinerseits die Herabsetzungsziffer zu überwachen und in Fällen, in denen die gesetzten Limite überschritten werden, eine Entscheidung der Geschäftsleitung darüber herbeizuführen, ob die besonderen Umstände derartige größere Preisreduktionen rechtfertigen oder nicht.

Nebenbei sei erwähnt, daß die Reduktionsziffern ein interessantes Mittel liefern, um festzustellen, ob die Einkaufsorganisation gut arbeitet oder nicht. Daß dabei spezielle Marktverhältnisse und allgemeine Preisänderungen berücksichtigt resp. ausgeschaltet werden müssen, versteht sich von selbst. Weiterhin aber liefert eine sorgfältig durchgearbeitete Reduktionsstatistik auch interessante Angaben darüber, welche Bezugsquellen für das Geschäft besonders günstig liegen. Ein Fabrikant, auf dessen Ware man erhebliche Preisabschläge hat in Kauf nehmen müssen, dürfte kaum als eine besondere vorteilhafte Geschäftsverbindung anerkannt werden können.

Umsatz und Umsatzvoranschlag.

Der dritte Punkt, den wir zu besprechen haben, um die Bedeutung der Funktionen des Finanz- und Kontrollbureaus richtig ermessen zu können, bezieht sich auf die Frage des Umsatzes. Im Finanz- und Kontrollbureau werden die Ziffern zusammengestellt, die zur Grundlage der Voranschläge für den Umsatz und die Lagerhöhe benötigt werden. Die Voranschläge selbst sind von den kaufmännischen Abteilungen, dem Inneren Betriebsbureau und der Werbeabteilung auszuarbeiten. Diese drei Betriebsbureaus repräsentieren den fortschrittlichen Geist der Verkaufsförderung. Sie sind es auf der anderen Seite, die finanzielle Ansprüche an das Geschäft stellen. Auch hier ist es notwendig, den richtigen Ausgleich zu finden. Der kaufmännische Betriebsleiter oder Einkäufer, der seine Voranschläge auf der Basis eines 20 proz. Abschlages dem Vorjahr gegenüber aufbaut, dürfte mit größerer Wahrscheinlichkeit die Anschlagsziffern erreichen als einer, der eine 25 proz. Umsatzsteigerung voraussieht. Umsätze und Lagerbestände und die Anstrengungen der Verkaufspropaganda lassen sich leicht auf eine Basis von 75% des Vorjahres herabschrauben. Gesund ist ein Geschäft aber nur dann, wenn Werbeleitung, kaufmännische und Innere Betriebsleitung ihre Pläne so einstellen, daß ein gesunder Wachstumsprozent in Aussicht genommen ist.

Auf der anderen Seite können übertrieben optimistische Dispositionen leicht zu schweren Rückschlägen führen. Sparsamkeit bei der Bemessung der Unkosten ist unerläßliche Voraussetzung für den Erfolg, woraus sich ergibt, daß auch der Umsatzvoranschlag konservativ aufgemacht sein muß, weil das Unkostenbudget von ihm abhängt. Außerdem pflegt, insbesondere wenn man mit einem gesunden Wachstum des Geschäftes und einer entsprechenden Ausdehnung der Umsätze rechnet, die finanzielle Lage von selbst eine vorsichtige Aufmachung der Voranschläge für Lagerinvestitionen zu gebieten. Da der Leiter des Finanz- und Kontrollbureaus für eine vernunftgemäße und den wirklichen Bedürfnissen des Geschäfts angepaßte finanzielle Disposition und im Zusammenhang damit für die Erzielung eines angemessenen Reingewinns speziell verantwortlich ist, so müssen die Voranschläge der anderen Abteilungen ihm zur Kritik vorgelegt werden. Voranschläge, die ihm zu optimistisch erscheinen, als daß sie eine Kapitalinvestition im vorgeschlagenen Umfange rechtfertigen könnten, wird er entweder der betreffenden Abteilung zu nochmaliger Durcharbeitung zurückgeben oder der Geschäftsleitung mit seinen Anmerkungen zur Stellungnahme überweisen. Das bedeutet nicht, daß er berechtigt sein soll, selbständig Voranschläge zu ändern. Im Gegenteil. Die Ausarbeitung der Voranschläge soll auf alle Fälle in der Abteilung vorgenommen werden, die sie betreffen. Sollen aber nicht die finanzielle Sicherheit oder die Gewinnchancen des Geschäftes leiden, so muß er zum mindesten die Macht haben, jede veranschlagte Ausgabe zu beanstanden, ob es sich nun um Betriebsausgaben oder um Kapitalinvestitionen für Ware handelt, und jede geschäftliche Transaktion jeder anderen Abteilung des Betriebes so lange zu verhindern, bis entweder die Abteilung den beanstandeten Voranschlag seinen Wünschen entsprechend geändert hat oder bis, falls diese Änderung abgelehnt wird, die Geschäftsleitung darüber entschieden hat, welcher Weg eingeschlagen werden soll.

Dieselbe Stellung, die wir dem Leiter des Finanz- und Kontrollbureaus eben mit Bezug auf die Ausarbeitung der Voranschläge angewiesen haben, gebührt ihm auch dem laufenden Geschäft gegenüber, d. h. bei der Umsetzung dieser Voranschläge in die Praxis. Es ist selbstverständlich, daß sich der praktische Ablauf etwas anders vollzieht, als er in den Plänen und den finanziellen Voranschlägen vorgesehen war. Hier ist es nun die Aufgabe des Finanz- und Kontrollbureaus, laufend, und zwar von Tag zu Tag, ziffernmäßige Unterlagen für die Beurteilung der tatsächlichen Geschäftsentwicklung und Abwicklung, der Gestaltung der Umsätze und der Bewegung der Lagerbestände zu liefern, die allen Betriebsabteilungen ermöglicht, die erzielten Resultate zu überwachen und die notwendigen Modifikationen ihrer Pläne und Voranschläge zu treffen. Da Pläne und Voranschläge schließlich und endlich trotz aller Sorgfalt der Vorbereitung und Exaktheit der angewandten Methoden doch nur Schätzungen bleiben, so ist es selbstverständlich — wenn auch leider heute in der Praxis noch viel zu wenig erkannt oder, wo erkannt, dann nicht durchgeführt —, daß die auf diesen Schätzungen beruhenden Voranschläge Korrekturen erfahren müssen. Bei der Ausarbeitung und Kontrolle dieser Korrekturen gebührt nun dem Leiter des Finanz- und Kontrollbureaus dasselbe Maß von Einfluß, das er auf das Zustandekommen der Voranschläge auszuüben hat. Voraussetzung für eine wirksame Ausübung dieses Einflusses und damit für die zweckentsprechende und wirksame Erfüllung seiner speziellen Aufgaben ist es allerdings, daß das Finanz- und Kontrollbureau sowohl bei der Zusammenstellung und Beschaffung der ziffernmäßigen Unterlagen wie insbesondere auch bei der Festsetzung der sich aus der tatsächlichen Entwicklung als notwendig ergebenden Korrekturen eine wirklich käufmännische Elastizität beweist und nicht die kaufmännische Initiative der anderen Abteilungen des Hauses durch ein bureaukratisches Vorgehen lähmt, das leicht die Ursache dazu werden kann, die Erfolgs**möglichkeiten**, die in seiner Tätigkeit liegen und liegen sollen, in Mißerfolgs**notwendigkeiten** zu verkehren.

Eingeschoben sei, daß das Finanz- und Kontrollbureau sich auf Wertkontrollen beschränken sollte. Die Bearbeitung der Mengenkontrolle gehört nicht in sein Arbeitsgebiet, weil zu ihrer zweckentsprechenden Ausnutzung eine viel engere und laufende Fühlung mit der Ware erforderlich ist, als es sie haben kann. Mengenkontrolle gehört in die Hände der kaufmännischen Betriebsleitung.

Seinerseits zur Steigerung des Umsatzes oder auch des Reingewinnes beizutragen, ist dem Leiter des Finanz- und Kontrollbureaus in der Regel nicht gegeben; Umsatz und Reingewinn sind vielmehr Ergebnisse des Gesamtbetriebes. Zum Umsatz beitragen kann der Leiter des Finanz- und Kontrollbureaus höchstens durch eine wesentliche Ausdehnung der Kundenkreditabteilung (Konsumfinanzierung) sowie durch eine entgegenkommende Behandlung der Kundschaft bei der Eintreibung der Zahlungen und vor allem an den Kassen.

Die Bedeutung der Unkosten und ihrer Kontrolle für den Reingewinn erscheint uns so groß, daß wir dieser Frage ein besonderes Kapitel widmen wollen (Abschnitt 8). Wenn die Schlüsse, zu denen wir bei unserer Untersuchung dieses Punktes gekommen sind, zutreffen, dann muß dem Leiter der finanziellen Kontrolle schon aus dem Grunde die Stellung als gleichberechtigter Betriebsleiter eingeräumt werden, weil ihm die Unkostenkontrolle obliegt.

Zusammenfassung:

Jede andere Abteilung des Geschäfts hat mehr mit der Erzielung des Geschäftsgewinnes zu tun, als das Finanz- und Kontrollbureau. Denn der Geschäftsgewinn ergibt sich daraus, daß ein genügend großer Umsatz getätigt wurde bei entsprechender Ursprungskalkulation unter Vermeidung übermäßig starker Preisreduktionen und mit einem Unkostensatz, der zu den vorgenannten Faktoren in einem gesunden Verhältnis steht. Diese vier Faktoren, die ausschlaggebend für das Gewinnergebnis sind, das erzielt wird, stellen Aufgaben dar, die in den drei, wenn man so will, produktiven Abteilungen des Geschäftes geleistet werden müssen. Die Höhe jedes einzelnen Satzes ist ein Maßstab für den Grad ihrer Leistung. Diese Höhe bedarf deshalb intensivster und aufmerksamster fortlaufender Überwachung. Diese Überwachung kann nur von der Stelle aus geschehen, an der alle die zahlenmäßigen Unterlagen zusammenlaufen, deren Beschaffung und fachmännische kluge Auswertung erst die Möglichkeit dieser Überwachung schafft. So kommt es, daß der Leiter des Finanz- und Kontrollbureaus, obwohl weniger direkt verantwortlich für die vier Hauptelemente des Reingewinns als irgendein anderer Betriebsleiter, mehr als irgendeine andere Stelle des Hauses in der Lage ist, zu übersehen, welcher Grad von Leistung erreicht worden ist und erreicht werden kann.

Nur in kleinen Geschäften ist es fraglich, ob eine solche Regelung zweckmäßig ist. Denn ebenso wie im Finanz- und Kontrollbureau laufen natürlich auch bei der Geschäftsleitung alle die Fäden zusammen, die für eine dauernde und wirksame Überwachung der Elemente des Reingewinns Voraussetzung sind. Im kleinen Geschäft wird deshalb häufig der Geschäftsleiter selbst die Kontrollfunktionen übernehmen können. Die Schaffung eines Betriebsleiters für diesen Zweck wird dann überflüssig, weil durch die Verbindung der Kontrollfunktionen mit der Arbeit der Geschäftsleitung ohnedies bereits der finanziellen Betriebskontrolle das Gewicht den anderen Betriebsabteilungen gegenüber gegeben wird, das zur Durchführung einer wirksamen Kontrolle unerläßlich ist.

Überorganisation?

The Danger of Over-Control — Die Gefahr der Überkontrolle nennt der Amerikaner das, was wir in Deutschland fälschlich die Gefahr der Überorganisation zu nennen pflegen. Vielleicht lohnt es sich für diejenigen Kaufleute, die über Überorganisation in ihrem Betriebe klagen, einmal darüber nachzudenken, ob denn das, worüber sie sich beklagen, in Wirklichkeit nicht Über-, sondern schlechte Organisation ist. Unter Organisation verstehen wir — wie bereits im Beginn des 2. Kapitels auseinandergesetzt — die wirksamste In-Beziehungssetzung der in einem Geschäftsbetriebe tätigen Menschen zur Erzielung des Geschäftszwecks. Organisation ist also nicht etwas Abstraktes, das irgendwie plötzlich störend in den Betrieb eingreifen und sein glattes Funktionieren durch Einschieben unnötiger Hemmungen aufhalten oder verlangsamen kann. Stößt man im glatten Betriebsablauf auf derartige unerwünschte Hindernisse, so liegt ein Grund vor, nicht sich über das abstrakte Ding Organisation zu beklagen, sondern vielmehr zu prüfen, was schlecht organisiert ist. Mit anderen Worten: Organisation kann nie übermäßig, sondern nur unzweckmäßig, d. h. schlecht sein.

Ein Beispiel schlechter Organisation ist gerade das, woran in diesem Zusammenhange die meisten Leser denken werden und was man vielfach fälschlich mit Überorganisation bezeichnet: ein überspanntes Kontrollsystem. Die Furcht vieler Kaufleute vor der Überspannung der Kontrolle, gleich aus welchen Gründen sie erfolgt und gleich, ob sie auf statistischer oder anderer Basis beruht, ist durchaus berechtigt. Um bei der betriebsstatistischen Kontrolle zu bleiben, so besteht sehr wohl die Möglichkeit, daß die Begeisterungsfähigkeit der Einkäufer — wichtigste Voraussetzung ihres Erfolges — leidet, wenn sie bei jedem Schritte darauf gestoßen werden, daß die Einkaufslimite überschritten sind. Es besteht sehr wohl die Möglichkeit, daß die Verantwortungsfreudigkeit des Lagervorstandes — wiederum ein wichtiges Erfordernis für den Erfolg — ertötet wird, wenn jeder Versuch, durch Handhabung des Blaustifts das Lager zu säubern und die beim Einkauf unvermeidlichen Fehler zu korrigieren, auf das „Halt“ des statistischen Kontrolleurs stößt, der am grünen Tisch festgestellt hat, daß der Reduktionsprozentsatz bereits erreicht wurde. Es besteht sehr wohl die Möglichkeit, daß die Erfindungsgabe des Inneren Betriebsleiters — wiederum unerläßliches Erfordernis für erfolgreiche Arbeit — ermattet, wenn jeder Schritt, den er zur Steigerung der Bequemlichkeit der Kundschaft, zur besseren Ausstattung des Hauses oder dgl. vorschlägt, unter den Tisch fällt, weil sein Unkostenetat erschöpft ist.

Derartiger Überspannung der Kontrolle gegenüber — wenn es sich wirklich um eine Überspannung handelt — hilft nur eins — gute Organisation. In der Regel werden solche Klagen immer nur dann berechtigt sein, wenn grundsätzliche Organisationsprinzipien verletzt sind, d. h. wenn der einen oder anderen Stelle im Betriebe Vollmachten gegeben werden oder automatisch zustehen (z. B. dann, wenn diese Stelle mit einem Firmeninhaber besetzt ist), die es ermöglichen, die berechtigten Interessen der anderen Hauptbetriebsabteilungen zu vernachlässigen. Hier kann nur dann Abhilfe geschaffen werden, wenn das Prinzip gewahrt wird, auf dem der gesamte Organisationsplan unseres Buches aufgebaut ist, nämlich das Prinzip einer Verteilung von Vollmacht und Verantwortlichkeit innerhalb des Geschäfts in einer Weise, daß sämtliche für das Geschäft wichtigen Einstellungen von mehreren (vier) gleichberechtigten starken Persönlichkeiten vertreten werden, die jeder für sich daran arbeiten und ihr ganzes Gewicht dafür einsetzen, daß keine der ihnen obliegenden Aufgaben zu kurz kommt. Ist dies der Fall und steht über diesen Betriebsleitern eine starke unparteiische Geschäftsleitung, die sich nicht einen einzelnen Gesichtspunkt zu eigen macht, sondern es als ihre ausschließliche Aufgabe ansieht, im Gesamtinteresse des Geschäfts zu handeln, dann können derartige Organisationsfehler gar nicht vorkommen, weil jeder Versuch einer Stelle des Hauses, in das Gebiet eines anderen einzudringen, und so auch selbstverständlich der Versuch des finanziellen Kontrolleiters, seine Kontrollfunktionen zu überspannen, automatisch den Widerstand der drei anderen Betriebsleiter auslösen müßte und damit von vornherein zum Scheitern verurteilt wäre.

Etwas ganz anderes ist es, wenn die Geschäftsleitung nach sorgfältiger Prüfung der Gesamtlage des Unternehmens zu dem Ergebnis kommen sollte, daß bis zur Überwindung z. B. einer finanziellen Krise die finanzielle Kontrolle wesentlich schärfer gehandhabt und auch dort energisch in engen Grenzen durchgeführt werden muß, wo wichtigste Interessen der anderen Betriebsabteilungen dadurch zurückgedrängt werden. Das aber ist nicht mehr Überorganisation, sondern bewußte Bevorzugung eines der 4 Grundelemente des modernen Waren- und Kaufhausbetriebes zum Zwecke der Überwindung einer speziellen Situation; genau so wie es häufig genug Fälle geben wird, in denen man die Bedenken des Finanz- und Kontrollbureaus beiseite schiebt und z. B. eine Reklamekampagne unternimmt, die weit über den Rahmen des normalen Reklameetats hinaus Mittel erfordert.

Worauf es also ankommt, ist, die Organisation des Betriebes in der Hand der Geschäftsleitung zu einem Mittel von solcher Elastizität zu machen, daß man jeweils nach den besonderen Bedürfnissen des Augenblicks, durch Entscheidung zugunsten des einen oder anderen der 4 prinzipiell gleichgestellten Betriebsbureaus, diejenige Kraftquelle zum Fließen bringen kann, die die beste Gewähr dafür bietet, daß die vollen Möglichkeiten der Betriebsorganisation zur Überwindung der speziellen Augenblicksaufgaben herangezogen werden. Und gerade in dieser Vielgestaltigkeit der Kraftquellen, in der Vielgestaltigkeit dieser inneren Kraftreserven jeder möglichen Situation gegenüber, beruht die Erklärung für die innere Stärke des Waren- und Kaufhauses.

Konsumfinanzierung.

Mit einem kurzen Satz wurde oben erwähnt, daß der Leiter des Finanz- und Kontrollbureaus auch seinerseits direkt zur Steigerung des Umsatzes beitragen könnte, und zwar durch Ausdehnung der Kundenkreditgewährung. Die Erwähnung dieses wichtigen Fragenkomplexes, quasi als einer Selbstverständlichkeit, auf die man nicht mehr einzugehen brauchte, geschah in enger Anlehnung an das amerikanische Original unseres Buches. In Amerika ist tatsächlich dieser Fragenkomplex praktisch bereits so geklärt, daß im Rahmen einer Untersuchung über die Organisation des großen Waren- oder Kaufhauses ein genaueres Eingehen auf die Sache selbst überflüssig erscheinen mußte. Wenn sich in Amerika selbstverständlich auch noch immer eine Reihe führender Volkswirte und Wirtschaftspolitiker über die Bedeutung der Konsumfinanzierung streiten, so geschieht dies nicht mehr wie bei uns aus dem Gesichtspunkt heraus, ob man überhaupt für Konsumfinanzierung eintreten könne oder nicht, ob die Kundenkreditgewährung im allgemeinen oder im speziellen volkswirtschaftlich oder privatwirtschaftlich wünschenswert sei oder zu große Risiken enthalte, sondern weil man sich über den Ausdehnungsgrad schlüssig werden muß, den die Konsumfinanzierung erreichen kann oder nicht erreichen soll, um nicht zu volkswirtschaftlichen oder auch privatwirtschaftlichen Krisen zu führen. Über die Frage der Kundenkreditgewährung an sich gibt es drüben keine Diskussionen mehr. Sie ist da, sie hat sich bewährt, und sie bleibt. Nur darüber, ob sie noch weiter ausgedehnt werden soll, ob Banken in liberaler Weise derartige Außenstände bevorschussen sollen, oder ob es nicht besser wäre, vorübergehend mal wieder etwas abzustoppen, unterhält man sich genau so, wie man darüber streitet, ob es an der Zeit ist, die Wechselportefeuilles der amerikanischen Notenbanken etwas zu vergrößern oder dem Geldmarkt etwas von seiner künstlichen Flüssigkeit zu nehmen, indem man große Mengen von Regierungsanleihen aus den Bankbeständen abgibt.

Da es sich in diesem Buche jedoch nicht darum handelt, amerikanische Verhältnisse zu beschreiben, sondern unter Bearbeitung des amerikanischen Materials etwas zu schaffen, was in Deutschland dieselbe Lücke ausfüllt, die das Mazursche Buch in Amerika ausgefüllt hat, so müssen wir auf diese Fragen etwas näher eingehen, erst einmal grundsätzlich, und dann unter Herausarbeitung der organisatorischen Konsequenzen, die sich ergeben, und wir können uns nicht mit der als selbstverständlich hingeworfenen Bemerkung begnügen, die die Existenz eines Kundenkreditsystems ohne genauere Diskussion einfach voraussetzt.

Unter Kundenkreditgewährung im Sinne dieses Buches, das darstellen soll, was das moderne Waren- und Kaufhaus zu leisten hat, sind lediglich die Anstrengungen zu verstehen, die ein großes Warenoder Kaufhaus selbst macht, um durch Kredithergabe an seine Kundschaft den Absatz zu vergrößern. Wir haben uns also nicht mit den verschiedenen Finanzierungsversuchen des letzten Konsums zu beschäftigen, die vonFinanzunternehmungen ausgehen, und ebenso nicht mit der Absatzfinanzierung, die sich für Automobile, elektrische Apparate usw. auch bei uns mehr und mehr in Aufnahme gekommen ist. Die sogenannte Konsumfinanzierung, wie sie um die Jahreswende 1926/27 von verschiedenen Seiten lebhaft propagiert wurde und schließlich zur Gründung verschiedener Kundenkreditgesellschaften führte, geht uns also nur soweit etwas an, als daran große Waren- und Kaufhäuser aktiv beteiligt waren. Diese Beteiligung kann sich auf das geringste Maß beschränken und lediglich darin bestehen, daß große Geschäfte bekanntgeben, daß sie die Kreditschecks solcher Gesellschaften wie Barzahlungen entgegennehmen werden. In diesem Falle handelt es sich kaum um eine besonders bedeutsame oder absatzfördernde Maßnahme des Geschäftes, sondern mehr darum, einer Anzahl von Kunden, die voraussichtlich von den neuen Möglichkeiten Gebrauch machen werden, die Erleichterung zu verschaffen, daß sie auch weiterhin an altgewohnter Stelle kaufen können. Mit anderen Worten: Eine derartige „Beteiligung" eines Detailgeschäfts an der Konsumfinanzierung bedeutet nichts anderes als ein selbstverständliches Entgegenkommen gegenüber den wechselnden Bedürfnissen der Kundschaft.

Etwas anderes ist es schon, wenn ein Detailgeschäft oder eine Gruppe von Detailgeschäften sich bereit erklärt, zu den Unkosten der Finanzierungsgesellschaft dadurch beizutragen, daß sie sich dazu versteht, derartige Kreditschecks voll in Zahlung zu nehmen, obwohl die Finanzgesellschaft ihrerseits dem Einzelhandelsunternehmen die Schecks nur nach Abzug eines Diskonts vergütet. Hier liegt eine ausgesprochene finanzielle Leistung des Einzelhandelsgeschäftes vor, mit dem Zweck, durch ein derartiges finanzielles Opfer die Bedingungen für die kreditsuchenden Kunden abnormal billig zu gestalten und dadurch eine Kreditinanspruchnahme propagieren zu helfen, von der man dann wiederum durch Umsatzsteigerung Nutzen zu ziehen hofft.

Und schließlich gibt es einen dritten Weg, der darin besteht, daß das Geschäft selbst, sei es im eigenen Namen, sei es durch Gründung einer besonderen Firma oder Gesellschaft den Kredit gibt, und zwar im eigenen Geschäftslokale gibt, selbst die Kontenverwaltung und die Verwaltung der Außenstände übernimmt, d. h. in jeder Weise dem Kunden gegenüber als die Stelle auftritt, die die finanzielle Unterstützung beim Einkauf im eigenen Geschäft gewährt. Als Unterteilung hierbei kommt in Frage, ob durch Zinsberechnung auf den gewährten Kredit eine Äquivalent für das im Kreditgeschäft arbeitende Kapital erzielt wird oder ob diese Kosten in der Kalkulation mit eingerechnet sind, sei es, daß überhaupt ein etwas höheres Kalkulationsniveau gewählt wird, sei es, daß für Kredit-Inanspruchnahme etwas höhere Preise in Ansatz gebracht werden, und zwar entweder direkt durch doppelte Auszeichnung für Bar und Kredit oder indirekt dadurch, daß bei Barzahlung ein besonderer Rabatt gewährt wird.

Von diesen 3 Möglichkeiten muß die erste, wie schon oben angedeutet, als unwesentlich ausscheiden. Es bleibt als Fragestellung übrig, was für das Geschäftsinteresse dienlicher ist: die Kundenkreditgewährung zu fördern durch Übernahme eines Teiles der Unkosten eines Finanzierungsinstitutes oder die Übernahme der Kundenkreditgewährung in eigene Regie, wobei natürlich als Alternative noch immer die Ablehnung jedes Kreditgeschäfts bestehen bleibt.

Da der Zweck jedes Pfennigs, der für die Kundenkreditgewährung ausgegeben wird, nur in einer Absatzsteigerung bestehen kann, so unterliegt keinem Zweifel, daß nur derjenige Weg gegangen werden sollte, der wirkliche Aussicht auf Absatzsteigerung gibt. Nun unterhält ein großes Waren- und Kaufhaus eine Reihe besonderer und großer Abteilungen, deren Hauptaufgabe es ist, mögliche Kunden ins Geschäft zu ziehen, aus der richtigen Erkenntnis heraus, daß mögliche Kunden erst dann Kunden werden, wenn es gelungen ist, sie zu einem Besuche im Geschäftslokal zu bewegen. Man geht sogar in vielen Häusern so weit, daß man ganz bewußt Einrichtungen schafft, wie z. B. Reisebureaus, die keinen anderen Zweck haben, als erst einmal für Verkehr im Hause zu sorgen, dadurch, daß Leute, die sonst gar nicht auf den Gedanken kommen würden, ein Waren- oder Kaufhaus aufzusuchen, dort ihre Bequemlichkeit finden, und dann vielleicht im Vorbeigehen doch den einen oder anderen Artikel sehen, der ihnen zusagt, den sie kaufen mit dem Endergebnis, daß schließlich wieder ein Kunde gewonnen wurde.

Ist man sich über diese Tendenz großer Einzelhandelsbetriebe, mit allen Mitteln erst einmal Publikum ins Haus zu ziehen, völlig klar geworden, dann ergibt sich als logische Konsequenz, daß nur besondere Gründe ein großes Waren- oder Kaufhaus dazu veranlassen können, auf den großen Verkehr, den die Übernahme der Kundenkreditgewährung in eigene Regie und ihre Durchführung im eigenen Hause mit sich bringen muß, zu verzichten und die dadurch eröffneten Chancen der Kundengewinnung beiseite zu lassen, indem man eine außerhalb gelegene Finanzgesellschaft mit der Durchführung der Kreditgewährung beauftragt oder sie darin unterstützt. Diese Gesichtspunkte können verschiedenster Natur sein. Es kann sich dabei in erster Linie um eine Kapitalfrage handeln — wenn sich nämlich das Geschäft nicht stark genug fühlt, um die finanzielle Anspannung einer ausgedehnten Kreditgewährung aus eigenem Kapital oder eigenem Kredit zu finanzieren und es deshalb vorzieht, das geringere Opfer des Spesenbeitrages an die Finanzgesellschaft zu bringen, um wenigstens etwas in dieser Richtung zu tun. Oder es kann sich um Gründe handeln, die in Rechnung stellen, daß durch die notwendigen Recherchen über die Kreditwürdigkeit der Kunden und die später evtl. notwendigen Mahnungen usw. eine Verärgerung in Kundenkreisen heraufbeschworen werden könnte, die man, wenn sie sich schon nicht vermeiden läßt, dann doch wenigstens nicht direkt gegen das eigene Haus gerichtet sehen möchte.

Man wird diesen Gründen eine gewisse Stichhaltigkeit nicht absprechen können. Auf der anderen Seite will es uns scheinen, als ob durch ein derartiges Verfahren die Aussicht auf eine Umsatzsteigerung durch Kundenkreditgewährung so stark verringert wird, daß in diesem Falle die Frage berechtigt erscheint, ob man nicht lieber überhaupt von einem derartig schwierigen und im Erfolg unter diesen Umständen zweifelhaften Werbemittel Abstand nehmen sollte.

Ganz anders scheint uns die Sache zu liegen, wenn ein Geschäft sich entschließt, die Kundenkreditgewährung in eigene Hand zu nehmen. In diesem Falle wird im Gegensatz zu dem eben besprochenen Verfahren ein starker Anreiz auf die Kundschaft ausgeübt, ins Haus zu kommen, sei es um den Kredit nachzusuchen und dann die entsprechenden Einkäufe zu tätigen, sei es um fällige Zahlungen zu leisten. Schon durch diesen lebhaften Verkehr entsteht ein Plus anderen Geschäften gegenüber, daß die Verkaufschancen erhöht und damit umsatzfördernd wird. Dazu kommt aber ferner, daß bei der Kundschaft in diesem Falle als selbstverständliche Konsequenz die Auffassung erweckt wird, daß man den eingeräumten Kredit zuzüglich der geforderten Anzahlungssumme in dem Geschäft, das den Kredit gewährte, auch selbst zu Käufen benutzen muß; im Gegensatz zu gewissen anderen Systemen, bei denen die Wahl des Geschäfts durch das Kreditinstitut dem Kunden freigestellt wurde. Wie die Verhältnisse in Deutschland heute noch liegen, kann kein Zweifel darüber bestehen, daß alle diejenigen Geschäfte, die auf finanziell gesunder Basis eine derartige Kundenkreditgewährung betreiben, erhebliche Umsatzsteigerungen erzielt haben. Wie sehr dies auch von Geschäftsleuten anerkannt wird, die selbst der Kundenkreditgewährung prinzipiell scharf ablehnend gegenüberstehen, mag daran illustriert werden, daß wiederholt mit Schärfe darauf hingewiesen wird, in solchen Geschäften werde die Ware nicht durch das Verkaufspersonal, sondern durch die Kreditabteilung verkauft. Man geht manchmal sogar so weit zu behaupten, daß Verkäuferinnen aus Geschäften, die Kundenkredite gewähren, überhaupt verlernt hätten, welches Maß von Leistung zur erfolgreichen Durchführung eines größeren Verkaufes in Bargeschäften nötig sei.

Die Frage, ob sich die Einführung einer umfangreichen Kundenkreditgewährung in einem speziellen Geschäft empfiehlt oder nicht, kann generell nicht beantwortet werden. Einige von den dafür maßgeblichen Gesichtspunkten, wie insbesondere die Frage der finanziellen Leistungsfähigkeit, wurden bereits erwähnt. Darüber hinaus kann man vielleicht noch auf folgenden Gesichtspunkt hinweisen, der für eine Weile in Deutschland sicher Gültigkeit haben wird: Daß nämlich die Kundenkreditgewährung nur dort wirklich erfolgreich durchgeführt werden kann und daß nur dort eine nennenswerte und das finanzielle Risiko rechtfertigende Umsatzsteigerung des einzelnen Geschäftes erwartet werden kann, wo durch die Einführung der Kundenkreditgewährung eine Umschichtung der Umsatzproportion der in lokaler Konkurrenz stehenden Geschäfte herbeigeführt werden kann. Wegen einer Umsatzsteigerung um 5 oder 10 % dürfte sich das Eingehen finanzieller Engagements, wie es meistens durch eine liberale Hergabe von Kundenkrediten notwendig gemacht werden dürfte, nicht lohnen. Dagegen kann ein Geschäft, das stark genug und entschlossen ist, zugleich mit liberaler Gewährung von Kundenkrediten sein Geschäftsniveau durchaus auf die Bedürfnisse der breitesten Bevölkerungsschichten einzustellen, in vielen Fällen damit rechnen, daß es eine nennenswerte Umsatzsteigerung erzielen kann, sofern nicht Konkurrenzgeschäfte am Platze durch andere Mittel einer wirklichen Umlagerung des Umsatzverhältnisses wirksamen Widerstand leisten können.

Damit sind wir bereits bei dem volkswirtschaftlichen Problem angelangt, das mit der Kundenkreditgewährung zusammenhängt. Wir können die volkswirtschaftlichen Fragen von erheblicher Bedeutung in diesem Zusammenhange nur ganz kurz streifen, obwohl sie an und für sich eine eingehende Behandlung durchaus verdienen. Von einer allgemeinen oder stark verbreiteten Einführung der Kundenkreditgewährung glauben wir unter den gegenwärtigen Verhältnissen in Deutschland uns eine nennenswerte allgemeine Umsatzsteigerung nicht versprechen zu können. Voraussetzung für eine allgemeine Umsatzsteigerung auf dieser Basis wäre eine Steigerung der allgemeinen Kaufkraft, die mit der Kreditgewährung für Konsumzwecke nicht nur gleichen Schritt hält, sondern sie überholt, so daß der Verschuldungsprozentsatz vom Einkommen sich ständig verringern würde oder aber, wenn er der gleiche bliebe, der Ausgleich dadurch geschaffen würde, daß die Gesamtsumme sich erhöht und damit auch, in Markziffern gerechnet, der Teil des Einkommens, der nicht hypotheziert ist. Etwas anderes ist es, ob nicht zum Zwecke der Stabilisierung der Konjunktur eine weitere Ausbreitung der Konsumfinanzierung überhaupt — das Waren- und Kaufhausgewerbe brauchte sich daran gar nicht zu beteiligen — wünschenswert wäre.

Organisationsprobleme bei der Gewährung von Kundenkrediten.

Vom organisatorischen Standpunkte aus sind bei der Durchführung der Kundenkreditgewährung die folgenden Gesichtspunkte von Wichtigkeit:

Die Frage, ob ein großes Detailgeschäft Kundenkredite gewähren soll oder nicht, muß von der Geschäftsleitung sorgfältig geprüft werden, weil unter den obwaltenden Verhältnissen in Deutschland ein solcher Beschluß einen außerordentlich starken Einfluß auf das Geschäft nicht nur in finanzieller Hinsicht, sondern auch bezüglich des Geschäftsniveaus ausüben muß. In vielen Fällen wird mit der Durchführung der Kundenkreditgewährung der bewußte Entschluß verbunden werden müssen, das Geschäftsniveau zu senken und sich auf ausgesprochene Massenbedarfsartikel umzustellen. Dies trifft zwar nicht immer zu, denn es hat sich in der Praxis auch gezeigt, daß jemand, der sich bisher nur einen Wintermantel für 60 Mark leisten konnte, bei Kreditgewährung einen besseren Mantel kaufte. Für den Anfang dürfte eine solche Entwicklung jedoch kaum zu vermeiden sein, die erst dann ihren Abschluß findet, wenn sich ein fester Stamm von Kreditkunden gebildet hat, auf den das Geschäft sich nachher fest einstellen kann.

Die praktische Durchführung der Kundenkreditgewährung dürfte wohl fast immer dem Finanz- und Kontrollbureau übertragen werden. Handelt es sich bei dem gewählten System um die Hereinnahme von Schecks einer Finanzierungsgesellschaft, so sind die entsprechenden Aufgaben ohnedies rein finanztechnischer Natur. Die Abrechnung mit der Finanzgesellschaft erfolgt dann durch das Finanz- und Kontrollbureau ähnlich wie der Abrechnungsverkehr mit jeder anderen Bank. Entschließt man sich jedoch dazu, selbst Kundenkredite zu gewähren — die rechtliche Form, unter der dies geschieht, ist dabei gleichgültig — dann ist es erforderlich, daß ein sorgfältig kontrollierter Apparat aufgezogen wird, der den gesamten Konten- und Zahlungsdienst versieht, aber auch in diesem Falle zweckmäßigerweise unter der Oberleitung des Finanz- und Kontrollbureaus steht, das für den finanziellen Status des Geschäfts verantwortlich ist.

Bei der Einrichtung einer eigenen Kundenkreditabteilung muß man sich darüber klarwerden, an welche Schicht des Publikums man sich wenden will. Nicht ungefährlich ist es, in einem großen Waren- oder

Kaufhaus, das auf einen schnellen Umschlag bedacht ist, zu große Kredite zu gewähren, auch wenn die kreditsuchende Kundschaft an und für sich für größere Kredite sicher ist, sei es, daß es sich um wohlhabende Schichten handelt, sei es, daß die Rückzahlung, wie im Falle der Beamtenkredite, durch die Art des festen Einkommens garantiert ist. Denn der zu große Kredit — über die absolute Höhe kann man natürlich im Rahmen einer allgemeinen Erörterung wenig sagen — schließt allzu leicht die Gefahr in sich, daß es sich nicht um einen laufenden Kredit, sondern um die Finanzierung einer Anschaffung handelt. Es soll mit dieser Feststellung nicht gesagt sein, daß man größere Anschaffungen unter besonderen Umständen nicht auch finanzieren könne. Es sei nur darauf hingewiesen, daß bei derartigen Geschäften besondere Gesichtspunkte maßgebend sein müssen, Gesichtspunkte etwa in der Art, wie sie in Möbelgeschäften oder Pianogeschäften, die auf Abzahlung verkaufen, seit langem bekannt und ausprobiert sind. Führt ein Warenhaus im großen Umfange Möbel, so wird es sich wahrscheinlich schon aus Konkurrenzrücksichten dem Zwange nicht entziehen können, auch seinerseits derartige Anschaffungskredite zu geben. Diese sollten jedoch besonders behandelt und bewußt als Kapitalinvestitionen auf lange Sicht beurteilt werden.

Anders dagegen ist es mit der Kundenkreditgewährung, die im Wesen nichts anderes ist als die vor dem Kriege überaus häufige Entnahme auf Rechnung während des laufenden Monats, wobei sich der Gesamtbetrag der Rechnung so zu dem Einkommen verhielt, daß er aus den laufenden Einnahmen ohne Schwierigkeiten gezahlt werden konnte. (Es sei hier eingeschaltet, daß dies auch die Methode ist, nach der die Kundenkreditgewährung von den Waren- oder Kaufhäusern in Amerika in der Regel betrieben wird. In der letzten Zeit zeigen allerdings die in Amerika von den Zentralnotenbanken zusammengestellten Ziffern, daß auch die großen Warenhäuser in stärkerem Umfange neben den laufenden Kundenkrediten [charge accounts] auch Abzahlungsgeschäfte [installment business] betreiben und dadurch den eigentlichen Abzahlungsgeschäften, vor allem, so weit sie schlechte Ware führten oder zu hohe Preise nahmen [Kalkulation 100 % und mehr] starken Abbruch tun.) Daß in der heutigen Zeit hierin eine gewisse Wandlung eingetreten ist und an Stelle der laufenden Rechnung ein kurzfristiges Abzahlungsgeschäft sich eingeführt hat, ist aus den besonderen Verhältnissen zu erklären, sollte aber an dem Prinzip nichts ändern, daß nämlich ein Waren- oder Kaufhaus, das Kundenkredite in größerer Zahl gewährt, die Höhe des einzelnen gewährten Kredites nach den gleichen Grundsätzen bemessen sollte, die vor dem Kriege für die laufende Rechnung maßgebend waren, d. h. also, daß der Kredit nicht höher sein soll oder in dem jetzt zur Diskussion stehenden Fall die Monatsrate des Kredits nicht höher sein soll, als bequem aus dem laufenden Einkommen zurückgezahlt werden kann, und daß weiterhin die Zahl der Raten in der Regel die Gebrauchsdauer des auf Kredit entnommenen Gegenstandes nicht überschreiten soll. Außerdem muß die Höhe der Anzahlung so bemessen werden, daß sie im richtigen Verhältnis zum Werte des auf Kredit entnommenen Gegenstandes steht und tatsächlich einen nicht unbeträchtlichen Prozentsatz zum mindesten seines Einkaufswertes repräsentiert.

Daß sich auf dieser Basis ein System der Kundenkreditgewährung entwickeln läßt, das die laufende Rechnung der Vorkriegszeit ersetzt und weiten Kreisen die Möglichkeit eröffnet, die z. B. zum Beginn des Winterhalbjahres notwendigen etwas größeren Einkäufe in richtiger Qualität zu machen und trotzdem ihre finanziellen Verpflichtungen dann abgewickelt zu haben, wenn neue ähnliche Anforderungen an sie herantreten, ist in der Praxis eindeutig bewiesen. Voraussetzung für das Gelingen eines solchen Systems ist aber vor allen Dingen, daß in den Kreditnehmern das Gefühl dafür hervorgerufen und wachgehalten wird, daß Kreditinanspruchnahme Verantwortlichkeit in sich schließt, ein Gefühl, das durch übermäßige und rigoros gehandhabte Nachforschungen vor der Kreditgewährung leicht ertötet werden kann; abgesehen davon, daß derartige Nachforschungen auch meistens nicht dazu beitragen, eine freundliche Empfindung für die kreditgebende Stelle hervorzurufen. Als viel richtiger hat es sich in der Praxis erwiesen, den Kreditnehmer bei den Kreditverhandlungen auf seine Verantwortlichkeit hinzuweisen und vor allem ihm selbst die Bestimmung der Kreditsumme zu überlassen, d. h. ihm nicht einen Blankokredit von soundsoviel Mark auf Grund der eingeholten Auskünfte zu gewähren, sondern nur genau soviel und nicht einen Pfennig mehr, als er erklärt, haben zu wollen. Daß eine sorgfältige Fälligkeitskontrolle sowie ein pünktliches Mahnen, auf der anderen Seite aber Liberalität in der Gewährung von Zahlungsaufschub, wenn jemand aus vorübergehender Notlage heraus darum ersucht, notwendig sind, um ein derartiges System der Kundenkreditgewährung erfolgreich werden zu lassen, bedarf keiner besonderen Erklärung.

In diesem Zusammenhang ist vielleicht noch die Tatsache erwähnenswert, daß sich aus der Erfahrung der Nachinflationsjahre, trotz der damals herrschenden großen Arbeitslosigkeit, ergeben hat, daß die Verläßlichkeit der Kreditnehmer sich mit der Kleinheit der in Anspruch genommenen Summe steigert, unabhängig von der sozialen Klasse, und daß gerade die Arbeiterbevölkerung in der Erfüllung ihrer Verpflichtungen weitergegangen ist und größere Verantwortlichkeit bewiesen hat, als besser situierte Bevölkerungsschichten.

Der Kontrollmechanismus.

Der Kontrollmechanismus, den aufzubauen zu den wesentlichsten Aufgaben des Leiters des Finanz- und Kontrollbureaus gehört, beruht auf der Anwendung aller betriebsstatistischen Aufzeichnungen zum Zwecke der Betriebskontrolle. Voraussetzung für eine wirksame Betriebskontrolle ist deshalb die exakte Führung einer alle wesentlichen Vorgänge umfassenden Betriebsstatistik. Aus diesem Grunde haben wir uns vielfach daran gewöhnt, wenn wir an Fragen der Betriebskontrolle denken, von Betriebsstatistik zu sprechen. Praktisch ist es jedoch notwendig, zwischen diesen beiden Seiten der Arbeit zu unterscheiden, d. h. einen Unterschied zu machen, zwischen der Betriebsstatistik, die das Material liefert, und der Betriebskontrolle, die es anwendet. Da wir die wesentlichsten Punkte, die bei der Erörterung dieses Fragenkomplexes besprochen werden müssen, bereits früher angeführt und durchgeprüft haben, so können wir uns jetzt mit der Aufzählung derjenigen Arbeiten begnügen, die das Unterlagenmaterial für die Kontrollarbeit liefern. Es ergibt sich dabei die folgende Liste:

1. Auftragsstatistik.
2. Wareneingangsstatistik.
3. Rückstandsstatistik.
4. Umsatzstatistik.
5. Kalkulationsstatistik.
6. Reduktionsstatistik.
7. Lagerbestandsstatistik.
8. Limiterrechnung.
9. Limitkontrolle.

Die Beziehung des Finanz- und Kontrollbureaus zu den anderen Hauptbetriebsabteilungen.

Wie wir gesehen haben, ist es eine der Hauptaufgaben des Finanz- und Kontrollbureaus, die Unterlagen für die kaufmännische Planung sowohl des Gesamtbetriebes wie der einzelnen Abteilungen zu beschaffen. Dies wird insbesondere in solchen Geschäften eine besondere Bedeutung gewinnen, die die Position eines obersten kaufmännischen Betriebsleiters nicht kennen, in denen vielmehr mehrere Obereinkäufer an der Spitze von Abteilungsgruppen stehen, ohne daß der eine in den Arbeitsbezirk des anderen überzugreifen berechtigt wäre. Will man in solchen Geschäften überhaupt einheitliche Methoden durchsetzen, insbesondere soweit die Frage der Aufstellung der Voranschläge und ihrer Kontrolle in Betracht kommt, so wird man notwendigerweise dem Leiter des Finanz- und Kontrollbureaus einen gewissen Einfluß einräumen müssen, wenn nicht — worüber wir auch bereits gesprochen haben — die Geschäftsleitung selbst für die nötige Einheitlichkeit des Vorgehens Sorge trägt. Da dies praktisch leicht zu unersprießlichen Konsequenzen führt, insbesondere dazu verleitet, das Schwergewicht der Geschäftsleitung nach der Seite des kaufmännischen Betriebsbureaus hin zu verschieben, so dürfte in derartig organisierten Betrieben der Leiter des Finanz- und Kontrollbureaus eine Reihe von Funktionen zu erfüllen haben, die sonst dem obersten kaufmännischen Betriebsleiter zufallen.

Der Einfluß des Finanz- und Kontrollbureaus in den kaufmännischen Abteilungen soll aber immer dort seine Grenze finden, wo man nicht mehr in Wertziffern, sondern nach Stückzahl rechnet, d. h. bei der Mengenstatistik. (Über seine Mitarbeit bei der Einführung der Mengenstatistik wurde schon gesprochen.)

Die Beziehung des Finanz- und Kontrollbureaus zu der Werbeleitung und dem Inneren Betriebsleiter wird vor allem auf dem Gebiete der Unkostenkontrolle zu finden sein; ebenso wie auch auf diesem Gebiete ein weiterer Berührungspunkt zwischen dem Finanz- und Kontrollbureau und dem kaufmännischen Betriebsleiter besteht.

Eine Abteilung des Betriebes, in der Funktionäre aller Hauptbetriebsbureaus — höchstens mit Ausnahme der Werbeleitung — zusammentreffen, ist die Warenannahme. Die praktische Bewegung der Ware und alle technischen Probleme, die damit zusammenhängen, liegen gebräuchlicherweise in den Händen des Inneren Betriebsleiters. Die Kontrolle der eingehenden Ware auf Qualität und Menge, die Weiterbearbeitung der Rechnung und die Vorbereitung der Auszeichnung durch Angabe des Verkaufspreises auf der Rechnung (wenn er nicht bereits auf dem Auftrage vermerkt war und nunmehr als richtig bestätigt wurde) sowie der Transport der Ware von der Warenannahme zu den Lägern oder in die Vorratsräume, gehört zu den Obliegenheiten des kaufmännischen Betriebsbureaus. Demgegenüber hat das Finanz- und Kontrollbureau die Aufgabe, die Rechnung vom finanziellen Standpunkt aus zu bearbeiten. Es vergleicht die Rechnung mit dem Auftrag, um festzustellen, ob nicht übermäßig viel über den Auftrag hinaus geliefert worden ist. Es kontrolliert die Kalkulation und stellt die Konditionen sowie das Fälligkeitsdatum fest. Im übrigen behält es die Rechnung und sorgt für ihre entsprechende Weiterbearbeitung in der Buchhaltung resp. der Fälligkeitskontrolle und Regulierungsabteilung.

Buchhaltung.

Die ursprüngliche Hauptaufgabe des Finanz- und Kontrollbureaus war und ist die Buchhaltung, mit der die Kassenkontrolle aufs engste zusammenhängt. Die Liste der Arbeiten, die auf diesem Gebiete zu leisten sind, enthält die folgenden Funktionen:

1. Kassenkontrolle.
2. Durchführung aller Kassentransaktionen (Hauptkasse).
3. Betriebsbuchhaltung, die zerfällt in:
   a) Führung des Kreditorenkontokorrents und der Grundbücher,
   b) Fälligkeitskontrolle und Regulierung.
4. Lohnbuchhaltung und Personalstatistik. Damit verbunden Einkommensteuerabzug, Sozialversicherung usw.
5. Kundenkreditabteilung.

In der Regel gehört die oberste Leitung der Kundenkreditabteilung und der mit ihr zusammenhängenden Arbeiten ebenfalls in das Arbeitsbereich des Finanz- und Kontrollbureaus. Diese Arbeiten sind:

1. Prüfung der Anträge auf Kontoeröffnung.
2. Festsetzung der Kredithöhe.

   (Diese beiden Funktionen werden in der Regel bei uns an einer sogenannten Kreditkasse erledigt.)
3. Führung des Kundenkontokorrents (Debitoren).
4. Mahnwesen.
5. Rechtsabteilung.

Ist das Kundenkreditgeschäft eines Hauses besonders umfangreich, so ist es auch möglich, die mit seiner Durchführung und Verwaltung zusammenhängenden Aufgaben einer Persönlichkeit zu übertragen, die dem Leiter des Finanz- und Kontrollbureaus im Range gleichgestellt ist. Es wird im Einzelfalle zu prüfen sein, ob eine derartige Regelung wirklich zweckentsprechend ist. Wie wir oben auseinandergesetzt haben und wie sich aus der Natur des Kundenkreditgeschäftes resp. der bei seiner Durchführung zu leistenden Arbeiten ergibt, handelt es sich in der Hauptsache um buchhälterische Fragen, d. h. um die Fragen der Führung eines aus sehr zahlreichen kleinen Posten sich zusammensetzenden Debitorenkontokorrents. Es ist deshalb kaum ein Grund einzusehen, warum zur Lösung dieser buchhälterischen Aufgaben nicht die Stelle des Hauses herangezogen werden sollte, die einen Hauptteil ihrer Arbeit darin sehen muß, Bücher zu führen und zu kontrollieren und angewandte Buchungssysteme zu verbessern. Schlägt man den anderen Weg ein, errichtet man eine absolut selbständige Kundenkreditabteilung, deren Leiter im Range dem Leiter des Finanz- und Kontrollbureaus gleichsteht, so läuft man nur Gefahr, Doppelarbeit einzuführen oder einen Zustand heraufzubeschwören, der der Einheitlichkeit des buchhälterischen Betriebes, die eine der wichtigsten Voraussetzungen für ein technisch einwandfreies, exaktes und schnelles Arbeiten darstellt, zuwiderlaufen muß.

Inventuraufnahme.

Zu den Funktionen des Finanz- und Kontrollbureaus gehört auch die Inventuraufnahme. Wenngleich selbstverständlich nicht verlangt werden kann, daß das Personal des Finanz- und Kontrollbureaus die Arbeit der Inventuraufnahme selbständig durchführt, so ist das Finanz- und Kontrollbureau auf der anderen Seite die Stelle, die für den Mechanismus und die exakte Durchführung verantwortlich gemacht werden muß. Dies kann um so eher geschehen, als die Warenstatistik dem Finanz- und Kontrollbureau ein Urteil darüber ermöglicht, ob die ausgerechneten Inventurergebnisse stimmen können oder nicht.

Allgemeine Verwaltungsaufgaben.

Als der oberste Bureauchef des Betriebes hat der Leiter des Finanz- und Kontrollbureaus ferner eine Reihe von Fragen zu bearbeiten, die üblicherweise im Bureau erledigt werden. Dazu gehören:

1. Versicherungsfragen,
2. Steuerfragen,
3. Geschäftsbericht; Berichte an Behörden, Verbände usw.,
4. Leitung des Bureaupersonals,
5. Registratur,
6. Empfangnahme und Verteilung der Post,
7. Rechtsfragen, soweit sie nicht vom Syndikus oder der Geschäftsleitung selbst bearbeitet werden müssen.

Außerdem hat sich der Leiter des Finanz- und Kontrollbureaus, wie sich schon aus dem Namen ergibt, um sämtliche Finanzangelegenheiten der Firma zu kümmern, sei es nun, daß es sich um laufende Finanzierung handelt, sei es daß Fragen der Änderung des Firmencharakters, Umgründung usw. in Frage stehen. Daß er dabei auf das engste mit der Geschäftsleitung zusammenarbeitet, dürfte sich von selbst verstehen.

In den amerikanischen Waren- und Kaufhäusern hat die Arbeit des Finanz- und Kontrollbureaus in ungefähr dem Ausmaße, wie wir sie vorstehend geschildert haben, außerordentlich viel zu der Entwicklung der jüngsten Zeit beigetragen, obwohl auch drüben der finanzielle Leiter erst seit kurzem seine Stellung errungen hat. In Deutschland zeigen sich bisher erst die ersten Spuren einer Entwicklung, die sich mit der amerikanischen vergleichen könnte. Wir glauben aber, daß auch bei uns das Finanz- und Kontrollbureau, insbesondere wenn es in zunehmendem Maße von wirklich bedeutenden Kaufleuten geleitet wird, dazu bestimmt ist, dem Geschäft mehr und mehr seinen Stempel aufzudrücken. Ein finanzieller Leiter im Sinne dieses Kapitels wird es verstehen, innerhalb des Betriebes nicht nur das Material zu beschaffen, das geeignet ist, die kaufmännische Disposition aus dem Halbdunkel des instinktiven Handelns in das Licht systematisch rationeller kaufmännischer Arbeit überzuführen; er wird auch durch entsprechende Verarbeitung und Interpretation dieses Materials und dadurch, daß er die Schlußfolgerungen, die sich aus ihm ergeben, in den Sitzungen des Betriebsausschusses mit Energie vertritt, aktiv dazu beitragen, daß die Sprache der Ziffern im Einzelhandelsbetriebe neben Warenkenntnis, Propaganda und Kundendienst zu einem lebendigen Betriebselement wird.

8. Unkostenkontrolle.

Der Einzelhandel und die Verbilligung der volkswirtschaftlichen Verteilung.

Wie in allen Teilen der deutschen Wirtschaft, so ist auch im Einzelhandel das Gebot nicht nur der Stunde, sondern zweifellos der nächsten Jahre, den Unkostenprozentsatz niedrig zu halten. Leicht ist diese Aufgabe nicht zu lösen. Theoretisch gibt es zwei Wege, auf denen dieses Ziel erreicht werden kann: Entweder die Steigerung des Umsatzes bei möglichst gleichbleibender Unkostenziffer in effektiven Zahlen oder aber Druck auf die Unkosten, so daß sich der Prozentsatz auch bei im wesentlichen gleichbleibenden Umsätzen senkt.

Wie sich die Umsatzentwicklung im deutschen Einzelhandel, in der deutschen Wirtschaft überhaupt in den nächsten Jahren gestalten wird, läßt sich natürlich nicht voraussehen. Der deutsche Einzelhandel kann der Natur der Sache nach keinen anderen Wunsch haben als alles zu tun, was irgendwie den Umsatz heben könnte. Er muß aber auch mit dem Gegenteil rechnen und deshalb notgedrungenermaßen in der Bemessung seiner Unkosten so vorsichtig vorgehen, daß auch ein stabil gehaltener oder sogar noch gedrückter Umsatz die Gewinnspanne nicht völlig zum Verschwinden bringt. Daß eine derartige Einstellung nur aus der Not geboren sein kann und darüber hinaus Gefahren für die Steigerung des Umsatzes mit sich bringen muß — weil man schließlich etwas tun muß, um den Umsatz zu steigern und alle Tätigkeit auf diesem Gebiete Unkosten verursacht — bedarf kaum einer näheren Erläuterung.

Dabei spielt noch eine andere Frage eine sehr bedeutsame Rolle, nämlich die, ob wir in der Zukunft mit steigenden, fallenden oder stabilen Preisen zu rechnen haben werden. In Amerika ist bekanntlich die Stabilität der günstigen Konjunktur, die in den letzten 6 Jahren zu beobachten war, von einer Entwicklung begleitet gewesen — der

Kausalzusammenhang läßt sich nicht mit wenigen kurzen Bemerkungen dartun — die eine ca. 25proz. Preisminderung zugleich mit einer etwa 30proz. Lohnsteigerung aufwies. Diese Frage ist deshalb so bedeutsam, weil bei einer Senkung der Preise die Aufrechterhaltung des Umsatzes — in Mark gerechnet — die Bewältigung einer erheblich größeren Menge erfordert und damit zugleich die Erledigung einer wesentlich höheren Zahl von Verkaufstransaktionen. Es ist ein offenes Geheimnis, daß die Unkostenhöhe in engstem Zusammenhang, vielleicht sogar im gleichen proportionalen Verhältnis, zu der Zahl der bewältigten Verkaufstransaktionen steht. Eine Entwicklung, die die vielfach so stark herbeigewünschte Preissenkung bringt, müßte demnach folgerichtig mit einer Senkung des Unkostenanteils berechnet auf jede einzelne Verkaufstransaktion Hand in Hand gehen, wenn nicht eine Erhöhung des Unkostensatzes im Gesamtbetrieb die Folge sein soll. Aus alledem ergibt sich, daß es für den Einzelhandel mehr denn je notwendig ist, die Unkostenentwicklung zu überwachen und alles, was in seinen Kräften steht, zu tun, um alle die Elemente im Unkostenkonto auszuschalten, die unproduktiven Charakter tragen (im weitesten Sinne des Wortes) und dann vor allem sein Augenmerk auf alle die Rationalisierungsmaßnahmen im Einzelhandelsgewerbe zu lenken, die das Ziel haben, die andere Position, die neben den Unkosten den Bruttogewinn vermindert, die Preisreduktionen, auf ein Mindestmaß herabzudrücken, Maßnahmen, die vor allem darauf hinauslaufen, den Lagerumschlag zu erhöhen.

Dazu kommt noch ein weiterer Punkt, der den Einzelhandel veranlassen sollte, mit aller ihm zur Verfügung stehenden Energie nicht nur die Unkostensätze zu drücken, sondern vor allem so zu arbeiten, daß nicht nur der beteiligte Gewerbezweig, d. h. der Einzelhandel selbst, sondern vor allem auch die wirtschaftliche Öffentlichkeit und die weiten Verbraucherkreise davon überzeugt sind, daß sie im Einzelhandelsverkaufspreis nur soviel Unkosten bezahlen, als bei dem gegenwärtigen Stande der Wirtschaftstechnik unumgänglich notwendig und deshalb volkswirtschaftlich berechtigt ist. Wenn auch vielleicht in der letzten Zeit der Ruf nach der Ausschaltung des Zwischenhändlers etwas an Werbekraft eingebüßt hat, und wenn dieser Ruf vielleicht auch nie in erster Linie gegen den Einzelhandel gerichtet war, so spricht doch die Entwicklung der verschiedenen genossenschaftlichen und Selbsthilfeorganisationen eine Sprache, die kein seiner Verantwortung bewußter Einzelhändler überhören sollte. Darüber, ob letzten Endes die genossenschaftliche Versorgung des breiten Publikums oder die Versorgung durch den Einzelhandel das Richtige ist, wird man kaum theoretisch ein Urteil abgeben können. Der Beweis wird in der Praxis erbracht werden müssen. Will der Einzelhändler in diesem Kampfe seine Lebensfähigkeit und Leistungsfähigkeit beweisen, so wird er das nur dadurch tun können, daß er in seiner Preisstellung, in der Auswahl seiner Sortimente, in dem Kundendienst, den sein Geschäft leistet, den Selbsthilfeorganisationen überlegen ist, ohne daß er dafür Mehrforderungen an die verbrauchende Bevölkerung stellt. Wenn es etwas gibt, was den deutschen Einzelhändler davon überzeugen sollte, daß auch in Deutschland der Gesichtspunkt der Wahrnehmung der Interessen der verbrauchenden Bevölkerung — und was ist denn das schließlich anderes als Kundendienst im besten Sinne des Wortes — für den Erfolg jedes Gliedes der volkswirtschaftlichen Verteilung von ausschlaggebender Bedeutung und überzeugender Werbekraft auf die Masse ist, dann ist es der Erfolg der genossenschaftlichen und Selbsthilfeorganisationen. Diesem Erfolg kann man nicht, wie es vielfach geschieht, durch den Ruf nach dem Kadi beikommen, sondern dadurch, daß man den Beweis in der Praxis erbringt. Dieser Beweis wird erbracht sein, wenn entweder die genossenschaftlichen Organisationen das Maß an wirtschaftlicher Elastizität usw., das der Einzelhandelsbetrieb heute vor ihnen voraushat, übernehmen, um es mit dem ihnen innewohnenden Prinzip des Kundendienstes zu verbinden, oder wenn umgekehrt der Einzelhandel, ohne seine speziellen Vorzüge aufzugeben, es versteht, sich im weitestgehenden Sinne des Wortes zum Interessenvertreter der breiten Schichten seiner Kundschaft zu machen, der Einkäufer der Kundschaft zu werden und in der Wirtschaft, vor allem in der Produktion durchzusetzen, daß das hergestellt wird, was die Kundschaft braucht, nicht aber, daß der Kundschaft das aufgezwungen werden muß, was produziert ist. Und diese Leistung muß der Einzelhandel vollbringen, ohne daß seine Vermittlungstätigkeit höhere Spesen verursacht als volkswirtschaftlich gerechtfertigt ist in dem Sinne, wie es oben dargelegt wurde.

Diese Forderung ist u. a. nur durch eine besonders wirksame Unkostenkontrolle zu erfüllen.

Mancher deutsche Detailhändler, der diese Ausführungen liest, wird vielleicht ihre Berechtigung zugestehen, aber erklären, es handle sich um „olle Kamellen“; denn tatsächlich werde im deutschen Einzelhandel der Unkostensatz sorgfältig, vielleicht zu sorgfältig überwacht. Wir wollen gern zugestehen, daß sehr viel nach dieser Richtung hin im deutschen Einzelhandel getan wird, und es ist auch hinreichend bekannt, daß der Unkostenprozent in Deutschland im Durchschnitt nicht unerheblich z. B. unter den amerikanischen Sätzen liegt. Wir wissen auch, daß die meisten Chefs von Waren- und Kaufhäusern es sich ihre persönlichste Sorge sein lassen, die Unkostenziffer soweit wie möglich zu drücken. Trotzdem scheint uns Grund genug vorhanden, um auf diese Frage noch einmal hinzulenken, und vielleicht werden unsere

Leser mit uns übereinstimmen, wenn wir die Sache einmal weniger vom allgemeinen Sparsamkeitsgesichtspunkt aus als vielmehr unter dem Gesichtspunkte des erzielten Erfolges und der aufgewandten Mühe und Arbeit betrachten. Der Wille allein, billig zu wirtschaften, tut es nicht. Und wenn man sich überlegt, daß die Geldsummen, die für Unkosten ausgegeben werden, beinahe die Hälfte dessen ausmachen, was für die Ware, die man umsetzen will, bezahlt wird, und wenn man auf der anderen Seite vergleicht, welches Maß von Spezialarbeit, Mühe, Erfahrung usw. aufgewandt wird, um das Geld für die Ware vorteilhaft auszugeben, im Vergleich mit dem mehr oder weniger lapidaren Nein des Geschäftsinhabers der Bewilligung von Unkostenpositionen gegenüber — einem Nein, das viel zu häufig der stimmungsmäßigen Beurteilung unterliegt und unter dem Eindruck eines günstigen Geschäftstages in ein Ja umgewandelt wird — dann kommt man vielleicht doch zu dem Resultat, daß in der Unkostenkontrolle noch einiges zu geschehen hat.

Begriffsbestimmung.

Wenn wir bisher von Unkostenkontrolle gesprochen haben und auch in Zukunft von Unkostenkontrolle sprechen werden, so sind wir uns dessen bewußt, daß zunächst eine Klarstellung des Begriffes notwendig ist, um Mißverständnisse auszuschließen. Tatsächlich kann man zwei verschiedene Dinge unter Unkostenkontrolle verstehen. Einmal den Mechanismus im Geschäft, der erforderlich ist, um das, was über Unkostenkonto verbucht wird, zu kontrollieren, d. h. knapper gefaßt also Kontrolle aller Geschäftsausgaben, die nicht der Beschaffung von Ware dienen. Zweitens aber versteht man unter Unkostenkontrolle alles, was mit der Sparsamkeit im Geschäftsbetrieb zu tun hat, sowie den notwendigen Ausgleich zwischen dem Prinzip der Sparsamkeit schlechthin und den zur Steigerung der Leistungsfähigkeit und des Kundendienstes notwendigen Ausgaben. Auf diese zweite weitere Definition beziehen sich hauptsächlich die Darlegungen gegen Ende unseres Kapitels, nachdem wir im Anfang uns mit dem Kontrollmechanismus als solchem beschäftigt haben.

Außerdem schließt die Besprechung der Unkostenkontrolle die Annahme in sich, daß eine solche Kontrolle als notwendig anerkannt wird, und geht darüber hinaus von der Voraussetzung aus, daß eine zentralisierte Stelle vorhanden ist, die diese Kontrollfunktionen ausübt. Wie die Verhältnisse in der Praxis aber wirklich liegen, existiert in den meisten Fällen nur der Begriff der Unkostenkontrolle, d. h. man ist sich bewußt, daß die Unkosten kontrolliert werden müssen. Eine Zentralstelle, die ihre Hauptaufgabe darin sieht, Unkosten zu kontrollieren, existiert dagegen in den wenigsten Fällen.

Zentralisation und Durchführung.

Wenn man die Unkosten wirksam kontrollieren will, so genügt es nicht, daß man sich im allgemeinen oder immer wieder darüber klar ist, daß eine Kontrolle ausgeübt werden muß. Man braucht einen Kontroll**mechanismus**, der nicht nur überhaupt geschaffen, sondern vor allem wirksam geleitet sein muß; denn Kontrolle kann nur dann ihren Zweck erfüllen, wenn sie dauernd und gleichmäßig ausgeübt wird und außerdem bis ins einzelnste geht.

Zentralisation der Unkostenkontrolle ist der erste Schritt auf dem Wege zu ihrer wirksamen Durchführung. Wo jeder mitzureden hat, hat keiner etwas zu sagen. Die Technik der Unkostenkontrolle ist für jede Art der Ausgaben gleich. Denn dieselben Gründe sind es in den meisten Fällen, die zu den verschiedensten Ausgaben führen, ob es sich nun um Ausgaben für Reklame oder Verwaltungszwecke, Einkaufs- oder Verkaufszwecke oder um Ausgaben für den laufenden Betrieb handelt. Deshalb sollte eine besondere zentralisierte Stelle die Ausgaben aller Abteilungen des Geschäftes — immer abgesehen von der Warenbeschaffung — kontrollieren, und sie in das richtige Verhältnis zu den maßgebenden Geschäftsfaktoren, wie Umsatz, Gewinn und allgemeine Lage zu bringen suchen. Die Arbeit, die damit verbunden ist, ist wichtig genug, um sie einem Manne zu übertragen, dessen gesamte Aufmerksamkeit der Unkostenkontrolle und -überwachung gewidmet ist. Man kann weder die Unkostenkontrolle einem anderen Posten im Geschäft nebenbei mit anschließen, weil die Unkostenkontrolle ihrer Natur nach eine Behandlung als Nebensächlichkeit nicht verträgt und deshalb die anderen Aufgaben dieser Stellung leiden würden; noch kann man die Kontrollaufgaben dezentralisieren und jedem Betriebsleiter die Kontrolle seines Spezialunkostenkontos übertragen, weil dadurch allzu leicht ungleiche Handhabungen entstehen, die zu Ungerechtigkeiten führen, und außerdem verhindert wird, daß die Vorzüge der Spezialisation auch auf diesem wichtigen Gebiete voll zur Geltung kommen. Es wird schon schwierig genug sein, **einen** tüchtigen Unkostenspezialisten zu finden resp. auszubilden, um wieviel schwieriger, wenn man durch falsche Organisation mehrere solcher Persönlichkeiten benötigt.

Eingliederung in den Organisationsaufbau.

Ist man sich darüber klar, daß die Unkostenkontrolle an einer Stelle zentralisiert werden soll, dann ist zu entscheiden, von welcher Stelle der Gesamtorganisation diese zentrale Kontrolle am zweckentsprechendsten ausgeübt werden kann, d. h. ob der Unkostenkontrolleur unterstehen soll:

1. der Geschäftsleitung selbst oder
2. dem Inneren Betriebsbureau oder
3. dem Finanz- und Kontrollbureau.

Um diese Frage beantworten zu können, haben wir zu untersuchen

1. die Aufgaben der Unkostenkontrolle,
2. die Aufgaben der drei oben angeführten Organisationseinheiten, denen evtl. die zentrale Unkostenkontrolle unterstehen würde,
3. die Organisationsprinzipien, die für die wirksame Durchführung einer derartigen Kontrolle überhaupt maßgebend sein müssen.

Bevor wir diese 3 Elemente besprechen, haben wir einen vierten Punkt zu erledigen, der in der Praxis von ausschlaggebender Bedeutung ist, nämlich die Frage des menschlichen Elements in der Unkostenkontrolle. Die Durchführung jeder Kontrollaufgabe setzt voraus, daß jemand vorhanden ist, der sich denen gegenüber durchzusetzen versteht, die er zu kontrollieren hat. Bei der Kontrolle der Unkosten ist dieser Gesichtspunkt, wenn möglich, noch bedeutsamer als auf jedem, anderen Gebiet. Auf der anderen Seite haben wir bereits früher dargelegt, daß in einer allgemeinen Untersuchung, wie wir sie hier vornehmen die Frage der menschlichen Qualifikation und damit auch die Frage, wie weit in der Praxis unter Berücksichtigung des vorhandenen und erreichbaren Menschenmaterials Abweichungen von der idealen Organisationsform notwendig sein werden, auszuschalten hat. Es kann für unsere Zwecke durchaus nicht bestimmend sein, daß vielleicht die Persönlichkeit des Leiters des Finanz- und Kontrollbureaus nicht stark genug ist, um die Unkostenkontrolle wirksam durchzuführen und daß deshalb der Geschäftsleiter dem Inneren Betriebsbureau diese Funktionen überträgt. Wir glauben aber auch, daß eine zu weitgehende Anpassung der Organisation eines Geschäfts an das vorhandene Menschenmaterial schließlich die große Gefahr einer Schwächung der Gesamtorganisation nach sich ziehen kann. Denn ebenso wie der Geschäftsleiter selbst nicht willkürlich Pflichten und Aufgaben, die ihm der Konkurrenzkampf aufzwingt, von sich abwälzen kann, ohne daß dadurch eine gefährliche Lücke entsteht, können auch die einzelnen Positionen im Geschäft nicht nach den zufälligen Fähigkeiten des vorhandenen Personalbestandes umgemodelt werden. Der Geschäftsleiter muß vielmehr wissen, welche Ansprüche jede Position in seinem Geschäft stellt, und er muß ohne persönliche Rücksichtnahme die Männer zu finden suchen, die diese Position auszufüllen vermögen. Sonst wird er zu seinem Leidwesen erfahren, daß ein Element der Unruhe in die gesamte Organisation hereingetragen wird, weil eben nicht die objektiven Anforderungen der Stellung, sondern die subjektiven Qualitäten zur Leistung des verfügbaren Menschenmaterials entscheidend für den Organisationsaufbau waren.

Die Aufgaben der Unkostenkontrolle.

Unkostenkontrolle im weiteren Sinne des Begriffs schließt die folgenden Arbeiten und Schritte in sich:

1. Zusammenstellung der bisherigen und laufenden Unkostenziffern,
2. Aufstellung von vorläufigen Unkostenvoranschlägen und Verteilung dieser Voranschläge sowie der Aufstellungen über die bisherige Unkostenentwicklung an die verschiedenen Betriebsabteilungen,
3. Bearbeitung, Prüfung und Änderung der Unkostenvoranschläge, die von den Betriebsabteilungen eingereicht werden unter dem Gesichtspunkt
   a) der Richtlinien der Geschäftsleitung
   b) eigener kritischer Analyse,
4. Feststellung des Unkostenvoranschlages (Budgets) nach Rücksprache mit den Beteiligten sowie ferner Herbeiführung des notwendigen Kompromisses,
5. Kontrolle geplanter Ausgaben durch Vergleich mit dem Unkostenvoranschlag,
6. Vergleich der tatsächlichen Ausgaben mit dem Voranschlag,
7. Tägliche Kontrolle zum Zwecke der Verhütung übermäßiger Ausgaben, die im Zweifelsfalle der Entscheidung der Geschäftsleitung zu unterbreiten sind,
8. Revision des Unkostenbudgets mit Rücksicht auf Veränderungen in der allgemeinen Lage hinsichtlich
   a) Umsatz,
   b) Gewinn,
   c) Vergleichsziffern,
9. Hinweis auf Unkostenpositionen, die spezielle Untersuchung erfordern (evtl. Zusammenarbeit mit der betreffenden Betriebsabteilung zum Zwecke der Unkostenminderung).

Wohin gehört die Unkostenkontrolle?

Nachdem wir uns nunmehr darüber klar geworden sind, welche Arbeit im einzelnen von dem zentralen Unkostenkontrolleur zu leisten ist, müssen wir entscheiden, wohin diese Arbeit der Natur ihrer Tätigkeit nach gehört, ob unter die Leitung der Geschäftsleitung selbst oder aber des Inneren Betriebsbureaus oder des Finanz- und Kontrollbureaus.

Wir sind uns in einem früheren Kapitel darüber klar geworden, daß die Funktionen der Geschäftsleiter allgemeiner Natur sind, d. h. also daß die Geschäftsleitung, kurz zusammengefaßt, etwa die folgenden Aufgaben zu erfüllen hat:

1. Die Bestimmung von allgemeinen Geschäfts- und Betriebsgrundsätzen, die dem Geschäftszweck angemessen sind.

2. Die Bestimmung der allgemeinen Betriebs- und Arbeitsmethoden.

3. Die Entscheidung über die grundsätzliche Organisationsform und alle die organisatorischen Änderungen, die notwendig sind, um die beste Ausnutzung des Betriebs und des Personals sicherzustellen.

4. Leitung und Anregung, wenn man will Begeisterung, der im Betriebe tätigen Menschen.

Schon diese kurze Aufzählung einiger weniger Hauptaufgaben der Geschäftsleitung läßt deutlich erkennen, daß die tägliche Kleinarbeit der Unkostenkontrolle schwerlich als ein wesentlicher Teil der Arbeit der Geschäftsleitung angesprochen, mit ihr jedenfalls nicht als innerlich verbunden betrachtet werden kann. Einmal ist mit der Unkostenkontrolle zuviel kleinliche Einzelarbeit verbunden, als daß sie für die Durchführung großzügiger Gesichtspunkte, wie sie der Geschäftsleitung in erster Linie obliegt, besonders fördernd wirken könnte. Dann aber ist die Arbeit der Unkostenkontrolle oft genug mit dem Worte Nein verbunden, und es ist mehr als zweifelhaft, ob ein Nein dieser oder jener Ausgabe gegenüber geeignet ist, die allgemeine Zufriedenheit zu erhöhen. Der Geschäftsleiter, der notgedrungen selbst dieses Nein spricht, mag dadurch leicht seine allgemeine Beliebtheit einbüßen und außerdem gleichzeitig viel von seiner Begeisterungsfähigkeit verlieren. Oder aber er kommt in Versuchung, das Nein nicht häufig genug auszusprechen. Bleibt er dagegen die Appellationsinstanz, so muß der Unkostenkontrolleur die Last der Unbeliebtheit tragen. Entscheidet der Geschäftsleiter gegen das Nein des Unkostenkontrolleurs, so kommt er in den Ruf der Großzügigkeit, und wenn es auch nur deshalb geschieht, weil seine Entscheidung erst nach einem Kampfe und gegen den Widerstand des Unkostenkontrolleurs erfolgt ist. Das mag lächerlich erscheinen, ist schließlich auch nur ein psychologischer Gewinn, aber solange geschäftliche Organisationen sich aus Menschen, mit menschlichen Fehlern behafteten Menschen zusammensetzen, wird man die psychologischen Faktoren nicht außer acht lassen dürfen.

Wenn der Geschäftsleiter sich die Entscheidung in jeder einzelnen Unkostenfrage vorbehält, so dürfte er das Vertrauen, das man einer übergeordneten richterlichen Instanz entgegenbringen muß, bald einbüßen. Man kann auch nicht dagegen einwenden, daß ihn die Ausübung der Unkostenkontrolle in engsten Kontakt mit den Einzelheiten des Geschäfts bringt und ihm dadurch eine bessere Einsicht gibt, als er sie sonst gewinnen könnte. Enger Kontakt mit den Einzelheiten des Betriebsablaufes ist eine ausgezeichnete Sache, aber nur dann, wenn dieser Kontakt so eng ist, daß jede kleinste Einzelentscheidung auf Grund vollständiger Kenntnis aller in Frage kommenden Gesichtspunkte getroffen werden kann. Ein Zwang zur Entscheidung ohne die intime Kenntnis aller einzelnen die Entscheidung beeinflussenden Faktoren — und das wird in den allermeisten Fällen die Situation sein, in die sich der Geschäftsleiter bringt, wenn er sich die Entscheidung über die Ausgaben vorbehält — ist dagegen gefährlich, nicht nur weil dadurch die überlegte Kontinuität der Entscheidungen allzu leicht abhanden kommt, die die Voraussetzung dafür ist, daß die betroffenen Stellen von der Gerechtigkeit und Notwendigkeit der Entscheidung überzeugt sind und zu der entscheidenden Persönlichkeit Vertrauen haben, sondern weil durch ein Eindringen des persönlichen Elementes gerade in die Entscheidungspraxis über die laufenden Betriebsunkosten nur allzu leicht ein Gefühl der Unsicherheit im Betriebe hervorgerufen wird, das das Gleichgewicht der Kräfte untergräbt, von dem soviel für den Geschäftserfolg abhängig ist.

Behält sich die Geschäftsleitung zuviel Einzelentscheidungsrechte über die Ausgaben, die der Betrieb erfordert, vor, so besteht die Gefahr, daß der Betrieb praktisch nicht mehr nach den Geschäftsgrundsätzen, die allgemein aufgestellt wurden, geleitet wird, sondern daß Entscheidungen von Fall zu Fall dafür maßgebend werden, wie sich der Betrieb einstellt. Die Inkonsequenz, die der Natur der Sache nach in solchen Fall-zu-Fall-Entscheidungen liegen muß, dürfte es in kurzer Zeit zuwege bringen, daß die Geschäftsleitung nicht nur auf diesem Gebiete, sondern überhaupt Schwierigkeiten haben wird, für die von ihr aufgestellten allgemeinen Geschäftsgrundsätze bei den nachgeordneten Instanzen Gefolgschaft zu finden, weil man immer wieder darauf hinweisen kann, daß die Geschäftsleitung selbst auch nicht die Konsequenz in ihrer Entscheidungspraxis beweist, die sie von ihren Untergebenen verlangt.

Zusammenfassend müssen wir deshalb feststellen: Entweder nimmt die Geschäftsleitung ihre sonstigen großen Aufgaben ernst, dann könnte sie die Unkostenkontrolle nur sporadisch, d. h. praktisch gar nicht ausüben. Oder sie verlegt ihre gesamte Energie auf dieses eine, wenn auch besonders wichtige Teilgebiet, dann besteht die große Gefahr, daß die gesamte Betriebsführung einer Politik der Einschränkung unterliegt, die zwar als zeitweilige Notmaßnahme manchmal viel Gutes leisten kann, auf die Dauer aber jede Bewegungsfreiheit und Arbeitsfreude des Personals und auch der leitenden Männer untergraben muß. Aus allen diesen Gesichtspunkten ergibt sich eindeutig, daß die Geschäftsleitung als solche direkt mit der Unkostenkontrolle nicht belastet werden sollte.

Es bleibt also lediglich zu entscheiden, ob das Innere Betriebsbureau oder das Finanz- und Kontrollbureau für die Unkostenkontrolle verantwortlich zeichnen sollen. Wenn wir uns nach dem Material richten sollten, das wir als Basis unserer Arbeit gesammelt haben, so käme in erster Linie eine Eingliederung der Unkostenkontrolle in den Machtbereich des Inneren Betriebsbureaus in Frage. Wir sind im Gegensatz dazu zu der Entscheidung gekommen, daß das Finanz- und Kontrollbureau die richtige Stelle hierfür ist, und zwar ausgehend von den allgemeinen Organisationsprinzipien, die nach allgemeiner Erfahrung in allen großen Organisationen maßgebend sind, und die gerade in diesem Falle nicht vernachlässigt werden dürfen, wenn nicht der Wirkungsgrad der Kontrolltätigkeit von vornherein unter einem wesentlichen „handicap“ leiden soll.

Die maßgebenden Organisationsprinzipien.

Die Entscheidung darüber, ob die zentralisierte Unkostenkontrolle dem Inneren Betriebsbureau oder dem Finanz- und Kontrollbureau unterstehen soll, kann nur unter Berücksichtigung der folgenden allgemeinen Organisationsprinzipien getroffen werden:

1. Jede Betriebsabteilung soll so eingerichtet sein, daß sie über einen geschlossenen Kreis von Pflichten und Verantwortlichkeiten verfügt.

2. Jede Abteilung und jedes Mitglied der verschiedenen Abteilungen sollte, soweit es nicht mit dem Verantwortungsbewußtsein dem Gesamtbetriebe gegenüber kollidiert, Spezialist auf einem besonderen Gebiete sein und die Spezialerfordernisse seines Teilgebietes durchzusetzen suchen.

3. Der Organisationsaufbau des Gesamtbetriebes soll so gestaltet sein, daß die Durchführung der Aufgaben einer Abteilung oder eines Einzelnen von der eben so sorgfältigen Erfüllung der Aufgaben anderer Abteilungen oder anderer Einzelpersonen abhängig ist. Mit anderen Worten: Es muß ein System der automatischen Kontrolle durch gegenseitige Abhängigkeit der einzelnen Betriebsfunktionen voneinander geschaffen werden, das den großen Vorzug besitzt, einmal durch die enge innere Verknüpfung der verschiedenen Funktionen einen großen Kontrollapparat unnötig zu machen, und zweitens den Wirkungsgrad dadurch zu steigern, daß der eine, der viel leisten will, auf die Stellen, von denen der Erfolg seiner Arbeit außer ihm selbst noch abhängig ist, einen Druck dahin ausübt, daß sie ebensoviel leisten.

Das erste Prinzip. Wenn man die Eingliederung der Unkostenkontrolle in den Apparat des Inneren Betriebsleiters verteidigen wollte, so könnte man etwa folgendes anführen: Die Aufgabe des Inneren Betriebsleiters ist die Durchführung des Kundendienstes in seiner vielgestaltigen Form. Diese Aufgabe läßt sich nicht erfüllen, wenn mit ihr nicht gleichzeitig die Verfügungsgewalt über die notwendigen Geldmittel automatisch verbunden ist.

Bedeutet aber wirklich die Kombination der Aufgaben des Kundendienstes und der Unkostenkontrolle, daß der Innere Betriebsleiter volle Verantwortlichkeit sowohl für die Unkosten wie für den Kundendienst übernimmt? Oder handelt es sich dabei nicht vielmehr um ein unbefriedigendes Kompromiß?

Wir glauben, daß Unkostenkontrolle und Kundendienst innerlich entgegengesetzte Gesichtspunkte einschließen. Kundendienst führt zur Ausgabe von Mitteln. Unkostenkontrolle hat die Aufgabe, Mittel zu sparen. Der Wunsch, der Kundschaft jede Bequemlichkeit zu bieten, kann dazu führen, daß der Betrieb unrationell arbeitet, während umgekehrt rigorose Sparsamkeit berechtigte Anforderungen des Kundendienstes unterbinden wird. Da Menschen nur selten in der Lage sind, mit sich selbst vernünftige Kompromisse abzuschließen, so glauben wir, daß auch der Innere Betriebsleiter mit der Laterne gesucht werden muß, der nicht aus seiner Natur heraus einer der beiden Aufgaben vor der anderen den Vorzug geben muß.

Dabei ist noch ein anderer Gesichtspunkt zu berücksichtigen. Selbst wenn man es für erforderlich, zweckmäßig und angängig hält, daß der Innere Betriebsleiter absolute Verfügungsgewalt über alle die Summen hat, die für die Durchführung des Inneren Betriebes, für einen angemessenen Kundendienst usw. ausgegeben werden müssen, so ist damit noch nichts darüber gesagt, wieso der Innere Betriebsleiter gleichzeitig auch einen Anspruch darauf haben sollte, die Unkosten der anderen Betriebsabteilungen ebenfalls zu kontrollieren. Nachdem wir auseinandergesetzt haben, daß das Innere Betriebsbureau eines der vier gleichberechtigten Betriebsbureaus sein soll, ergibt sich von selbst, daß die Übertragung der Kontrolle der Unkosten der übrigen Hauptbetriebsbureaus auf den Inneren Betriebsleiter eine Überspannung seiner Rechte bedeuten würde. Man müßte dann, wenn man daran festhalten will, daß der Innere Betriebsleiter seine eigenen Ausgaben kontrolliert, den anderen Betriebsleitern mindestens das gleiche Recht einräumen oder eine weitere Instanz für die Unkostenkontrolle schaffen, die neben dem Unkostenkontrollapparat des Inneren Betriebsbureaus steht. Derartige Erwägungen tragen so deutlich den Stempel der Abwegigkeit an sich, daß sie von vornherein ausschalten können. Wenn wir daran festhalten wollen, daß die Unkostenkontrolle an einer Zentralstelle ausgeübt und zusammengefaßt werden muß, dann kommt das Innere Betriebsbureau dafür nicht in Frage.

Hält man sich weiter vor Augen, daß der Wettbewerbskampf die großen Waren- und Kaufhäuser immer lebhafter dazu drängt, ihre Einrichtungen des Kundendienstes zu vervollkommnen und Geldmittel für diese Zwecke aufzuwenden, während auf der anderen Seite der Zwang, die Unkosten zu vermindern, sicher nicht schwächer geworden ist, dann ergibt sich sozusagen von selbst die Unmöglichkeit, einen brauchbaren Ausgleich zwischen diesen beiden Notwendigkeiten, die in entgegengesetzter Richtung wirken, durch Vermengung der Verantwortlichkeit herbeiführen zu wollen. Kundendienst und Unkostenkontrolle sind gleich wichtige Elemente für den Geschäftsbetrieb. Es ist deshalb die einzig logische Lösung, ihre Durchführung zwei verschiedenen Stellen zu übertragen, die ohnedies einander gleichberechtigt gegenüberstehen und die in der Lage sind, die Gesichtspunkte dieser beiden Prinzipien im Betriebe durchzusetzen bis zu dem Punkte, an dem sich die Geschäftsleitung nach Anhörung der beiden streitenden Elemente nach der einen oder anderen Richtung hin entscheiden muß. Auch aus diesem Grunde kommt das Innere Betriebsbureau nicht als die Stelle in Frage, der die Verantwortung für die Unkostenkontrolle übertragen werden sollte.

Anders dagegen liegen die Verhältnisse bei dem Finanz- und Kontrollbureau. Die ganze Tätigkeit dieser Betriebseinheit ist auf die Zusammenstellung und Überwachung von Ziffern und die sich daraus logisch ergebende fortlaufende Kontrolltätigkeit eingestellt. Das Finanz- und Kontrollbureau beschafft die Unterlagen für alle Voranschläge des Geschäfts. Warum sollte es also nicht auch bei den Unkostenvoranschlägen ein entscheidendes Wort mitzusprechen haben? Das Finanz- und Kontrollbureau überwacht die gesamten Geldbewegungen und vergleicht sie mit den aufgestellten Voranschlägen sowie der Umsatz-, Gewinn- und Preisminderungsentwicklung. Warum sollte es diese Arbeit nicht auch auf dem Gebiete der Unkosten ebenso wirksam leisten können? Wir glauben also, daß, nachdem die Geschäftsleitung als solche nicht in der Lage ist, die Unkostenkontrolle auszuüben, und nachdem die Übertragung der Unkostenkontrolle an das Innere Betriebsbureau nicht in Frage kommen kann, nur das Finanz- und Kontrollbureau übrigbleibt, dessen Gesamtkontrolltätigkeit durch die Hinzufügung der Unkostenkontrolle erst die Abrundung erfährt, die dem Kontrollgesichtspunkt den erforderlichen Einfluß auf die Führung des Gesamtbetriebes sicherstellt.

Das zweite Prinzip. Das zweite Organisationsprinzip, das bei der Eingliederung der Unkostenkontrolle in die Betriebsorganisation nicht übersehen werden darf, ist das der Spezialisierung. Die Ausbildung oder Anstellung eines Unkostenspezialisten macht sich aber nur dann bezahlt, wenn er wirklich in einem zentralen Unkostenkontrollbureau in der Lage ist, die Gesamtunkosten des Geschäftes zu überwachen. Wir haben bereits gesehen, daß es eine Reihe von Unkosten gibt, die der zentralen Unkostenkontrolle unterstehen würden, mit denen aber der Innere Betriebsleiter nicht das Mindeste zu tun hat. Solche Unkostenpositionen wären z. B. die folgenden:

1. Reklameausgaben,
2. Allgemeine Verwaltungsunkosten,
3. Einkaufsspesen,
4. Miete usw.

Die einzige Stelle im Geschäft, bei der automatisch alle Unkosten zusammenlaufen, ist das Finanz- und Kontrollbureau, das in seinen Büchern ohnedies sämtliche geleisteten Zahlungen festhalten muß.

Als ein weiterer Faktor, der dafür spricht, die zentrale Unkostenkontrolle dem Finanz- und Kontrollbureau anzugliedern, ist zu erwähnen, daß bei der Überprüfung der Unkosten eine ganze Menge anderer Fragen noch mit angeschnitten werden müssen und häufig angeschnitten werden, die mit dem Inneren Betriebsbureau und dem Kundendienst, sogar eigentlich nicht einmal mit der eigentlichen Unkostenkontrolle etwas zu tun haben. Es kommt nämlich oft genug vor, daß ein hoher Unkostenprozentsatz einer bestimmten Abteilung aus Gründen resultiert, die nicht einfach mit dem Hinweis auf die notwendige Sparsamkeit beseitigt werden können. Unkosten, Preisreduktionen und Umsatz stehen, wie bereits früher auseinandergesetzt, in einer sehr engen Beziehung zueinander. Es kann vorkommen, daß in einer Abteilung ein hoher Unkostensatz aus besonderen Gründen als gerechtfertigt anerkannt werden kann, wenn der Reduktionssatz dieser Abteilung besonders niedrig ist. Umgekehrt kann es sich als notwendig herausstellen, den Unkostensatz einer Abteilung unter das normale Maß zu drücken, weil die Lage des Konkurrenzkampfes besonders hohe Reduktionen notwendig macht. Alle diese Dinge lassen sich aber nur dann richtig gegeneinander abwägen, wenn die Kontrolle an einer Stelle ausgeübt wird, die nicht nur das Ziffernmaterial für alle diese verschiedenen Fragen bereit hat, sondern die auch durch Bearbeitung dieser Ziffern in der Lage ist, von dem einen Gebiet auf das andere Gebiet Schlüsse zu ziehen. Da das Finanz- und Kontrollbureau außer der Geschäftsleitung die einzige Stelle im Geschäft ist, die über diese Informationen verfügt, so ist das ein Grund mehr, um auch die Unkostenkontrolle an dieser Stelle mit zu zentralisieren.

Ferner ist darauf hinzuweisen, daß die Unkostenvoranschläge ebensowenig wie die Voranschläge auf allen anderen Gebieten des Geschäftsbetriebes ein für allemal gültige Ziffern sind. Ebenso wie Einkaufslimite laufend geändert werden müssen, damit der Betrieb insgesamt wie in allen einzelnen Teilen elastisch den tatsächlich bestehenden Verhältnissen angepaßt wird, so müssen auch die Unkosten auf die Umsatzentwicklung und den Satz der Preisreduktionen Rücksicht nehmen. Denn alle die Unkostenpositionen, die nicht wie z. B. die Miete unveränderlich festgelegt sind, müssen genau so der Geschäftsentwicklung angepaßt werden wie alle anderen Dispositionen des Geschäfts. Eine derartige Anpassung kann aber wiederum nur im Finanz- und Kontrollbureau vorgenommen werden, weil das Finanz- und Kontrollbureau dieselbe Arbeit auf allen anderen Gebieten leistet und deshalb nur ihm das Ziffernmaterial zu Gebote steht, auf Grund dessen die nötigen Modifikationen vorgenommen werden können.

Das dritte Prinzip. Das dritte Organisationsprinzip, das für die Übertragung der Unkostenkontrolle an das Finanz- und Kontrollbureau spricht, ist das Prinzip der gegenseitigen automatischen Kontrolle.

Wir haben schon häufig darauf hingewiesen, daß Kontrolltätigkeit und direkte Verantwortlichkeit nicht zu vereinigende Gegensätze sind. Der Innere Betriebsleiter ist für den Hauptteil derjenigen Ausgaben, die nicht von vornherein feststehen, sondern durch Kontrolle den besonderen Augenblicksbedürfnissen angepaßt werden können, direkt verantwortlich. Er hat dabei weiter den Gesichtspunkt des Kundendienstes im weitesten Sinne zu vertreten. Es wäre deshalb ungerecht und würde ihn in der Erfüllung seiner Hauptaufgaben nur hemmen, wollte man ihm gleichzeitig die direkte Verantwortlichkeit für die Unkostenkontrolle übertragen. Dadurch, daß er die Ausgaben nicht kontrolliert, sondern nur macht, kann er in viel wirksamerer Weise den ihm näherliegenden Gesichtspunkt des Kundendienstes bei der Geschäftsleitung gegen das Finanz- und Kontrollbureau durchfechten, wenn er glaubt, in seiner Arbeit durch zu große Sparsamkeit gehemmt zu sein. Es wird ihm dann auch manchmal in Spezialfällen gelingen, den Gesichtspunkt des Kundendienstes durchzusetzen, wenn rein ziffernmäßige Erwägungen das Gegenteil als notwendig erscheinen lassen. So kann z. B. der Fall eintreten, daß eine Abteilung unrentabel arbeitet und das Finanz- und Kontrollbureau den Vorschlag macht, diese Abteilung entweder stark einzuschränken oder überhaupt eingehen zu lassen. Demgegenüber kann der Innere Betriebsleiter geltend machen, daß zwar diese Abteilung selbst möglicherweise unrentabel arbeitet, daß ihre Existenz aber notwendig ist, um Kundschaft ins Haus zu ziehen, so daß bei einem Aufgeben dieser Abteilung damit zu rechnen wäre, daß die umliegenden Abteilungen, die bisher mit großem Nutzen gearbeitet haben, wesentlich in ihrer Ertragsfähigkeit beeinträchtigt werden würden. Oder es kann der Fall eintreten, daß der Umsatz in Mark berechnet zu sinken beginnt, aber nicht, weil überhaupt das Geschäft nachgelassen hat, sondern lediglich fallender Preise wegen, und daß beobachtet wurde, daß gerade die Zahl der Verkaufstransaktionen zugenommen hatte. Das Finanz- und Kontrollbureau wird in einer solchen Situation sehr bald einen Druck auf die Unkosten auszuüben versuchen, während umgekehrt der Innere Betriebsleiter die Arbeit kaum bewältigen kann und statt einer Verringerung der Unkosten eine Erhöhung der Zahl der Verkäuferinnen verlangt.

Alle diese Möglichkeiten zeigen deutlich, wie notwendig es ist, daß gerade in diesen Fragen der Unkostenkontrolle und der Dienstbereitschaft eine Verwischung der Verantwortlichkeit vermieden wird, daß vielmehr zwei gleichberechtigte Instanzen diese beiden Gesichtspunkte einzeln übertragen bekommen, damit so durch Vertiefung in die Spezialprobleme die Unterlagen für eine wirklich zweckentsprechende Entscheidung der Geschäftsleitung geschaffen werden.

Mit anderen Worten: Der Innere Betriebsleiter soll nicht durch den Zwang, das Sparsamkeitsprinzip im Geschäft vertreten zu müssen, in seiner Arbeit am Kundendienst gehemmt werden. Geht er über das Ziel hinaus und stellt er Ansprüche, die mit der finanziellen Lage des Geschäfts unvereinbar sind, so wird er auf den Widerspruch des Finanz- und Kontrollbureaus stoßen, und auf diese Weise wird ein Ausgleich zustande kommen, der für beide Teile erträglich und für das Geschäft vorteilhaft ist.

Umgekehrt wird der Leiter des Finanz- und Kontrollbureaus, der zur Erhöhung des Reingewinnes gern die Unkostenziffer möglichst weit drücken möchte, den Widerstand des Inneren Betriebsleiters auslösen, wenn er Abstriche fordert, die die Dienstbereitschaft des Geschäfts in Frage stellen würden. Er wird also nicht ein übertriebenes Sparsamkeitsprogramm durchsetzen können, sondern erfahren, daß er nur diejenigen Abstriche von der Geschäftsleitung im Kampfe mit dem Inneren Betriebsleiter zugebilligt erhält, die durch die finanzielle Situation des Geschäftes wirklich geboten sind.

Die Wirksamkeit der Durchführung.

Die wirksame Durchführung der Unkostenkontrolle ist natürlich nicht dadurch sichergestellt, daß man sich über die Stelle klar geworden ist, die am besten geeignet ist, eine solche Kontrolle durchzuführen. So wichtig es ist zu wissen, wer eine Arbeit tun soll und was diese Arbeit wirklich darstellt, wichtiger ist, daß sie geleistet wird.

Wir haben bei unseren Besprechungen absichtlich stark auf den Interessenkonflikt hingewiesen, der zwischen dem Sparsamkeitsprinzip und den notwendigen Aufwendungen für die Steigerung der Dienstbereitschaft des Geschäfts besteht, nicht weil wir der Meinung sind, daß das Geschäft eine Art Sportpalast sei, in dem die Vertreter der verschiedenen Anschauungen Boxkämpfe auszufechten hätten, sondern wir glaubten, gerade der friedlichen Austragung der aus dem Geschäft selbst hervorgehenden Interessengegensätze durch diese Überbetonung einen Dienst zu leisten, da bekanntlich nichts im Leben leichter zu ernsten Konflikten führt, als wenn man Unklarheiten bestehen läßt.

Die Betriebsleiter werden es sich vornehmlich zur Pflicht machen müssen, neben der Vertretung und möglichsten Durchsetzung ihres jeweiligen Interessenstandpunktes sich dessen bewußt zu sein, daß ein großer Geschäftsbetrieb eine komplizierte Maschinerie ist, die nicht nur von einem Gesichtspunkte aus betrachtet werden kann. Sie müssen wissen, daß der Reklamemann von seinem Standpunkte aus ebenso recht hat, wie der Innere Betriebsleiter oder wie der Leiter des Finanz- und Kontrollbureaus, auch wenn die in Frage kommenden Persönlichkeiten aus ihrer Einstellung heraus, d. h. um ihre Aufgabe richtig zu erfüllen, zu gewissen Fragen die absolut entgegengesetzte Stellung einnehmen. Das Bewußtsein von der Vielgestaltigkeit der Probleme eines großen Geschäftsbetriebes, die Erkenntnis, daß die klare und deutliche Vertretung verschiedener Auffassungen nicht Querulantentum ist, sondern Quängeleien ausschließt, sollte jeden einzelnen Betriebsleiter dazu veranlassen, die speziellen Erfordernisse seines Ressorts mit Entschlossenheit und Kraft zu vertreten, aber auch Verständnis dafür zu zeigen, wenn von anderer Seite das Gegenteil ebenso entschieden gefordert wird. Ein solches System des offenen Meinungsaustausches kann nur förderlich wirken. Es wird in der Praxis aber nur dann zu erreichen sein, wenn eine Führung vorhanden ist, die wirklich die Fähigkeit besitzt, nicht nur kompromißlerisch für einen formellen Ausgleich zu sorgen, sondern die Führerqualitäten genug in sich vereinigt, um aus den vorgetragenen Gesichtspunkten alles das herauszuschälen, was im gegenwärtigen Augenblick für das Geschäft das richtige ist, und die es versteht, ihre Entscheidungen so zu treffen, daß nicht eine persönliche Verärgerung Platz greifen kann, sondern daß der Chorgeist aller Beteiligten dazu aufgerufen wird, nach der getroffenen Entscheidung alle Kräfte dafür einzusetzen, daß das als richtig Erkannte mit einheitlicher Entschlossenheit und Kraft durchgeführt wird, auch wenn es in dem einen oder anderen Falle dem Spezialinteresse des eigenen Ressorts strikt zuwiderlaufen mag.

Bei der Durchführung der Unkostenkontrolle wird vor allem noch darauf zu achten sein, daß die aufgewandte Arbeit und insbesondere der Apparat, der aufgezogen werden muß, im richtigen Verhältnis zu der Summe der Ersparnisse stehen, die evtl. erzielt werden können. Man wird sich davor hüten müssen, ein System um des Systems willen aufzuziehen, mit anderen Worten, 10 Pfennig Kosten zu verursachen, um eine 5-Pf.-Marke zu sparen. Ob man ein zentrales Unkostenbureau einrichtet oder ob man verschiedenen Betriebsabteilungen Personal beigibt, das die Unkostenkontrolle an Ort und Stelle versieht, aber dem Finanz- und Kontrollbureau verantwortlich ist, wird von der Größe des Betriebes und seinen speziellen Verhältnissen abhängen. Wichtig ist vor allem, daß jede Abteilung des Betriebes von sich aus darauf achtet, daß sparsam gewirtschaftet wird.

Die Hilfsarbeit, die von der zentralisierten Unkostenkontrolle allen Abteilungen bei diesem Streben nach sparsamer Wirtschaft geleistet werden kann, besteht vor allem in der sorgfältigen Aufstellung von Unkostenvoranschlägen und der Überprüfung der geplanten Einzelausgaben anhand dieser Voranschläge. Unwirksam ist es natürlich, wenn die Prüfung der Ausgabe nachhängt, d. h. nicht auf Grund der geplanten Ausgabe resp. der ausgeschriebenen Anforderung, sondern erst auf Grund der Rechnung ausgeübt wird. Eine intelligente Vorprüfung der Ausgaben, ehe sie gemacht werden, ist das wesentlichste Erfordernis für die Wirksamkeit einer Unkostenkontrolle. Diese Prüfung muß tatsächlich sein und nicht nur formell in der Unterschrift irgendeines Prokuristen bestehen, der bei der Unterschriftleistung nicht zu beurteilen vermag, ob die Ausgabe wirklich berechtigt und notwendig ist oder nicht.

Zusammenfassung.

Zusammenfassend können wir feststellen:

1. Die Zeitumstände zwingen den Einzelhandel, der Unkostenkontrolle die denkbar größte Aufmerksamkeit zu widmen.
2. Dementsprechend dürfte die Unkostenkontrolle auch zunehmend an Bedeutung in der Gesamtorganisation des Geschäfts gewinnen, nachdem sie bisher zwar auch ausgeübt, aber nicht systematisch genug ausgebaut worden ist.
3. Der Weg zu einer wirksamen Kontrolle ist die sorgfältige Aufstellung von Unkostenvoranschlägen.
4. Die Einzelkontrolle soll auf Grund der Anforderungen vor der erfolgten Ausgabe durchgeführt werden.
5. Die Bearbeitung der Voranschläge muß für den ganzen Betrieb an einer Stelle zentralisiert sein.
6. Diese Stelle ist das Finanz- und Kontrollbureau, während die einzelnen Betriebsabteilungen ihrerseits alles tun müssen, um eine rationelle und sparsame Betriebsführung sicherzustellen.
7. Der Unkostenkontrolleur muß ein Mann sein, der auf der einen Seite genügend Rücksichtslosigkeit besitzt, um sich durchzusetzen, auf der anderen Seite aber über das erforderliche Maß an Einsicht und geschäftlicher Erfahrung verfügt, das ihn davon abhält, die Bewegungsfreiheit und Arbeitsfreude der kontrollierten Abteilungen allzu stark zu beschränken.

9. Unser Organisationsvorschlag und die heutige Praxis.

Abweichungen und ihre Gründe.

In den vorangegangenen Abschnitten haben wir in allen Einzelheiten ein Organisationsschema entwickelt, wie es unserer Ansicht nach am besten geeignet ist, die besonderen Aufgaben, die das große Waren-

und Kaufhaus zu leisten hat, erfüllen zu helfen. Um bei dieser Darstellung die Möglichkeit zu haben, die Bedeutung jeder einzelnen Betriebsabteilung, und zwar sowohl der Hauptabteilungen wie der ihnen unterstellten Bureaus, für den Mechanismus des gesamten Betriebes herauszuarbeiten und vor allem auch die gegenseitige Abhängigkeit und Einflußnahme der einzelnen Abteilungen untereinander klarzustellen, waren wir genötigt, ein denkbar umfassendes Organisationsschema aufzuzeichnen.

Wir sind uns dabei wohl bewußt gewesen, daß in diesem Vorgehen eine gewisse Gefahr für den praktischen Erfolg unserer Arbeit liegen kann, insofern als möglicherweise eine Anzahl von Inhabern oder Leitern mittlerer und kleinerer Waren- und Kaufhäuser — bei allem Interesse, das sie unseren Darlegungen entgegenbringen mögen — eine praktische Anwendung unserer Vorschläge für ihre eigenen Betriebe ablehnen werden, aus dem Gedanken heraus, daß sie eine derartig umfassende Organisation doch nicht einführen könnten, ohne ihren Spesenetat unverhältnismäßig zu belasten. Nach sorgfältiger Erwägung sind wir jedoch zu der Überzeugung gekommen, daß wir dieses Risiko in Kauf nehmen müßten, da durch eine Beschränknng des von uns ausgearbeiteten Organisationsgebäudes notwendigerweise bedauerliche Lücken hätten bleiben müssen, die den Wert unserer Arbeit überhaupt hätten in Frage stellen können. Jetzt dagegen glauben wir, das Bewußtsein haben zu dürfen, keinen wesentlichen Punkt ungeprüft gelassen zu haben, und es ist lediglich notwendig, unsere Arbeit nach der nunmehr abgeschlossenen theoretischen Ausarbeitung der zweckmäßigsten Organisationsform dahin zu erweitern, dem Leser auch die Gesichtspunkte an Hand zu geben, die bei der praktischen Anwendung unserer Vorschläge beachtet werden sollten.

Objektives Wirtschaftsinteresse und persönliches Inhaberinteresse.

Zwei Gründe sind es vor allem, die für die häufigen Abweichungen von unserem Schema in der Praxis verantwortlich sind:

Einmal persönliche Gründe, die aufs engste mit der Entwicklungsgeschichte der betreffenden Unternehmungen zusammenhängen. Große Waren- und Kaufhäuser sind, wie die Mehrzahl aller unserer großen Wirtschaftsbetriebe, nicht von heute auf morgen in ihrem heutigen Umfange und ihrer heutigen wirtschaftlichen Bedeutung entstanden, sondern sie sind aus der persönlichen Leistung schöpferischer Kaufleute aus kleinen Anfängern heraus entwickelt worden. Es ist deshalb nur selbstverständlich, daß ihre Organisation gerade in ihren wesentlichsten Bestandteilen eine Verkörperung der persönlichen Charakteristika der

Männer darstellt, die sie groß gemacht haben. Diese Erscheinung kann man nicht diskutieren, sondern nur als gegebene Tatsache feststellen, eine Tatsache außerdem, die in hohem Grade dafür bestimmend gewesen ist, daß auf dem Gebiete des großen Einzelhandels die Leistungen voll bracht worden sind, denen wir heute gegenüberstehen. Wenn wir überhaupt dazu Stellung nehmen wollen, so kann dies deshalb nur mit einer gewissen Zurückhaltung geschehen, und mit dem schuldigen Respekt, den eine große wirtschaftliche Leistung gebietet.

Trotzdem glauben wir, darauf aufmerksam machen zu müssen, daß, je größer ein Betrieb, also auch ein Detailhandelsbetrieb wird, er um so mehr beginnt, ein Eigenleben zu führen, das auch der Gründer nicht unbeachtet lassen darf, soll der Betrieb nicht früher oder später zu Schaden kommen. Je größer ein Betrieb wird, je mehr er sich aus einem persönlichen Geschäft zu einer wirtschaftlichen Institution entwickelt, um so mehr Gewicht muß sowohl im Interesse des Betriebes selbst wie letzten Endes auch seiner Inhaber darauf gelegt werden, daß alle Vorbedingungen dafür geschaffen werden, daß er die wirtschaftliche Leistung, die er heute vollbringt, auch in der Zukunft weiter — und besser — leisten wird. Dafür ist aber Voraussetzung, daß auch in seiner inneren Organisation in steigendem Maße die Rücksicht auf die persönlichen Charakteristika der Gründer und Inhaber hinter den objektiven Anforderungen zurücktritt, die die Wirtschaft als solche, die der Verbraucherkreis, dem das Unternehmen dient, an den Betrieb stellen. Wir sind deshalb überzeugt, daß eine Untersuchung, wie die vorliegende, die es sich zum Ziele gesetzt hat, diese objektiven Anforderungen, die die Wirtschaft an den Betrieb und die deshalb der Betrieb an seine Führer stellt, herauszuarbeiten und in einem Organisationsplan zu verkörpern, gerade denjenigen besonders willkommen sein müßte, die ihre Betriebe bis zu der Stufe entwickelt haben, die ihnen das Recht gibt, im Bewußtsein der Größe ihrer Leistung persönlich hinter dem selbständig gewordenen Betriebe und seinen Interessen zurückzutreten.

So schwer sich gerade mancher besonders tüchtige und energische Kaufmann, der in jahrzehntelanger Arbeit an den Betrieb gewöhnt ist, wie er ihn sich geschaffen hat, zu einem solchen Entschluß, der in vielen Fällen einer Selbstaufgabe sehr nahekommen dürfte, auch durchringen mag: Früher oder später ergibt sich in jedem wachsenden Betriebe die Notwendigkeit zu einem solchen Schritt, den man nicht übermäßig lange hinausschieben kann, ohne das Geschäft zur Stagnation zu verurteilen. Dazu kommt ferner, daß gerade die jüngste Entwicklung in der deutschen Wirtschaft dazu angetan ist, den Zeitpunkt, an dem ein derartiger Beschluß unabweisbar notwendig wird, noch früher zu legen. Wir stehen mitten in einer Periode systematischer Betriebsrationalisierung. Und was heißt denn kaufmännische Rationalisierungsarbeit anderes als bewußte Umstellung der angewandten Organisationsmethoden und Formen unter Aufgabe des (nur) historisch und empirisch Gewordenen auf die rationellsten Methoden zur Erfüllung der objektiven Anforderungen, die die Wirtschaft an den Betrieb und seine Leiter durch das Mittel des verschärften Wettbewerbskampfes stellt?

Schon die Entwicklung der letzten 2 bis 3 Jahre mit ihren besonders scharfen Konkurrenzkämpfen gerade auf dem Gebiete des Einzelhandels, und zwar sowohl der Einzelhandelsfirmen unter sich wie auch der Gesamtheit des privaten Einzelhandels mit den Konsumgenossenschaften und außerdem in steigendem Maße auch den Werklieferungsgenossenschaften, hat den Beweis dafür erbracht, daß es heute mehr denn je die objektive wirtschaftliche Leistung ist, von der der Erfolg eines Betriebes abhängt. Soweit unser Blickfeld reicht, glauben wir jedenfalls feststellen zu müssen, daß in den letzten 2 bis 3 Jahren nur diejenigen Einzelhandelsbetriebe eine befriedigende Aufwärtsentwicklung verzeichnen konnten — ungeachtet der Betriebsgröße — die diese Zeichen der Zeit verstanden und ihre geschäftliche Arbeit darauf eingestellt haben, das zu leisten, was sie als ihre wirtschaftliche Aufgabe erkannten, in denen also alles Persönliche, auch der Wunsch des oder der Chefs, alles allein zu machen, zurückgestellt und eine Betriebsorganisation geschaffen wurde, deren einzige Richtschnur kaufmännische und bewußt zweckorientierte Leistung war.

Das Problem der Betriebsgröße.

Der zweite Grund, der in der Praxis Abweichungen von dem hier vorgeschlagenen Organisationsschema verursacht hat und verursachen wird, ist die Frage des Betriebsumfanges resp. der Kleinheit des Betriebes. Auch über diesen Grund ist es müßig, zu diskutieren; er muß ebenfalls als bestehende Tatsache anerkannt werden. Auch hier spielt aber der oben näher erläuterte Gesichtspunkt eine bedeutsame Rolle, daß wir augenblicklich unter Wirtschaftsbedingungen arbeiten, die der objektiven wirtschaftlichen Leistung eine wesentliche größere Rolle zuweisen, als dies jemals früher der Fall war. Der mittlere und kleinere Waren- und Kaufhausbetrieb, der sicher nicht in der Lage sein wird, unsere Organisationsvorschläge in dem Ausmaße zu akzeptieren, wie wir sie, um alle Unklarheiten zu vermeiden, zur Darstellung bringen mußten, kann es sich heute ebenfalls nicht mehr leisten, so zu wirtschaften, wie es dem Gutdünken oder kaufmännischen Instinkt des Inhabers gerade entspricht. Auch er muß in noch nie dagewesenem Maße darauf bedacht sein, die objektive Wirtschaftsleistung zu vollbringen, die im Konkurrenzkampf von ihm gefordert wird. Er wird deshalb aus unserem

Material alles das zu entnehmen haben, was von uns als wesentliche Funktion zur Erfüllung des objektiven Wirtschaftszweckes des Einzelhandelsunternehmens bezeichnet und klargelegt wurde; nur mit dem Unterschiede, daß er seines beschränkteren Geschäftsumfanges und des dadurch verursachten beschränkteren Spesenetats wegen in der Durchführung des Prinzips der Arbeitsteilung nicht so weit gehen wird resp. gehen kann, wie es der Großbetrieb tun muß, wenn nicht wichtige Funktionen wegen Überlastung der leitenden Persönlichkeiten unerfüllt bleiben sollen.

Woran jedoch auch der mittlere und kleinere Betrieb nicht rütteln sollten, das ist das Grundprinzip, auf dem unser Organisationsvorschlag beruht, daß nämlich bei der praktischen Durchführung der Arbeitsverteilung im Betriebe die 4 Hauptgesichtspunkte der Einstellung zu den Betriebsaufgaben nicht verwischt, sondern vielmehr bewußt getrennt gehalten werden, und wenn möglich sogar vier verschiedenen Persönlichkeiten übertragen werden sollten, die gleiche Vollmachten im inneren Betriebe besitzen und deshalb in der Lage sind, die Interessen ihrer speziellen Arbeitsgebiete innerhalb des Betriebes auch wirklich zur Geltung zu bringen. Geht dies nicht an — und die Mehrzahl der mittleren und kleineren Betriebe dürfte kaum in der Lage sein, sich diesen „Luxus“ von vier mit gleichen Vollmachten versehenen Betriebsleitern zu leisten — so muß natürlich eine Zusammenfassung der Aufgaben stattfinden. Wir halten es aber gerade im Interesse des Geschäftserfolges für unbedingt wünschenswert, daß in einem solchen Falle Klarheit darüber besteht, daß ein Mann zwei oder drei verschiedenartige Positionen im Betriebe auszufüllen hat, und daß er mit Energie bestrebt sein muß, die Verschiedenartigkeit der ihm zugefallenen Aufgaben nicht zu verwischen, sondern wenn möglich jeder einzelnen zu ihrem Rechte zu verhelfen. Dies kann allerdings nur dann geschehen, wenn bei der Verteilung der praktischen Aufgaben, die theoretisch vier mit gleichen Vollmachten einander gegenüberstehenden Betriebsleitern zufallen müßten, einem einzelnen Inhaber oder Geschäftsführer nicht Aufgabenkreise zugewiesen werden, die unvereinbare Interessengegensätze in sich schließen. Es wird auch dabei das in unserem Buche wiederholt erwähnte Organisationsprinzip nicht verletzt werden dürfen, daß direkte Verantwortlichkeit und Kontrolle nicht in einer Hand vereinigt werden dürfen, daß man also nicht auf der einen Seite von einer Persönlichkeit verlangen kann, daß sie z. B. den Fragen der Propaganda und des Kundendienstes mit großem Verständnis gegenübersteht, während sie auf der anderen Seite gleichzeitig für die schärfste Durchführung der Unkostenkontrolle zu sorgen hat.

Volkswirtschaftlicher Interessenausgleich im Einzelhandelsbetrieb.

Wir haben auf diese Probleme auch an dieser Stelle noch einmal besonders nachdrücklich hingewiesen, weil wir der Überzeugung sind, daß in den 4 Einstellungen, die unserer Ansicht nach die Leiter der 4 Hauptbetriebsabteilungen allen Fragen der Geschäftspolitik gegenüber einnehmen müssen, gerade die Verkörperung der objektiven Anforderungen zu sehen ist, die die Wirtschaft an den Einzelhandelsbetrieb stellt. Diese Erkenntnis halten wir für so bedeutsam, daß wir in ihrer praktischen Befolgung geradezu das Lebensinteresse des Betriebes erblicken. Die 4 Leiter der Hauptbetriebsbureaus, d. h. der oberste Warenmann des Geschäfts, der Propagandachef, der Leiter des Innenbetriebes und der Leiter des Finanz- und Kontrollbureaus: sie sollen im Betriebe nicht ein Herr Schmidt oder ein Herr Müller sein. Es ist vielmehr ihre Aufgabe, die Einstellung dem Gesamtbetriebe und der Geschäftspolitik gegenüber, die sich aus ihrem engeren Arbeitsgebiete selbstverständlich ergibt, zu vertreten und dafür zu sorgen, daß die sachlichen und, wie wir gesehen haben, objektives Wirtschaftsinteresse verkörpernden Gesichtspunkte ihres Betriebsbureaus so viele Einfluß auf den Gesamtbetrieb eingeräumt erhalten, als durch die Geschäftslage gerechtfertigt wird. Praktische Geschäftspolitik wird immer nur, sofern sie rationell durchdacht wird, das Ergebnis eines Kompromisses sein können. Gerade deshalb fordern wir, daß die verschiedenen Gesichtspunkte und Einstellungen, von denen aus die 4 Betriebsleiter die Geschäftspolitik und den Betriebsprozeß beeinflussen können, nicht verwischt werden, sondern im Gegenteil deutlich zum Ausdruck kommen, ja sogar ausgesprochen und die sich ergebenden Meinungsverschiedenheiten auf der Basis der Gleichberechtigung entschieden werden. Es hat sich herausgestellt, daß ein im Detailhandelsbetrieb eigenes Element innerer Stärke darin liegt, wenn in den Sitzungen des Betriebsausschusses — oder wo es auch immer sei — die laufenden Fragen des Betriebes ebenso wie die allgemeinen Geschäftsgrundsätze im Lichte einer vierfachen Beleuchtung untersucht, durchgeprüft und entschieden werden.

Wir halten es nach dem Gesagten für durchaus nicht unwahrscheinlich, daß einige unserer Leser die Empfindung haben werden, daß in unserem Organisationsschema Stoff zu unangenehmen Konflikten ruht. Wir bestreiten dies durchaus nicht; glauben aber, daß der Konfliktstoff, der besteht, seinen Grund nicht in der Art unserer Organisationsform, sondern vielmehr im Wesen des großen Detailhandelsbetriebes selbst hat. Und wir sehen in der Tatsache seiner Existenz und den sich daraus ergebenden Konsequenzen nicht einen Beweis für die Schwäche unserer Organisationsform, sondern — wie schon oben erwähnt — gerade einen Beweis für die innere Stärke des Detailhandelsbetriebes.

Interessengegensätze ähnlicher Art bestehen in vielen großen Wirtschaftsunternehmungen. Im Warenhaus, im Großbetriebe des Einzelhandels überhaupt, folgt der innere Konfliktstoff mit zwingender Logik aus der Tatsache, daß man so verschiedenartige Interessen wie die der Konsumenten, der Fabrikanten, der Inhaber oder Aktionäre und des Personals gegeneinander abzustimmen resp. miteinander in Einklang zu bringen hat.

Auf Grund unserer Kenntnis einer großen Anzahl von Waren- und Kaufhäusern sind wir überzeugt, daß die Tatsache dieser Gegensätzlichkeit der Interessen, die in den 4 Hauptbetriebsabteilungen ihre Verkörperung finden, vielen Geschäftsinhabern oder Leitern großer Betriebe nicht unbekannt ist. Es gibt natürlich in der Praxis auch Fälle, in denen von diesen Gegensätzlichkeiten nichts an die Oberfläche tritt. Der Grund hierfür kann einmal darin liegen, daß man sich, z. B. wenn die Inhaber selbst die Arbeit der Leitung von Hauptbetriebsabteilungen übernommen haben, dieser Interessengegensätze noch nicht bewußt geworden ist oder sich, vielleicht mit einem gewissen Recht — objektives Wirtschaftsinteresse gegen persönliches Inhaberinteresse — davon zurückgehalten hat, Dinge, die Konfliktstoff enthielten, an die Oberfläche treten zu lassen.

Dann aber wird man vor allem in solchen Geschäften von den erwähnten Interessengegensätzen nichts bemerken, in denen der Vertreter einer dieser 4 Gruppen, sei es nun, daß er Inhaber, sei es daß er Vorstandsmitglied ist, über so viel Macht im Betriebe verfügt, daß er zwar nicht die Existenz, wohl aber das laute Hervortreten anderer Gesichtspunkte zu verhindern vermag. Diese Unterdrückung von Verschiedenheiten der Auffassung zugunsten einer einzigen, der man in autokratisch geleiteten Betrieben häufig begegnet ist, ist aber, weil die Interessengegensätze nicht persönlicher Natur, sondern in der objektiven Leistungsforderung der Wirtschaft begründet liegen, noch nirgends dem Unternehmen auf die Dauer von Vorteil gewesen. Dadurch, daß nur eine Stimme zu Worte kommt, ist das, was die anderen zu sagen hätten, nicht widerlegt. Ein solches Verfahren schädigt den Gesamtbetrieb, der gerade durch den dauernden Ausgleich dieser Interessengegensätze eine besondere Elastizität und Anpassungsfähigkeit gewinnt.

Eine kluge, aktive und konstruktive Geschäftsleitung sollte stark genug sein, diese Interessengegensätze, die bestehen und bestehen müssen, dadurch für das Geschäft nutzbringend zu machen, daß sie für Klarstellung in offener Aussprache sorgt und jeweils die Linie verfolgt, die der augenblicklichen Situation am besten gerecht wird. Das Warenhaus, der Großbetrieb des Einzelhandels schlechthin, ist gerade deshalb, weil er den Ausgleich so vieler gegensätzlicher Interessen der Wirtschaft in sich selbst herbeiführen muß, eines der stärksten Glieder in der Kette des volkswirtschaftlichen Verteilungsprozesses, auch wenn seine Stärke heute vielleicht noch mehr Möglichkeit als Tatsache ist.

Zweiter Teil.

Vorschläge zur praktischen Durchführung des theoretischen Organisationsplanes.

Im ersten Teil unserer Untersuchung haben wir eine Idealorganisation für ein großes Waren- oder Kaufhaus aufzuzeichnen versucht.

Der zweite Teil unseres Buches soll nun zeigen, wie dieser Plan in die Praxis umgesetzt werden kann. Wir besprechen deshalb die einzelnen Organisationshandhabungen sowie die Zeitfolge aller der Maßnahmen, die getroffen werden müssen, um den zweckmäßigsten Ablauf der Geschäftstätigkeit im Gesamtbetriebe sowohl wie in den einzelnen Abteilungen sicherzustellen.

Gäbe es ein großes Geschäft, dessen Organisationsplan genau so aussieht, wie wir es im ersten Teil dargelegt haben, dann müßte eine Zeitlupenaufnahme aller Betriebsvorgänge mit dem zweiten Teil dieses Buches vollkommen übereinstimmen.

Der zweite Teil ist deshalb für den praktischen Detailkaufmann vielleicht noch wichtiger als der erste, weil in ihm dargestellt ist, welche einzelnen Schritte unternommen werden müssen, um auch in der Praxis das zu erreichen und durchzuführen, was man sich auf Grund logischer Erwägungen im Beratungszimmer als Ziel vorgesetzt hat.

10. Geschäftsleitung und Betriebsablauf.

Organisationsübersicht.

Die Geschäftsleitung. Ist verantwortlich für Gewinn, Wachstum und Bestand. Bestimmt die Grundsätze der Betriebsführung für das Gesamtunternehmen. Stellt Berichte, Ziffern usw. über den Gesamtbetrieb zusammen. Begutachtet Pläne und Voranschläge. Kontrolliert den Betrieb. Entscheidet Interessenkonflikte, die bei der Durchführung entgegengesetzter Geschäftsgrundsätze aufkommen. Unterhält den Kontakt mit der Außenwelt. Nimmt teil an der Arbeit von Einkaufsorganisationen.

Ausschuß der Betriebsleiter (Direktion?). Tritt zu regelmäßigen Beratungen mit der Geschäftsleitung zusammen. Bringt die ver-

Der Arbeitsprozeß des Waren- u. Kaufhauses in der Zeitfolge des Betriebsablaufes.
(Von links nach rechts zu lesen.)
Die punktierten Linien zeigen den Verlauf der Arbeiten von Verbuchung u. Betriebskontrolle an.

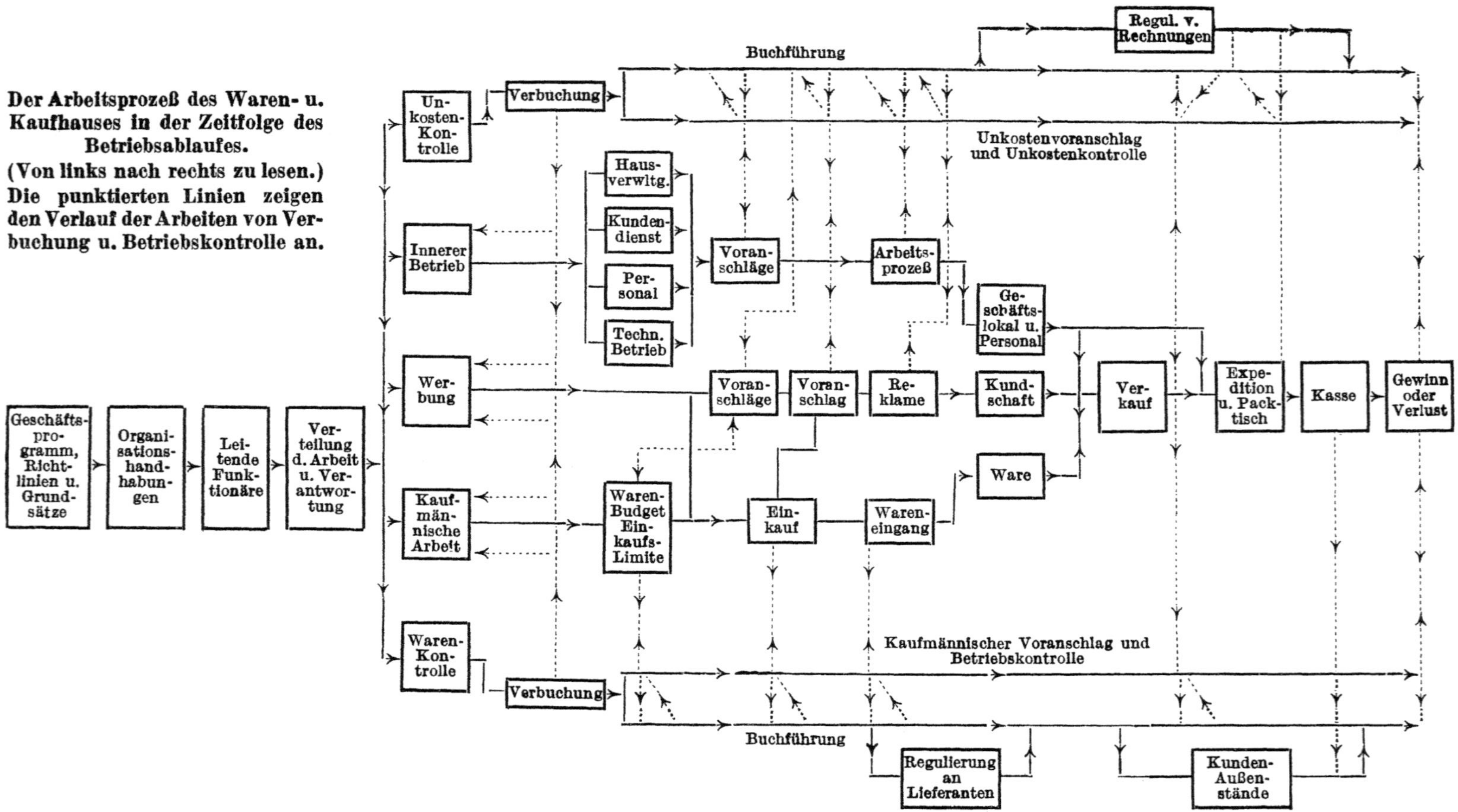

schiedenen Interessengesichtspunkte der Ressorts der Geschäftsleitung gegenüber zur Geltung, bespricht Geschäftsgrundsätze, Pläne und Voranschläge und solche Einzelheiten des täglichen Betriebes, die eine grundsätzliche Entscheidung erfordern. Unterrichtet die Geschäftsleitung über den internen Betrieb. Setzt alle Geschäftspläne in die Praxis um. Führt die vorbesprochenen Aktionen auf Grund der aufgestellten Richtlinien durch.

Untersuchungsbureau. Macht Spezialuntersuchungen für die Geschäftsleitung.

* * *

Obwohl die Festlegung des richtigen Betriebsablaufes eine der wichtigsten Voraussetzungen dafür ist, daß der Organisationsplan in die Praxis umgesetzt wird, läßt sich doch dieses Gebot gerade bei den maßgebenden Persönlichkeiten des Betriebes nicht vollständig erfüllen, weil gerade der wichtigste Teil ihrer Aufgaben nicht schwarz auf weiß niedergelegt werden kann. Die Erfindungs- und Schöpfergabe, die wirkliche Führerqualität und die Entscheidungskraft gegenüber unvorhergesehenen Situationen lassen sich nicht vorhersehen und noch weniger festlegen. Sie müssen vorhanden sein, können aber im Organisationsschema nicht mit aufgezeichnet werden.

Auf die Arbeit des Geschäftsleiters selbst trifft dies in allererster Linie zu. Trotzdem gibt es eine Reihe von Aufgaben, die jeder Geschäftsleiter eines großen Detailbetriebes zu erfüllen hat, die deshalb auch terminmäßig festgelegt — wenn man so will zu einer Pflichtenkartothek vereinigt — werden können, so daß wir also wenigstens ein Teilprogramm seiner Arbeit darzustellen vermögen.

Zu diesem Zweck ist es erforderlich, von einem Datum mehrere Monate vor dem Beginn des neuen Geschäftsjahres auszugehen. An diesem Zeitpunkt sollte der Geschäftsleiter damit beginnen, die Vorbereitungen für das neue Geschäftsjahr zu treffen. Seine erste Aufgabe hierbei ist die Überprüfung der Geschäftsgrundsätze und Richtlinien, nach denen sich der Betrieb richten soll. Bei dieser Prüfung ist einmal die bisherige Entwicklung des Geschäfts, dann vor allem die allgemeine Wirtschaftslage sowie die Konkurrenzverhältnisse, mit denen für das neue Geschäftsjahr zu rechnen sein wird, zu berücksichtigen. Auf dieser Basis müssen Änderungen erwogen werden, die voraussichtlich notwendig sind, um die Leistungsfähigkeit des Geschäfts auf der bisherigen Höhe zu halten oder über den bisher erreichten Grad hinaus zu steigern.

Diese Betrachtungen und Erwägungen kann der Geschäftsleiter allein anstellen. Zweckmäßiger dürfte es sein, wenn er jedem Betriebsleiter die Aufgabe stellt, diejenigen Richtlinien und Grundsätze auszuarbeiten, die im neuen Geschäftsjahr in seinem speziellen Ressort Anwendung finden sollen. Die Vorschläge der Betriebsleiter müssen dann in einer Sitzung des Betriebsausschusses, an der alle 4 Betriebsleiter und der Geschäftsleiter teilnehmen, durchgesprochen werden. Die Entscheidung selbst bleibt allerdings der Geschäftsleitung vorbehalten.

Nachdem auf diese Weise die Richtlinien für die Arbeit aufgestellt sind, muß sich der Geschäftsleiter darüber klar werden, ob die bisherige Organisation zur Erreichung des Geschäftszweckes ausreicht oder ob Änderungen vorgenommen werden müssen. Zu diesem Zwecke muß er sich ein Bild von der tatsächlichen Organisation seines Geschäftes schaffen — der Organisation, wie sie ist, und nicht, wie sie sein soll — und Änderungen treffen, die sich als notwendig erweisen. Ist das Menschenmaterial, das dem Betrieb zur Verfügung steht, nicht ausreichend oder nicht genügend qualifiziert, dann muß er versuchen, die geeigneten Persönlichkeiten zu finden, oder aber er muß die vorhandene Organisation so modifizieren, daß eine brauchbare Kombination gefunden wird, die das verfügbare Menschenmaterial möglichst zweckentsprechend ausnutzt, auf der anderen Seite aber die Durchführung der aufgestellten Richtlinien hinreichend gesichert erscheinen läßt.

Hat sich der Geschäftsleiter davon überzeugt, daß seine Organisation sowohl der Sache wie der Person nach dazu ausreicht, die aufgestellten Richtlinien durchzuführen, so hat er für eine zweckentsprechende Verteilung der Verantwortlichkeiten und Vollmachten zu sorgen und den Betriebsleitern die speziellen Aufgaben zu übertragen, die sie im neuen Geschäftsjahre durchzuführen haben. Dies kann sowohl schriftlich durch Ausarbeitung von Handhabungen geschehen, wie durch mündliche Einzelbesprechungen sowie schließlich in den Direktions- resp. Betriebsausschußsitzungen. Außerdem sollte sich die Geschäftsleitung von jedem der Betriebsleiter bestätigen lassen, daß sowohl die ihm zur Verfügung stehende Organisation wie auch das zur Verfügung stehende Personal zur Durchführung der dieser Betriebsabteilung übertragenen Aufgaben ausreichten.

Nachdem auf diese Weise sichergestellt ist, daß die Organisation des Geschäftes vollständig und ausreichend ist und das richtige Menschenmaterial für die Ausführung der Grundsätze und Richtlinien zur Verfügung steht, kommt die Einzelarbeit der Planung, der Durchführung und der Prüfung an die Reihe. Auch an diesen drei Funktionen muß sich die Geschäftsführung aktiv beteiligen. Sie legt entweder selbst die Grundlagen fest, auf denen die einzelnen Betriebspläne basieren sollen, oder sie überprüft die Pläne der Betriebsleiter daraufhin, ob die allgemeinen Geschäftsgrundsätze und Richtlinien gebührend Beachtung gefunden haben. Welchen Weg die Geschäftsleitung hierbei auch einschlägt, zur Beschaffung der notwendigen Informationen und zur prak tischen Durchführung ihrer Entscheidungen wird sie sich am zweckmäßigsten des Instrumentes der Direktionssitzung (Ausschuß der Betriebsleiter) bedienen.

In den regelmäßigen täglichen Besprechungen dieses Ausschusses werden die täglichen Betriebsergebnisse geprüft und besprochen werden. Hier werden Abänderungen von Plänen oder Methoden festgelegt, die dann jeder der 4 Betriebsleiter in seinem Ressort durchzuführen hat. Hier werden auch alle Anregungen verarbeitet, die der Geschäftsleiter aus seiner Berührung mit anderen Geschäften gewinnt oder die sich aus dem Studium der allgemeinen Lage oder besonderer Fragen ergeben. Der Besprechung folgt auch in diesem Falle die Durchführung durch die 4 Betriebsleiter, die als Einheit betrachtet den Gesamtbetrieb des Unternehmens dirigieren.

Kaufmännische Planung.

Die vorbereitenden Arbeiten für die kaufmännische Planung und die Zusammenfassung der aufgestellten Voranschläge der einzelnen kaufmännischen Abteilungen zu einem Voranschlag für das Gesamtgeschäft werden vom Finanz- und Kontrollbureau in enger Zusammenarbeit mit den Leitern der kaufmännischen Abteilungen geleistet.

Nachdem der Leiter des Finanz- und Kontrollbureaus und der kaufmännische Betriebsleiter in gründlichen Einzelbesprechungen die einzelnen Voranschläge der Abteilungen überprüft haben, wird der Gesamtvoranschlag (Budget) dem Ausschuß der Betriebsleiter (Direktion) unter dem Vorsitz des Geschäftsleiters vorgelegt.

In dieser Sitzung werden dem Geschäftsleiter insbesondere die Differenzpunkte vorgetragen, über die eine Einigung zwischen dem Leiter des Finanz- und Kontrollbureaus und dem kaufmännischen Betriebsleiter noch nicht erfolgt ist. Diese Besprechung dient außerdem dazu, dem Inneren Betriebsleiter und dem Werbeleiter Gelegenheit zu geben, ihre Meinung über die vorgelegten Planungen und Voranschläge zu äußern. Der Geschäftsleiter selbst wird die vorgetragenen Gesichtspunkte gegeneinander abzuwägen und schließlich seine Entscheidung zu treffen haben.

Die Aufstellung des Warenbudgets bringt automatisch den Zwang mit sich, die für die Führung der kaufmännischen Abteilung aufgestellten Richtlinien noch einmal zu überprüfen. Es kann leicht genug vorkommen, daß man sich über den Verlauf einer Aktion geeinigt hat, d. h. prinzipiell geeinigt hat, ohne doch die finanziellen Konsequenzen der Sache wirklich im einzelnen geprüft zu haben. Die Aufstellung des Warenbudgets gibt Gelegenheit, alle diese Fragen noch einmal zu rekapitulieren, und da die Vorlage des Budgets in einer Sitzung erfolgt, an der auch der Innere Betriebsleiter und der Werbeleiter teilnehmen, so ist ferner dafür gesorgt, daß diese Probleme von allen überhaupt in Frage kommenden Gesichtspunkten aus durchleuchtet werden. So kann das Ergebnis der Budgetberatungen sein, daß aufgestellte Richtlinien fallen gelassen oder grundsätzlich geändert werden, eben weil man hier die Richtlinien im Lichte der erforderlichen Kapitalinvestitionen sieht, das sicher auch alle bisher etwa dunkel gebliebenen Punkte ans Tageslicht bringt.

Einige Fragen, die in diesem Zusammenhange mit großer Wahrscheinlichkeit immer wieder neu auftauchen werden, sind die folgenden:

Die Aufstellung des Warenbudgets wirft immer von neuem die Frage auf, an welche soziale Schicht des Publikums sich das Geschäft mit seinen Angeboten in erster Linie wenden soll.

Die Frage der Rentabilität der einzelnen Warenabteilungen wird jedesmal von neuem erörtert werden müssen.

Man wird sich darüber klar werden müssen, wie man sich zu den Fragen der Umschlagsgeschwindigkeit stellen soll. Wie soll das Gleichgewicht zwischen schnellem Umschlag des Lagers und vollständigen Sortimenten aufrechterhalten werden? Wie soll sich das Geschäft in seinen Kapitaldispositionen einstellen, wenn eine Geschäftsdepression oder eine allgemeine Preissenkung bevorsteht? Soll das Geschäft an dem Prinzip festhalten, vollständige Sortimente regulärer Ware zu führen, oder soll man lieber unter eventuellem Verzicht auf ausreichende Sortierung Partieposten kaufen, die die Umschlagsgeschwindigkeit erhöhen?

Bei der Erörterung des Warenbudgets werden auch alle die Fragen zu besprechen und zu klären sein, die mit der Ursprungskalkulation zusammenhängen. Der Werbeleiter und der kaufmännische Betriebsleiter dürften ohne Zweifel den Geschäftsleiter darauf hinweisen, daß der Umsatz nicht gehalten oder gar gesteigert werden kann, wenn die Preise der Konkurrenz nicht zum mindesten gehalten oder aber unterboten werden können. Der Leiter des Finanz- und Kontrollbureaus auf der anderen Seite dürfte sich gegen eine zu niedrige Kalkulation aussprechen, weil dadurch der Reingewinn in Frage gestellt werden könnte.

Preisreduktionen (Preisminderungen) werden ebenfalls in den Kreis der Diskussion einbezogen werden müssen. Während das kaufmännische Betriebsbureau dafür eintreten wird, daß ihm genügend Spielraum gewährt wird, um seine Läger reinzuhalten und sei es auch unter Inkaufnahme größerer Preisabstriche, wird der Leiter des Finanz- und Kontrollbureaus auf der anderen Seite versuchen, möglichst enge Grenzen für die Reduktionslimite durchzusetzen, damit die Gewinnaussichten des Geschäftes nicht von vornherein zu sehr in Frage gestellt werden. Denn die Ausarbeitung der Reduktionslimite ist eins der wichtigsten Elemente für die Bestimmung des Bruttogewinns.

Laufende Warenkontrolle.

Ist das Warenbudget aufgestellt und den kaufmännischen Abteilungen zur Ausführung überantwortet, so verbleiben dem Geschäftsleiter wichtige kaufmännische Verwaltungsaufgaben. Durch laufende Berichte sollte er sich über die laufenden Umsätze, die Lagerhöhe, die Kalkulation, die Reduktionen und den Umschlag informieren lassen. Zwar wird sich der Geschäftsleiter selbst mit den Einzelheiten des Betriebes in der kaufmännischen Abteilung und den Einzelheiten der Warenkontrolle nicht beschäftigen. Dazu sind die kaufmännischen Abteilungen und, soweit es sich um Kontrollfunktionen handelt, das Finanz- und Kontrollbureau da, die darüber zu wachen haben, daß die aufgestellten Richtlinien eingehalten werden. Gelegentlich wird sich jedoch ein Fall ergeben, der ohne die Entscheidung der Geschäftsleitung nicht geregelt werden kann. Der kaufmännische Betriebsleiter mag z. B. die Absicht haben, einen großen Gelegenheitsposten zu kaufen, durch den er sich einen besonderen Erfolg verspricht und der den Umsatz in der betreffenden Abteilung stark in die Höhe treiben könnte, dem aber der Leiter des Finanz- und Kontrollbureaus widerspricht, weil die betreffende Abteilung die veranschlagte Lagerhöhe bereits erheblich überschritten hat. Hier muß der Geschäftsführer entscheiden, nachdem er sich durch Anhörung der beiden Opponenten ein Bild darüber gemacht hat, ob der Enthusiasmus des kaufmännischen Betriebsleiters oder die Vorsicht des Finanz- und Kontrollbureaus den Augenblickserfordernissen besser entsprechen.

Geschäftsleitung und Unkostenbudget.

Mit den Einzelheiten des Unkostenbudgets resp. seiner Aufstellung braucht sich der Geschäftsleiter nicht zu beschäftigen. Die Vorarbeiten liegen in der Hand des Finanz- und Kontrollbureaus, dessen Unkostenbureau die Voranschläge der einzelnen Abteilungen sammelt. Der Leiter des Finanz- und Kontrollbureaus bespricht diese Voranschläge ferner mit den anderen Betriebsleitern und wird auf diese Weise die hauptsächlichsten Differenzpunkte, die sich ergeben können, zu beseitigen vermögen. Der Geschäftsleiter selbst wird sich mit dem Unkostenbudget erst beschäftigen, wenn es in der Sitzung der Betriebsleiter (Direktion) zur letzten Prüfung vorgelegt wird. Seine Tätigkeit ist hier dieselbe wie in vielen anderen Fällen, die wir aufgezeigt haben. Er hat in erster Linie alle diejenigen Differenzpunkte zu klären, die in den Besprechungen zwischen dem Finanz- und Kontrollbureau und den beteiligten Abteilungen noch ungeklärt geblieben sind. Daß diese ausgleichende Tätigkeit trotzdem in vielen Fällen recht schwierig sein und bis ins einzelnste gehende Untersuchungen notwendig machen wird, versteht sich von selbst, insbesondere wenn man berücksichtigt, daß die Entscheidung über Unkostenfragen vielfach die praktische Entscheidung grundsätzlicher Differenzen in sich schließt.

Unkostenkontrolle.

Da es die Aufgabe des Geschäftsleiters ist, darüber zu wachen, daß die aufgestellten Grundsätze und vor allem auch die aufgestellten finanziellen Richtlinien, d. h. die Budgets in der Praxis soweit als möglich durchgeführt werden, so ist es unerläßlich, daß er dem Unkostenkontrollbureau seine besondere Unterstützung zuteil werden läßt.

Das Mittel, dessen sich der Geschäftsleiter dabei bedient, sind regelmäßige Berichte des Unkostenkontrollbureaus, aus denen er ersehen kann, ob die Abteilungen des Hauses ihre Unkostenlimite einhalten oder nicht. Wenn alles glatt geht und die verschiedenen Abteilungen sich an die ihnen gesetzten Grenzen halten und außerdem keine wesentlichen Änderungen des Geschäfts, so z. B. ein starker Rückgang des Umsatzes, besondere Schritte, d. h. vor allem eine Revision der Unkostenbudgets nach unten erforderlich machen, so wird sich der Geschäftsleiter persönlich wenig um die Unkostenkontrolle zu kümmern brauchen. Werden aber die gesetzten Limite überschritten oder treten andere Umstände ein, die den Leiter des Finanz- und Kontrollbureaus veranlassen müssen, die anderen Abteilungen auf erhöhte Sparsamkeit hinzuweisen, dann wird der Geschäftsführer auch persönlich häufig Stellung zu nehmen haben, wenn nämlich eine Einigung zwischen den Abteilungen über die Berechtigung oder Nichtberechtigung von Ausgaben nicht zustande kommt.

Werbung.

Die Werbearbeit in einem Geschäft fängt mit der Aufstellung des Werbeplanes an. Diesen Werbeplan wird der Geschäftsleiter sorgfältig studieren und mit den allgemeinen Geschäftsgrundsätzen vergleichen müssen. Außerdem wird der Werbeleiter dem Geschäftsleiter von Zeit zu Zeit Vorschläge zu unterbreiten haben, wie der Umsatz durch wirksame Propaganda gehoben oder der Name des Geschäfts bekannter gemacht und sein Ruf gestärkt werden kann. Alle diese Vorschläge unterliegen der Prüfung des Geschäftsleiters, der über ihre Zweckmäßigkeit sowie darüber, ob sie dem Charakter des Geschäfts entsprechen, die letzte Entscheidung zu fällen hat.

Ferner wird der Geschäftsleiter auch in diesem Falle wieder Differenzen zwischen der Werbeleitung und anderen Abteilungen des Hauses, in diesem Falle vor allem den kaufmännischen Abteilungen, zu entscheiden haben. Es kann z. B. der Fall eintreten, daß die Werbeleitung sich weigert, einen Artikel in ein Inserat aufzunehmen, obwohl der Einkäufer von der Richtigkeit des Artikels und seiner Werbewirkung felsenfest überzeugt ist. Gelingt es dem Einkäufer resp. den vereinigten Vorstellungen des Einkäufers, Obereinkäufers und des kaufmännischen Betriebsleiters nicht, den Werbeleiter davon zu überzeugen, daß seine Weigerung unberechtigt ist, so wird der Geschäftsleiter selbst als Appellationsinstanz zu fungieren haben.

Ein noch wichtigerer Fall, in dem der Geschäftsleiter zu entscheiden hat, ist ferner der, daß der Werbeleiter festgestellt hat, daß das Geschäft mit den Preisen der Konkurrenz nicht mehr mitkommt. Er wird darüber in der Direktionssitzung berichten und eine Entscheidung verlangen. Der Geschäftsleiter wird nun seinerseits entweder dem kaufmännischen Betriebsleiter die Anweisung geben, die Wettbewerbsfähigkeit wieder herzustellen, sei es durch größere Tüchtigkeit beim Einkauf, sei es durch niedrigere Kalkulation, sei es mit anderen Mitteln oder er wird zugestehen müssen, daß unter den gegenwärtigen Verhältnissen eine derartige Durchbrechung des Prinzips der Wettbewerbsfähigkeit in Kauf genommen werden muß. Auf alle Fälle aber unterliegt die Entscheidung darüber, ob die bisherige Kalkulation aufrechterhalten werden soll oder ob es wichtiger ist, gegen Konkurrenzangebote aggressiv vorzugehen, der alleinigen Verantwortlichkeit des Geschäftsleiters.

Um die tägliche Routine der Inseratenzusammenstellung braucht sich der Geschäftsleiter selbstverständlich nicht zu kümmern. Trotzdem sollte er die gesamte Werbetätigkeit des Geschäfts sorgfältig verfolgen, um sich die Gewißheit zu verschaffen, daß die Art der Propaganda dem Charakter des Geschäfts und den von ihm zu seiner Wahrung aufgestellten Grundsätzen auch wirklich entspricht.

11. Organisation und Arbeitsprozeß des kaufmännischen Betriebsbureaus.

Organisationsübersicht.

Der kaufmännische Betriebsleiter. Führt die Aufgaben durch, die ihm vom Geschäftsleiter übertragen worden sind. Überwacht die kaufmännische Tätigkeit des gesamten Geschäfts. Leitet und koordiniert die Arbeit der Obereinkäufer. Stellt die Warenbudgets der einzelnen kaufmännischen Abteilungen und Abteilungsgruppen zu einem Budget für das Gesamtgeschäft zusammen. Bestimmt zusammen mit dem Leiter des Finanz- und Kontrollbureaus sowohl die Gesamtsumme, die in Waren investiert werden soll, als auch die Höhe des Bruttogewinns, den man zu erzielen wünscht. Kontrolliert auf Grund regelmäßiger Berichte und Zusammenstellungen über die einzelnen kaufmännischen

Organisationsvorschlag für das kaufmännische Betriebsbureau und Unterabteilungen.

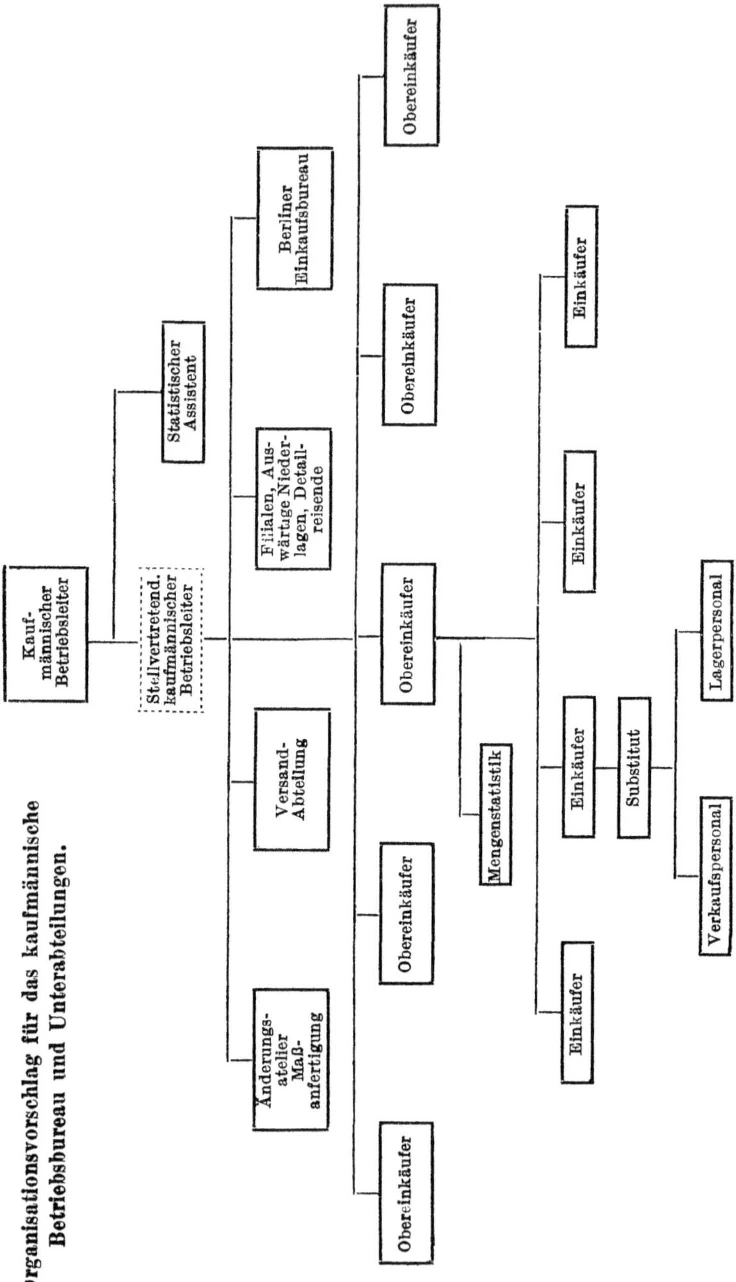

Abteilungen die laufenden Lagerbestände, Einkäufe, Verkäufe, Kalkulation resp. Aufschlag, Preisminderungen und Unkosten. Nimmt sorgfältigste Einzeluntersuchungen vor, wenn sich aus diesen Ziffern an irgendeiner Stelle ergibt, daß die gewünschte Leistung nicht erreicht wird. Bestätigt alle Aufträge. Überprüft jeden größeren Auftrag sowie jeden Auftrag, der der Limitgrenze nahekommt oder das Limit bereits überschritten hat. Überwacht die Planung und Kontrolle der Gesamtausgaben der kaufmännischen Abteilungen.

Überwacht und kontrolliert alle Einkaufsbureaus im In- und Auslande und arbeitet mit zentralen Einkaufsorganisationen eng zusammen, um für das Geschäft die größten Vorteile aus dem gemeinsamen Einkauf sowie den an der Zentralstelle geschaffenen Informationen und statistischen Möglichkeiten herauszuholen. Verfolgt die Entwicklung des allgemeinen Preisniveaus und studiert die allgemeine Wirtschaftslage, um dadurch Rückschlüsse für die Wareninvestition des Geschäfts ziehen zu können.

Arbeitet Vorschläge für die Belebung der Umsatztätigkeit aus (Spezialveranstaltungen usw.). Arbeitet mit den anderen Betriebsbureaus in allen den Fragen zusammen, die von mehreren Stellen des Hauses erledigt werden müssen.

Obereinkäufer. Der Angelpunkt der Warenkontrolle. Berät und kontrolliert die Einkäufer. Hilft den Einkäufern, ihre Ziffern für das Warenbudget auszuarbeiten und zusammenzustellen. Stellt die Ziffern der verschiedenen Abteilungen zu einer Gesamtsumme für die Abteilungsgruppe zusammen. Kontrolliert die individuelle Lage jeder Abteilung auf Grund der Abteilungsziffern. Beschäftigt sich mit jeder Frage, die mit dem Umsatz, der Lagerhöhe, den Einkäufen, der Kalkulation, den Preisreduktionen und den Unkosten der ihm unterstellten Abteilungen zusammenhängt. Arbeitet mit den Einkäufern aufs engste zusammen und sorgt dafür, daß die Umsätze steigen, die Läger klein gehalten werden, daß alte Ware aus dem Lager verschwindet, die Kalkulation eingehalten wird und die Reduktionsgrenzen nicht überschritten werden. Unterstützt den Einkäufer soweit nötig bei der Auswahl der Ware. Überwacht die Mengenkontrolle auf Grund der Aufstellungen der Mengenkontrollbeamten. Wacht darüber, daß die Mengenkontrolle durchgeführt und von den Einkäufern benutzt wird. Überzeugt sich davon, daß die Einkäufer häufig genug Zusammenstellungen der Mengenstatistik erhalten und sich bei der Aufrechterhaltung ihrer Sortimente von diesen statistischen Ergebnissen leiten lassen. Stellt zusammen mit den Einkäufern monatliche Einkaufspläne nach Stück oder Metern auf. Bleibt in Fühlung mit den Modeentwicklungen in jeder ihm unterstellten Abteilung. Begleitet gelegentlich den Einkäufer auf den Einkaufsreisen, um ihm bei der Auffindung der besten Bezugsquellen behilflich zu sein. Bespricht alle wichtigeren Aufträge mit den Einkäufern. Zeichnet jeden Auftrag ab und kontrolliert ihn darauf, ob das Einkaufslimit eingehalten ist.

Unterstützt den Einkäufer bei der Auswahl der werbewirksamsten Ware und hilft ihm, für seine Artikel Raum in den Inseraten und im Schaufenster durchzusetzen.

Hilft dem Einkäufer bei der Veranschlagung der Unkosten für Verkaufspersonal, Reklame, Schaufensterdekoration und Einkaufsreisen. Unterstützt den Einkäufer in allen Fragen der Unkostenkontrolle dadurch, daß er ihn die Ziffern besser verstehen lehrt und größere Gesichtspunkte einfließen läßt.

Mengenkontrollbeamte. Führen die Mengenstatistik unter der Leitung des Obereinkäufers durch. Machen Aufstellungen per Stück oder Meter über Eingänge, Ausgänge und Retouren. Schließen die Mengenstatistik ab für den Gebrauch beim Einkauf und zum Zwecke der Räumung schlecht beweglicher Ware.

Einkäufer. Stellt mit Unterstützung des Obereinkäufers das Warenbudget der Abteilung zusammen. Kauft ein. Findet neue Bezugsquellen. Unterrichtet sich über die modischen Entwicklungen.

Als Verkaufsleiter seiner Abteilung überwacht er das Verkaufspersonal. Unterstützt den Inneren Betriebsleiter bei der Feststellung, wieviel Personal nötig ist. Hilft bei der Ausbildung des Verkaufspersonals, beantragt Beförderung, Gehaltsaufbesserung, Versetzung aus der Abteilung und Entlassung.

Arbeitet besonders werbewirksame Ware aus und unterstützt die Werbeabteilung bei der Propagierung dieser Ware, sei es im Zeitungsinserat, sei es im Schaufenster. Berät die Werbeabteilung bei ihrer Überprüfung der Ware nach werbetechnischen Gesichtspunkten. Signiert den Fahnenabzug der Inserate, um Gewähr dafür zu haben, daß der Text eine genaue und zutreffende Beschreibung der inserierten Ware darstellt.

Prüft die Ware beim Eingang, bestimmt den Preis, zu dem sie ausgezeichnet werden soll, signiert die Rechnung, damit sie angewiesen werden kann, und vermerkt den Auszeichnungspreis auf der Rechnung resp. der Rechnungsallonge.

Sorgt dafür, daß seine Abteilung sauber gehalten wird und notwendige Reparaturen gemacht werden. Kümmert sich um die Beschaffung benötigter Materialien. Unterstützt das Finanz- und Kontrollbureau und den Inneren Betriebsleiter bei der Niedrighaltung des Unkostensatzes.

Stellvertretender Einkäufer (Substitut). Unterstützt den Einkäufer bei der Leitung der Abteilung. Steht dem Verkaufspersonal vor. Erledigt die Kleinarbeit der Abteilung — Beschaffung von Informationen, Ausführung und Kontrolle von Einzelaufträgen, Ausfüllung von Formularen. Hilft bei der Warenannahme, kontrolliert die Rückstände, überwacht die Verkaufstätigkeit, erledigt Einzelheiten für die Werbeabteilung. Kauft gelegentlich ein.

Lagererster. Nimmt die Ware in der Warenannahme in Empfang und sorgt für entsprechende Überführung in die Abteilungen sowie für die Inordnunghaltung des Lagers. Sorgt für sachgemäße Erledigung der Überführung von Ware aus einer Abteilung in die andere sowie aller Retouren an die Lieferanten. Unterrichtet den Einkäufer und das Verkaufspersonal.

Lagerpersonal. Unterstützen die Lagererste. Transportieren die Ware von der Warenannahme und aus den Reservelägern in die Abteilungen.

Verkaufspersonal. Bedienen die Kunden und bringen die Verkäufe zum Abschluß. Unterstützen die Kundschaft in jeder Weise und führen das Ideal des Kundendienstes praktisch durch. Füllen Fehlmeldungen aus, wenn ein gefragter Artikel nicht am Lager ist. Halten die Ware am Lager in Ordnung und arrangieren sie so wirkungsvoll wie möglich.

Leiter des Änderungsateliers. Untersteht dem kaufmännischen Betriebsleiter direkt. Überwacht alle Änderungen, Schneiderarbeiten und Reparaturen. Sorgt dafür, daß das Personal des Änderungsateliers täglich die Runde durch die Abteilungen macht, um eventuelle geringfügige Änderungen am Lager vorzunehmen. Macht häufig Änderungen an solchen modischen Waren, die in Konkurrenzgeschäften ebenfalls zum Verkauf ausgestellt sind, um ihnen eine besondere modische Note zu verleihen.

Leiter des Berliner Einkaufsbureaus. Untersteht dem kaufmännischen Betriebsleiter. Dient als Hauptquartier für die nach Berlin kommenden Einkäufer, sucht den Markt ab und studiert die Bezugsquellen, sorgt dafür, daß ihm laufend Muster von den Fabrikanten zugehen, kümmert sich um modische Neuentwicklungen, sorgt dafür, daß die erteilten Aufträge prompt ausgeführt werden.

Statistischer Assistent des kaufmännischen Betriebsleiters. Unterstützt den kaufmännischen Betriebsleiter bei allen statistischen Arbeiten. Prüft alle Aufstellungen und Statistiken, die dem kaufmännischen Betriebsleite reingereicht werden und macht ihn auf alles irgendwie Interessante oder Besondere aufmerksam. Untersucht alle Warenstatistiken, Unkostenaufstellungen sowie die Berichte des Vergleichsbureaus. Kontrolliert die Einhaltung der Einkaufslimite, der Kalkulationsprozente und der richtigen Konzentration der Läger auf Hauptpreislagen, und zwar vermittels einer Kontrolle der dem kaufmännischen Betriebsleiter zur Unterschrift vorgelegten Aufträge. Bestätigt alle Preisreduktionen. Macht den kaufmännischen Betriebsleiter auf alles aufmerksam, was der näheren Prüfung bedarf. Verfolgt die Aufstellungen der Mengenstatistik. Unterstützt den kaufmännischen Betriebsleiter bei der Aufstellung der Unkosten und Warenbudgets.

Der Arbeitsprozeß.

Die Aufstellung des Warenbudgets (Planung).

Der erste Schritt im Arbeitsprozeß der kaufmännischen Abteilungen ist die kaufmännische Planung. Die Ausarbeitung der Pläne resp. die Aufstellung eines Warenbudgets wird am zweckmäßigsten für eine sechsmonatige Saison vorgenommen, und zwar in der Weise, daß erst die Gesamtziffern der Sechsmonatssaison überschlagen und dann eine entsprechende Verteilung dieser Gesamtziffer auf jeden der 6 Monate vorgenommen wird. Bei der Ausarbeitung dieser Voranschläge sollten alle kaufmännischen Instanzen beteiligt sein, nicht nur weil dadurch voraussichtlich bessere Ergebnisse erzielt werden, als wenn ein warenfremder Statistiker die Arbeit allein machen müßte, sondern auch, weil nur auf diese Weise die kaufmännischen Instanzen in den Geist der Planung richtig eingeführt werden und dadurch eine weitere zum mindesten psychologische Garantie für die praktische Durchführung der Planung geschaffen wird.

Der Prozeß der Planung resp. der Aufstellung des Warenbudgets beginnt im Finanz- und Kontrollbureau. Hier sind die Ziffern der Vergangenheit gesammelt, die für jede Abteilung darüber Auskunft geben, wie sich in den letzten Jahren Umsätze, Lagerhöhe, Einkäufe, Kalkulation und Preisreduktionen entwickelt resp. in den entsprechenden Monaten der Vorjahre gestellt haben. Diese Ziffern sind die komprimierte Erfahrung des Geschäfts. Sie sind die geeignete Basis, von der man bei der Aufstellung neuer Voranschläge ausgehen muß.

Der Voranschlag sollte enthalten:

1. Eine Umsatzschätzung für jeden der Saisonmonate.
2. Eine Schätzung der Lagerhöhe zu Beginn jeden Monats (Normallager-Sollbestand)[1].

---

[1] Bei der Feststellung des Voranschlages der Lagerhöhe zu Beginn jeden Monats geht man am besten von einem einmal durch Herausstellung des Lagers festgestellten Normallagerbestand aus, der dann entsprechend den Saisonschwankungen für die einzelnen Monate verändert werden muß. Dieser Normallagerbestand soll dasjenige Sortiment enthalten, das auf alle Fälle in dem Lager vorhanden sein muß, wenn das Geschäft in diesem Artikel in seinem Arbeitsbezirk (Stadtviertel, Provinzstadt usw.) überhaupt ein Geschäft machen will. Die Feststellung des richtigen Normallagerbestandes, der bei einer nennenswerten Veränderung der Preise überprüft werden muß, stellt die höchsten Anforderungen an die Intelligenz und Urteilsfähigkeit der beteiligten Instanzen, d. h. des kaufmännischen Betriebsleiters, des Obereinkäufers und des Einkäufers. Dieser Normallagerbestand, den man auch Normalmindestsortiment nennen kann, muß immer vorhanden sein. Eine Lagerbeschränkung unter den ausmachenden Betrag dieses Normallagerbestandes führt zur Desortierung. Auf der anderen Seite gibt der unter diesem Gesichtspunkt festgestellte Normallagerbestand den einzig zuverlässigen Maßstab dafür ab, welchen Lagerumschlag

3. Einen Voranschlag der Reduktionen für jeden Saisonmonat (Vorbereitung für das Reduktionslimit).

4. Voranschlag der Einkaufssumme für jeden Monat (Vorbereitung für das Einkaufslimit).

5. Voranschlag des Kalkulationssatzes.

Dieses Budget für eine Sechsmonatssaison ist in Markziffern und nicht in Stück- oder Meterzahl aufzustellen. So wichtig es auch ist, daß man auch Mengenvoranschläge ausarbeitet und so wertvoll solche Mengenvoranschläge für die Disposition sein können, sie können für längere Perioden nicht aufgestellt werden und müssen kürzere Zeiträume umfassen, wenn sie praktische Bedeutung haben sollen. Unserer Auffassung nach gehören sie zur direkten Vorbereitung des Einkaufs. Wir werden sie deshalb zusammen mit der Einkaufstätigkeit behandeln.

Das historische Material, das das Finanz- und Kontrollbureau den kaufmännischen Abteilungen als Unterlage für die Aufstellung des neuen Budgets zur Verfügung stellt, wird von den Obereinkäufern den Einkäufern — Abteilungsvorstehern als Basis ihrer Arbeit übergeben.

Das Budget selbst soll eine möglichst sorgfältige Schätzung des zu erwartenden Umsatzes darstellen. Seine Ziffern sollten das Ergebnis einer intelligenten Bewertung der folgenden Faktoren sein:

Vorjahrsziffern (mehrerer Jahre),
Entwicklung in den letzten Monaten,
Allgemeine Geschäftslage,
Modische Entwicklungen,
Wachstum der Abteilung und des Gesamtgeschäfts,
Erforderliche Lieferfristen,
Erforderliche Versandfristen,
Lage im Wettbewerbskampfe,
Markt, Preis und Arbeitslage auf besonderen Warengebieten,
Gesundes Verhältnis der Lagerhöhe zum Umsatz,
Spezialprobleme der Abteilung,
Saisoneinflüsse auf den Umsatz (Umsatzhöhe in den einzelnen Saisonmonaten im Verhältnis zueinander).
Pläne für Spezialeinkäufe oder Spezialveranstaltungen.

Jeder Einkäufer sollte sein eigenes Budget aufstellen. Ist er mit dieser Arbeit fertig, so legt er das Ergebnis dem Obereinkäufer vor und bespricht es mit ihm.

---

ein Lager unter den gegebenen Verhältnissen des Arbeitsbezirks erzielen kann. Es ist falsch, wenn man von einem theoretischen Lagerumschlag ausgeht und ohne Rücksicht auf das Mindestsortiment, das erst die Grundlage eines zufriedenstellenden Geschäftsumfanges sein kann, auf die Lagerhöhe schliessen will.

Der kaufmännische Betriebsleiter prüft daraufhin die Voranschläge der einzelnen Abteilungen und Abteilungsgruppen, und zwar unter dem Gesichtspunkte der sich ergebenden Totalsummen.

Die Voranschläge der einzelnen Abteilungen und die Zusammenstellungen nach Abteilungsgruppen werden dann vom kaufmännischen Betriebsleiter zu einem gesamten kaufmännischen Voranschlag zusammengestellt und in gemeinsamer Arbeit mit dem Leiter des Finanz- und Kontrollbureaus von neuem überprüft. Für die Vorarbeiten zum kaufmännischen Gesamtbudget, d. h. für die Aufstellung der Abteilungsbudgets ist die Mitarbeit des Finanz- und Kontrollbureaus nicht erforderlich, schon deshalb nicht, weil der Leiter des Finanz- und Kontrollbureaus die Einzelbedürfnisse der Abteilungen nicht mit der erforderlichen Intimität kennen kann. Bei der Prüfung des kaufmännischen Gesamtbudgets ist jedoch seine Mitarbeit unerläßlich, weil er verantwortlich ist

1. für die Höhe der Wareninvestition und alle finanziellen Transaktionen, die notwendig sind, um Einkauf und Lagerhaltung zu finanzieren.

2. für den Reingewinn.

Das Interesse des Leiters des Finanz- und Kontrollbureaus bei der Überarbeitung des kaufmännischen Gesamtbudgets wird sich in erster Linie auf die Umschlagsschätzung und die damit eng im Zusammenhang stehende Gewinnschätzung konzentrieren. Von diesen Gesichtspunkten ausgehend wird er die Ziffern für die gesamte Wareninvestition prüfen.

Ist das kaufmännische Gesamtbudget in diesem Stadium der Bearbeitung angelangt, so dürfte gleichzeitig bereits ein vorläufiger Unkostenvoranschlag für dieselbe Zeitperiode vorliegen, so daß man nun den geschätzten Bruttogewinn mit dem geschätzten Unkostensatze vergleichen kann. Auf Grund der Unterlagen, die das zentrale Unkostenbureau liefert, wird jetzt der Leiter des Finanz- und Kontrollbureaus den Bruttogewinnvoranschlag jeder Abteilung mit dem Unkostenvoranschlag der Abteilung vergleichen müssen. Ergibt sich aus diesem Vergleich, daß die Abteilung bei der Aufstellung ihres Voranschlages keine ausreichende Gewinnmarge vorgesehen hat, so werden schon jetzt Abänderungen des Voranschlages gefordert werden.

Das kaufmännische Gesamtbudget, das aus dieser gemeinsamen Arbeit des kaufmännischen Betriebsleiters und des Leiters des Finanz- und Kontrollbureaus hervorgeht, wird nunmehr dem Betriebsausschuß unter Vorsitz des Geschäftsleiters vorgelegt, der eine erneute Prüfung vornimmt. Bei dieser Gelegenheit wird der Geschäftsleiter, wie bereits oben erwähnt, evtl. noch bestehende Interessengegensätze zwischen dem kaufmännischen Betriebsleiter und dem Finanz- und Kontrollbureau zu klären und durch seine Entscheidung die endgültigen Ziffern festzulegen haben.

Ohne die Aufstellung eines sorgfältig und unter Hinzuziehung aller Beteiligten ausgearbeiteten Warenbudgets ist eine wirklich fruchtbare Arbeit der kaufmännischen Abteilungen schwer denkbar. Die kaufmännische Arbeit beruht zum großen Teil auf Investitionen im voraus, d. h. es müssen der Natur der Sache nach erhebliche Kapitalien auf Grund von Schätzungen investiert werden. Daraus ergibt sich für den verantwortlichenKaufmann von selbst, daß er alle logischen Hilfsmittel heranzuziehen hat, die es ihm ermöglichen, unbeschadet der schöpferischen, kaufmännischen Qualitäten, die beim Einkauf unentbehrlich sind, das Risiko, mit dem die Vordispositionen ohnedies belastet sind, so stark wie irgend möglich zu begrenzen.

Hat ein Geschäft durch Aufstellung eines sorgfältigen und intelligent ausgearbeiteten Warenbudgets den größten Teil der Faktoren, die das Geschäft in der kommenden Saison beeinflussen dürften, im voraus berücksichtigt, so wird es viel leichter möglich sein, plötzlichen Änderungen zu begegnen, weil ein gut ausgearbeiteter Voranschlag — sofern man nicht in dilettantischer Überschätzung der Möglichkeiten einer solchen Prognose nach der einmal geleisteten Arbeit schlafen geht, sondern bereit ist, die gesamte Gedankenarbeit, die zur Aufstellung des Voranschlages nötig war, auch immer wieder während des Ablaufs der Schätzungsperiode von neuem zu wiederholen — das Geschäft mit Sicherheit davor bewahrt, überraschend vor eine neue Situation gestellt zu werden, für die man nicht gerüstet ist. Es ist deshalb notwendig, daß der Warenvoranschlag unter Heranziehung der laufenden Ergebnisse immer wieder von neuem revidiert wird. Diese laufende Revision ist ein Teil der Warenkontrolle. Ein laufend revidiertes Warenbudget wird ferner als Basis für die Festsetzung und laufende Revision der Einkaufslimite zu dienen haben und außerdem eine ausgezeichnete Grundlage für die Beurteilung der tatsächlichen Leistung der einzelnen kaufmännischen Abteilungen abgeben.

Um nur ein Beispiel herauszugreifen, das auch dem stark kritischen Leser die Vorteile deutlich machen wird, die ein vorsichtig und unter Berücksichtigung aller oben erwähnten Faktoren aufgestelltes Warenbudget für das Geschäft bietet, so sei angenommen, daß man in der kommenden Saison mit einem allmählichen Preisabschlag rechnen muß. In diesem Falle, der bei der Ausarbeitung des Budgets notgedrungenermaßen mit Zwangsläufigkeit besprochen und geprüft werden muß, wird man die Läger kleiner halten als gewöhnlich und auf eine Vergrößerung der Umschlagsgeschwindigkeit hinarbeiten. Man wird die Einkaufslimite beschränken und insbesondere eine Gesamtgrenze für die Lagerhöhe festsetzen, die in keinem Falle überschritten werden darf.

Es ist klar, daß ein solches Vorgehen das Geschäft vor größeren Verlusten am Lager bewahren muß. Selbstverständlich ist zuzugeben, daß ein weitsichtiger Kaufmann auch ohne das statistische Hilfsmittel des Voranschlages häufig in der Lage sein wird, derartigen Situationen gerüstet entgegenzutreten. Ebenso häufig kommt es aber praktisch vor, daß er überrascht wird, nicht weil er die Situation nicht auch hätte erkennen können, sondern weil kein Apparat da war, der ihn gezwungen hat, sich im voraus, und zwar exakt zahlenmäßig, mit den Faktoren zu beschäftigen, die auf das Geschäft der nächsten Saison den maßgebenden Einfluß ausüben werden.

Warenkontrolle.

Ist das Warenbudget aufgestellt, so wendet sich die Arbeit der kaufmännischen Abteilungen dem Einkauf und der Einkaufskontrolle zu. Aus praktischen Gründen wollen wir uns zunächst mit der Einkaufskontrolle beschäftigen und alles, was über den Einkauf selbst zu sagen ist, erst später besprechen, weil die Einkaufs- resp. Warenkontrolle die direkte Fortsetzung der Arbeit ist, die bei der Aufstellung des Voranschlages geleistet wurde.

Warenkontrolle ist die Fortsetzung der Planungsarbeit und die Anwendung der Budgetziffern während des Ablaufs der Saison. Das Ziel der Warenkontrolle besteht darin, die geplanten Ziffern Tatsache werden zu lassen resp. durch Verwirklichung der veranschlagten Ziffern den Geschäftszweck zu erreichen, d. h. höhere Umsätze, schnellen Umschlag, hohen Gewinn. Die Warenkontrolle in Markziffern wird durch laufende statistische Zusammenstellungen der tatsächlichen Situation jeder Abteilung ausgeübt.

Derartige Zusammenstellungen werden im statistischen Bureau der Finanz- und Kontrollabteilung ausgearbeitet. Sie sollen über die Arbeitsweise jeder Abteilung sowie die Gesamtergebnisse der Abteilungsgruppen und des Gesamtgeschäftes Auskunft geben. Zu diesem Zwecke müssen sie enthalten: die Umsätze jeder Abteilung für die letzte Berichtsperiode und seit dem Beginn des Geschäftsjahres, den Lagerbestand, Rückstände eingetragen nach dem voraussichtlichen Liefertermin, den Kalkulationsprozentsatz und den Prozentsatz sowie den ausmachenden Betrag der Preisminderungen. Zum Vergleich müssen ferner Vorjahrsziffern sowie die im Budget veranschlagten Ziffern beigefügt werden.

Diese statistischen Zusammenstellungen sind von allen Stellen innerhalb des kaufmännischen Betriebes sorgfältig durchzuarbeiten. Auf Grund dieser Zusammenstellungen kann der kaufmännische Betriebsleiter feststellen, ob das Geschäfts die Ziffer des Voranschlages erreicht. Er kann feststellen, welche Abteilungen sich gut entwickeln und welche abfallen. Er kann erkennen, wie sich der Lagerbestand entwickelt, im ganzen sowohl wie in den einzelnen Abteilungen, und eventuelle Mißstände oder auffällige Entwicklungen besonders untersuchen lassen. Die Ziffern über den erreichten Kalkulationssatz und die Minderungsziffern ergeben ferner den Bruttogewinn, der pro Abteilung erzielt wurde, und bieten ebenfalls Unterlagen für einen eventuellen Eingriff des kaufmännischen Betriebsleiters.

Es ist selbstverständlich, daß Obereinkäufer und Einkäufer die Ziffern der Abteilungsgruppen resp. Abteilungen sorgfältig prüfen und alle sich aus diesen Ziffern ergebenen Konsequenzen besprechen.

Um den Erfolg der Planungsarbeit besonders wirksam zu gestalten, ist ferner — wie schon erwähnt — eine laufende Anpassung der veranschlagten Ziffern an die tatsächliche Situation notwendig. Bei allen wichtigeren Veränderungen, die die kaufmännische Betriebsleitung vornehmen will, hat zweckmäßigerweise der Leiter des Finanz- und Kontrollbureaus mitzuwirken, weil er für die finanziellen Auswirkungen solcher Veränderungen die Verantwortung trägt. Kann er den vorgeschlagenen Abänderungen nicht zustimmen, so muß der Geschäftsleiter die Entscheidung treffen. Handelt es sich dagegen um kleinere Veränderungen, so z. B. um die Übertragung eines offenen Einkaufslimits von einer Abteilung auf eine andere oder eine geringfügige Änderung gegenüber dem veranschlagten Umsatz, so braucht das Finanz- und Kontrollbureau nicht unterrichtet zu werden. Eine gewisse Bewegungsfreiheit wird man dem kaufmännischen Betriebsleiter in diesen Fragen zugestehen müssen, insbesondere wenn dadurch der Gesamtbetrag der Wareninvestition nicht oder nicht nennenswert berührt wird.

Auf der Basis der Ziffern des Voranschlages sowie unter Berücksichtigung der gegenwärtigen Lagerhöhe werden die Einkaufslimite für die einzelnen Abteilungen errechnet. Das offene Limit ergibt sich aus der Ziffer der für den Rest des Monats veranschlagten Umsätze plus der veranschlagten Lagerhöhe am Monatsende abzüglich des gegenwärtigen Lagerbestandes sowie des noch in diesem Monat lieferbaren Rückstandes. Die Berechnung der Einkaufslimite geschieht im statistischen Bureau der Finanz- und Kontrollabteilung, und zwar auf Grund des Umsatzes, des vorhandenen Lagerbestandes und der Rückstände. In den laufenden statistischen Zusammenstellungen wird auf den Grad der Limitausnutzung jedesmal besonders hinzuweisen sein.

Die praktische Kontrolle darüber, daß das Einkaufslimit eingehalten wird, liegt beim Obereinkäufer, der jeden Auftrag bestätigt. Er hat den Betrag jeden Auftrages mit dem offenen Restlimit der Abteilung zu vergleichen und kann auf diese Weise eine strenge Einkaufskontrolle ausüben. Die weitere Überwachung liegt in den Händen des kaufmännischen Betriebsleiters, der jeden Auftrag bestätigen muß, sowie seines statistischen Assistenten.

Ein wichtiger Teil der Warenkontrolle ist ferner die Kontrolle der Preisreduktionen. Auf diesem Gebiete wird augenblicklich in Deutschland besonders viel gesündigt, sei es, daß man sich überhaupt nicht rechtzeitig zu Preisreduktionen entschließt, sei es, daß die Kontrolle über die Preisreduktionen, die vorgenommen werden, mangelhaft ist und dadurch die statistische Auswertung der Preisreduktionen sowie die Heranziehung der Reduktionen bei der Beurteilung dessen, ob man mit einem Lieferanten gut oder schlecht gefahren ist, unmöglich gemacht wird. Ein Weg, um diese Nachteile auszugleichen, ist vielleicht der folgende: Wünscht ein Einkäufer eine Reduktion vorzunehmen, sei es um schlecht bewegliche Ware schneller zu verkaufen, sei es weil Ware durch zu langes Lagern oder aus anderen Gründen gelitten hat, so hat er einen Reduktionsantrag auszufüllen, der dem Obereinkäufer und dem kaufmännischen Betriebsleiter vorgelegt werden muß, um diesen Instanzen die Möglichkeit zu geben, die Gründe für die Reduktion zu prüfen. Die tatsächliche Abänderung der Auszeichnung sollte dagegen nicht nach der alten Methode mit dem Blaustift des Einkäufers gemacht werden, der sich dabei allzuleicht von Augenblickseingebungen leiten lassen wird, sondern von dem Personal des Auszeichnungsraumes resp. der Warenannahme auf Grund des signierten Reduktionsantrages des Einkäufers. Die amerikanische Praxis hat gezeigt, daß die Geschäfte, die diesen Weg eingeschlagen haben, gute Erfolge erzielten und daß ihre Reduktionsstatistik nunmehr korrekt geführt wird. Eine korrekt geführte Reduktionsstatistik ist die Voraussetzung dafür, daß man den unliebsamen Posten ,,Verluste am Lager" kontrollieren kann. Außerdem wird — wie schon erwähnt — eine sorgfältig geführte Reduktionsstatistik, deren Ergebnisse auch auf den Lieferantenkarten vermerkt werden, beim Einkauf selbst hilfreiche Dienste leisten, da man mit einem Lieferanten in Zukunft vorsichtiger sein wird, wenn man gesehen hat, daß man seine Ware nur unter Verlusten absetzen konnte.

Eine wichtige Rolle bei der Warenkontrolle spielt auch das Finanz- und Kontrollbureau, nicht nur wenn — wie schon erwähnt — Änderungen des Voranschlages zur Diskussion stehen. Während der kaufmännische Betriebsleiter sowie Obereinkäufer und Einkäufer die Einzelheiten mehr von der Warenseite her prüfen, wird er vom finanziellen Standpunkt aus in erster Linie die Gesamtziffern des Geschäftes untersuchen. Er stellt fest, ob das Geschäft dem Voranschlag entspricht, und zwar hinsichtlich Umsatz, Lagerhöhe, Kalkulation, Preisminderungen und Nettogewinn. Er wird jedoch gut daran tun, auch die finanzielle Entwicklung der einzelnen Abteilungen auf Grund der aufgestellten Statistiken zu überprüfen und den kaufmännischen Betriebsleiter oder, falls nötig, sogar den Geschäftsleiter auf Fehler aufmerksam machen, in denen durch die Umstände besondere Maßnahmen geboten zu sein scheinen.

Mengenkontrolle.

So notwendig die Wertstatistik für die finanzielle Kontrolle des Geschäfts, für die Beurteilung der Lagerhöhe usw. ist, zur Beurteilung des Sortimentes reicht sie nicht aus. Zu diesem Zwecke ist es notwendig, eine Mengenstatistik zu führen, aus der sich in Stücken oder Metern die spezielle Zusammensetzung des Sortiments der Abteilung übersehen läßt. Die Mengenstatistik dient dazu, die für die Erzielung eines schnellen Umschlages und die Aufrechterhaltung eines vollständigen Sortimentes notwendige Kleinarbeit zu leisten. Aus ihr ergeben sich die Hauptverkaufspreislagen. Sie ermöglicht dem Geschäft, das Lager auf wenige gutsortierte Preislagen zu koncentrieren und eine übermäßige Zersplitterung der Lagerbestände durch Ausscheidung weniger gefragter Preislagen zu vermeiden. Die Mengenstatistik soll vor allem darüber Auskunft geben, welche Moden und Stücke, Farben und Größen im Moment besonders gefragt werden. Sie liefert dem Einkäufer die Unterlage für Nachbestellungen und für die Ergänzung seines Sortiments. Ein detailliertes System der Mengenstatistik wird außerdem die Preisreduktionen in Betracht ziehen und dem Einkäufer ermöglichen, unter Ausschaltung schlechtbeweglicher Ware, sein Lager auf die Hauptnachfrage zu konzentrieren. Zusätzliche Arbeit auf diesem Gebiete wird ferner dazu verhelfen, den Nutzen festzustellen, den jede Bezugsquelle dem Geschäfte abwirft. Außerdem kann die Mengenstatistik, wenn sie von genügender Überwachung der am Lager vorhandenen Zahl von Stücken oder Metern begleitet wird, erheblich dazu beitragen, die Lagerverluste zu vermindern, deren Bedeutung und Höhe heute vielfach erheblich unterschätzt wird.

Die Mengenstatistik basiert entweder auf den Kassenbons oder auf den Auszeichnungsetiketts, oder schließlich auf häufigen Einzelinventuraufnahmen. Die Ziffern werden in der Regel auf Indexkarten zusammengestellt. Es gibt die verschiedensten Systeme der Mengenstatistik, teilweise sehr ausgearbeitete Systeme, die mit farbigen Reitern und Flaggen auf den Karten arbeiten, teilweise auch einfachere Systeme. Bei der Auswahl der Systeme der Mengenstatistik wird man mit einer gewissen Vorsicht vorzugehen haben und die Kostenfrage sorgfältig prüfen müssen. Es ist unzweckmäßig, eine sorgfältige Mengenstatistik in Abteilungen einzurichten, in denen die Unkosten, die das System macht, größer sind als die Ersparnisse, die erzielt werden können.

Bei der Ausarbeitung und Einrichtung der Mengenstatistik wird sich die kaufmännische Abteilung des Rates des Finanz- und Kontrollbureaus zu bedienen haben, damit Fehler im System vermieden werden, die der Leiter des Finanz- und Kontrollbureaus von vornherein ausschalten kann, weil er die größere Erfahrung besitzt. Die praktische statistische Arbeit soll jedoch, wie schon früher festgestellt, der kaufmännischen Abteilung resp. dem Obereinkäufer unterstehen. Außerdem ist es notwendig, besonderes Personal für die Mengenstatistik zu haben, da diese Arbeit sich kaum mit einer anderen Arbeit in den kaufmännischen Abteilungen zusammenfassen läßt. Wieviel Personen dazu notwendig sind, hängt von der Größe des Geschäfts sowie der Zahl der Abteilungen ab, für die man eine Mengenstatistik führt.

Außerdem ist es erforderlich, daß die Mengenstatistik häufig abgeschlossen wird und die Zusammenstellungen dem Obereinkäufer und den Einkäufern zur Kenntnis gebracht werden. Nur durch häufige Zusammenstellungen dieser Art kann die Mengenstatistik den Erfolg bringen, zu dessen Erzielung sie eingerichtet wurde, nämlich diejenigen Stücke usw. kenntlich zu machen, die besonders gefragt werden und deshalb nachbestellt werden müssen, und ebenso Auskunft darüber zu geben, welche Waren schlecht beweglich sind und deshalb abgestoßen werden müssen. Verlangt man nicht, daß die Ergebnisse der Mengenstatistik in kurzen Abständen vorgelegt werden, so kann es leicht dazu kommen, daß nur für die Ablegemappe gearbeitet wird und wichtiges Informationsmaterial unter den Tisch fällt. Solche Zusammenstellungen sollten insbesondere vor der Erteilung jedes größeren Auftrages gemacht werden. Sie stellen eine wertvolle Ergänzung der Wertstatistik dar, die nur in allgemeinen Markziffern über den Lagerstand Auskunft gibt und deren Haupthilfsmittel bei der Disposition, die Limite, vielfach gerade auf Grund der Ergebnisse der Mengenstatistik abgeändert werden dürften.

Die Planung des einzelnen Einkaufs.

Wenn der Einkäufer sein Lager auffüllen will, so hat er zuerst an Hand der statistischen Unterlagen und des Lagers selbst sorgfältige Vorbereitungen für den Neueinkauf zu treffen. Er prüft zuerst die Mengenstatistik und dann unter Heranziehung ihrer Ergebnisse das Lager selbst, um festzustellen, wieviel Stücke oder Meter jedes Artikels er kaufen soll. Über das Ergebnis dieser Arbeit sollte er eine Aufstellung anfertigen und ausrechnen, welchen Betrag er investieren müßte. Diesen Betrag hat er ferner mit seinem Einkaufslimit zu vergleichen und evtl. an Hand der Limitstatistik neu zu überprüfen.

Bei der Aufstellung dieses Mengeneinkaufsplanes wird der Einkäufer bald den Obereinkäufer zu Rate ziehen. In gemeinsamer Arbeit sollte dabei vor allem festgestellt werden, ob die Artikel, die neu gekauft werden sollen, auch in die Preislagen passen, die hauptsächlich gefragt werden, und zwar unter Ermöglichung einer möglichst günstigen Kalkulation. Ferner wird an Hand der Mengenstatistik mindestens ein definitiver Anhalt dafür aufgestellt werden müssen, wie im Prinzip die neue Ware auf Größen, Farben usw. zu verteilen ist. Das Ziel der Ausarbeitung des Mengeneinkaufsplanes durch Einkäufer und Obereinkäufer soll sein, Mengen zu kaufen, die so klein sind, wie es sich mit der Aufrechterhaltung eines vollständigen Sortiments verträgt, wie es unter Berücksichtigung der Lieferfristen für Nachbestellungen notwendig ist, und wie es sich schließlich mit der Notwendigkeit, Mengenrabatte zu erhalten, vereinen läßt.

Bei der Aufstellung des Mengeneinkaufsplanes wird ferner die Werbeabteilung vielfach wertvolle Winke geben können. Einkäufer und Obereinkäufer werden bei jedem Einkauf daran zu denken haben, daß werbewirksame Artikel, neue Moderichtungen usw. gekauft werden, die den Erfolg der Reklame des Geschäfts steigern können, und sie werden bei dieser Arbeit zweckmäßigerweise den Reklamefachmann mit heranziehen, der ihnen sicher häufig ein wertvoller Mitarbeiter sein wird. Die Zusammenarbeit zwischen der Werbeabteilung und der kaufmännischen Abteilung bei der Vorbereitungsarbeit für den einzelnen Einkauf ist ein Punkt, der heute noch in den seltensten Fällen verwirklicht wird, aber besonders bei Warenhäusern größere Beachtung finden sollte. Denn die Kundschaft der Warenhäuser pflegt ihre Einkäufe nicht gleichmäßig auf das ganze Jahr zu verteilen, resp. bei Saisonbeginn die für die Saison notwendigen Artikel zu kaufen, sondern sie wartet auf Spezialangebote, die spezielle Vorteile bieten. Diese Einstellung des Publikums den Warenhäusern gegenüber muß bei der Aufstellung der Mengeneinkaufspläne Berücksichtigung finden. Einen gewissen Anhalt dafür werden die Aufzeichnungen der Mengenstatistik über den Erfolg der Vorjahrsveranstaltungen bieten. Im übrigen bleibt es der Iniative der Einkäufer und der Obereinkäufer und der zur Mitarbeit herangezogenen Werbeabteilung überlassen, neue Wege einzuschlagen, mit dem Ziel, durch Spezialangebote den Umsatz möglichst in die Höhe zu treiben — ein Umstand, der natürlich auf den Charakter des Mengen-Einkaufsplanes ausschlaggebenden Einfluß ausübt.

Der Einkauf.

Über die Einkaufstätigkeit selbst ist Wesentliches nicht mehr zu sagen. Die Vorbereitungsarbeit, über die wir ausführlich gesprochen haben, hat dem Einkäufer alle die Gesichtspunkte deutlich ins Gedächtnis eingeprägt, die er zu beachten hat, wenn die Ware im Rahmen seines Geschäftes günstig und schnell verkauft werden soll. Daß der Erfolg des Einkaufs darüber hinaus von der Sachkenntnis und kaufmännischen Befähigung des Einkäufers abhängt, braucht nicht besonders erwähnt zu werden.

Um Mißverständnisse zu vermeiden, ist vielleicht noch darauf hinzuweisen, daß der Einkäufer selbstverständlich verpflichtet ist, alle besonderen Chancen, die der Markt ihm bietet, wahrzunehmen. Handelt es sich um große Gelegenheitsposten oder ähnliche besonders günstige Einkaufsmöglichkeiten, so wird er sich allerdings vor Abschluß mit dem

Obereinkäufer und dem kaufmännischen Betriebsleiter in Verbindung setzen müssen, insbesondere wenn der Betrag, der erforderlich ist, das ihm noch zur Verfügung stehende Limit überschreitet. Auf der anderen Seite sollte bei Festsetzung der Einkaufslimite für solche Fälle von vornherein Vorsorge getroffen sein. Die Obereinkäufer, vor allem aber der kaufmännische Betriebsleiter, sollten sich einen Teil der Einkaufssumme für Spezialzwecke in Reserve halten, der dann eingesetzt resp. freigegeben werden kann, wenn der richtige Moment gekommen ist. Auf diese Weise wird verhindert, daß der Einkauf durch die statistischen Hilfs- und Vorbereitungsarbeiten zu einer mechanisch-bureaukratischen Tätigkeit wird. Es verbleibt ihm vielmehr die Elastizität, die notwendig ist, um den speziellen händlerischen Qualitäten des Einkaufspersonals Gelegenheit zur nutzbringenden Betätigung zu geben.

Die Warenkontrolle wird, wie schon erwähnt, im Anschluß an den Einkauf dadurch aufrechterhalten, daß die Aufträge, um bindend zu werden, der Genehmigung des kaufmännischen Betriebsleiters bedürfen, wo sie noch einmal mit der Limitstatistik verglichen werden. Die Kontrolle wird erleichtert, wenn die Aufträge nicht im Markte, sondern zu Hause ausgeschrieben werden.

Zur Erleichterung der weiteren Bearbeitung der Betriebsstatistik sollte ferner der Einkäufer angehalten werden, den voraussichtlichen Verkaufspreis der eingekauften Artikel auf die Orderkopie zu setzen, die in der Warenannahme oder der Abteilung für Warenstatistik (Rückstandsstatistik) abgelegt wird.

Berliner Einkaufsbureau.

Der hauptsächlichste Einkaufsplatz für die Mehrzahl der Artikel, die in Waren- und Kaufhäusern geführt werden, ist Berlin. Deshalb wird ein Berliner Einkaufsbureau nicht nur zweckmäßig sein, um den zum Einkauf kommenden Einkäufern als Sammelstelle und Bureau zu dienen und um für prompte Lieferung der bestellten Ware zu sorgen, sondern der Leiter des Einkaufsbureaus wird durch seine enge Fühlung mit dem Markte den Einkäufer auch bei der eigentlichen Einkaufstätigkeit aufs beste beraten und unterstützen können. Insbesondere sollte der Leiter des Einkaufsbureaus immer wissen, wo gerade die Gegenstände zu haben sind, die die Mengeneinkaufsliste des Einkäufers[1] aufweist, um auf diese Weise dem Einkäufer das zeitraubende Suchen wenigstens zum größten Teile abzunehmen. Außerdem wird das Berliner Einkaufsbureau in besonderer Weise geeignet sein, über neu aufkommende Moderichtungen Informationen zu sammeln und dem Geschäft zuzuleiten

[1] Es ist zweckmäßig, eine Abschrift dieser Liste im voraus nach Berlin zu senden, damit das Berliner Bureau praktische Vorbereitungen treffen kann.

und schließlich sollte die enge Verbindung mit den Lieferanten das Berliner Einkaufsbureau zu der Stelle machen, die über alle auf dem Markt kommenden Spezialangebote, Posten usw. laufend informiert ist.

Gemeinsamer Einkauf.

Ein weiterer Schritt des Arbeitsprozesses der kaufmännischen Abteilungen, der in erster Linie auf den Einkauf Bezug hat, ist die Beteiligung an dem gemeinsamen Einkauf mit anderen Geschäften.

Es gibt verschiedene Formen des gemeinsamen Einkaufs, die verschiedene praktische Auswirkungen auf die Tätigkeit des Einkäufers ausüben. Einmal gibt es Kommissionshäuser resp. Kommissionseinkäufer, die für eine Reihe von Provinzgeschäften tätig sind und diesen Geschäften gegenüber entweder als Großhändler oder als reine Kommissionäre (Agenten) auftreten. Die Tätigkeit dieser Firmen besteht entweder darin, an Stelle des nach Berlin zu entsendenden Einkäufers für das Haus einzukaufen oder wenn der Einkäufer nach Berlin kommt, das fehlende eigene Einkaufsbureau der Firma zu ersetzen und durch Nachweis der benötigten Bezugsquellen Zeit zu sparen und die Einkaufstätigkeit erfolgreicher zu gestalten oder schließlich eigene Musterläger zusammenzustellen, die den Einkäufern gestatten, in schnellerer Weise einen Überblick über den Markt zu gewinnen, als er es allein tun könnte. Soweit von diesen Firmen Orders zusammengefaßt werden, geschieht es in der Regel nicht durch Einwirkung auf die auftraggebenden Detailfirmen — abgesehen vielleicht von Gelegenheitsposten, für die man sich bemüht, mehrere Firmen zur gemeinsamen Abnahme zu bewegen — sondern nachträglich dadurch, daß die Firma feststellt, welche der durch sie gelaufenen Orders parallel laufen, und sich daraufhin bemüht, von den Lieferanten besondere Preise oder sonstige Vergünstigungen herauszuholen. Die Arbeit mit derartigen Kommissionshäusern legt dem Einkäufer besondere Verpflichtungen nicht auf. Sie erleichtert ihm höchstens seine Arbeit, ohne ihm allerdings den Genuß der großen Vorteile zu verschaffen, die wirklich geschlossene Dispositionen vielfach zur Folge haben.

Eine weitere ziemlich verbreitete Form des gemeinsamen Einkaufs ist der — im Prinzip — genossenschaftliche Zusammenschluß größerer Waren- oder Kaufhäuser zum gemeinsamen Einkauf in der Weise, daß ein zentralisiertes Einkaufshaus unterhalten wird. Der weitgehendste Schritt zum gemeinsamen Einkauf, der getan werden kann, besteht in der Fusion von Waren- und Kaufhäusern, in der Schaffung eines Filialsystems von Waren- und Kaufhäusern.

Die Mitarbeit am gemeinsamen Einkauf in diesen beiden eben erwähnten Formen legt dem Einkäufer in der Regel besondere Verpflichtungen auf. Ein prinzipieller Unterschied in der Arbeitsweise der

Einkaufszentralen besteht nicht, sei es daß es sich um den loseren genossenschaftlichen Zusammenschluß selbständiger Geschäfte, sei es daß es sich durch den festeren Zusammenschluß durch Fusion handelt. Ein tatsächlicher Unterschied besteht jedoch sehr wohl, und zwar dadurch, daß die Einkaufszentrale im letzteren Falle viel mehr Machtmittel zur Verfügung hat, um die praktische Zusammenarbeit durchzusetzen, während die Einkaufszentrale einer genossenschaftlichen Organisation nur an die Vernunft der Einkäufer der Mitgliedergeschäfte appellieren kann und für den Erfolg ihrer Zusammenarbeit auf den guten Willen angewiesen ist. Über die prinzipielle Seite dieser Fragen ist bereits gesprochen worden.

Gemeinsamer Einkauf durch eine derartige Einkaufszentrale stellt an die Einkäufer der angeschlossenen und Mitgliedergeschäfte besondere Anforderungen, bringt aber auf der anderen Seite auch wesentliche Vorteile mit sich, die nicht nur auf dem allgemein bekannten und auch von uns bereits erörterten Gebiete der Preisstellung liegen, sondern die sich auch bei der reinen Einkaufstechnik geltend machen.

Wir haben in den vorhergehenden Abschnitten ausführlich auf die Notwendigkeit hingewiesen, unter Heranziehung aller im Geschäft und am Lager erhältlichen Informationen, vor allem unter Heranziehung der Mengenstatistik, einen bis ins einzelnste detaillierten Einkaufsplan auszuarbeiten. Dieser Einkaufsplan soll insbesondere vorsehen, daß sich die einzukaufende Ware dem im Geschäft vorhandenen Sortiment richtig einfügt sowie vor allem in Qualität und Preis so ausgewählt wird, daß sie bei angemessener Kalkulation zu den Hauptverkaufspreislagen des Geschäfts, auf die sich die Nachfrage konzentriert, verkauft werden kann. Wie die Verhältnisse heute noch liegen — übrigens durchaus nicht nur bei uns in Deutschland, sondern von wenigen Ausnahmen abgesehen ganz ebenso in den Vereinigten Staaten — besitzen aber nur sehr wenige große Firmen eine Mengenstatistik, die die hierfür nötigen Unterlagen laufend zu liefern imstande ist. Praktisch ist deshalb die Arbeit des Einkäufers, von der es abhängt, ob das Geschäft mit der eingekauften Ware wirklich Erfolg hat und mit ihr auch den Ansprüchen der Kundschaft wirklich genügen kann, im wesentlichen Gedächtnisarbeit.

Nur in einem Falle nicht, nämlich dann, wenn der Einkauf nicht im Markte, d. h. in Berlin, Chemnitz, Apolda usw., sondern im eigenen Geschäft, am eigenen Lager vorgenommen wird. Bringt der Reisende eine Kollektion mit sich, die am Verkaufslager selbst mit der Ware, die man noch hat, verglichen werden kann, so besteht die erwünschte Gewähr dafür, daß nur das gekauft wird, was hinsichtlich Qualität und Preis wirklich in das eigene Sortiment paßt. Dieses früher durchaus übliche und auch heute noch nicht seltene Einkaufen am eigenen Lager kommt aber deshalb immer mehr in Fortfall, weil es — von allem anderen (Zeitverlust) abgesehen — den großen Nachteil hat, daß der Einkäufer kein Urteil darüber hat, ob nicht vielleicht wesentlich günstigere Konkurrenzangebote zu haben sind, er also zwar die richtige Ware, in der richtigen Sortierung, aber zu teuer kauft.

Es ist also notwendig, daß der Einkäufer sich persönlich in den Markt begibt. Nun versuche man sich einmal klar zu machen, was es bedeutet, ohne feste ziffernmäßige Unterlagen, rein auf der Erinnerung aufbauend, gerade die Ware herauszusuchen, die in das eigene Sortiment paßt und außerdem hinsichtlich Qualität und Preis das Richtige ist. Man braucht z. B. Damensommermäntel in der Einkaufspreislage von 30, 37 und 45 M. in einer bestimmten Qualität usw. Man kommt zu einem Fabrikanten, der Mäntel in der Preislage von 40—120 M. herstellt, die nun in entzückenden Modellen in großer Mannigfaltigkeit und in den verschiedensten Preislagen vorgeführt werden. Liegt da nicht die große Wahrscheinlichkeit vor, daß man sich durch das Vorgeführte beeinflussen läßt und Mäntel kauft, die man entweder gar nicht verkaufen kann, weil zwar schön, aber zu teuer sind, oder daß man zumindest viel mehr teure Mäntel kauft, als zu einem vernunftgemäß aufgebauten Sortiment gehören würden. Dazu kommt ferner, daß man nicht gern von einem Fabrikanten, der schöne Sachen herstellt und der sich die Mühe gemacht hat, sie stundenlang vorzuführen, wieder fortgeht, ohne einen nennenswerten Auftrag erteilt zu haben — und zwar auch dann, wenn es sich um eine der ersten Firmen handelt, die man besucht, d. h. wenn man noch gar keinen rechten Überblick darüber gewonnen hat, was denn der Markt eigentlich bietet. Der Einkauf am Lager des Lieferanten hat also, insbesondere wenn es sich um die Erteilung der größeren Saisonaufträge handelt, zwei Nachteile, die beide auf die gleiche Ursache — Mangel an Vergleichsmöglichkeiten — zurückzuführen sind: Einmal soll man disponieren, ohne das eigene Sortiment und damit das Bedürfnis der Kundschaft wirklich vor Augen zu haben, und zweitens wird man verleitet, Aufträge zu erteilen, ohne eine absolute Gewißheit darüber erlangt zu haben, ob nicht der Markt noch Vorteilhafteres zu bieten vermag. Zum mindesten muß sich der Einkäufer in diesen beiden Fragen auf das eigene Gedächnis verlassen gegenüber dem lebendigen Eindruck, den er von der geschmackvoll vorgeführten Ware hat.

Drei-Teilung der Einkaufsarbeit.

Zwischen diesen beiden Schwierigkeiten, d. h. auf der einen Seite der Notwendigkeit, ein für den eigenen Bedarf richtig zusammengestelltes Sortiment als Basis für die Erteilung der Aufträge heranziehen zu können, und auf der anderen Seite der nicht minder wichtigen Frage der vorteilhaftesten Preisgestaltung (bei gleicher Qualität) stellt das Submissions- und Ausstellungswesen der Einkaufszentralen den richtigen Ausgleich her.

Dies geschieht durch eine Teilung der Einkaufsarbeit in drei zeitlich aufeinanderfolgende Abschnitte:

1. Die eigentliche Bearbeitung des Marktes, meistens durch den zentralen Einkäufer, der durch Besuche bei den Fabrikanten usw. das Material zusammenträgt.

2. Die Vormusterung, d. h. die Arbeit des Vergleichens der zusammengetragenen Waren unter den Gesichtspunkten von Qualität, Mode und Preis.

3. Die eigentliche Disposition, d. h. das Ausschreiben der Aufträge durch die Einkäufer sämtlicher zusammengeschlossenen Geschäfte.

Dadurch wird erreicht, daß wirklich sachkundige Persönlichkeiten den Markt bearbeiten, die Spezialisten auf ihren Warengebieten sind und sich fortdauernd um alle Neuerscheinungen, Wechsel in der Leistungsfähigkeit der Fabrikanten usw. kümmern können, ohne durch die sonstigen Verpflichtungen des Abteilungsleiter-Einkäufers gehindert zu werden. Mit anderen Worten: Es wird sichergestellt, daß das Beste und Richtigste, was der Markt zu bieten hat, herangezogen wird und dem Einkäufer des Mitgliedergeschäftes vorgelegt werden kann, ohne daß dieser seinen relativ kurzen Berliner Aufenthalt erst zum Studium der Marktlage benutzen muß. Umgekehrt haben die Lieferanten den Vorteil, daß sie sich ständig bei einer informierten Persönlichkeit über die voraussichtlichen Wünsche der Einkäufer unterrichten können.

Des zweite Teil der Einkaufsarbeit, die sog. Vormusterung, d. h. das, was in der Regel Submission genannt wird, wird im Gegensatz zu der vorangegangenen Marktbearbeitung meistens nicht von dem zentralen Einkäufer durchgeführt, sondern von einer Vormusterungskommission, die aus den sachverständigsten Einkäufern der angeschlossenen Firmen zusammengesetzt zu sein pflegt. Die Vormusterungsarbeit beschränkt sich nicht allein auf den bloßen Vergleich der vorgelegten Muster. Sie bezweckt vielmehr vor allem, aus der Masse des Mustermaterials, das rein nach dem Gesichtspunkt der Leistungsfähigkeit der Lieferfirmen zusammengeholt wurde, nunmehr ein den Bedürfnissen des Detailgeschäftes entsprechendes Sortiment zusammenzustellen. Mit anderen Worten: Die Arbeit des Vormusterns hat zwar durch Vergleich des Gebotenen in objektiver Weise die Preiswürdigkeit des einzelnen Musterstückes bei gleicher Qualität festzustellen. Sie hat aber darüber hinaus den wichtigen Schritt vom Produzentengesichtspunkt zum Einzelhandelsgesichtspunkt zu tun und durch den Aufbau eines vollständigen Sortimentes in den wichtigsten Preislagen und in der richtigen Sortierung und Auswahl dem nachfolgenden eigentlichen

Einkäufer den Ersatz dafür zu schaffen, daß er die Ware, die er disponieren soll, nicht zu Haus mit dem eigenen Sortiment hinsichtlich Qualität und Preis vergleichen kann.

Ideal wäre es nun, wenn es innerhalb einer Gruppe oder innerhalb eines Konzerns möglich wäre, ein solches Sortiment so zuverlässig richtig für sämtliche zusammengeschlossenen Firmen zusammenzustellen, daß das einzelne Detailgeschäft, ohne nähere persönliche Prüfung, sich einfach das gesamte Sortiment unverändert schicken lassen könnte, je nach Größe des Bedarfs gestaffelt, d. h. einmal das Sortiment, wie es ist, oder das doppelte Sortiment usw. Dies geht aber in der Regel nicht einmal bei kleinen Spezialsortimenten (Reklame) zu machen. Der Grund liegt nicht in der meistens von Einkäuferseite behaupteten wirklichen Unterschiedlichkeit des Geschäftscharakters oder des geführten Genres — die relativ geringfügigen regionalen Verschiedenheiten, die wirklich bestehen, ließen sich verhältnismäßig leicht bei der Vormusterung berücksichtigen, vorausgesetzt, daß der Konzern einigermaßen zweckmäßig zusammengesetzt ist —, sondern die Hauptursache liegt in der verschiedenen Aufnahmefähigkeit der Lager der zusammengeschlossenen Geschäfte, in dem verschiedenen Grade des „Herunter-verkauft-seins", das insbesondere so lange von wesentlichem Einfluß auf alle Versuche, die Dispositionen zusammenzufassen, sein wird, als sich die Konzernfirmen nicht dazu verstehen, nicht doch hier und dort aus der Reihe zu tanzen (z. B. bei befreundeten lokalen Vertretern zu kaufen usw.) und vor allem nicht, ehe man nicht überall entschlossen dazu übergegangen ist, mit dem Gebrauch der Einkaufslimite, d. h. den modernen Methoden zur Erzielung eines schnellen Lagerumschlages Ernst zu machen, und nicht der Eingebung des Augenblicks folgend mehr disponiert, als unter Berücksichtigung der notwendigen Nachlieferungsfristen unbedingt erforderlich ist.

Deshalb kommt dem dritten Abschnitt der Einkaufsarbeit die größte Bedeutung für das einzelne Detailgeschäft zu. Der zur Ausstellung nach Berlin gekommene Einkäufer muß aus dem vorgearbeiteten Sortiment das heraussuchen, was er zur Ergänzung seines Lagers braucht. Im Gegensatz zu den beiden oben besprochenen Dispositionsmethoden (am eigenen Lager oder am Lager des Lieferanten) hat er hier aber erstens ein Sortiment vor sich, das von Detaileinkäufern unter Berücksichtigung der Bedürfnisse des Detailgeschäfts in Preislagen und Auswahl richtig zusammengestellt ist. Er entbehrt also den direkten Vergleich mit dem eigenen Lager nicht so stark. Und er hat auf der anderen Seite die absolute Gewißheit, daß in dem ihm vorliegenden Sortiment nur Ware enthalten ist, über deren Wettbewerbsfähigkeit hinsichtlich Qualität und Preis kein Zweifel mehr bestehen kann.

Dieser dritte Abschnitt der Einkaufsarbeit wird bei gewissen Waren allerdings häufig zweckmäßiger nicht am Sitz der Einkaufszentrale oder bei einer Ausstellung vorgenommen. Denn man hat gefunden, daß selbst bei einer so gründlichen Vorarbeit bei den besonders verantwortlichen Saisonvordispositionen der Vergleich mit dem eigenen Lagersortiment nicht immer entbehrt werden kann. Aus diesem Grunde ist man vielfach dazu übergegangen, so z. B. bei Kleiderstoffen, aber auch auf einigen anderen Warengebieten, den zentralen Einkäufer mit der durch die Vormusterungskommission gesichteten Kollektion *auf die Reise zu schicken*. In diesem Falle wirkt sich für den Detaileinkäufer, sofern er nicht — was immer im Interesse des Geschäfts liegen wird — der Vormusterungskommission angehört, der zentrale Einkauf in der Weise aus, daß er an seinem eigenen Lager nicht gezwungen ist, die Einzelkollektionen der verschiedenen Fabrikanten durchzusehen, sondern daß er durch einmalige gründliche Durcharbeitung einer Kollektion, die schon unter dem Gesichtspunkt des Einzelhandelsbedürfnisses überprüft wurde, sich den notwendigen Gesamtüberblick über die für ihn interessanten Angebote des Marktes auf einmal verschaffen und danach disponieren kann.

Dieses Verfahren läßt sich allerdings nur auf solchen Warengebieten durchführen, auf denen es möglich ist, die Musterkollektion ohne allzu große technische Schwierigkeiten zu transportieren. Es dürfte in allen den Fällen schwierig sein, in denen nicht das Dessin des Materials (sowie selbstverständlich Preis und Qualität des Materials) allein ausschlaggebend ist, sondern das Hauptgewicht auf Schnitt und Verarbeitung liegt.

Die Mitarbeit und Beteiligung am gemeinsamen Einkauf in der oben dargestellten Form dürfte mehr und mehr zu einer unbedingten Notwendigkeit für ein gut geleitetes, größeres Detailgeschäft werden, selbst in den Fällen, in denen heute noch Bedenken dagegen bestehen. Denn der richtig organisierte gemeinsame Einkauf ist ohne Zweifel auf dem reinen Warengebiete das, was die sorgfältige Vorbereitung des Einkaufs auf der Grundlage der Statistik auf dem Gebiete der Warenplanung darstellt: *Die Systematisierung der Arbeit des Einkäufers.*

Vorbedingungen und Einzelfragen der Organisation des zentralisierten Einkaufs.

Die vorstehende Darstellung, ebenso wie unsere früheren Ausführungen über Probleme beim gemeinsamen Einkauf, kann nicht für sich in Anspruch nehmen, dieses riesige Spezialgebiet der Betriebsrationalisierung im Einzelhandel auch nur annähernd vollständig darzustellen. Das Thema dieses Buches, das die Organisationsfragen des einzelnen Waren- und Kaufhauses in den Vordergrund stellt und auch auf anderen

Gebieten (z. B. zentrale finanzielle Kontrolle) die Erfordernisse und Notwendigkeiten von Filialsystemen von Waren- und Kaufhäusern nur selten und gelegentlich streift, gestattet uns nicht, weiter auf Einzelheiten einzugehen, obwohl wir uns gerade der Bedeutung dieser sachlichen Einzelfragen für die Fortentwicklung auf diesem Gebiete vollkommen bewußt sind. Wir glauben, in dieser Beziehung bereits an die Grenze des im Rahmen dieses Buches Tragbaren gegangen zu sein. Deshalb konnten wir auch auf die weitgehenden Verschiedenheiten, die bei der zentralen Disposition der verschiedenen Warengebiete beobachtet werden müssen, nur hier und da andeutungsweise eingehen. Abschließendes darüber hätten wir ohnedies nicht sagen können, da gerade in dieser Beziehung noch viel experimentiert wird und außerdem erst in der letzten Zeit von seiten der Fabrikanten und Lieferanten Versuche gemacht werden, Mißstände, die sich nach ihrer Meinung herausgestellt haben, abzustellen — Mißstände, die anscheinend im wesentlichen darauf hinauslaufen, daß die Verbilligung des Detailhandelseinkaufes sich bisher vielfach nur nach der einen Seite, nämlich der Abnehmerseite hin ausgewirkt hat, während Fabrikanten und Lieferanten vor einer weiteren Belastung zu stehen glauben, die durch die Unkosten verursacht wird, die mit den Musterungen und der Notwendigkeit, Muster längere Zeit zur Verfügung stellen zu müssen, vielfach verbunden sind.

Auf die einzelnen vorgebrachten Klagen können wir an dieser Stelle nicht eingehen. Wir wollen dagegen im folgenden einige Punkte (ohne Anspruch auf Vollständigkeit) hervorheben, die unseres Erachtens erfüllt werden müssen, wenn der zentrale Einkauf auf die Dauer Vorteile für alle Beteiligten bringen soll. Dabei ist jedoch zu beachten, daß, wie bei jeder Neueinführung, man auch von dem zentralen Einkauf nicht verlangen darf, daß von vornherein alles so funktioniert, wie es nach einer weiteren mehrjährigen Entwicklung und der Überwindung der notwendigen Anfangsschwierigkeiten erwartet werden muß. Die Voraussetzungen für den Erfolg des gemeinsamen Einkaufs sind die folgenden:

1. Die Hauptverkaufspreislagen der zusammengeschlossenen Geschäfte müssen in den Lägern, für die gemeinsam eingekauft werden soll, im wesentlichen übereinstimmen.

2. Es muß das Bestreben der Einkäufer-Abteilungsleiter sein, ihre Lager aufnahmefähig zu halten. Sie müssen davon Abstand nehmen, zwischen den Dispositionszeiten der Zentrale größere Aufträge anderweitig zu placieren, es sei denn, daß ein wirklicher Bedarf vorliegt, der einem ausgesprochen lokalen Bedürfnis entspricht.

3. Der Zentraleinkäufer für eine Artikelgruppe, der das Material für die Vormusterung zusammenstellt, muß die Läger der angeschlossenen Firmen, vor allem ihre Zusammensetzung in bezug auf die Hauptver-

kaufspreislagen genau kennen. Er muß den Mut haben, sich auf die Hauptverkaufspreislagen zu beschränken, da nur durch diese Beschränkung die Erteilung größerer Aufträge auf zusammengeschlossener Basis erreicht werden kann. Der Spitzenbedarf, der von der Zentrale nicht gedeckt werden kann, soll ruhig den Einkäufern der Mitgliedergeschäfte überlassen werden.

4. Zur Vormusterung sollten möglichst jedesmal dieselben Einkäufer hinzugezogen werden, damit eine gewisse Kontinuität der Aufträge sich durchsetzen kann. Es liegt nicht im Interesse der einkaufenden Firmen oder Filialgeschäfte, wenn sie jedesmal den Fabrikanten wechseln müssen, auch wenn dadurch immer wieder vielleicht ein kleiner Preisvorteil erzielt wird, indem man den neuen Fabrikanten zu besonderem Entgegenkommen veranlaßt, um „ins Geschäft zu kommen“. Der größte Wirkungsgrad des Systems wird erst dann erreicht, wenn sich große leistungsfähige Fabrikanten darauf einstellen können, mit der gesamten Gruppe dauernd und eng zusammenzuarbeiten, wobei die Gelegenheit der Vormusterung Möglichkeit genug bietet, um eine Überteuerung durch den Fabrikanten auszuschließen.

5. Wirkliche Vorteile wird der gemeinsame Einkauf erst dann für die beteiligten Abnehmer sowohl als auch für die Fabrikanten bieten, wenn ca. 50—60% des jeweilig fälligen Bedarfes zusammengefaßt werden.

6. Wo eine Zusammenfassung auf einzelne Muster oder Dessins nicht möglich ist, sollte wenigstens eine Konzentration auf wenige leistungsfähige Fabrikanten versucht werden, aus deren Spezialsortimenten jede der angeschlossenen Firmen ihre Dispositionen trifft. Zwar bringt ein derartiger Zusammenschluß nicht die letzten Vorteile der Konzentration mit sich; er ermöglicht es aber dem Fabrikanten angesichts des Umfangs des Gesamtauftrages, auch wenn dieser über seine ganze Kollektion zersplittert ist, gewisse Preisvorteile einzuräumen.

7. Jeder Mißbrauch der Muster, vor allem zum Zwecke der Fabrikation billigerer Kopien, muß unter allen Umständen ausgeschlossen sein. Personal, das mit den Fabrikationsabteilungen eines Konzerns etwas zu tun hat, wird den Musterungen nicht beiwohnen dürfen, auch wenn an und für sich der Wunsch nahe liegt, die technische Spezialerfahrung derartiger Herren zur Beurteilung der Angebote auszunutzen.

8. Die gesamte Arbeit am gemeinsamen Einkauf d. h. sowohl das Zusammentragen der Muster, die Vormusterung wie die eigentliche Ausstellung müssen im Interesse aller Beteiligten denkbar beschleunigt werden. Nur wenn dieses Prinzip nicht verletzt wird, ist eine zentrale Disposition von modischen Waren, auch in Stapelpreislagen, überhaupt möglich. Außerdem bedeutet es eine ungerechtfertige Belastung der Fabrikanten, wenn sie ihre Muster-

kollektion länger herleihen müssen, als es technisch unumgänglich notwendig ist. Vor allem sollten Muster, die nicht in das Ausstellungssortiment aufgenommen werden, möglichst sofort wieder zurückgegeben werden.

Zusammenfassend kann man sagen:

Abgesehen von dem schon früher ausführlich besprochenen Problem der häufigen Nachdispositionen läßt sich der gemeinsame Einkauf auf den Warengebieten am leichtesten und reibungslosesten durchführen, auf denen an und für sich die Distanz zwischen dem Fabrikanten und dem Einzelhändler noch am weitesten ist. Mit anderen Worten: Die gemeinsame Einkaufszentrale hat sich auf den Gebieten am besten bewährt, auf denen sie mit den entsprechenden Abweichungen an die Stelle des Großhändlers getreten ist. Ferner sind auf allen den Gebieten nennenswerte Erfolge erzielt worden, auf denen Rohware gekauft und die Ausrüstung für gemeinsame Rechnung oder Rechnung der rechtlich selbständigen Zentrale vorgenommen werden kann.

Die Probleme werden dagegen um so schwieriger, je mehr es üblich war, daß die größeren Detaillisten auch bisher direkt bei den Fabrikanten, d. h. in diesem Falle Konfektionären, sei es für Wäsche, sei es für Herren-, Damen- und Kinderkonfektion usw. kauften. Auf diesen Gebieten hängt der Erfolg viel stärker als auf den vorerwähnten Warengebieten von dem Willen zur Mitarbeit ab, den die einzelnen Einkäufer der angeschlossenen Geschäfte aufbringen. Denn Preisvorteile können hier nur erzielt werden, wenn eine wirkliche Konzentration des Bedarfes auf eine beschränkte Zahl nicht nur von Fabrikanten, sondern auch von Artikeln innerhalb der zusammengestellten Sortimente erfolgt.

Darüber hinaus ist die Beweglichkeit, mit der es der Zentrale gelingt, ihr Mustersortiment laufend, oder auch in kurzen Abschnitten, den modischen Schwankungen anzupassen, von maßgeblicher Bedeutung für den Erfolg. Auf solchen Gebieten wird die zentrale Einkaufsstelle sich für die laufenden Nachdispositionen und Gelegenheitskäufe vielleicht nicht so sehr als Auftragskonzentrationsbureau als vielmehr als zentrale Auftragsvermittelungsagentur im Einkaufsmarkte zu betätigen haben.

Vor allem aber ist Vorbedingung, daß der Apparat der Zentrale für die zu leistende Arbeit ausreicht. Versuche mit untauglichen, weil zu geringen Mitteln schädigen nicht nur die Nächstbeteiligten; sie bergen schwere Gefahren für den Dauererfolg des ganzen Systems in sich. Sowohl die Fabrikanten, vor allem aber der Einzelhandel und seine Großbetriebe selbst sollten dafür Sorge tragen, daß die Vorteile des Massenpreises auf der Basis des gemeinsamen Einkaufes nur dort gewährt oder gefordert werden, wo eine Konzentration des Bedarfes vorliegt, die Sondervorteile rechtfertigt.

Die Fehlmeldung bei der Warenplanung.

Aus der Mengenstatistik kann man nur soweit eine Übersicht über den tatsächlichen Bedarf der Kundschaft gewinnen, als die Ware am Lager ist. Sie zeigt die „Verkaufspleiten" oder „C's", wie die technischen Ausdrücke lauten, nicht an. Die Kenntnis darüber, was evtl. umgesetzt werden könnte, wenn man die Ware am Lager hätte, läßt sich aber bei einer vernunftgemäßen Lagerführung nicht entbehren. Man gewinnt sie dadurch, daß das Verkaufspersonal eine Fehlmeldung ausschreibt, wenn Ware gefragt wird, die nicht am Lager ist. Für diese Fehlmeldungen sind Formulare auszuarbeiten, die dem Verkaufspersonal jederzeit zur Hand sein müssen. Die Fehlmeldungen werden gesammelt und im Vergleichsbureau zusammengestellt. Auf Grund der Zusammenstellung hat das Vergleichsbureau eine Liste derjenigen Artikel aufzustellen, für die mehr als zufälliger Bedarf zu bestehen scheint. Diese Liste wird von dem Vergleichsbureau den Einkäufern vorgelegt, die sich in einer besonderen Spalte darüber zu äußern haben, warum der Artikel nicht da ist und ob sie die Aufnahme für wünschenswert und richtig halten. Die so ergänzte Liste geht an die Obereinkäufer sowie an die Werbeabteilung. In gemeinsamer Besprechung wird dann festgestellt, ob der Artikel aufgenommen werden soll oder nicht.

Kontrolle des Grundsortimentes.

In jeder Abteilung gibt es eine Reihe von Artikeln, Größen usw., die immer am Lager sein müssen. Die Kontrolle darüber, daß diese Grundsortimente zu jeder Zeit vollständig am Lager sind, wird vom Vergleichsbureau ausgeübt, dessen Vertrauenskunden bei ihren Einkäufen im eigenen Geschäfte häufig nach diesen Artikeln fragen, oder das besondere Beauftragte ans Lager sendet, um sich die vollständigen Sortimente zeigen zu lassen. Ergibt sich aus dieser Prüfung, daß etwas nicht in Ordnung ist, so hat sich das Vergleichsbureau oder die ihm übergeordnete Stelle, der Werbeleiter, mit der kaufmännischen Betriebsleitung in Verbindung zu setzen, damit Abhilfe geschaffen werden kann. Der Werbeleiter ist an dieser Kontrolle deshalb besonders interessiert, weil nur die Tatsache, daß solche Grundsortimente wirklich immer geführt werden, die Ausnutzung des Werbeargumentes der vollständigen Sortimentierung moralisch rechtfertigt.

Die Arbeit der kaufmännischen Funktionäre bei der Warenannahme und Auszeichnung.

Ist der Auftrag ausgeschrieben und dem Lieferanten übersandt, so hat sich der Einkäufer darum zu kümmern, daß die Lieferfristen eingehalten werden. Hierbei wird er sich des Berliner Einkaufsbureaus resp. der Unterstützung der Einkaufsgenossenschaft oder -Zentrale zu bedienen haben.

Kommt die Ware an, so wird sie in der für das gesamte Geschäft gemeinsam eingerichteten und zentralisierten Warenannahme ausgepackt und geprüft. Ist die Ware gezählt und zur Auszeichnung fertiggemacht, so hat sich der Einkäufer von ihrer Beschaffenheit zu überzeugen. Er hat festzustellen, ob auftragsgemäß geliefert wurde, d. h. ob die Qualität, Aufmachung usw. dem Muster entspricht, auf Grund dessen er bestellt hat, ob die allgemeine Beschaffenheit der Ware zu keinerlei Beanstandungen Anlaß gibt, und ob die Rechnung mit der gelieferten Ware übereinstimmt. Er hat dann den Verkaufspreis zu überprüfen, den er auf der Orderkopie angegeben hat und eventuelle Änderungen, die durch veränderte Marktverhältnisse oder Konkurrenzangebote notwendig geworden sind, vorzunehmen. Geht alles in Ordnung, so zeichnet er die Faktura ab (meistens auf der angeklebten Allonge), gibt sie damit zur Bezahlung frei und notiert die Preise, zu denen die Ware vom Auszeichnungspersonal ausgezeichnet werden soll. Die Auszeichnung selbst geschieht ebenfalls in der Warenannahme resp. dem ihr angeschlossenen Auszeichnungsraum. Ware, die nicht ausgezeichnet ist, darf die Warenannahme nicht verlassen.

Der Einkäufer muß darüber informiert sein, was für Ware, die zu seinem Lager gehört, sich in der Warenannahme resp. im Stadium der Auszeichnung befindet. Schleunige Bewegung der Ware von der Empfangnahme an bis zum Verkaufslager ist wesentlich. Der Einkäufer kann zur Beschleunigung dieses Prozesses beitragen, indem er die Reihenfolge angibt, in der die verschiedenen Warenposten erledigt werden sollen.

Ist die erste Prüfung und die Auszeichnung der Ware beendet, so sorgt das Lagerpersonal für den Transport in die Reserveräume oder direkt ans Verkaufslager. Bei der Einsortierung der Ware in die Reserveräume oder ins Lager hat das Lagerpersonal jedes einzelne Stück darauf zu untersuchen, ob Ware defekt ist. Solange sich die Ware im Verkaufslager selbst befindet, ist das Verkaufspersonal für die Beschaffenheit der Ware verantwortlich und hat sich darum zu kümmern, daß die Ware in gutem Zustande bleibt und daß kleine Veränderungen oder Reparaturen gemacht werden, sei es vom Verkaufspersonal selbst, sei es vom Personal der Änderungsateliers. Zu diesem Zweck wird jeder Verkäuferin ein kleiner Teil des Lagers (mehrere Ständer usw.) zur speziellen Überwachung übertragen.

Muß Ware an den Lieferanten retourniert werden, so hat der Einkäufer ein Retourenformular auszufüllen, das dem Obereinkäufer und dem kaufmännischen Betriebsleiter zur Prüfung resp. Bestätigung vorzulegen ist. Mit diesem Formular zusammen wird die Ware dann der Expedition zugeführt, die sie an den Fabrikanten zurückschickt.

Die Verkaufstätigkeit.

Zwei machtvolle Hilfsmittel unterstützen den Einkäufer in seinem Bestreben, die Ware, die er gekauft hat, abzusetzen, einmal die persönliche Arbeit des ihm unterstellten Verkaufspersonals und zweitens Verkaufspropaganda, d. h. Zeitungsreklame und Schaufensterdekoration, die beide dazu dienen, das Publikum ins Geschäft zu ziehen.

Der Einkäufer ist der Vorgesetzte des Verkaufspersonals. Er hat sich darum zu kümmern, daß es seine Arbeit richtig erfüllt. Unterstützt von dem stellvertretenden Einkäufer, überwacht er die Verkaufstätigkeit und berät das Verkaufspersonal in jeder Weise. Er muß das Verkaufspersonal korrigieren und zur Ordnung rufen, falls es notwendig ist. Vor allem aber sollte er sich angelegen sein lassen, dem Verkaufspersonal den Enthusiasmus und die Freude an der Arbeit einzuflößen, die unerläßliche Vorbedingung für eine erfolgreiche Verkaufstätigkeit sind.

Der Einkäufer ist die Stelle, von der das Verkaufspersonal im einzelnen informiert und instruiert werden soll. Der Einkäufer hat die Warenkenntnis, d. h. sowohl die allgemeine Kenntnis seines Fachgebietes wie die erforderliche Spezialkenntnis der eingekauften Ware. Er kann deshalb dem Verkaufspersonal viele Winke über die Ware geben, die beim Verkaufe helfen können. Er muß dem Verkaufspersonal sagen, aus welchem Material die Ware besteht, sowie über die letzten Moderichtungen Auskunft geben. Er muß die wesentlichsten Gesichtspunkte hervorheben, die geeignet sein werden, das Interesse der Kundschaft zu erwecken und auf die Ware hinzulenken. Mit anderen Worten: Er muß dem Verkaufspersonal alles das an Informationen an Hand geben, was nötig ist, nicht nur, damit die Verkäuferin selbst über die Ware richtig informiert ist, sondern vor allem auch, damit sie der Kundin die Vorzüge der Ware richtig auseinandersetzen kann und ihr korrekte Auskunft darüber gibt, was sie gekauft hat resp. kaufen will.

Umgekehrt ist das Verkaufspersonal eine der wichtigsten Informationsquellen für den Einkäufer, sofern er nicht selbst Tag für Tag bedient und dadurch mit der Kundschaft in Berührung bleibt. Versteht es der Einkäufer, aus dem Verkaufspersonal alles das herauszuholen, was die Kundschaft über die Ware denkt und sagt, zu hören, warum dies oder jenes Stück gefallen oder nicht gefallen hat, so wird ihm das eine wesentliche Hilfe bei der Einkaufstätigkeit leisten können.

Der Einkäufer hat dafür zu sorgen, daß genügend Verkaufspersonal zur Verfügung steht. Zu diesem Zwecke wird er sich der Unterstützung des Obereinkäufers zu versichern und mit dem Inneren Betriebsleiter, dem das Personalbureau untersteht, enge Fühlung zu halten haben.

Anforderungen neuen Personals hat der Einkäufer an das Personalbureau zu richten. Handelt es sich um vorübergehenden Bedarf, so kann seinen Wünschen meistens durch Zurverfügungstellung von Personal aus anderen Abteilungen (eventuell auch des Änderungsateliers, oder von Aushilfspersonal) entsprochen werden. Handelt es sich um einen dauernden Bedarf, so müssen allerdings vom Personalchef oder dem Inneren Betriebsleiter zunächst die allgemeinen Verkaufsspesen der Abteilung geprüft werden. Mit dem Engagement selbst und der ersten einführenden Ausbildung des Personals hat der Einkäufer in der Regel nichts zu tun. Diese Aufgaben liegen dem Personalbureau resp. der Personalausbildung ob. Er kann jedoch das Personalbureau bei dieser Arbeit wirksam unterstützen, indem er zunächst dem Personalbureau genau sagt, was er braucht, und indem er es ferner darüber auf dem Laufenden hält, welche Qualifikationen das bereits in seiner Abteilung beschäftigte Personal aufweist. Tritt die neue Verkäuferin an, so kann er sehr viel dazu beitragen, sie mit dem Geschäft vertraut zu machen, ihr die Ware zu erklären, die einzelnen Vorschriften auseinanderzusetzen und ihr den Verkaufsgeist, den Geist der Dienstbereitschaft, der das Grundprinzip des Geschäftes ist, einzuflößen. Die Gehaltsfestsetzung unterliegt zwar der Entscheidung der Personalverwaltung. Trotzdem sollte der Einkäufer es nicht versäumen, die Verkaufserfolge seines Personals sorgfältig zu überwachen und zu dem Gehalt in Beziehung zu setzen. Zu diesem Zwecke bedient er sich am besten der Personalstatistik, die das Verhältnis des Gehalts zum Umsatz jeder Verkäuferin ausweist. Der Einkäufer wird ferner auf Grund seiner intimen Kenntnis des Verkaufspersonals die Personalabteilung durch Anträge darauf aufmerksam machen müssen, wann Beförderung, Gehaltserhöhung, Versetzung von einer Abteilung in die andere oder Entlassungen notwendig sind.

In seiner Beziehung zu dem ihm unterstellten Verkaufspersonal wird sich der Einkäufer jederzeit dessen bewußt sein müssen, daß die Verkäuferin in allererster Linie die Vertreterin des Geschäfts dem Publikum gegenüber ist. Es genügt nicht, daß der Einkäufer dafür sorgt, die richtig Ware im richtigen Sortiment in den richtigen Farben und der neuesten Moderichtung angepaßt am Lager zu haben. Er muß Verkaufspersonal heranziehen, das befähigt und willens ist, für den speziellen Kunden die speziell geeignete Ware herauszusuchen, das richtige Auskunft über die Ware gibt, den modischen Charakter der Ware erklären kann und sich auch nicht scheut, mit der Kundin ans Fenster zu treten, damit sie den richtigen Eindruck von der Farbwirkung gewinnen kann. Die ganze Arbeit des Einkaufs, des Marktabsuchens, die ganze statistische Arbeit der Wert- und Mengenkontrolle, alles ist umsonst, wenn der Einkäufer nicht versteht, Verkaufspersonal zu halten und auszubilden, das weiß, was am Lager ist, und die vorhandene Ware in einer angenehmen, sachkundigen Manier dem richtigen Kunden zu verkaufen versteht.

Kaufmännische Abteilung und Propaganda.

Es ist das eigene Interesse des Einkäufers, mit der Werbeabteilung, die für die Verkaufspropaganda verantwortlich ist und das Publikum ins Geschäft ziehen soll, so eng wie möglich zusammenzuarbeiten.

Wir haben bereits darauf hingewiesen, daß der Einkäufer in gemeinsamer Arbeit mit dem Obereinkäufer bei der Aufstellung der Mengeneinkaufspläne Waren und Artikel herausarbeiten muß, die besonders werbewirksamen Charakter tragen. Solche Artikel sollten möglichst einen Monat vorher bestimmt werden, damit die Werbeabteilung bei ihren Dispositionen genügend Rücksicht auf sie nehmen kann. Der Einkäufer seinerseits wird bestrebt sein, diejenigen Artikel, die in der Reklame erscheinen sollen, besonders zu forcieren und dadurch der Werbeabteilung ihre Arbeit möglichst zu erleichtern. Die Entscheidung darüber, welche Artikel in ein Inserat oder ins Schaufenster aufgenommen werden sollen, liegt allerdings bei der Werbeabteilung. Stimmt die Werbeabteilung den Vorschlägen der kaufmännischen Abteilungen nicht zu und bezeichnet sie die Ware als dem Charakter der Reklame des Geschäftes nicht entsprechend, so muß evtl. die Entscheidung des Geschäftsleiters angerufen werden.

Die Instanz der Werbeabteilung, mit der der Einkäufer am engsten zusammenarbeiten muß, ist der Textschreiber, der der Abteilungsgruppe zugeteilt ist, zu der der Einkäufer resp. seine Abteilung gehören. Der Einkäufer hat es in der Hand, die Arbeit des Textschreibers zu erleichtern und besonders fruchtbar zu gestalten. Er wird zu diesem Zwecke mit ihm zusammen die Ware auswählen, die beschrieben oder klischiert werden soll. Er wird dem Textschreiber die Verkaufsargumente ansagen, die seiner Auffassung nach besonders zugkräftig sind, wenn auch der Textschreiber selbst nach Reklamegesichtspunkten zu urteilen resp. zu arbeiten hat.

Der Einkäufer sollte ferner das Vergleichsbureau in seiner schwierigen Arbeit unterstützen und in der Arbeit der Vertrauenskunden nicht, wie es so häufig geschieht, eine lästige Spionage erblicken. Im Gegenteil, er sollte sich dessen bewußt sein, daß die objektive Kontrolle, die auf diese Weise ausgeübt wird, auch ihm persönlich zugute kommt, da er durch sie auf Fehler hingewiesen wird, die den Stand seiner Abteilung verschlechtert hätten.

Ist der Fahnenabzug eines Inserates fertig, so hat der Einkäufer zu prüfen, ob alle in ihm enthaltenen Angaben zutreffen und insbesondere die Beschreibung der Ware nach Größe, Farbe, Stil und Menge richtig ist. Das Signum des Einkäufers auf dem Fahnenabzug des Inserates garantiert der Werbeabteilung für die Richtigkeit des Textes und der Zeichnungen sowie außerdem dafür, daß die inserierte Ware auch wirklich in genügender Menge im Hause ist.

Die Zusammenarbeit des Einkäufers mit der Dekorationsabteilung des Werbebureaus gestaltet sich im wesentlichen ebenso wie die Zusammenarbeit mit der Abteilung für Zeitungsreklame. Auch hier macht der Einkäufer Vorschläge, über die der Dekorateur vom Reklamegesichtspunkt aus zu entscheiden hat.

Preisschilder und ähnliche spezielle Reklameankündigungen hat der Einkäufer von der Dekorationsabteilung anzufordern.

Der Einkäufer als Abteilungsvorsteher.

Außer den schon erwähnten Pflichten der Überwachung des Personals seiner Abteilung hat der Einkäufer als Abteilungsvorsteher sich noch um eine Reihe anderer Dinge zu kümmern. Er hat darauf zu achten, daß die Arbeit seiner Abteilung glatt abgewickelt wird. Er muß sich darum kümmern, daß seine Abteilung nett und ansprechend aussieht. Er muß das Reinigungspersonal kontrollieren. Er muß beim Hausverwalter alle Reparaturen, die evtl. nötig sind, beantragen und sich darum kümmern, daß sie auch wirklich gemacht werden.

Als Abteilungsvorsteher muß er sich ferner um die Materialbeschaffung kümmern. Er schreibt zu diesem Zweck einen Materialzettel aus und schickt ihn an die Materialverwaltung. Handelt es sich um größere Posten oder Anschaffungen, so bespricht er sie direkt mit dem Inneren Betriebsleiter. Vor allen Dingen aber wird er dafür sorgen, daß mit dem Material in seiner Abteilung sparsam umgegangen wird, ob es sich um kleine oder große Beträge, um Einpackbeutel oder Schaukästen handelt. Jede Unterstützung, die der Einkäufer-Abteilungsleiter auf diesem Gebiete dem Inneren Betriebsleiter und dem Unkostenkontrolleur leistet, kommt seiner Abteilung wieder zugute, da sein Reingewinn umso größer wird, je weniger Spesen sein Unkostenkonto belasten.

Unkostenvoranschlag.

Bei der Aufstellung des Unkostenvoranschlages hat der Einkäufer insofern mitzuwirken, als er einen Einfluß darauf hat, wieviel Verkaufspersonal in seiner Abteilung arbeitet. Bei der Aufstellung des Unkostenbudgets wird er deshalb zu prüfen haben, ob die Zahl des Verkaufspersonals im richtigen Verhältnis zu den geplanten Umsätzen steht.

Ferner hat der Einkäufer-Abteilungsvorsteher bei der Ausarbeitung seines Reklamebudgets mitzuarbeiten, resp. den Obereinkäufer dabei zu unterstützen. Das gleiche gilt für die Aufstellung des Dekorationsbudgets.

Unkostenkontrolle.

Auf Grund der Zusammenstellungen der Unkosten seiner Abteilung, die ihm vom Finanz- und Kontrollbureau zugehen, hat der Einkäufer zusammen mit dem Obereinkäufer zu prüfen, wie seine Abteilung steht, und Maßnahmen zu beraten, die evtl. geeignet sein können, den Unkostensatz der Abteilung herabzudrücken.

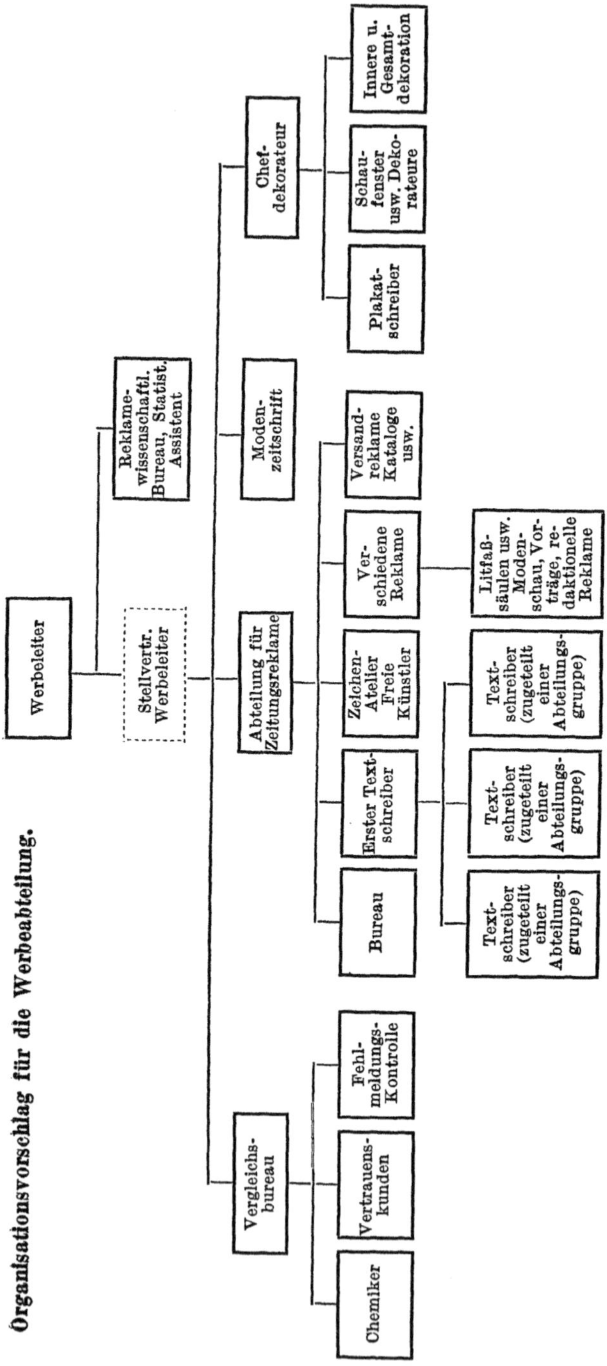

Organisationsvorschlag für die Werbeabteilung.

12. Die Organisation und der Arbeitsprozeß der Werbeabteilung.

Organisationsübersicht.

Der Leiter der Werbeabteilung, gleichberechtigter Betriebsleiter, zusammen mit dem kaufmännischen Betriebsleiter, dem Inneren Betriebsleiter und dem Leiter des Finanz- und Kontrollbureaus.

Überwacht die gesamte Propagandatätigkeit, stellt den Kontakt mit dem Publikum her und bringt das Geschäft und seine Ware in der Propaganda so zur Darstellung, daß ein dauernder Anreiz auf die Kundschaft ausgeübt wird, ins Geschäft zu kommen und zu kaufen.

Bearbeitet das Unkostenbudget, soweit es sich auf Propaganda bezieht, und zwar sowohl die Reklame- und Dekorationsvorschläge der einzelnen Abteilungen, wie das Budget für allgemeine Geschäftspropaganda. In Zusammenarbeit mit dem Leiter des Finanz- und Kontrollbureaus stellt er fest, daß das Reklamebudget sich entsprechend in das allgemeine Unkostenbudget einfügt. Im inneren Betriebe seiner Abteilung arbeitet der Werbeleiter mit dem Leiter des Zeitungsreklamebureaus, dem Chefdekorateur, den Einkäufern und dem Finanz- und Kontrollbureau zusammen und hat besonders darauf zu achten, daß die für Reklame zur Verfügung stehenden Mittel möglichst zweckmäßig verwandt werden.

Überwacht die Ausarbeitung der Pläne und Terminkalender für Reklame und Dekoration, nimmt zu allen Fragen Stellung, die ins Propagandagebiet gehören. Unter der Leitung des Geschäftsleiters arbeitet er die Reklamepolitik des Geschäfts aus und bringt sie mit den anderen Geschäftsprinzipien in Übereinstimmung, genehmigt die täglichen Inserate sowie anderes tägliches Propagandamaterial.

Sorgt für Übereinstimmung zwischen Zeitungsreklame, Dekoration und anderen Arten der Propaganda. Veranstaltet Modenschauen, Vorträge, Ausstellungen, persönliche und Drucksachenpropaganda sowie besondere Reklametricks, sorgt für redaktionelle Reklame soweit nötig.

Prüft die Berichte des Vergleichsbureaus.

Läßt Spezialuntersuchungen auf dem Propagandagebiet anfertigen, so über die Wirkungskraft von Zeitungen und Zeitschriften, zweckmäßige Inseratanordnung und günstige Reklametermine.

Leitet die gesamte Werbeabteilung und macht seinen Einfluß auch bis in die kleinste Einzelheit der Arbeit seiner Mitarbeiter geltend.

Leiter der Abteilung für Zeitungsreklame (oft derselbe Mann, der die gesamte Werbeleitung versieht).

Bearbeitet die Zeitungsreklame unter Leitung des Werbeleiters sowie Versandreklame und alle anderen mit der Drucktechnik in Verbindung stehenden Propagandaarten.

Legt dem Werbeleiter Kostenvoranschläge für jede Art der Reklame vor. Arbeitet mit den Einkäufern und Obereinkäufern die Reklamebudgets der Verkaufsabteilungen aus. Ist bestrebt, die tatsächlichen Reklameausgaben im Rahmen des Voranschlages, den er mit ausgearbeitet hat, zu halten, und zwar pro Abteilung.

Spielt eine maßgebende Rolle bei der Aufstellung der Reklamepläne für die Waren, die die kaufmännischen Abteilungen als werbewirksam bezeichnen. Arbeitet wöchentliche Terminaufstellungen für die Reklame aus, aus denen der für das Inserat insgesamt sowie der für jede Abteilung zur Verfügung stehende Raum sowie die Zeitung, in der das Inserat erscheinen soll, klar hervorgehen.

Leitet die Arbeit des künstlerischen Ateliers sowie der Textschreiber. Ist besonders beteiligt bei der Anordnung des Inserats, der Formulierung des Textes usw. Zeichnet jedes Inserat ab, ehe es erscheint.

Unterstützt die Spezialuntersuchungen, die der Werbeleiter vornehmen läßt. Hält enge Fühlung mit dem Chefdekorateur, um die Gleichartigkeit der Reklame, Dekoration und aller Plakate und Schilder sicherzustellen.

Überwacht die Bearbeitung der Versandreklame, Zirkulare, Kataloge, Modezeitschriften, sonstiger Zeitschriften, Beilagen, Anschlagssäulen, Straßenbahnreklame usw.

Stellvertretender Leiter der Zeitungsreklame (wenn erforderlich). Unterstützt den Reklameleiter bei der täglichen Kleinarbeit.

Erster Textschreiber. Arbeitet unter Leitung der Abteilung für Zeitungsreklame, stellt die Texte zusammen, bestimmt die Anordnung des Inserates, stellt Zeichnungen und Text zum Inseratmanuskript zusammen.

Textschreiber. Schreiben die Inseratentexte. Arbeiten mit den Einkäufern bei der Auswahl der Ware für das Inserat zusammen und lassen sich für ihre Texte von den Einkäufern möglichst genaue Angaben machen.

Zeichner. Fertigen Zeichnungen für Zeitungsreklame sowie jede andere künstlerisch ausgestattete Reklame an.

Leiter(in) des Vergleichsbureaus. Untersteht dem Werbeleiter. Bestimmt die Arbeit der Vertrauenskunden und veranlaßt sie zur Nachprüfung der Inserate des eigenen und der Konkurrenzgeschäfte. Leitet allgemein die Kaufarbeit der Vertrauenskunden. Veranlaßt chemische Qualitätsprüfungen. Veranlaßt die Kontrolle der Grundsortimente. Bearbeitet die Fehlmeldungen und stellt Listen über solche Artikel zusammen, über deren Aufnahme im Geschäft entschieden werden muß.

Arbeitet Berichte für den Geschäftsleiter, den kaufmännischen Betriebsleiter und den Werbeleiter aus.

Vertrauenskunden. Unterstehen der Leitung des Vergleichsbureaus. Machen Einkäufe im eigenen und in Konkurrenzgeschäften. Kontrollieren die eigene und die Konkurrenzreklame sowie den allgemeinen Zustand der Abteilungen im Vergleich mit Abteilungen der Konkurrenzgeschäfte, kontrollieren die Grundsortimente der eigenen Abteilungen.

Chemiker. Prüft die Warenqualitäten. In vielen Geschäften werden solche Prüfungen aus dem Hause gegeben.

Prüfung der Fehlmeldungen. Ein Mitglied des Vergleichsbureaus erhält den Auftrag die Fehlmeldungen einzusammeln und zu prüfen und Berichte darüber auszuarbeiten, welche Ware gefragt, aber nicht am Lager war — zur weiteren Kontrolle der kaufmännischen Abteilungen.

Chefdekorateur. Untersteht dem Werbeleiter, gleichberechtigt mit dem Leiter der Abteilung für Zeitungsreklame. Leitet die gesamte Schaufenster-, innere und äußere Dekoration, Spezialdekorationen und das Plakatschreiben. Spielt eine maßgebende Rolle bei der Aufstellung des Propagandabudgets, soweit es sich auf Dekoration bezieht. Stellt in gemeinsamer Arbeit mit den Einkäufern und Obereinkäufern die Dekorationsbudgets der Verkaufsabteilungen fest. Kontrolliert die Dekorationsspesen.

Arbeitet Dekorationspläne aus, auf Grund derselben Warenvorschläge, die für die Zeitungsreklame benutzt werden. Ist bestrebt, die Einheitlichkeit von Zeitungsreklame und Dekoration zu wahren. Überwacht die Schaufenster- und Schaukastendekoration, kontrolliert die Anordnung der Ware in den Abteilungen auf ihre Werbekraft hin.

Stellvertretender Chefdekorateur. Unterstützt den Chefdekorateur in allen laufenden Arbeiten.

Dekorateure. Dekorieren die Schaufenster und Schaukästen usw. unter Leitung des Chefdekorateurs und seines Stellvertreters.

Lackschreiber. Schreiben alle Preisschilder, Schaufensterplakate, Schilder usw.

Der Arbeitsprozeß.

Reklameplanung und Aufstellung des Reklamebudgets.

Der Arbeitsprozeß der Reklameabteilung beginnt mit der Aufstellung des Unkostenbudgets.

Das Finanz- und Kontrollbureau übersendet dem Werbeleiter die Ziffern des vergangenen Jahres, und zwar spezialisiert nach dem Verwendungszweck. Das Personal der Werbeabteilung arbeitet Voranschläge für die Propaganda sowie Bureauunkosten, Reklamematerial und allgemeine Spesen aus. Das gesamte Reklame- und Dekorations-

16*

budget, abgesehen von den speziellen Unkosten der Werbeabteilung, wird auf den Reklame- und Dekorationsvoranschlägen der Verkaufsabteilungen aufgebaut.

Einkäufer und Obereinkäufer arbeiten Voranschläge für ihre Reklameunkosten für die kommende Saison aus, und zwar zur gleichen Zeit, in der sie mit der Aufstellung der Unkostenvoranschläge beschäftigt sind. Diese Abteilungsvoranschläge werden von den Mitgliedern der Werbeabteilung geprüft und mit den Mitgliedern der kaufmännischen Abteilung besprochen, bis sie für richtig befunden werden.

Darauf werden die Abteilungsvoranschläge in der Werbeabteilung zu einem Gesamtbudget zusammengestellt und wenn nötig, d. h. wenn sie nicht den gewünschten Prozentsatz des Umsatzvoranschlages ausmachen, weiter umgearbeitet.

Aus dieser Arbeit ergibt sich schließlich das Gesamtbudget für Zeitungsreklame, das Budget für Dekoration, der Voranschlag für die Spesen der Werbeabteilung. Ferner werden die Kosten für Modenschau, Spezialreklame, Versandreklame, Modenzeitschriften usw. hinzugeschlagen. Das Reklamebudget wird dann ebenso wie alle anderen Budgets dem Betriebsausschuß unter Vorsitz des Geschäftsleiters vorgelegt. Ist es gebilligt, so arbeitet die Reklameabteilung auf der Basis der Gesamtsumme einen spezialisierten Plan und Terminkalender aus.

Die Reklame- und Dekorationspläne für spezielle Warenangebote werden von den Einkäufern und Obereinkäufern ausgearbeitet und zwar möglichst lange im voraus, in der Regel monatlich.

Diese Warenreklamepläne haben eine ganz besondere Bedeutung, weil sie eins der wesentlichsten Hilfsmittel für die kaufmännischen Abteilungen sind, um die Reklame für die Steigerung des Umsatzes resp. Erreichung des geplanten Umsatzes nutzbar zu machen. Die Waren, die diesen Plänen zugrunde liegen, werden ausgewählt unter Berücksichtigung früherer Erfahrungen, einer sorgfältigen Prüfung der Ergebnisse der Mengenstatistik in den letzten Monaten sowie den entsprechenden Vorjahrsmonaten, der Angebote der Konkurrenz sowie den besonderen Einkaufsmöglichkeiten. Solche Pläne werden nicht nur abteilungsweise, sondern für Abteilungsgruppen oder auch das Gesamtgeschäft aufgestellt, und zwar in diesem Falle als wesentlichster Bestandteil der Vorbereitung von Sonderveranstaltungen.

Auf Grund dieser Warenreklamepläne stellt der Werbeleiter seine monatlichen Terminaufstellungen zusammen. Er bespricht jeden Vorschlag mit den in Frage kommenden Warenleuten und läßt sich von ihnen auseinandersetzen, warum sie gerade diese Artikel für besonders werbekräftig halten, welche Anzeichen dafür sprechen, daß der Publikumsbedarf richtig eingeschätzt ist usw. Schließlich entscheidet der Werbeleiter über die ihm vorgelegten Vorschläge, weil er für den Erfolg der Reklame verantwortlich ist und deshalb sich darüber klar werden muß, ob die Ware tatsächlich die Werbewirkung auszulösen vermag, die der Einkäufer behauptet. Häufig wird der Werbeleiter umgekehrt in der Lage sein, den kaufmännischen Abteilungen Anregungen für die Beschaffung zugkräftiger Ware zu geben.

Bei der Durcharbeitung der Warenreklamepläne der verschiedenen Abteilungen hat der Werbeleiter darauf zu achten, daß eine angemessene Folge von Inseraten hergestellt wird, daß deshalb die Zeiten, zu denen die verschiedenen Abteilungen Ware zu inserieren wünschen, in der allgemeinen Terminaufstellung sich nicht gegenseitig stören. Dabei berücksichtigt der Werbeleiter vor allem seine allgemeinen propagandistischen Erfahrungen und die Saisoneinflüsse, so z. B. den Einfluß der Feiertage, Schulbeginn, Ferien usw. Diese allgemeinen Erfahrungen wird der Werbeleiter vor allem bei den Vorbereitungen für die jährlich wiederkehrenden Hauptveranstaltungen, die Inventur- und Saisonausverkäufe, weiße Wochen usw. heranzuziehen haben.

Außerdem sind Terminpläne für allgemeine geschäftliche Reklame ziemlich weit im voraus aufzustellen sowie außerdem Pläne für regelmäßig wiederkehrende Inserate für Stapelwaren, Strümpfe, Handschuhe usw.

Auf Grund des allgemeinen Reklameplanes arbeiten die Abteilungen für Zeitungsreklame und die Dekorationsabteilung ihren wöchentlichen Arbeitsplan aus. Datum, Rauminhalt und Zeitung sowie Schaufenster usw. werden dabei festgelegt. Diese wöchentlichen Arbeitspläne bilden die Unterlage für die Arbeit der Textschreiber und der Einkäufer.

Es ist selbstverständlich, daß auch in letzter Minute wesentliche Änderungen der festgelegten Reklamepläne vorgenommen werden können und müssen. Ein Wetterumschlag, Angebote von Konkurrenzgeschäften, auf die das Vergleichsbureau aufmerksam macht, zu späte Lieferung von Ware oder auch der Einkauf von Posten, die schnell herausgeworfen werden müssen, bedingen solche Änderungen. Es ist Aufgabe des Werbeleiters, seine Pläne so aufzustellen und insbesondere bei der Verausgabung seiner Mittel so vorsichtig vorzugehen, daß solche plötzliche Änderungen ohne Schwierigkeiten durchgeführt werden können. Die dazu erforderliche Elastizität ist eine der wesentlichsten Voraussetzungen für die erfolgreiche Ausfüllung der Position des Werbeleiters.

Abstimmung der Dekoration mit der Zeitungsreklame.

Die Ausarbeitung der Dekorationspläne und die Zuteilung der Schaufenster an die verschiedenen Abteilungen wird in derselben Weise vorgenommen, in der die Ausarbeitung der Reklamepläne vor sich geht. Auch hier werden vom Chefdekorateur auf Grund der Vorschläge der Verkaufsabteilungen monatliche Pläne aufgestellt, aus denen dann der Arbeitsplan pro Woche ausgezogen wird mit der festen Zuteilung des

Datums und Fensters für jede Ausstellung. Der Chefdekorateur hat den Antrag des Einkäufers, ein Fenster zugewiesen zu erhalten, zu prüfen und sich davon zu überzeugen, daß die Ware, die ins Fenster kommen soll, auch Zugkraft besitzt.

Es ist eine der vornehmsten Aufgaben des Werbeleiters dafür zu sorgen, daß durch möglichst einheitliche Ausgestaltung der Fenster und der Zeitungsreklame die Gesamtwerbekraft des Geschäftes in voller Konzentration zur Geltung gebracht wird.

Kontrolle der Reklamespesen.

Dadurch, daß die Werbeleitung die Vollmacht hat, die Vorschläge der kaufmännischen Abteilungen abzulehnen, ist ihr die Möglichkeit gegeben, eine Kontrolle über die Angebote der kaufmännischen Abteilungen auszuüben und außerdem zu kontrollieren, ob jede Abteilung im Rahmen ihres Reklamebudgets bleibt.

Die Unterlage für diese Kontrolle der Verkaufsabteilung liefert dem Werbeleiter die Statistik, die den einzelnen Abteilungen ihren Anteil an den Reklamespesen in der Zeitung sowie einen bestimmten Betrag für den Gebrauch des Schaufensters belastet. Über den Stand der Reklamebelastung der Verkaufsabteilung sollten alle führenden Mitglieder der Werbeabteilung dauernd unterrichtet sein und ihre besondere Aufmerksamkeit darauf richten, daß die Grenzen der Reklamebudgets pro Abteilung sowie selbstverständlich auch des Reklamebudgets für das Gesamtgeschäft nicht überschritten werden.

Auf der anderen Seite ist es notwendig, daß die Kontrolle der Reklamespesen genau ebenso wie die Unkostenkontrolle überhaupt elastisch ist und der Entwicklung des Geschäfts im allgemeinen und im speziellen durch evtl. notwendige Korrektur des noch offenstehenden Betrages angepaßt wird. Zu diesem Zwecke erhält der Werbeleiter die Unterlagen, die im Finanz- und Kontrollbureau über die Arbeitsweise der einzelnen Abteilungen ausgearbeitet werden. Weicht die Verkaufsleistung vom Verkaufsvoranschlag ab, mit dem das Reklamebudget in Übereinstimmung gebracht war, so muß entweder ein noch offener Betrag einer anderen Abteilung herangezogen werden, wenn Reklame für diese Abteilung noch gemacht werden soll, oder es sind andere Schritte einzuleiten. Außerdem kann auch der Fall eintreten, daß das gesamte Reklamebudget revidiert werden muß, sei es nach oben, sei es nach unten, je nachdem, wie sich die tatsächliche Umsatzleistung im Verhältnis zu der geplanten Umsatzziffer entwickelt hat. Solche wesentliche Abänderungen kann natürlich der Werbeleiter nicht selbständig vornehmen. Sie sind in gemeinsamer Arbeit mit dem Finanz- und Kontrollbureau vorzunehmen oder dem Geschäftsleiter vorzulegen.

Ausarbeitung der Inserate und der Schaufenster.

Sind die Reklameterminkalender ausgearbeitet und auch die wöchentlichen Arbeitspläne aufgestellt, so werden die Inserate im einzelnen ausgearbeitet. Die Textschreiber werden am besten dauernd besonderen Abteilungsgruppen zugeteilt, wo sie besonders eng mit den Einkäufern und Obereinkäufern zusammenarbeiten können.

Über den Hauptinhalt des Inserates und den Raum, der jeder Abteilung zur Verfügung steht, gibt der Reklameplan Auskunft. Es bleibt also dem Textschreiber in der Hauptsache die Arbeit, für jeden Artikel resp. für das gesamte Inserat einen möglichst wirkungsvollen Text zu schaffen, der nebenbei eine möglichst akkurate Beschreibung der Ware enthalten soll. Für diesen Zweck wendet sich der Textschreiber an den Einkäufer, der durch seine Markt- und Warenkenntnis sowie durch die enge Berührung mit dem kaufenden Publikum meistens in der Lage sein wird, ihn auf die Punkte aufmerksam zu machen, die im Inserat hervorgehoben werden müssen, um ihm zur Wirksamkeit zu verhelfen. Diese Auskünfte des Einkäufers hat der Textschreiber dann zu verwerten, sie unter Zuhilfenahme seiner propagandistischen Erfahrung umzuarbeiten und vor allem so zu gestalten, daß der Text dem Gesichtspunkt des Kunden Rechnung trägt, abgesehen davon, daß er natürlich mit den allgemeinen Reklamegrundsätzen des Geschäfts in Übereinstimmung gebracht werden muß.

Der Textschreiber wird ferner zusammen mit dem Einkäufer und unter Heranziehung des Zeichners am besten über die Artikel zu entscheiden haben, die nicht nur im Text angeführt, sondern klischiert werden sollen. Da die Zeichnungen im Zeichenatelier und nicht am Lager angefertigt werden müssen, so empfiehlt es sich für ein größeres Geschäft, eine besondere Kontrolle darüber einzurichten, daß die dem Lager für diesen Zweck entnommenen Artikel auch ordnungsgemäß wieder zurückgeliefert werden. Für die Anfertigung von Zeichnungen werden entweder die im Hause beschäftigten Künstler benutzt, oder aber, besonders in größeren Städten, freie Künstler zugezogen. Welcher Weg grundsätzlich der zweckmäßigere ist, läßt sich kaum entscheiden. Sehr viele Geschäfte haben mehrmals das System gewechselt. Ganz auf die Mitarbeit von freien Künstlern dürfte wohl niemand verzichten können.

So wie die einzelnen Teile des Inserates fertig werden, werden sie dem Manuskript eingefügt. Der erste Textschreiber sorgt für die Anordnung des Inserates, die Überschriften, und achtet besonders darauf, daß genügend weißer Raum gelassen wird, damit die Wirksamkeit des Inserates nicht durch Überfüllung beeinträchtigt wird. Jede Einzelheit, die mit der Aufmachung des Inserates zusammenhängt und irgendwie zweifelhaft sein kann, sollte ferner dem Leiter der Abteilung für Zeitungsreklame vorgetragen werden, dessen längere Erfahrung und engere Fühlung mit den Reklamegrundsätzen des Geschäfts jedem Inserat deutlich den Stempel aufdrücken muß. Kein Inseratenmanuskript sollte herausgehen, das nicht der Leiter der Abteilung für Zeitungsreklame selbst auf das sorgfältigste inhaltlich geprüft und auf seine Werbewirksamkeit untersucht hat. Das fertige Manuskript wird dann zur Zeitung oder Druckerei gesandt und gesetzt sowie eine große Zahl von Abzügen angefertigt.

Die Prüfung der Inseratabzüge (Fahnenabzüge).

Die Abzüge müssen besonders sorgfältig kontrolliert werden. Einen Abzug erhält der Einkäufer, der die Beschreibung der Ware mit der tatsächlichen Ware vergleicht und durch sein Signum der Reklameabteilung bescheinigt, daß die Texte stimmen, und daß eine genügende Menge der Ware im Hause ist.

Wenn die Zeit es irgend erlaubt, sollte ferner das Vergleichsbureau einen Abzug erhalten, um seinerseits zu den Angeboten Stellung nehmen zu können, ehe es zu spät ist.

Ein Abzug wird von der Reklameabteilung selbst geprüft, und zwar vor allem nach technischen Gesichtspunkten wie Satzfehler, Anordnungsfehler usw.

Die letzte Prüfung des Abzuges erfolgt durch den Werbeleiter persönlich, der das ganze Inserat zu beurteilen hat, d. h. seine Werbewirkung, die Genauigkeit des Textes, die Anordnung, die zeichnerische Ausgestaltung usw. Signiert der Werbeleiter das Inserat, so kann es erscheinen, es sei denn, daß sich der Geschäftsleiter selbst das Recht vorbehalten hat, das Inserat zum Erscheinen freizugeben.

Die Zusammenarbeit der Propagandaleitung mit dem Inneren Betrieb.

Um die Reklame und Schaufensterpropaganda des Geschäfts erst vollwirksam werden zu lassen, muß die gesamte Stoßkraft des Geschäfts, insbesondere der gesamte Verkaufsbetrieb und der Kundendienst hinter ihr stehen. Dies wird durch enge Zusammenarbeit der Werbeabteilung mit dem Inneren Betriebsbureau erreicht. Dem Inneren Betriebsleiter werden Durchschläge der Reklamepläne und -Terminkalender zur Verfügung gestellt, nach denen er sich bei seiner Tätigkeit richten und z. B. im voraus berechnen kann, wann und wo besondere Verkaufskräfte eingesetzt werden müssen. In allen Besprechungen, in denen die Grundlinien und Arbeitspläne für Sonderveranstaltungen aufgestellt werden, muß das Innere Betriebsbureau vertreten sein. Nur auf diese Weise kann erreicht werden, daß die Werbewirkung des Inserats, die Anziehungskraft der Schaufensterdekoration und die persönliche Werbung des Verkaufspersonals alle gleichmäßig an demselben Strang ziehen.

Das Werkzeug für die tägliche Gleichordnung des Verkaufspersonals und der Reklame ist der Abzug des Inserates. Wie alle anderen maßgebenden Persönlichkeiten des Geschäfts erhält auch der Innere Betriebsleiter einen Abzug. Er bespricht daraufhin mit den Abteilungsleitern, ob sie besondere Verkaufskräfte für die Veranstaltung benötigen. Solche Besprechungen sind deshalb notwendig, damit der Ausgleich gefunden wird zwischen dem Bestreben des Geschäfts, den Umsatz zu steigern und für schnelle und bequeme Bedienung, mit anderen Worten: wirklichen Kundendienst zu sorgen, und der Notwendigkeit, das vorhandene Personal möglichst vollständig auszunutzen, d. h. die Personalspesen niedrig zu halten.

Wenn das Inserat erscheint, dann müssen sich die Einkäufer oder die stellvertretenden Abteilungsvorstände darum kümmern, daß jede einzelne Verkäuferin weiß, welche Ware inseriert ist. Sie haben das Verkaufspersonal über die Qualitäten, die Preiswürdigkeit, kurz alle die Verkaufsargumente zu unterrichten, die den Umsatz in der inserierten Ware zu fördern geeignet sind. Ein Abzug des Inserates sollte ferner in der betreffenden Abteilung umlaufen und von dem gesamten Verkaufspersonal studiert und dann absigniert werden. Außerdem ist es zweckmäßig, einen Abzug des Inserates in der Verkaufsabteilung aufzuhängen. Ferner empfiehlt es sich, besondere Schilder aufzustellen, die sowohl das Verkaufspersonal wie insbesondere auch das Publikum darauf hinweisen, daß dies hier die inserierte Ware ist. Auch das Verkaufspersonal der übrigen Abteilungen, insbesondere solcher Abteilungen, die an lebhaften Verkehrspunkten im Geschäft gelegen sind, müssen die Inserate genau kennen, damit sie die Kundschaft, die nach der Ware fragt, möglichst schnell an die richtige Stelle verweisen können. Ferner kann es von Vorteil sein, wenn man laufende Ausstellungen der inserierten Ware zusammen mit dem Inserat für die Angestellten einrichtet. Der Platz für derartige instruktive Ausstellungen muß natürlich so gewählt sein, daß das Personal die Ware und das Inserat genau studieren kann, ohne dadurch in seiner eigentlichen Arbeit gestört zu werden. Man nimmt also z. B. das Angestelltenkasino oder den Ruheraum.

Um den Erfolg der eigenen Inserate richtig beurteilen zu können, wird das Vergleichsbureau angewiesen, durch seine Vertrauenskunden die maßgebenden Inserate der Konkurrenzfirmen kontrollieren zu lassen. Die Berichte über diese Einkaufstätigkeit müssen enthalten: Angaben über die angebotene Ware, evtl. belegt durch Musterstücke, Angaben über den Erfolg des Inserats durch Nachzählung der Kunden in den Verkaufsabteilungen der Konkurrenzgeschäfte zu bestimmten Tageszeiten, eine Darstellung derjenigen Angebote des eigenen Geschäfts, die den Konkurrenzangeboten vergleichbar sind, sowie Empfehlungen, wie man der Konkurrenz begegnen kann.

Das Vergleichsbureau wird seine Einkaufstätigkeit in Konkurrenzgeschäften allerdings nicht darauf beschränken, die Konkurrenzinserate nachzuprüfen. In allen Fällen, in denen man besondere Informationen über die Lage einer Abteilung haben will, wenn z. B. ein neuer Artikel aufgenommen oder eine schon bestehende Abteilung gehoben werden soll, wird ein Bericht des Vergleichsbureaus als wertvolles Unterlagenmaterial angefordert werden müssen. Ein derartiger Berich soll enthalten: eine sorgfältige Beschreibung des vollständigen geführten Sortimentes, Angabe der Hauptverkaufspreislagen, betonte Moderichtungen, die Art der Aufmachung der Abteilung, besonders wirkungsvolle Innendekoration, die Lage der Abteilung im Geschäft sowie Schlußfolgerungen und Empfehlungen.

Die Prüfung des Reklameerfolges.

Erfahrung ist der beste Lehrmeister. Auf dem Gebiete der Propaganda, wo es wenig andere Anhaltspunkte gibt, müssen die Erfahrungen besonders sorgfältig verwertet und aufgezeichnet werden. Die Werbeabteilung hat deshalb Aufzeichnungen über die Erfolge jedes einzelnen Inserates zu machen, aus denen hervorgeht, wieviel Stücke der inserierten Ware umgesetzt wurden; wie sich der Gesamtumsatz der Abteilung vor und nach dem Inserat entwickelt hat; welche besondere Dekoration angewandt wurde, das Prozentverhältnis der direkten Kosten zu den direkten Resultaten, soweit es feststellbar ist, sowie Bemerkungen darüber, was in Zukunft besser gemacht werden könnte.

Unter Zugrundelegung der Spezialkosten jedes Inserates werden den einzelnen Verkaufsabteilungen die Reklamekosten belastet. Diese Belastungen dienen als Unterlage für die Kontrolle der Reklameausgaben der Verkaufsabteilungen, insbesondere darüber, ob die Reklamebudgets eingehalten werden oder nicht.

Die finanzielle und statistische Überwachung der Reklameabteilung resp. ihrer Unkosten geschieht im Finanz- und Kontrollbureau, das die Rechnungen über Reklame, Inseratgebühren usw. in genau der gleichen Weise bearbeitet wie alle anderen Unkostenpositionen.

Spezialuntersuchungen auf dem Gebiete der Propaganda.

Es gehört zu den besonderen Merkmalen der Reklame, daß sie nie stillstehen kann. Der Werbeleiter wird deshalb immer Umschau halten müssen, ob sich neue Mittel und Wege zeigen, die bessere Resultate von den für Reklame ausgeworfenen Mitteln erwarten lassen.

Die Mitglieder der Reklameabteilungen sollten deshalb regelmäßig ein Spezialgebiet nach dem anderen herausgreifen und unter Heranziehung allen zu Gebote stehenden Materials versuchen, neue Möglichkeiten zu entdecken, die die Reklame verbessern und ihre Wirkung steigern können. Solche Untersuchungen können z. B. folgende Themen zum Gegenstand haben:

Welche Satzart verspricht die besten Erfolge? Welche Anordnung des Inserates, der Illustrationen, der Überschrift, des Textes und der weißen Flächen erzielt die besten Wirkungen? Welche Gruppierungsform der verschiedenen Warenangebote ist in jedem Falle zu wählen? Ist es vorteilhaft, am Sonntag zu inserieren? Welche Wochentage eignen sich für die verschiedenen Warengruppen? Soll die Propagandatätigkeit eines Geschäftes gesteigert werden, wenn das Geschäft gut geht oder gerade umgekehrt, wenn Absatzschwierigkeiten eintreten? Welche Zeitungen sind für das Geschäft am besten geeignet? Sollen Warenangebote in allen Zeitungen erscheinen oder welche Zeitungen sind für besondere Warengruppen besonders geeignet? Wie kann man die Kundschaft in den Vororten am besten erreichen? usw.

Alle derartigen Probleme sind bedeutsam genug, um sorgfältig studiert zu werden.

Welchen Weg der Untersuchung man wählen soll, läßt sich generell nicht entscheiden. Es sei nur eingeschaltet, daß wir gerade auf diesem Gebiete ganz besonders viel von den Amerikanern lernen können. Während in Amerika eine Reihe von Reklameagenturen ihre Hauptaufgabe in der zuverlässigen Beantwortung derartiger Fragen sehen und die Inserenten außerdem von den Zeitungen in jeder Weise in der objektiven Messung des Werbeerfolges unterstützt werden, tappen wir in Deutschland auf diesem Gebiete noch fast vollständig im Dunkeln. Es wäre eine dankbare Aufgabe, insbesondere für die Großbetriebe unseres Einzelhandels, ihre Machtfülle und vor allem ihren Einfluß auf die Zeitungen dazu zu verwenden, daß wir in Deutschland auch auf diesem Gebiete etwas mehr Tatsachenmaterial schaffen, das die bisherige gefühlsmäßige Stellungnahme entweder unnötig macht oder besser fundiert.

Schaufensterdekoration.

Die Aufstellung der Dekorationspläne und ihre praktische Durchführung erfolgt Hand in Hand mit der Ausarbeitung der Inserate. Unter Leitung des Chefdekorateurs suchen die Dekorateure mit den Einkäufern zusammen die Ware aus, die ins Fenster kommen soll. Dabei richtet sich die Dekorationsabteilung nach dem aufgestellten Reklameplan und den Inseratabzügen, damit die wirkungsvollste

Übereinstimmung zwischen Zeitungsreklame und Schaufensterdekoration erreicht wird.

Ist die Ware ausgesucht, so haben die Dekorateure ihre technische Arbeit zu vollbringen und die Schaufenster zu dekorieren, d. h. für eine möglichst wirkungsvolle Lösung aller technischen Einzelheiten, wie Hintergrundbeleuchtung, Anordnung, Dekorationsaufbau usw. zu sorgen.

Die Kosten für die Schaufenster und die Spezialkosten der Dekoration werden durch das Finanz- und Kontrollbureau den Verkaufsabteilungen belastet, und zwar auf der Basis eines festen Preises pro Benutzungstag.

Die Dekorationsabteilung kümmert sich weiter um die Innenausstattung des Geschäfts sowie der einzelnen Verkaufsabteilungen. Der Chefdekorateur sowie die Dekorateure haben sich durch regelmäßige Rundgänge durch das Geschäft davon zu überzeugen, daß die Waren in den einzelnen Abteilungen des Geschäfts wirkungsvoll ausgestellt ist, und, wenn nötig, den Abteilungsvorstand und das Verkaufspersonal in dieser Arbeit zu unterstützen.

Außerdem liegt der Dekorationsabteilung die Ausstattung des Gesamtgeschäfts bei besonderen Gelegenheiten, wie Weihnachten, Inventurausverkauf usw. ob.

Zusätzliche Propaganda.

Versandreklame ist eine bedeutungsvolle Form der Propaganda. Sie dient entweder zur Unterstützung der Zeitungsreklame mit dem Ziel, die Werbewirkung bei speziellen Kunden zu erhöhen oder sie kann auch ein Hauptbestandteil der Geschäftspropaganda sein, vor allem, wenn es sich um Versandreklame handelt in Geschäften, die ein größeres Versandgeschäft betreiben. In solchen Fällen wird die Versandreklame in erster Linie in der Herausgabe von Katalogen zu bestehen haben. Ist das Versandgeschäft groß genug oder verspricht man sich von der persönlichen Werbung einen besonderen Erfolg, so wird es in größeren Geschäften zweckmäßig sein, ein Mitglied der Werbeabteilung zum Spezialisten für direkte persönliche und Versandpropaganda auszubilden. Dieser Herr (Dame) wird zweckmäßigerweise auch die anderen Arten zusätzlicher Reklame wie Beipack, Reklamezeitschriften usw. bearbeiten.

13. Die Organisation und der Arbeitsprozeß des Inneren Betriebsbureaus.

Organisationsübersicht.

Innerer Betriebsleiter. Einer der 4 Betriebsleiter des Geschäfts überwacht den gesamten inneren Betrieb und seine vielgestaltigen Aufgaben, die alle den Zweck haben, die Dienstbereitschaft des Geschäfts zu steigern. Er hat die Oberleitung über die 6 Gruppen, in die sich der Innen-

Organisationsvorschlag für das Innere Betriebsbureau und Unterabteilungen.

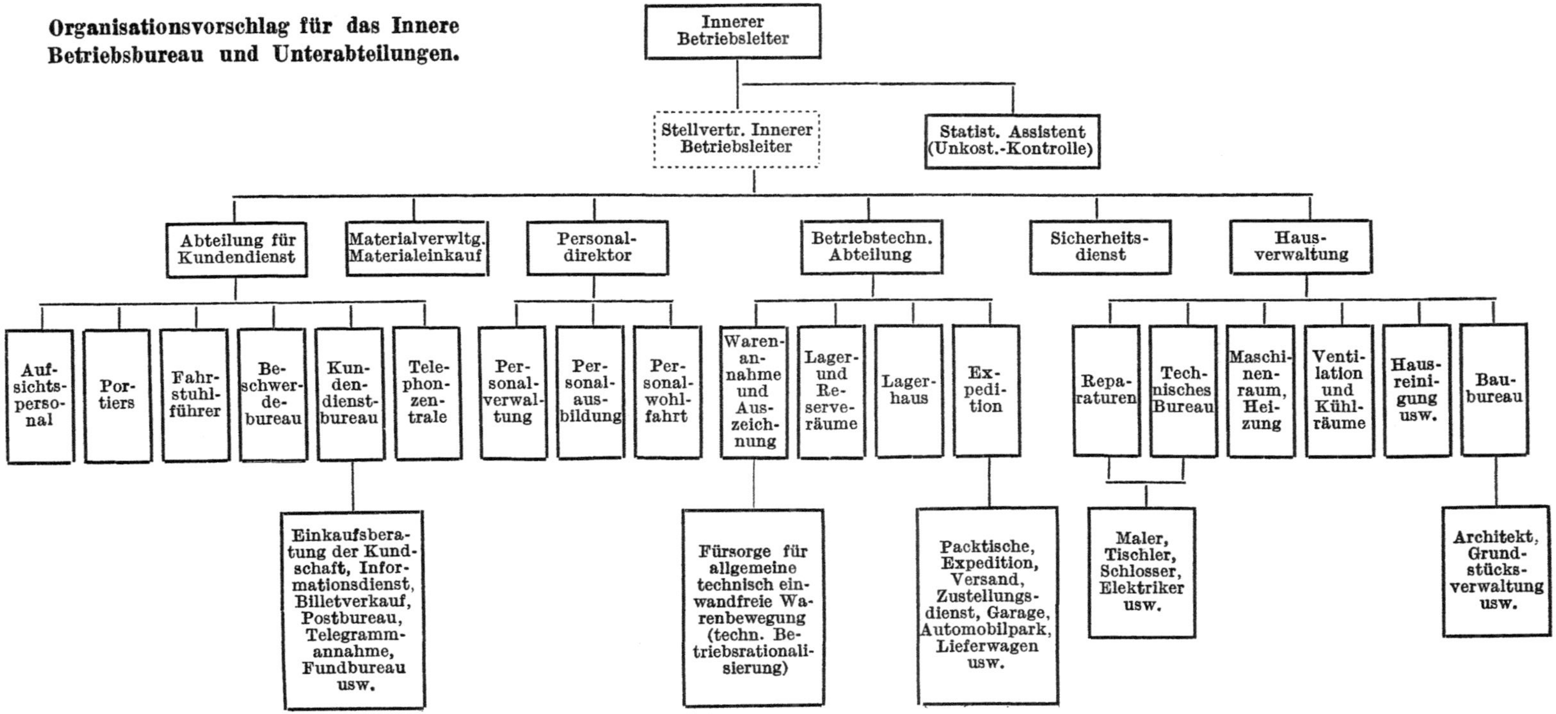

betrieb organisatorisch zusammenfassen läßt, d. h. die Abteilung für: Personal, Kundendienst, Hausverwaltung, Materialeinkauf sowie die eigentlich technischen Betriebsabteilungen.

Im einzelnen sorgt er für die Instandhaltung des Geschäfts und seiner Ausstattung, damit das Publikum einen gut beleuchteten, gut geheizten und anziehend ausgestatteten Raum vorfindet. Beschafft das nötige Personal durch Oberleitung der Abteilungen Personalverwaltung, Personalausbildung und Personalwohlfahrtsdienst. Leitet die technische Abwicklung des Betriebes bei der Bewegung der Ware — Warenannahme und Auszeichnung, Lagerhaus, Reserveräume und Expedition. Ist verantwortlich für höfliche und entgegenkommende Bedienung.

Sorgt für die Durchführung des Prinzips des Kundendienstes und bemüht sich, die Bequemlichkeit der Kundschaft in jeder Weise zu fördern und das Niveau des Geschäftes soweit zu heben, als es im Rahmen des Unkostenbudgets nur irgend möglich ist.

Hat maßgebenden Einfluß auf die Aufstellung des Unkostenbudgets und die Unkostenkontrolle. Hilft bei der Ausarbeitung und richtigen Abschätzung der Unkostenvoranschläge seiner Abteilungen und bringt sie ins richtige Verhältnis zum Gesamtvoranschlag des Geschäfts. Prüft die laufenden Unkosten und hilft bei der Kontrolle der Unkosten, ehe die Ausgaben gemacht sind.

Weitere Funktionen sind Leitung des Sicherheitsdienstes und des zentralisierten Materialeinkaufs.

Personaldirektor. Versorgt das Geschäft mit geeignetem, gut ausgebildeten Personal. Bearbeitet Anstellung, Ausbildung, Fürsorge und Disziplin. Unterstützt den Inneren Betriebsleiter und die Geschäftsleitung bei der Durchführung der Personalpolitik. Ihm unterstehen:

Personalverwaltung. Ist verantwortlich für die Besetzung aller offenen Stellen. Sucht den Markt nach geeignetem Personal ab und unterhält Verbindungen mit allen Stellen, die geeignetes Personal vermitteln können. Prüft die Berechtigung von Personalanforderungen durch die Abteilungen. Arbeitet mit dem Finanz- und Kontrollbureau bei der Kontrolle der Unkosten auf Grund des Unkostenvoranschlages zusammen. Erledigt Personalanforderungen durch Versetzung von Personal, Beförderung oder Neueinstellung.

Führt die Lohn- und Gehaltspolitik des Geschäftes durch. Setzt das Eintrittsgehalt fest und entscheidet über alle Lohn- oder Gehaltsänderungen. Führt die Personalstatistik und macht auf Grund dieser Aufzeichnungen Vorschläge für die weitere Entwicklung des Personals, Beförderung usw. Untersucht Streitfälle und Beschwerden und führt Entlassungen durch. Stellt die Personalbestimmungen zusammen und sorgt für ihre Durchführung. Überwacht die Anwesenheitskontrolle und die Stoppuhr. Arbeitet mit allen Abteilungsleitern in Personalfragen zusammen.

Abteilung für Personalausbildung. Übernimmt die Arbeit am Personal, wo sie den Machtbereich der Personalverwaltung verläßt. Sorgt durch geeignete Ausbildung dafür, daß jeder Angestellte seine Höchstleistung vollbringt. Führt den neuen Angestellten in seine Arbeit ein. Sorgt dafür, daß die Abteilungsvorstände zu guten Lehrern für das ihnen unterstellte Personal herangebildet werden. Arrangiert Unterrichtskurse über Verkaufstechnik und Verkaufspsychologie sowie Warenkunde. Sorgt für Spezialunterrichtskurse für Personal, das ungenügende Leistungen vollbringt, sowie für Angestellte, die für höhere Stellungen ausgebildet werden sollen. Berät und unterrichtet jeden einzelnen Angestellten individuell.

Wohlfahrtsabteilung. Sorgt für die soziale Wohlfahrt der Angestellten und bemüht sich, das Personal gesund und zufrieden zu erhalten. Sorgt für ärztliche und zahnärztliche Behandlung. Überwacht oder leitet die Angestelltenvereinigungen, die gesellschaftlichen Veranstaltungen der Angestellten, Erholungsmöglichkeiten, verwaltet Wohlfahrtsfonds, Personalkreditorganisationen, Personalsparkassen, das Personalkasino, die Personalzeitung, Bibliothek sowie Ruhe- und Erfrischungsräume.

Abteilung für Kundendienst. Hat die Aufgabe, der Kundschaft in jeder Weise höfliche und aufmerksame Bedienung und Entgegenkommen zu verschaffen, kurz den Grundsatz des Kundendienstes so in die Praxis umzusetzen, daß der Kunde mit jeder Stelle des Geschäfts gern wieder in Berührung kommt. Ihr unterstehen:

Aufsichtspersonal. Sorgen für entsprechende aufmerksame und entgegenkommende Bedienung in den ihnen unterstehenden Bezirken, meistens Teilen von Stockwerken. Überwachen das Verkaufspersonal bei der Bedienung der Kundschaft in enger Zusammenarbeit mit dem Abteilungsvorstand. Berichten über ungenügende Leistungen an den Inneren Betriebsleiter. Geben der Kundschaft Auskunft und unterstützen sie in jeder Weise. Signieren in besonderen Fällen die Verkaufsbons ab. Genehmigen Kreditverkäufe usw. und erledigen und erleichtern den Umtausch, das Zurückgeben von Waren usw.

Portier. Fahstuhlbedienung. Telephonbedienung.

Beschwerdebureau. Erledigt alle Beschwerden der Kundschaft. Untersucht die Ursachen der Beschwerden und bemüht sich, die Kundschaft in jeder Weise zufriedenzustellen. Regelt alle Meinungsverschiedenheiten, die bei der Rückgabe von Waren, der Rückerstattung des Geldes und beim Umtausch vorkommen können.

Sonstige Abteilungen unter der Leitung des Kundendienstbureaus. Hierher gehören Auskunftsstellen, Fundbureau, Ausführung von

Versand- oder telephonischen Aufträgen, Einkaufsberatung der Kundschaft, Geschenkauswahl und Zusammenstellung für die Kundschaft, Warteräume, Post, Telephon, Telegraph, Kinderspielzimmer, Sanitätsdienst, Billettbureaus, Modeberatung und Haushaltsbudgets usw.

Hausverwaltung. Trägt die Verantwortung dafür, daß Gebäude und Ausstattung in gutem Zustande und sauber gehalten werden, daß die Verkaufsräume einen ansprechenden Eindruck machen, gut geheizt und beleuchtet sind. Seine Aufgaben sind die folgenden:

Unterhaltung von Gebäude und Einrichtungen einschließlich Tischlerei, Malerwerkstatt, allgemeine Reparaturwerkstatt, elektrische Werkstatt usw.

Überwachung der technischen Ausstattung, d. h. Fahrstühle, automatische Treppen, Luftdruckröhrensystem, Registrierkassen und Telephonzentrale.

Licht, Kraft, Heizung, Kühlung, Kühlräume, Ventilation, Hausreinigung, Portierdienst, allgemeine Innendekoration.

Technische Bearbeitung der Raumverteilung im Geschäft.

Betriebsabteilungen. Beschäftigen sich mit der Annahme, Auszeichnung, Aufbewahrung und Bewegung der Ware unter Leitung eines Verkehrsleiters.

Warenannahme und Auszeichnung. Empfängt, zählt die Ware und stimmt sie mit der Rechnung ab. Ordnet die Ware nach Größen, wenn erforderlich, und besorgt die Auszeichnung, besorgt das Umzeichnen von Ware auch in den Verkaufsabteilungen.

Reserveräume. Unterhalten die Warenreserven für die Verkaufsabteilungen.

Lagerhaus. Unterhält das Lagerhaus und besorgt einen Teil der Expedition, z. B. von Möbeln.

Expedition. Sortiert die Pakete nach Liefertouren. Trägt die Pakete ein und sorgt für die Lieferung, entweder durch die eigenen Lieferwagen des Geschäfts, durch Spediteure oder durch Paketpost. Zieht Nachnahmen ein. Holt Pakete von der Kundschaft ab, die ans Geschäft zurückgehen sollen. Kontrolliert die Listen der Lieferwagenchauffeure.

Unterhält die Garage und die Lieferautomobile.

Materialverwaltung und Materialeinkauf. Prüft die Materialanforderungen der Abteilungen und kontrolliert die Materialspesen. Kauft die Materialien ein nach sorgfältiger Prüfung der Bezugsquellen.

Empfängt und zählt das Material ab. Führt die Materialstatistik.

Bemüht sich, soweit als möglich die Typisierung der Materialien zu fördern.

Sicherheitsdienst. Die Geschäftspolizei. Schützt das Geschäft vor Unehrlichkeit des Personals und der Kundschaft. Besteht aus Hausdetektiven und Wachpersonal.

Der Arbeitsprozeß.

Es ist kaum möglich, eine maßgebende Zeitfoge für die vielfachen Aufgaben des Inneren Betriebsleiters aufzustellen. Der einzige Weg, um etwas Ähnliches wie eine Zeitfolge des Betriebsablaufes auf diesem Gebiete herauszuarbeiten, besteht darin, daß wir davon ausgehen, wie ein neues Detailgeschäft aufgezogen wird, und die logischen Schritte seiner Inbetriebnahme nachgehen.

Dabei kommen zuerst das Geschäft, Gebäude und Einrichtung. Dann muß dafür gesorgt werden, daß der Betrieb arbeitet, d. h. es muß Personal engagiert werden. Dann kommt die Materialbeschaffung und schließlich folgen die anderen Arbeiten, die zur Leitung eines Innenbetriebs gehören.

Hausverwaltung.

Die Arbeit der Inneren Betriebsleitung, die sich auf die Hausverwaltung, die Aufrechterhaltung des Gebäudes und seiner Ausstattung bezieht, ist eine technische Arbeit, die sich von ähnlichen Arbeiten in der Industrie nicht unterscheidet. Auf die Einzelheiten näher einzugehen, erübrigt sich deshalb. Es sei nur erwähnt, daß es zweckmäßig ist, möglichst viel Handwerkerspezialisten im Geschäft selbst zu beschäftigen, da auf diese Weise erreicht wird, daß die große Zahl der kleinen Reparaturen, die nötig sind, schnell und von sachkundiger Hand ausgeführt werden, während man andernfalls mit der Vergebung eines Reparaturauftrages oft zu lange wartet.

Soweit als möglich sollten auch für die Arbeit der Hausverwaltung regelmäßige Pläne aufgestellt werden. In regelmäßigen Zwischenräumen sollten Gebäude und Ausstattung überprüft werden, um kleine Schäden zu entdecken. Auf diese Weise wird ebenfalls viel an Reparaturkosten gespart werden können.

Die Ausarbeitung eines solchen Terminkalenders für die Hausverwaltung geschieht am besten bei der Aufstellung des Unkostenvoranschlages. Um den Unkostenvoranschlag richtig aufstellen zu können, muß der Hausverwalter ohnedies einen ungefähren Überschlag über die Arbeiten machen, die im kommenden Jahre oder Halbjahre zu leisten sind. Es kostet ihn deshalb keine besondere Mühe, dabei gleichzeitig auch einen Plan für die Arbeiten aufzustellen.

Die übrigen Aufgaben der Hausverwaltung, so die Versorgung des Gebäudes und Betriebes mit Wärme, Licht und Kraft, Ventilation und

Kühlung; technische Apparate wie Fahrstühle, automatische Treppen, usw., die Durchführung der Hausreinigung: sie alle schließen eine große Menge von Fragen in sich, die in erster Linie technischer Natur sind, und auf die wir hier nicht einzugehen brauchen. Wesentlich ist nur, daß der Innere Betriebsleiter, dem alle diese Fragen unterstehen, in ausreichendem Umfange kaufmännisches und technisches Verständnis vereint, um einmal eine wirklich sparsame Ausführung der technischen Arbeiten durchsetzen, auf der anderen Seite aber dafür Sorge tragen zu können, daß die gefundenen technischen Lösungen auch wirklich die beste Lösung darstellen und das Geschäft in seinem Wirkungsgrade steigern. Häufig genug kommt es vor, daß Kaufleute sich hierbei allzusehr auf die Beratung der Techniker verlassen, die die besonderen Erfordernisse des Betriebes nicht kennen können und deshalb Lösungen in Vorschlag bringen oder durchführen, die den eigentlichen kaufmännischen Betrieb nicht sparsamer, sondern teurer machen. Die maßgebenden Persönlichkeiten des Detailbetriebes, in diesem Falle besonders der Inneren Betriebsleitung, müssen sich darüber klar sein, daß die Techniker, die sie heranziehen, definitive Instruktionen brauchen, wenn sie ihre Aufgaben so lösen sollen, daß das Geschäft keinen Schaden davon hat.

Dies trifft in erster Linie auf die Hausverwaltung zu, die bei allen inneren Umbauten, bei der Verlegung von Abteilungen usw. eine entscheidende Rolle zu spielen hat. Gerade in diesen Fragen wird der Innere Betriebsleiter besonders darauf zu achten haben, daß die in Vorschlag gebrachte technische Lösung die Durchführung eines geordneten Innenbetriebes nicht erschwert, sondern erleichtert, und zwar sowohl für das Personal wie für die Kundschaft.

Personalverwaltung.

So bedeutsam eine sachgemäße Personalbeschaffung, insbesondere in den großen Geschäften ist, die Personalverwaltung an und für sich ist ein Gebiet, das bereits derart in festen Bahnen läuft, daß sich besondere Ausführungen darüber erübrigen.

Es ist selbstverständlich, daß die Personalverwaltung in allen Fragen sich mit den Abteilungsleitern in Verbindung setzt, da nur diese die nötige Sachkenntnis besitzen, um Auskunft geben zu können.

Wünschenswert ist vielleicht, daß die Personalverwaltung sorgfältiger als bisher eine Personalstatistik führt, d. h. über die Fähigkeiten des Einzelnen möglichst genaue Unterlagen zusammenstellt. Bei dem Verkaufspersonal im Waren- oder Kaufhaus ist dies auf Grund der einzelnen Umsätze leicht zu machen. Dieses Gebiet wurde jedoch früher bereits ausführlich behandelt.

Personalausbildung.

Ist Personal neu engagiert, so ist es die Aufgabe der Abteilung für Personalausbildung, den neuen Angestellten durch Unterweisung in seine Arbeit einzuführen, die ihn befähigt, seinen Platz auszufüllen. Dazu dienen Druckschriften sowie spezielle Unterweisungen.

Die Personalausbildung hat ferner ein Programm auszuarbeiten, das feste Veranstaltungen dafür vorsieht, wie das Personal weitergebildet werden soll. Sie richtet Kurse und praktische Übungen in Verkaufstätigkeit und Verkaufspsychologie ein und sorgt für regelmäßige Beteiligung. Ferner schult sie die Einkäufer und Abteilungsvorstände in regelmäßigen Unterrichtskursen in der Kunst, ihr Wissen dem Abteilungspersonal zugänglich zu machen. So können z. B. allgemeine Ausbildungskurse in Textilkunde usw. im Rahmen des Gesamtgeschäfts abgehalten werden. Wesentlicher ist jedoch, daß der Einkäufer dem ihm unterstellten Personal seine speziellen Kenntnisse zur Verfügung stellt. Es ist die Aufgabe der Abteilung für Personalausbildung dafür zu sorgen, daß eine solche Unterweisung zwangläufig und regelmäßig stattfindet.

Eine weitere Funktion der Abteilung für Personalausbildung besteht darin, Unterrichtskurse zu veranstalten, die das Ziel haben, geeignete jüngere Kräfte für leitende Posten vorzubereiten. Dies ist besonders wichtig, weil es für das Geschäft nur von Vorteil sein kann, sich seine leitenden Persönlichkeiten selbst heranzubilden. Dies hilft nicht nur dem Geschäft, Persönlichkeiten heranzuziehen, die mit ihm in jeder Phase vollkommen vertraut sind, sondern es fördert auch die Arbeitsfreude der Angestellten, die zweifellos besonders angestachelt wird, wenn sie sehen, daß bessere Positionen nicht nur durch einen Wechsel der Stellung erreicht werden können.

Daß auch eine sachgemäße und sorgfältige Lehrlingsausbildung zu den Aufgaben dieser Abteilung gehört, versteht sich von selbst.

Allgemeine Betriebsunkosten.

Obwohl dem Inneren Betriebsbureau — wie früher auseinandergesetzt — nicht die volle Verantwortung für die Kontrolle der Unkosten übertragen werden kann, spielt der Innere Betriebsleiter trotzdem eine wesentliche Rolle bei der Niedrighaltung der Geschäftsspesen, weil nämlich in seinen Machtbereich gerade der größte Teil derjenigen Unkosten fällt, die durch sachgemäße Kontrolle und Sparsamkeit im Betriebe beeinflußbar sind, im Gegensatz zu festen Spesen wie Miete, Gehälter der leitenden Persönlichkeiten usw.

Der Einfluß des Inneren Betriebsleiters auf die Betriebsunkosten beginnt mit der Aufstellung der Unkostenvoranschläge. Er hat darauf zu achten, daß alle in seinen Machtbereich entfallenden Abteilungen vorsichtige Voranschläge ausarbeiten und das Prinzip des größten Nutzeffekts bei allen technischen Fragen im Auge behalten. Er muß sich darüber klar sein, daß die Höhe der Unkosten von der Erzielung eines ausreichenden Umsatzes abhängt, und daß gerade seine Abteilungen einer besonders rigorosen Unkostenbeschneidung unterworfen werden müssen, wenn der erwartete Umsatz nicht erreicht oder durch andere Umstände der Gewinn in Frage gestellt wird.

Sind die Voranschläge seiner Abteilungen aufgestellt, so hat sie der Innere Betriebsleiter sorgfältig zu prüfen und zu einem Gesamtvoranschlag für seine Abteilungen zusammenzustellen. Eine besonders sorgfältige Prüfung wird er hierbei den Personalspesen angedeihen lassen, die von den Abteilungsvorstehern veranschlagt werden. Außerdem muß er die Voranschläge der technischen Abteilungen prüfen, da gerade auf diesem Gebiete fast immer Möglichkeiten gegeben sind, denselben Erfolg mit geringeren Mitteln zu erreichen. Besondere Sorgfalt, wenn möglich wohlwollende Sorgfalt, hat der Innere Betriebsleiter allen den Ausgaben zu widmen, die der Erhöhung der Bequemlichkeit der Kundschaft dienen sollen.

Ist sein Abteilungsbudget fertig, so hat er es mit dem Finanz- und Kontrollbureau zu besprechen und festzustellen, ob es sich dem allgemeinen Geschäftsbudget richtig einordnen läßt.

Bei der Durchführung der Unkostenkontrolle an Hand des Voranschlages hat der Innere Betriebsleiter ebenfalls eine maßgebende Rolle zu spielen. Er hat die Unkostenaufstellungen zu prüfen und Spezialuntersuchungen dort vorzunehmen, wo sie notwendig erscheinen. Auch hierbei ist besonderes Augenmerk auf die Personalspesen zu richten, und zwar unter vergleichender Heranziehung der Kosten und Leistungen der verkaufenden und nicht verkaufenden Abteilungen.

Da die wirksamste Unkostenkontrolle stattfinden muß, ehe die Ausgaben gemacht sind, so hat der Innere Betriebsleiter auch in dieser Frage das Finanz- und Kontrollbureau wirksam zu unterstützen. Denn der Personalabteilung, die ihm untersteht, liegen die Personalanforderungen vor, und der Materialverwaltung die Anforderungen von Materialien. Eine vorsichtige Überprüfung dieser Anforderungen wird häufig ausreichend sein, um unnötige Ausgaben zu vermeiden. Ist der Innere Betriebsleiter dagegen von der Notwendigkeit einer Ausgabe überzeugt — und dies wird nicht selten dann der Fall sein, wenn es sich um Fragen des Kundendienstes handelt — und widerspricht das Finanz- und Kontrollbureau trotzdem, so ist die Frage dem Geschäftsleiter zur Entscheidung zu unterbreiten.

Der technische Innenbetrieb.

Das Innere Betriebsbureau hat für eine technisch einwandfreie Behandlung der Ware zu sorgen. Seine eigentlichen Betriebsabteilungen kommen mit der Ware zuerst in Berührung. Sie haben dafür zu sorgen, daß die Ware sorgfältig kontrolliert und prompt bewegt wird.

Warenannahme und Auszeichnung.

In der Warenannahme werden die ankommenden Pakete angenommen, notiert, der Nummer nach eingetragen und dann geöffnet. Dann wird die Ware mit der Rechnung verglichen, und zwar entweder durch die sog. offene oder die sog. blinde Kontrolle. Die offene Kontrolle besteht darin, daß der Angestellte, der die Ware auspackt, die Rechnung zur Hand nimmt und abstreicht, ob die Ware der Qualität und Menge nach mit der Rechnung übereinstimmt. Bei der blinden Kontrolle wird die Ware ausgepackt und in eine besondere Liste eingetragen, während ein zweiter Angestellter nachher die aufgestellte Liste mit der Rechnung vergleicht und abstreicht. Welches Verfahren zweckmäßiger ist, hängt von den Umständen ab. Wichtig ist, daß die Arbeit schnell und sorgfältig durchgeführt wird.

Ist die Ware gezählt und abgestrichen, so wird der Einkäufer oder sein Stellvertreter benachrichtigt, der sie prüft, den Verkaufspreis angibt oder korrigiert, falls er schon auf der Auftragskopie vermerkt war, und die Rechnung abzeichnet, damit sie bezahlt werden kann. Sein Signum gibt ferner die Ware zur Auszeichnung frei.

Bei Waren, in denen die Größen eine Rolle spielen, hat das Personal der Warenannahme vorher die Ware nach Größen zu ordnen und nach Größen zu zählen. Auf Grund der Rechnung resp. der Rechnungsallonge werden dann die Auszeichnungsetiketts hergestellt und angebracht.

Eine weitere Prüfungsmaßnahme, die sich besonders in gut geleiteten Konfektionsgeschäften bewährt hat, und die ebenfalls in der Warenannahme durchgeführt wird, ist eine sorgfältige Prüfung darüber, ob die Fabrikanten gleichmäßige Größen geliefert haben, da gerade die Ungleichheit der Größen bei fertiger Konfektion vielfach Grund von Beschwerden der Kundschaft ist. Man hat zu diesem Zwecke sorgfältig ausgearbeitete Modellfiguren in der Warenannahme aufgestellt, die den Größen genau entsprechen und denen jedes einzelne Konfektionsstück übergezogen wird.

Ist die Prüfung der Ware beendet, so erfolgt die Auszeichnung. Dabei hängt es von den angewandten statistischen Methoden, insbesondere den Methoden der Mengenstatistik ab, welche Angaben auf dem Preisetikett erscheinen müssen.

Wesentlich ist, daß die Zentralisation der Warenannahme und der Auszeichnung unbedingt aufrechterhalten wird, weil nur sie eine sorgsame Bearbeitung und entsprechende Kontrolle sicherstellt. Ware, die nicht geprüft, mit der Faktura verglichen und ausgezeichnet ist, hat in den Verkaufslägern nichts zu suchen. Es empfiehlt sich sogar, dafür zu sorgen, daß der Bezirk der Warenannahme räumlich deutlich von den Verkaufsräumen getrennt ist.

Auch bei der Auszeichnung und bei allen Umzeichnungen des Preises ist zentralisierte Handhabung durch das Auszeichnungspersonal unerläßlich. Vor allem sollten Umzeichnungen nicht vom Lagerpersonal oder vom Lagervorstand, sondern nur vom Auszeichnungspersonal vorgenommen werden, sei es daß die Ware zu diesem Zweck wieder in den Auszeichnungsraum zurückgebracht wird, sei es daß die effektive Umzeichnung vom Auszeichnungspersonal am Lager vorgenommen wird, gegen Vorlage des vom kaufmännischen Betriebsleiter signierten Preisänderungsantrages. Nur die strikte Durchführung dieses Prinzipes ermöglicht es, die Buchirrtümer und die außerordentlich störenden, weil meistens mit dem Verdacht der Unehrlichkeit verknüpften Lagerverluste auf ein Minimum zu reduzieren.

Die Funktionen der Verwaltung der Reserveräume und des Lagerhauses sind im Prinzip dieselben wie die Funktionen der Warenannahme, weil es sich auch dabei um technisch einwandfreie und schnelle Bewegung und Kontrolle von Waren handelt.

Ist die Ware ausgezeichnet, so wird sie von dem Lagerpersonal der Verkaufsabteilungen in die Verkaufsräume gebracht.

Für die Retournierung von Waren an die Lieferanten hat die Expedition zu sorgen. Sie hat dabei festzustellen, ob der Retournierungsauftrag vorschriftsmäßig absigniert und bestätigt ist.

Technische Betriebsrationalisierung.

Zu den wichtigsten Aufgaben des Leiters des technischen Innenbetriebes, evtl. auch des Inneren Betriebsleiters selbst, wenn er über ausreichende technische Kenntnisse verfügt, gehört die laufende Überwachung aller Warenbewegungen im Geschäft unter dem Gesichtspunkte der erzielbaren technischen Höchstleistung. Dabei darf sich der Leiter des technischen Innenbetriebes nicht nur auf die ihm laufend unterstehenden Abteilungen beschränken. Seine Erfahrung sollte vielmehr dem gesamten Betrieb dienstbar gemacht werden, sei es, daß er einen Generalauftrag erhält, sei es, daß ihm von der Organisationsabteilung oder der Planabteilung spezielle Aufgaben zugewiesen werden. Auf die Einzelheiten, die für eine derartige Wirksamkeit in Frage kommen können, an dieser Stelle ausführlich einzugehen, würde über den Rahmen unserer

Arbeit hinausgehen. Außerdem lassen sich darüber allgemeingültige Angaben kaum machen, weil die vorhandenen Einrichtungen sowie die örtliche Verteilung usw. der in Frage kommenden Abteilungen zu verschieden sind. Lediglich um zu verdeutlichen, was wir im Auge haben, weisen wir z. B. darauf hin, wie wichtig es ist, daß bei der Anordnung der Ware auf den Verkaufstischen und in den Schränken, aber auch in Reserve- und Lagerräumen nicht nur die allgemein üblichen Gesichtspunkte der Ordnung, richtigen Sortierung, wirkungsvollen Verkaufsdekoration usw. zur Geltung gebracht werden, sondern daß vor allem nicht übersehen wird, darauf Rücksicht zu nehmen, daß die Ware nach der Häufigkeit geordnet wird, mit der sie verlangt wird.

Bei der Durchführung der über diese Frage anzustellenden Untersuchungen sowie der Umsetzung der gewonnenen Ergebnisse in die Praxis müssen natürlich in erster Linie auch die interessierten Abteilungsleiter usw. mitwirken. Daneben sollten z. B. bei der angeschnittenen Frage auch die entsprechenden Betriebsleiter Anteil nehmen, weil z. B. durch derartige technisch-organisatorische Umstellungen ein viel höherer Lagerumschlag der viel gefragten Artikel erreicht werden kann; im Gegensatz zu der heutigen Praxis, die vielfach dazu führt, daß die häufig verlangten Artikel, Größen, Farben usw. nicht am Lager sind.

Untersuchungen über die Umschlagsgeschwindigkeit der einzelnen Artikel eines Lagers und die Verkaufspleiten, die gerade in den gängigsten Waren dadurch verursacht werden, daß derartige technisch-organisatorische Gesichtspunkte vollständig vernachlässigt werden, sowie die sich daraus ergebenden Umstellungen auch der Dispositionsmethoden können viel zur Steigerung der Rentabilität eines Lagers beitragen. Sie sind außerdem der wirksamste Beitrag zur Unkostenkontrolle, den das Innere Betriebsbureau leisten kann — abgesehen davon, daß es dem Ideal des Kundendienstes wirklich nicht entspricht, wenn gerade diejenigen Waren oder Artikel nicht am Lager oder nur relativ langsam erreichbar sind, die nachweisbar am meisten gefragt werden.

Abteilung für Kundendienst.

Die Bedienung der Kundschaft ist Aufgabe der kaufmännischen Abteilungen. Das Verkaufspersonal untersteht dem Einkäufer. Nichtsdestoweniger ist das Innere Betriebsbureau, zu dessen Aufgaben die praktische Durchführung des Grundsatzes vom Kundendienst in erster Linie gehört, auch an der Dienstleistung des Verkaufspersonals interessiert, wenn auch nicht direkt dafür verantwortlich.

Die Organe, deren sich der Innere Betriebsleiter bei der Durchführung des Kundendienstes hauptsächlich bedient, sind die Stellen, die man in Deutschland gewöhnlich als Aufsichtspersonen bezeichnet.

Die wörtliche Übersetzung des amerikanischen Begriffes für diese Funktion „Service Manager“ — Dienstleiter trifft den Charakter, der dieser Stellung zukommt, ungleich besser, denn es ist nicht in erster Linie die Aufgabe des Aufsichtspersonals, das Verkaufspersonal zu „beaufsichtigen“, sondern dafür zu sorgen, daß das Geschäft überall dort, wo es mit der Kundschaft in Berührung tritt, das Höchstmaß an Dienstbereitschaft und auch implicite das Höchstmaß an Leistung beweist. Einem derartigen Aufsichtsherrn oder Dienstleiter untersteht in der Regel ein Teil eines Stockwerkes. Die Aufteilung des Geschäfts in derartige Dienstbezirke erfolgt in diesem Zusammenhang fast ausschließlich nach räumlichen Gesichtspunkten und unabhängig von der Raumverteilung auf die Verkaufsläger.

Die Aufgabe des Aufsichtspersonals besteht in erster Linie darin, dafür zu sorgen, daß das Publikum so bedient wird, wie es bedient zu werden wünscht; daß alle seine Wünsche im Rahmen des Möglichen erfüllt werden; kurz, daß das Publikum fühlt, daß das Geschäft wirklich für den Kunden da ist, und daß das Geschäft das Vertrauen, das man ihm durch den Einkauf entgegenbringt, wirklich in seiner vollen Bedeutung anerkennt. Außerdem haben die Aufsichtspersonen häufig bestimmte Verkäufe abzusignieren, beim Umtausch von Waren oder Rückerstattung des Geldes behilflich zu sein usw.

Die Abteilung für Kundendienst hat aber noch weitere Aufgaben, da das Publikum mit dem Geschäft nicht nur in den Verkaufsräumen in Berührung kommt. Wir haben schon früher darauf hingewiesen, welche Bedeutung der Portier, vor allem aber das Fahrstuhlpersonal gerade vom Standpunkte des Kunden aus für die Beurteilung der Frage hat, ob das Geschäft wirklich Kundendienst leistet oder nicht.

Eine weitere Stelle, die zunehmende Bedeutung in diesem Zusammenhang gewinnt, ist die Telephonzentrale sowie die Stelle, die telephonische Aufträge entgegennimmt. Hier ist höflichstes Entgegenkommen und gewandte Bedienung mindestens in demselben Maße Pflicht wie in der Verkaufsabteilung.

Der Abteilung für Kundendienst untersteht ferner das Beschwerdebureau. Der Leiter des Beschwerdebureaus hat die Pflicht, alle persönlichen, schriftlichen oder telephonischen Beschwerden zu prüfen, die zugrunde liegenden Tatsachen zu erforschen, vor allem aber die Kundschaft zufriedenzustellen. Es ist unerläßlich notwendig, daß jede Beschwerde, die überhaupt zu Ohren, sei es des Aufsichtspersonals, sei es des Beschwerdebureaus kommt, ernsthaft und prompt behandelt wird, und vor allem, daß der Kunde auf alle Fälle eine Antwort erhält. Nichts ist schädlicher für den Ruf des Geschäfts, als wenn ein Kunde die Empfindung hat, daß eine von ihm angebrachte Beschwerde ungern gesehen oder verschleppt wird, anstatt daß man das Interesse schätzt, das den Kunden schließlich zur Beschwerdestellung bewogen hat.

Wünscht eine Kundin Ware umzutauschen oder den Betrag gutgeschrieben oder ausgezahlt zu erhalten, so wird sie an die zuständige Aufsichtsperson verwiesen. Die Entscheidung hängt natürlich von den Geschäftsgrundsätzen resp. den Richtlinien der Geschäftsleitung ab. In vielen Fällen kommt es jedoch nicht so sehr auf die materielle Entscheidung als darauf an, wie man der Kundin entgegentritt. Hier hat das Aufsichtspersonal die beste Gelegenheit, für den Ruf des Geschäftes tätig zu sein. Ist insbesondere eine Beanstandung berechtigt, so sollte ihr sofort stattgegeben werden, und man sollte sich aufrichtig bemühen, die Kundin davon zu überzeugen, daß man sich ein besonderes Vergnügen daraus macht, ihr zu ihrem Rechte zu verhelfen, und sie nicht in eine Situation bringen, wo sie die Empfindung hat, daß es ihr nur mit erheblichem Kraftaufwand gelang, ihr Recht durchzusetzen. Alle zweifelhaften Fälle müssen an den Leiter des Beschwerdebureaus weitergeleitet werden, der ein Musterbeispiel exquisitester Höflichkeit und Zuvorkommenheit sein sollte.

Alles, was wir bisher an Funktionen des Kundendienstes besprochen haben, sind absolute Notwendigkeiten, für die jedes größere Geschäft Vorsorge treffen muß. Darüber hinaus gibt es eine Reihe von anderen speziellen Dienstleistungen, die der Innere Betriebsleiter verwirklichen wird, soweit es die zur Verfügung stehenden Mittel gestatten. Die folgende Liste mag einige Anregungen in dieser Richtung geben:

Auskunftsbureaus,
Fundbureau,
Versandaufträge,
Ausführung telephonischer Aufträge,
Einkaufsberatung der Kundschaft, Zusammenstellung von Geschenkpaketen.
Warteraum,
Öffentliches Telephon,
Telegraphen- und Postbureaus,
Kinderspielzimmer,
Sanitätsdienst,
Billettbureau,
Beratung über Ware und Mode, gesellschaftliche Bekleidungsvorschriften und Etikette, Haushaltungsbudget,
Garage usw.,

Expedition.

Ebenso wie das Innere Betriebsbureau zuerst mit der hereinkommenden Ware in Berührung kommt, ist es auch dafür verantwortlich, daß die Ware das Geschäft in zweckmäßiger Form verläßt.

Die wesentlichen Funktionen der Expedition sind in den meisten Geschäften dieselben. Sie beginnen unmittelbar nach dem Verkauf mit dem Einpacken der Ware. In einigen Geschäften wird die Ware vom Verkaufspersonal selbst eingepackt, in anderen sind ein oder mehrere Packtische eingerichtet.

Soweit die Ware von der Kundschaft nicht mitgenommen wird, ist die Durchführung der Expedition im Waren- oder Kaufhaus durchaus vergleichbar mit jeder anderen Expedition im kaufmännischen Leben. In größeren Geschäften bedient man sich technischer Einrichtungen wie laufender Bänder, Röhren usw., um die Pakete nach der Expedition zu bringen.

Die Einzelprobleme der Expedition sowie die Arbeit mit den Lieferwagen erfordern die genaue Aufstellung und Einhaltung von Arbeitsplänen, da nur auf diese Weise die zuverlässige Erledigung der vorliegenden Arbeit garantiert werden kann. Präzisionsarbeit auf diesem Gebiete trägt viel dazu bei, die Zufriedenheit der Kundschaft zu erhöhen. Das Personal der Lieferwagen insbesondere muß sich dessen bewußt sein, daß seine Stellung praktisch die eines Reklamereisenden ist.

Materialverwaltung und Materialeinkauf.

Auf dem Gebiete der Materialverwaltung ist sorgsamste Kontrolle notwendig. Gerade mit den kleinen Posten, um die es sich hier handelt, wird häufig mehr Verschwendung getrieben, als man allgemein für möglich hält.

Material sollte nur auf Anforderung des Abteilungsvorstehers herausgegeben werden und auch dann nur, wenn das zentrale Unkostenbureau die Anforderung signiert hat. (Man kann darüber verschiedener Meinung sein, ob alle solche Anforderungen das Signum des Unkostenbureaus tragen müssen, oder ob die Materialverwaltung selbst zur Ausgabe berechtigt sein und sich nur in solchen Fällen Rückendeckung durch das Unkostenbureau verschaffen soll, in denen die Gefahr besteht, daß das Unkostenbudget überschritten wird). Die Materialverwaltung hat durch sorgfältige Ausarbeitung eines Einkaufs- und Lagerhaltungsplanes dafür zu sorgen, daß alle wichtigen Materialien am Lager sind, wenn sie verlangt werden, daß aber trotzdem der Materialbestand so niedrig wie möglich gehalten und ein schneller Lagerumschlag erzielt wird. Mit kurzen Worten: Sie hat dieselben Prinzipien anzuwenden, die allgemein für die kaufmännischen Abteilungen gelten, wenn auch unter Berücksichtigung der Tatsache, daß ein zu ausgearbeitetes System vielleicht nicht mehr im richtigen Verhältnis zu den Ersparnismöglichkeiten steht.

Eine Ausnahme machen lediglich Anforderungen von größeren Ausstattungsgegenständen, über die bereits bei der Aufstellung des Unkostenbudgets Beschluß gefaßt wurde. Werden sonst Anforderungen gestellt, die größere Ausgaben verursachen, so ist die Angelegenheit dem Unkostenbureau zur weiteren Bearbeitung resp. Erteilung oder Versagung der Genehmigung zu überweisen.

Die Inempfangnahme von Materiallieferungen ähnelt im Kleinen dem Arbeitsprozeß der Warenannahme.

Sicherheitsdienst.

Der Betrieb eines größeren Detailgeschäfts mit seinem lebhaften Fremdenverkehr und zahlreichen Personal schließt immer die Gefahr in sich, daß das Geschäft durch Unehrlichkeit geschädigt wird. Die Beschäftigung einer eigenen Hauspolizei ist kaum zu umgehen. Zu dem Sicherheitsdienst des Geschäftes gehören Hausdetektive, die sich unauffällig unter der Kundschaft bewegen können, sowie uniformierte Wächter für Tages- und Nachtdienst. Ein Teil der Sicherheitsarbeit wird auch von den Portiers geleistet.

Wichtig ist in vielen Fällen, die eine Bedeutung für die Haftpflicht des Geschäftes haben können, daß das Sicherheitspersonal im Falle von Unfällen der Kundschaft sofortige objektive Erhebungen vornimmt.

Es versteht sich von selbst, daß der Sicherheitsdienst eines großen Geschäftes wirksamer gestaltet werden kann, wenn der Hausdetektiv mit Kollegen in anderen Geschäften sowie der Polizei gute Beziehungen unterhält, die ihm insbesondere Informationen über gewohnheitsmäßige Warenhausdiebe usw. zuführen werden.

14. Organisation und Arbeitsprozeß des Finanz- und Kontrollbureaus.

Organisationsübersicht.

Leiter des Finanz- und Kontrollbureaus. Gleichberechtigter Betriebsleiter zusammen mit dem kaufmännischen Betriebsleiter, dem Inneren Betriebsleiter und dem Werbeleiter.

Berät den Geschäftsleiter in allen finanziellen Fragen.

Führt die innere Betriebskontrolle durch. Sorgt für die Durchführung und Aufstellung von Voranschlägen und Budgets auf allen mit der Finanzwirtschaft des Betriebes zusammenhängenden Gebieten. Kontrolliert alle Zahlungen und Eingänge und stellt auf dieser Basis den tatsächlichen Geschäftsstatus den jeweiligen Voranschlägen gegenüber. Kontrolliert die kaufmännischen Abteilungen im Hinblick auf

Organisationsvorschlag für das Finanz- und Kontrollbureau und Unterabteilungen.

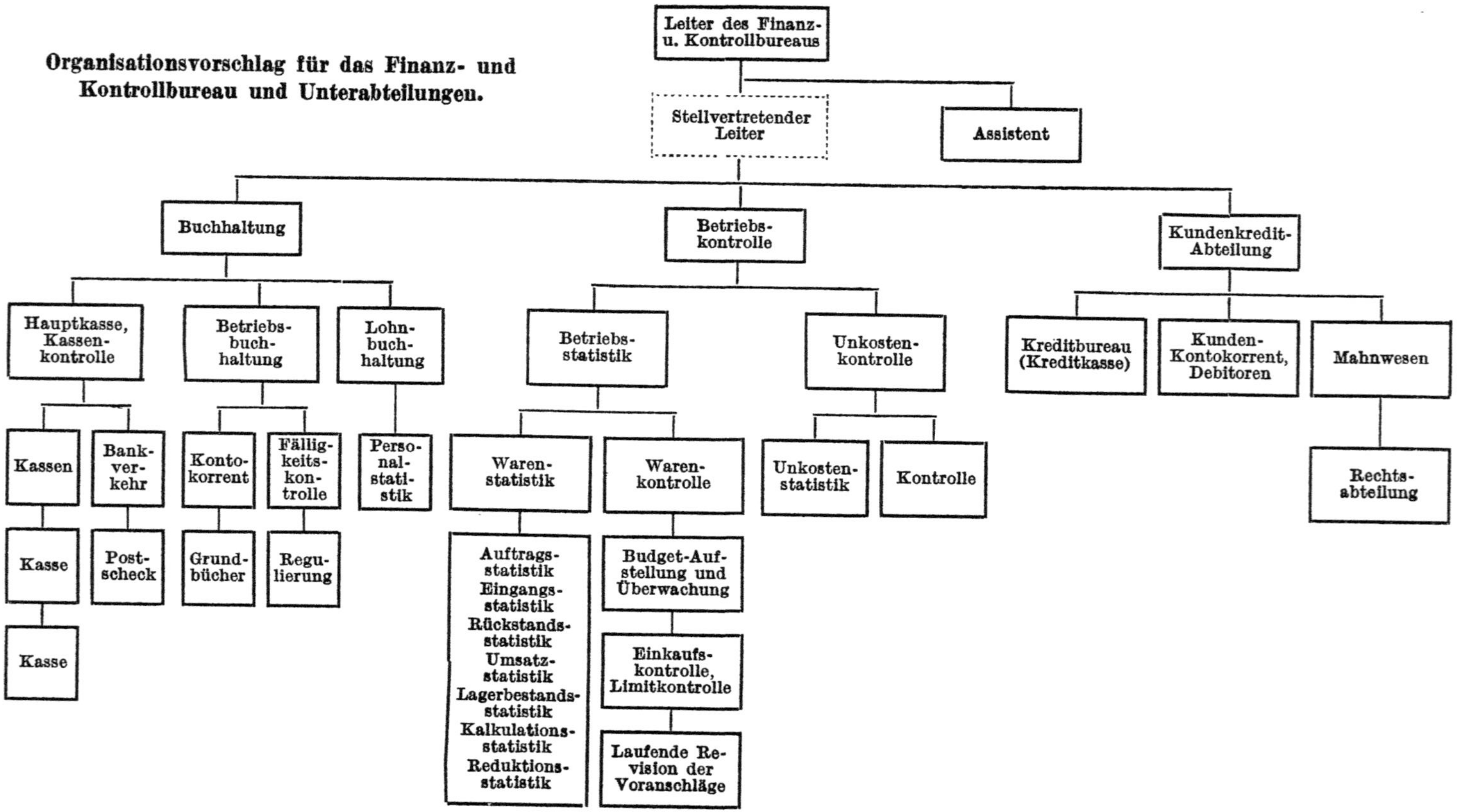

ausreichende Kalkulation, niedrige Reduktionssätze, zufriedenstellende Umsätze, vorsichtige Lagerbewertung und schnellen Umschlag.

Kontrolliert alle Geschäftsspesen und stimmt sie mit den Voranschlägen ab.

Unterstützt die Abteilungen bei der Aufstellung ihrer Budgets. Richtet alle statistischen Arbeiten ein und führt sie durch, soweit sie mit der Wertkontrolle zusammenhängen.

Sorgt für Ordnung und Präzisionsarbeit in der Buchhaltung.

Hat die Oberleitung der Kundenkreditabteilung.

Ist oberster Bureauchef.

Stellvertretender Leiter des Finanz- und Kontrollbureaus. Unterstützt den Leiter bei sämtlichen Arbeiten.

Buchhaltung. Ist verantwortlich für die ordnungsmäßige Führung der Geschäftsbücher sowie aller mit der eigentlichen Verwaltung des Betriebes zusammenhängenden Arbeiten. Ist eingeteilt in 3 Gruppen:

Hauptkasse und Kassenkontrolle. Überwacht und erledigt den gesamten Kassenverkehr. Überwacht die einzelnen Kassierer und Kassenstellen des Geschäfts. Sorgt für Klein- und Wechselgeld. Nimmt die Kassenberichte ab und nimmt die Kasseneingänge in Empfang. Sorgt für die Regelung der Kassenunterlagen. Rechnet und zählt die Kassenzettel nach. Vergleicht sie mit den Kassenberichten und den Kontrollstreifen in den Bonbüchern der Verkäufer. Klärt Unstimmigkeiten auf oder läßt sich, wenn die effektive Überprüfung der Kassenzettel im allgemeinen statistischen Bureau auf statistischen Maschinen vorgenommen wird, die Ergebnisse vorlegen. Führt an Hand dieser Aufstellungen die Kassenprüfung durch. Sorgt für Aufklärung von Differenzen usw.

Erledigt den täglichen Verkehr mit der Bank.

Betriebsbuchhaltung. Erledigt die eigentlichen Buchhaltungsaufgaben.

Kontokorrentbuchhaltung. Führt die laufenden Konten aller Lieferanten usw. Sorgt für die Verbuchung der Rechnungen. Für Abstimmung der Konten mit allen Firmen, mit denen man im Zahlungsverkehr steht. Fertigt Auszüge an. Macht Zinsrechnungen usw.

Grundbuchhaltung. Führt die Grundbücher des Geschäfts auf der Basis des vorliegenden Buchhaltungsmaterials. Sorgt für täglichen, wöchentlichen oder monatlichen Abschluß. Stellt Bilanz und Gewinn- und Verlustrechnung fest usw.

Regulierungsabteilung. Sorgt für termingerechte Regulierung. Auf Grund eines sorgfältig geführten Fälligkeitskalenders ist verantwortlich für die Ausnutzung aller Sonderkonditionen. Kontrolliert Abzüge von der Rechnung usw.

An Hand eines Steuerterminkalenders sorgt für pünktliche Abführung aller fälligen Geschäftssteuern.

L o h n b u c h h a l t u n g. Führt Lohn- und Gehaltslisten des Personals. Rechnet Löhne und Gehälter aus. Macht die gesetzlichen und sonstigen Abzüge. Kontrolliert die Anwesenheitskarten auf Ordnungsstrafen usw. Rechnet Umsatz- und Verkaufsprovisionen aus. Führt einen Teil der Personalstatistik oder beschafft sich die Unterlagen aus dem allgemeinen statistischen Bureau.

Schreibt Lohn- und Gehaltstüten aus. Fordert bei der Hauptkasse die Bereitstellung der zur Auszahlung fälligen Summen an. Sortiert Geld und Unterlagen in die Gehaltstüten ein. In manchen Fällen: verteilt die Gehaltstüten.

Sorgt für Zusammenstellung der Unterlagen für die Abführung der Lohnsteuer, der gesetzlichen Versicherungsbeiträge usw. und übergibt diese Aufstellungen der Regulierungsabteilung zum Zwecke der termingerechten Abführung.

Allgemeines Sekretariat. Allgemeine Registratur.

Rechtsbureau. Erledigt alle laufenden Rechtsfragen des Geschäfts. Untersteht in manchen Fällen, wenn ein Syndikus vorhanden ist, der Geschäftsleitung direkt.

Versicherungsabteilung. In manchen Fällen wird es genügen, wenn ein rechtlich oder versicherungstechnisch geschulter Assistent des Leiters des Finanz- und Kontrollbureaus diese Arbeit erledigt.

Kundenkreditabteilung. Sorgt für die gesamte Abwicklung des Kundenkreditverkehrs. Ist unterteilt in:

K r e d i t b u r e a u. Gewährt Kredite an die Kundschaft. Stellt Ermittlungen an. Kontrolliert die bisherige Abwicklung, wenn neue Kredite gefordert werden. Bereitet Material vor für eine Propaganda zur Erhöhung der Kontenzahl. Unter Umständen: unterhält Kreditkasse oder eigenen Rechnungsverkehr mit Bank, Postscheck usw. zwecks Rückzahlung von Krediten.

K u n d e n k o n t o k o r r e n t - B u c h h a l t u n g. Führt meist im Kartotheksystem die Konten der Kundschaft. In manchen das Abzahlungsgeschäft stark betreibenden Geschäften führt Karten nicht pro Kunde, sondern pro einzelnen Kreditverkauf. Trägt Rückzahlungen ein. Macht Mahnabteilung auf Konten aufmerksam, die schärferer Einziehungsmittel bedürfen. Liefert dem Kreditbureau Unterlagen für Gewährung von neuen Krediten.

M a h n a b t e i l u n g. Sorgt für Eintreibung fälliger Zahlungen. Schreibt Mahnbriefe. Sendet Inkassobeamte aus. In Fällen der Notlage gewährt, evtl. nach Rücksprache mit dem Leiter der Kundenkreditabteilung, solche Fristnachlässe, wie sie durch die Sachlage und den guten Willen des Kreditnehmers gerechtfertigt erscheinen. Übergibt Fälle schlechten Willens der Rechtsabteilung.

Rechtsabteilung oder Rechtsanwalt. Sorgt für zwangsmäßige Beitreibung ausstehender Zahlungen in Fällen, die ihr von der Mahnabteilung übergeben worden sind. Sorgt dafür, daß die Kreditverpflichtung von der Kundschaft ernst genommen wird. Bearbeitet meistens Fälle schlechten Willens der Kundschaft.

Betriebskontrolle. Ist verantwortlich für die Durchführung der gesamten Betriebskontrolle mit dem Ziel, den Reingewinn sicherzustellen. Wird je nach Größe des Geschäfts unterteilt, und zwar:

entweder in eine Abteilung für Betriebsstatistik und eine Abteilung für Betriebskontrolle

oder erst in eine Abteilung für Betriebsstatistik, die ihrerseits wieder in eine Abteilung für Warenstatistik und eine Abteilung für Warenkontrolle unterteilt wird, und ferner eine Abteilung für Unkostenstatistik, die ebenfalls in eine Abteilung für Unkostenstatistik und eine Abteilung für Unkostenkontrolle unterteilt wird.

Um die Funktionen, die erfüllt werden müssen, klar in Erscheinung treten zu lassen und jede Vermengung der Aufgaben auszuschließen, besprechen wir hier die erweiterte Organisationsform, obwohl auch bei einer engeren Zusammenfassung der Funktionen, wie sie oben dargestellt wurde, praktisch gute Leistungen erzielt werden können, sofern man sich nur darüber klar ist, daß alle Arbeiten, die hier im folgenden besprochen werden, ebensowohl im kleinen wie im großen Geschäft durchgeführt werden müssen.

Abteilung für Betriebsstatistik. Ist verantwortlich für die Durchführung der gesamten Betriebskontrolle in den kaufmännischen Abteilungen sowie für die Aufstellung der Warenstatistik (allgemein Betriebsstatistik genannt).

Warenstatistik. Stellt das gesamte Tatsachenmaterial über den kaufmännischen Betrieb zusammen.

Auftrags- und Rückstandsstatistik. Wird auf Grund von Orderkopien am besten in der Warenannahme geführt, damit dort dieselben Kopien zum Vergleich mit den Rechnungen zur Verfügung stehen.

Wareneingangsstatistik. Wird auf Grund der eingehenden Rechnungen evtl. auch in der Warenannahme geführt. Verwandt werden die ausmachenden Rechnungsbeträge im Ein- und Verkaufspreis.

Umsatzstatistik. Wird im statistischen Bureau geführt, und zwar auf Grund von Zusammenstellungen der Verkaufsbons.

Reduktionsstatistik. Stellt Preisänderungen (Umzeichnungen), Rabattgewährungen, Sonderpreisgewährungen an Wiederverkäufer usw.) zu Differenzlisten zusammen.

Verkäuferumsatzstatistik. Wird gleichzeitig mit der Zusammenstellung der Umsatzstatistik geführt. Steht dem Personalbureau und der Lohnbuchhaltung zur Verfügung.

Warenkontrolle. Ist verantwortlich für die Aufstellung, Verwendung, laufende Revision und ordnungsgemäßes Abstreichen der Voranschläge (Budgets).

Beschafft aus der Warenstatistik das Unterlagenmaterial für die Limitberechnung und Budgetaufstellung. Arbeitet die Formulare aus und legt sie dem Leiter des Finanz- und Kontrollbureaus zur weiteren Bearbeitung vor.

Streicht von den veranschlagten Summen die tatsächlichen Umsätze, Kalkulationsbeträge, Preisminderungen und Aufträge ab und stellt fest, ob die bisherige Entwicklung den Budgetziffern entsprochen hat. Macht laufende zusammenhängende Aufstellungen über diese Fragen, die dem Leiter des Finanz- und Kontrollbureaus sowie anderen interessierten Stellen zugehen.

Verfolgt Aufträge und Rückstände besonders aufmerksam unter Heranziehung der Limitstatistik, da hier rechtzeitiges Eingreifen zur Verhinderung falscher Engagements unerläßlich.

Abteilung für Unkostenstatistik. Ist verantwortlich für die Aufstellung der Unkostenvoranschläge und ihre Durchführung sowie für die sorgfältige Kontrolle aller einzelnen Ausgaben über Unkostenkonto.

Unkostenstatistik. Stellt das tatsächliche Material über die Unkostenentwicklung zusammen und arbeitet Übersichten aus, die allen interessierten Stellen des Geschäftes zugehen.

Unkostenkontrolle. Prüft an Hand des Tatsachenmaterials die Entwicklung der Unkosten. Hilft bei der Aufstellung der Unkostenbudgets. Prüft alle Anforderungen aus allen Abteilungen des Hauses, die Kosten verursachen und streicht sie von den veranschlagten Beträgen ab.

Sorgt für laufende Anpassung der Unkostenbudgets an die Umsatzentwicklung.

Ist die zentrale Unkostenkontrollstelle, die für die Niedrighaltung der Spesen im Geschäft in erster Linie verantwortlich ist. Arbeitet zu diesem Zwecke mit allen Abteilungsleitern zusammen.

Stellt Spezialuntersuchungen über Fehlbeträge, Lagerverluste usw. an. Arbeitet Pläne zur Unkostenverminderung aus.

Der Arbeitsprozeß.

Finanz- und Kontrollbureau bei Warenplanung und Betriebskontrolle.

Die Arbeit des Finanz- und Kontrollbureaus ist für die Aufstellung des Warenbudgets besonders wichtig, weil das Warenbudget im Finanz- und Kontrollbureau seinen Ursprung nimmt. Hier werden die Ziffern über die bisherige Entwicklung des Geschäftsjahres, über die Entwicklung der Vorjahre zusammengestellt, die die Unterlage für die Ausarbeitung des neuen Budgets bieten. Die vorbereitenden Arbeiten beschäftigen sich mit allen Fragen des Betriebes, d. h. Umsatz, Lagerhöhe, Einkauf und Kalkulationssatz. Diese Aufstellungen werden in übersichtlicher Form auf einem Blatt geordnet und allen interessierten Stellen, vor allem den in Frage kommenden Abteilungsleitern zugestellt, die auf Grund dieser Unterlagen die Abteilungsbudgets ausarbeiten.

Sind die Abteilungsbudgets fertig, so sind sie vom kaufmännischen Betriebsleiter und dem Leiter des Finanz- und Kontrollbureaus zu Ziffern für das Gesamtgeschäft zusammenzufassen. Dabei werden alle die Korrekturen und Abrundungen vorgenommen, über deren Notwendigkeit sich beide beteiligten Instanzen einigen können. Über Fälle, in denen eine solche Einigung nicht zu erzielen ist, wird bei der Vorlage des Budgets im Betriebsausschuß gesprochen und schließlich die Entscheidung des Geschäftsleiters herbeigeführt.

Auch auf dem Gebiete der Betriebskontrolle hat das Finanz- und Kontrollbureau zunächst rein statistische Arbeit zu leisten. Die Abteilung für Betriebskontrolle, die ihm untersteht, arbeitet in regelmäßigen Zeitabständen Aufstellungen und Berichte aus, die den Abteilungsvorstehern zugänglich sind, und die Angaben pro Abteilung über laufende Umsätze, die Lagerhöhe, den Wareneingang, die rückständigen Orders, die Preisminderungen, den aufrechterhaltenden Kalkulationssatz und die Umschlagsgeschwindigkeit enthalten. Außerdem sind auf diesen Formularen zweckmäßigerweise die Ziffern der entsprechenden Voranschläge, evtl. unter Hinweis auf bereits erfolgte Korrekturen sowie die entsprechenden Vorjahrsziffern zu vermerken.

Bei der Zusammenstellung dieser laufenden Berichte bedient sich das Personal des Finanz- und Kontrollbureaus des eigenen statistischen Materials. Sie entnimmt die Umsatzziffern der Umsatzstatistik, die Preisminderungen und den aufrechterhaltenden Kalkulationssatz der Wareneingangs- und Kalkulationsstatistik, die Rückstände der Rückstandsstatistik, die in der Warenannahme geführt wird, und die Vorjahrs- und Budgetziffern aus den entsprechenden Karten der Abteilung für Warenstatistik und der Abteilung für Warenkontrolle.

Diese laufenden Zusammenstellungen dienen in erster Linie den maßgebenden Persönlichkeiten der kaufmännischen Abteilungen. Das Finanz- und Kontrollbureau beschränkt sich auf eine sorgfältige Prüfung vom finanziellen Standpunkt aus und macht, falls nötig, den kaufmännischen Betriebsleiter oder in Ausnahmefällen den Geschäftsleiter selbst auf Besonderheiten aufmerksam, die einen Eingriff erforderlich machen.

Ein besonders wichtiges Instrument der Betriebskontrolle ist die Limitstatistik. Auch hier ist es die Aufgabe des Finanz- und Kontrollbureaus, die Tatsachen festzustellen, d. h. zu errechnen, wieviel von dem ursprünglich ausgesetzten Betrage unter Berücksichtigung der bisherigen Entwicklung noch für Einkäufe im Monat oder in der Saison zur Verfügung stehen. Kurz zusammengefaßt enthält diese Limitkontrollrechnung die folgenden Berechnungen (siehe Fußnote auf S. 275):

Limitkontrolle.

Abteilung: *Damenmäntel.*

Saison: *Sommer 1928.*
Datum: *8. April.*

Saisonlimit	*130000*	Saisonrestlimit	*68750*	Monatslimit	*31500*

Vorjahrsumsatz (Saison)	*198000*	Vorjahrsumsatz (Monat)	*43500*
Überlagerbestand	*15000*	davon im Monat abzuarbeiten	*7500*
Lagerbestand am Monatsbeginn (VP)	*48000*	Geplanter Umsatz pro Monat	*47500*
Lagersollbestand am Monatsbeginn d.h. Lagerbestand abzügl. Überl.	*40500*	Bisheriger Umsatz im Monat	*13500*
		Lagersollbestand am Monatsende	*42000*

		Erteilte Dispositionen (Übertrag v. Form. I) (Aufträge nach Lieferterminen)	EP	VP
Offenes Monatslimit	*31500*	1. Monatshälfte	*8830*	*13245*
Abzügl. erteilte Dispositionen (EP)	*20650*	2. Monatshälfte	*11820*	*17730*
Verbleibt vorl. Restlimit	*10850*		*20650*	*30975*
		Abzügl. Lagereing. (Form. II)	*3550*	*5325*
		Rückstand	*17100*	*25650*

Lagerbestand Beginn VP	*48000*	Sollumsatz im Monat	*47500*
+ Rückstand VP (s. oben)	*25650*	Abzügl. bisheriger Umsatz im Monat	*13500*
Ergibt	*73650*	Noch zu machender Umsatz	*34000*
Abzügl. Umsatz (Form. III)	*13500*	Zuzügl. Soll-Lagerbest. a. Monatsende	*42000*
Ergibt	*60150*	Ergibt	*76000*
+ Lagereing. VP (s. oben)	*5325*	Abzügl. korr. Lagerbestand	*65475*
Ergibt korr. Lagerbestand	*65475*	Ergibt offenes Limit VP	*10525*
		d. h. EP (berechnet mit *50* % Durchschnittskalkulation)	*7016*

Noch offen ist ein Limit von	*10850*
Umsatz und Lagerhöhe rechtfertigen nur Limit von	*7016*
Limitkorrektur (nur durch die Geschäftsleitung einzusetzen) EP	.....
Also verbleibt offenes Monatsrestlimit	.....

1. Feststellung des für die Limitkontrolle maßgebenden korrigierten Lagerbestandes, d. h. Lagerbestand zu Beginn der Periode (meistens Monat) zuzüglich Rückstand und bisherigem Lagereingang, abzüglich des bisher getätigten Umsatzes. Feststellung der Differenz gegenüber dem Lagersollbetrag am kommenden Monatsende (alles in Verkaufspreisen).

2. Feststellung des im Monat noch zu erwartenden Umsatzes, d. h. veranschlagter Umsatz (evtl. Korrektur des Voranschlages, wenn nämlich die bisher im Monat getätigten Umsätze den Voranschlag nennenswert über- oder unterschreiten), abzüglich des bisher im Monat getätigten Umsatzes. Da man auf den Lagerbestand am Ende des laufenden Monats kommen will, so wird dieser, und zwar die dafür veranschlagte Ziffer dem noch zu erwartenden Umsatz im Monat zugeschlagen und der (wie oben) korrigierte jetzige Lagerbestand in Abzug gebracht, woraus sich ergibt, was noch gekauft werden muß resp. werden darf, wenn der noch zu bewältigende Umsatz gemacht und gleichzeitig der veranschlagte Lagerbestand am Ende des Monats vorhanden sein soll. Rechnet man diese Verkaufspreisziffer unter Heranziehung der Durchschnittskalkulation auf den Einkaufspreis um, so ergibt sich der Betrag des offenen Einkaufslimits, der durch die bisherige Entwicklung gerechtfertigt wird und mit dem bisher gültigen offenen Restlimit, erzielt durch Abstreichen der erteilten Orders (nach Lieferperioden geordnet) von dem ursprünglichen offenen Monatslimit verglichen werden muß.

Die praktische Durchführung der Auftragskontrolle und die Überprüfung der Aufträge an Hand des offenen Einkaufslimits (in manchen Fällen in Deutschland „Prüfung des Einkaufswunsches genannt") unterliegt dem Obereinkäufer und dem kaufmännischen Betriebsleiter, wenn sie den Auftrag bestätigen.

In der Regel werden die Aufträge glatt bestätigt werden können, wenn noch genügend Mittel offenstehen. Erreicht der Auftrag dagegen die Limitgrenze, so hat der kaufmännische Betriebsleiter sich persönlich

Wir haben absichtlich davon abgesehen, uns durch die Wiedergabe von Formularen und anderen Organisationsbehelfsmitteln auf ein bis in alle Einzelheiten bestimmtes Organisationssystem festzulegen, weil die Fortschritte, die auf diesem Gebiete laufend erzielt werden, wahrscheinlich ein solches „System" bald überholen würden und damit auch die Gefahr bestände, daß die von uns als allgemein bedeutungsvoll aufgestellten Richtlinien ebenso der Ablehnung verfallen würden, wie lediglich zur Illustration dienende Formulare. Bei der außerordentlichen Bedeutung, die jedoch im Augenblick der Einführung der Einkaufskontrolle im deutschen Einzelhandel zukommt, glauben wir, in diesem Falle eine Ausnahme rechtfertigen zu können und zeigen deshalb nebenstehend ein Formular als Beispiel für den vorstehend wiedergegebenen Rechnungsvorgang, das in der Praxis vielfach benutzt wird und geeignet sein dürfte, Mißverständnisse auszuschließen.

von der Notwendigkeit des Einkaufes zu unterrichten. Der Weg, den er einschlägt, wird nicht nur darin bestehen, daß er den Einkäufer zu sich bestellt und sich von ihm unterrichten läßt. Er wird vielmehr selbst den Weg in die Abteilung nicht scheuen und sich zeigen lassen, was am Lager ist. Gerade eine solche Prüfung am Lager, die evtl. bis zu einer Art Zwischeninventuraufnahme ausgedehnt werden kann, wird häufig dazu führen, Fehler in der Lagerdisposition aufzudecken, die früher gemacht worden sind und in Zukunft vermieden werden müssen, oder sie wird auch Wege weisen, wie sich der vorgeschlagene Einkauf verkleinern läßt, oder ob nicht eine gewisse Umschichtung der Preislagen im Lager überhaupt die Bestellung anderer Waren notwendig macht, als sie der Einkäufer ursprünglich kaufen wollte. Es wird häufig der Fall eintreten, daß eine solche Untersuchung Anlaß dazu bietet, langsamer bewegliche Ware durch Herabzeichnung zur Auffüllung von hauptsächlich gefragten Preislagen zu verwenden mit dem Ergebnis, daß an Stelle der meistgefragten Ware vielleicht besonders zugkräftige Ware der Nebenpreislagen beschafft wird, die auch die Umschlagsgeschwindigkeit der bisher vernachlässigten Lagerteile belebt.

Dabei ist noch auf einen Punkt aufmerksam zu machen. Wir haben oben erwähnt, daß in der Regel Aufträge, die der Einkäufer zur Genehmigung vorlegt, dann glatt bewilligt werden dürften, wenn noch genügend Mittel laut Limitstatistik zur Verfügung stehen. In Geschäften, in denen das Einkaufspersonal an die Verwendung des Budgetsystems und der Limitkontrolle noch nicht vollständig gewöhnt sind und sich noch nicht darauf eingestellt hat, auch seinerseits voranschlagsmäßig zu denken, wird vielleicht gerade der umgekehrte Weg besonders erfolgversprechend sein. Man versuche sich einmal in die Einstellung eines Einkäufers zu versetzen, der noch nicht gemerkt hat, daß auch ihm selbst das Budgetierungs- und Limitsystem für seine Arbeit notwendig ist, der also in seiner Stellung dem Einkaufslimit gegenüber noch nicht so weit gekommen ist, daß er heute in einer Besprechung über die Zweckmäßigkeit dieses Systems dem Inhaber sagen würde: „Wenn Sie es für nötig halten, dann schaffen Sie ruhig das statistische System wieder ab. Ich fürchte nur, daß Sie mir dann eine Extrakraft werden bewilligen müssen, da ich mir dann selbst die erforderlichen Ziffern zusammenstellen und Pläne ausarbeiten muß und nicht glaube, daß ich diese zusätzliche Arbeit mit meinem bisherigen Personal schaffen kann." Ein Einkäufer, der sich zu diesem Standpunkt noch nicht durchgerungen hat, und zwar vielleicht theoretisch die Limitkontrolle für erforderlich hält, sich aber noch nicht in ihr Wesen eingefühlt hat, wird immer gerade, wenn noch kein wirklicher Druck auf ihm lastet, d. h. wenn die Limitgrenze noch weit ist, mit einer gewissen Liberalität disponieren. Wenn es uns auch fern liegt, einer allzu weitgehenden Beschränkung der Dispositionsfreiheit der Einkäufer das Wort zu reden, so beweist die praktische Erfahrung auf der anderen Seite, daß gerade bei dem Beginn einer Dispositionsperiode, bei der Erteilung der größeren Anfangsorders, eine Überwachung ganz besonders zweckmäßig ist. Sind nämlich die Anfangsorders nicht in absoluter Übereinstimmung mit der Größe des Sortimentes erteilt worden, die der Lagerhöhe entspricht, für deren Aufrechterhaltung die Limitziffern gerade eingesetzt sind; hat der Einkäufer im Gefühl der Ungebundenheit auf einzelnen Teilgebieten des Sortimentes zuviel disponiert; hat er z. B. zu viele Farben aufgenommen oder nicht genügend Rücksicht auf eine zweckmäßige Abstufung der Orders pro Größe genommen, so wird sich häufig bei der Nachprüfung der Aufträge, die der Limitgrenze nahekommen, herausstellen, daß diese Aufträge bewilligt werden müssen, weil das Lager in wichtigen Teilgebieten desortiert ist, wärend andere Artikel, die zu dem Sortiment gehören, unverhältnismäßig reichlich disponiert wurden.

Zusammenfassend ist deshalb zu sagen, daß gerade die kaufmännische Kontrolle der Verwendung der Einkaufslimite nicht dann besonders scharf einzusetzen hat, wenn die Limitgrenze nahegerückt oder erreicht ist, sondern vorher; weil man sich darauf verlassen kann, daß auch ein Einkäufer, der sich noch nicht auf das Limitsystem voll eingestellt hat, dann vorsichtig arbeiten wird, wenn das statistische Blatt, das ihm zugeht, oder sein eigenes Taschenbüchlein ihn darauf aufmerksam machen, daß er die ihm zur Verfügung stehenden Mittel im wesentlichen verbraucht hat. Umgekehrt wird die Limitkontrolle des Finanz- und Kontrollbureaus erst dann in verschärfter Form einsetzen können, wenn die Limitgrenze nahegerückt ist, weil das Finanz- und Kontrollbureau die Verantwortlichkeit für die Rentabilität und Liquidität des Geschäfts trägt, und eine höhere Wareninvestition, wenn die Mittel überhaupt zur Verfügung stehen, Zinsen frißt, d. h. Unkosten verursacht, die die Umsatzhöhe der Abteilung nicht mehr rechtfertigt. Das Finanz- und Kontrollbureau sollte in solchen Fällen die Vollmacht haben, zu intervenieren, d. h. die Erteilung von Aufträgen, die über die Grenze des Limits hinausgehen, zu verhindern, bis gegebenenfalls der Geschäftsleiter persönlich auf Antrag des kaufmännischen Betriebsleiters eine Überschreitung zugesteht.

Es wird natürlich immer Zeiten geben, in denen Sondergenehmigungen von der Geschäftsleitung erteilt werden und erteilt werden müssen, auch wenn das Limit erreicht oder überschritten ist; insbesondere dann, wenn der Markt besonders günstige Einkaufsmöglichkeiten bietet und die in Frage stehende Ware einen besonders schnellen Umschlag resp. eine Umsatzerhöhung verspricht, die ohne Schädigung des regulären Geschäfts zu erreichen ist. Daß in solchen Fällen, die natürlich besonders sorgfältig geprüft werden müssen, die Beweglichkeit und Anpassungsfähigkeit, die das Detailgeschäft in so hohem Maße auszeichnet, nicht durch einen zu engen Korsettpanzer bureaukratischer Kontrollbestimmungen abgetötet werden dürfen, ist ohne weiteres ersichtlich. Diese Gefahr besteht aber heute in Deutschland im allgemeinen noch nicht. Im Gegenteil, wir leiden vorläufig noch an einem Mangel an Systematisierung, nicht aber an ihrer Übersteigerung. Außerdem wird man sich darüber klar sein müssen, daß die Einführung derartig systematischer Arbeit immer gewisse Härten mit sich bringen muß, die erst dann abgemildert werden können, wenn in praktischer Arbeit und durch praktische Ausprobung des Systems festgestellt worden ist, in welchen Fällen man elastisch nachgeben und in welchen Fällen man das Prinzip durchsetzen muß.

Auf eins muß allerdings in diesem Zusammenhange besonders aufmerksam gemacht werden, nämlich daß nicht eine bureaukratische Einführung solcher Kontrollmethoden dem Betriebe einen Zwang anlegen soll, der mit den Grundprinzipien des Systems auch nicht das mindeste zu tun hat. Es ist natürlich undenkbar, daß die zu Beginn einer Saison veranschlagten Ziffern während der ganzen Saisonperiode in Geltung bleiben. Dazu sind die Schwankungen des Geschäfts im einzelnen zu groß und die Schätzungsmethoden, die zur Verfügung stehen, noch viel zu ungenau. Es gehört deshalb zu den wesentlichsten Pflichten des kaufmännischen Betriebsleiters und des Leiters des Finanz- und Kontrollbureaus, für eine laufende Überprüfung der Voranschläge zu sorgen. Am ersten jeden Monats und außerdem in allen Fällen, in denen sich die Notwendigkeit für eine Revision des Budgets herausstellt — in den meisten Fällen wird ein Einkäufer, der sich benachteiligt fühlt, schon von selbst mit genügender Energie eine Revision seines Budgets verlangen — haben dieselben Instanzen, die bei der Aufstellung der Voranschläge mitgewirkt haben, zusammenzukommen und festzustellen, ob die Voranschläge mit der tatsächlichen Lage noch übereinstimmen resp. ob sie nach oben oder unten revidiert werden müssen. Ist z. B. der Voranschlag für die Abteilung auf der Basis des Vorjahrsumsatzes abzüglich 5% ausgearbeitet worden und hat sich im letzten Monat oder in der ersten Woche dieses Monats herausgestellt, daß der Umsatz nicht wie befürchtet um 5% gegenüber dem Vorjahr zurückgeblieben ist, sondern sich auf 105% des Vorjahrsmonats erhöht hat, so wird selbstverständlich eine entsprechende Revision aller für die Abteilung veranschlagten Ziffern notwendig sein, d. h. der Umsatzvoranschlag für den laufenden oder kommenden Monat, der Unkostenvoranschlag, der Reklamevoranschlag und vor allen Dingen das Einkaufslimit der Abteilung werden entsprechend erhöht werden müssen. Denn es wäre unbillig, von dem Einkäufer zu verlangen, daß er die sich ihm bietenden günstigeren Umsatzchancen richtig ausnutzt, wenn man ihm dazu nicht die erforderlichen Mittel zur Verfügung stellt. Umgekehrt wird eine Revision nach unten dann zu erfolgen haben, wenn der Umsatzverlauf z. B. der ersten Monatswoche erkennen läßt, daß die geplante Umsatzziffer voraussichtlich nicht erreicht werden kann. Diese Revision ist zwar nicht wichtiger, aber mindestens ebenso wichtig wie die eben erwähnte, und sie darf auf keinen Fall unterlassen werden, auch wenn der Einkäufer, der im entgegengesetzten Falle sein Recht auf die Zuweisung größerer Mittel sicher lebhaft vertreten würde, derartigen Einschränkungsmaßnahmen Widerstand entgegensetzt. Die Voraussetzung für die Wirksamkeit einer derartigen Revision nach unten ist allerdings, daß sich das Geschäft nicht von vornherein durch die Placierung großer Vororders in seinen Dispositionen so gebunden hat, daß jede Revision nach unten, die im laufenden Monat erfolgt, keine allgemeine Verminderung des Sortiments, sondern nur eine Desortierung des Lagers zur Folge hätte, eine Desortierung, von der außerdem der Natur der Sache nach gerade diejenigen Artikel des Lagers am meisten betroffen werden dürften, die am wenigsten dazu geeignet sind, nämlich die Artikel, die trotz des allgemeinen Rückganges der Abteilung besonders lebhaft gefragt und deswegen schneller ausverkauft sind. Eine sorgfältig geführte Mengenstatistik oder die persönliche Überprüfung des Sortiments vor der Erteilung der ursprünglichen größeren Orders ist das Mittel, um diesen Zustand möglichst zu vermeiden. Wo man aus gleich welchen Gründen eine Mengenstatistik nicht führt, wird eine derartige häufigere Sortimentskontrolle am Lager selbst unentbehrlich sein, wenn nicht eine schärfere Durchführung des Limitsystems, insbesondere im Anfang seiner Wirksamkeit, zur Desortierung führen soll.

Der Prozeß der Eingangskontrolle.

Betriebsstatistik und Betriebskontrolle begleiten die Ware auf ihrem Weg durchs Geschäft. Sie beginnen beim Wareneingang in der Warenannahme.

Bei der Warenannahme liegt dem Personal des Finanz- und Kontrollbureaus die laufende statistische und buchhälterische Arbeit ob.

Der Warenannahme resp. der dort eingerichteten statistischen Abteilung geht ein Durchschlag jedes erteilten Auftrages zu. Auf Grund dieser Auftragskopie wird eine Liste über die erteilten Aufträge jeder Abteilung geführt, die das Unterlagenmaterial für die Rückstandsstatistik bietet.

Geht die Ware ein, so werden die begleitenden Rechnungen mit dem Auftrag verglichen, um festzustellen, daß das Geschäft vom Lieferanten nur im Rahmen des erteilten Auftrages belastet wurde. Fehlt die Rechnung, so muß sie vom Lieferanten beschafft, in Notfällen eine Notfaktura ausgeschrieben werden. Die Originalrechnungen kommen, nachdem ihre Bearbeitung, über die wir schon gesprochen haben, beendet ist, wieder in den Bereich des Finanz- und Kontrollbureaus zurück. Dabei ist es notwendig, daß eine Sicherung gegen den Verlust von Rechnungen getroffen wird. Sie kann auf verschiedenen Wegen erreicht werden. In den meisten Fällen genügt die Aufstempelung einer laufenden Nummer. Manchmal wird die Rechnung in ein laufendes Rechnungsbuch eingetragen, oder es gibt auch Geschäfte, in denen jede Rechnung mit mehreren Durchschlägen abgeschrieben wird, damit die einzelnen Stellen, die die Rechnung zu bearbeiten haben, d. h. die Warenannahme, die Abteilung für Warenstatistik, die Regulierungsabteilung der Buchhaltung und schließlich die einkaufende kaufmännische Abteilung resp. das Lager sämtlich in den Besitz einer Rechnungskopie kommen können.

Auf Grund der Rechnung oder einer Rechnungskopie erfolgt dann die statistische Eintragung des Wareneingangs auf den Blättern der Wareneingangsstatistik, und zwar wird der ausgerechnete ausmachende Betrag im Ein- und Verkaufspreise belastet.

Es empfiehlt sich das Bureau für Warenstatistik räumlich nicht zu weit von der Warenannahme entfernt einzurichten, da die ordnungsgemäße Erfassung sowohl der herausgehenden Aufträge wie der Rechnungen ein wesentlicher Bestandteil der Arbeit der Warenstatistik darstellt und in den meisten Fällen die dafür benötigten Unterlagen außerdem noch in der Warenannahme laufend gebraucht werden. In der Abteilung für Warenstatistik sollten jedenfalls zusammen die Karten der Auftrags- und Rückstandsstatistik, der Wareneingangsstatistik, der Umsatzstatistik und der Reduktions- und Kalkulationsstatistik geführt werden, damit bei der Notwendigkeit von Umbuchungen das Material immer zur Hand ist. Denn ebenso, wie alle Wareneingänge der Lagerkarte belastet werden müssen, so muß auch Ware, die von einer anderen Stelle des Hauses in die Abteilung kommt, der Lagerkarte der Abteilung belastet werden, während umgekehrt Abgänge vom Lager, die z. B. durch Übertragung von einer Abteilung in die andere oder durch Lieferungen an das Änderungsatelier usw. hervorgerufen werden können, dem Lager auf der Umsatzkarte zugeschrieben werden müssen. In den meisten Fällen werden derartige innere Umbuchungen auf der Basis des Verkaufspreises vollzogen werden, weil eine solche Handhabung die größere Gewähr für exakte Erfassung in sich schließt. Nur wenn alle derartigen Zu- und Abgänge laufend und zuverlässig erfaßt werden, kann die tägliche Errechnung des Lagerbestandes im Verkaufspreis, die die Abteilung für Warenstatistik zum Zwecke der Vorlegung des Status an die Geschäftsleitung vornimmt, mit dem tatsächlichen Lagerbestand möglichst genau übereinstimmen.

Wählt man, wie das in den meisten modernen Geschäften geschieht, den Verkaufspreis als die Basis der betriebsstatistischen Arbeit, so ergibt sich in der Regel der Einkaufswert des Warenlagers dadurch, daß man den zu Buche stehenden Verkaufswert in den Einkaufswert durch Benutzung des Prozentsatzes der aufrechterhaltenen Kalkulation umwandelt. Man erhält den Prozentsatz der aufrechterhaltenen Kalkulation aus der Kalkulationsstatistik. Er ergibt sich dadurch, daß man den errechneten ursprünglichen Kalkulationsbetrag (in Markziffern), vermindert oder vermehrt um die Differenz der Preisänderungen, zum Gesamtwareneingang zuzüglich des Lagerbestandes am Beginn der Rechnungsperiode ins Verhältnis setzt.

Mit der Retournierung von Waren an die Lieferanten hat das Personal des Finanz- und Kontrollbureaus insofern zu tun, als es darauf zu achten hat, ob die Ware etwa bereits bezahlt oder die Verbuchungen des vollen Rechnungsbetrages so vorgenommen sind, daß Umbuchungen notwendig sind, damit nur der Betrag der Rechnung bezahlt wird, der dem Lieferanten nach Abzug der Retoure zusteht. Im übrigen ist das Retournieren eine Arbeit, mit der sich Instanzen aus den verschiedensten Betriebsbureaus zu befassen haben. Abgesehen von der schon erwähnten Arbeit des Finanz- und Kontrollbureaus hat zunächst einmal der Einkäufer darüber zu bestimmen, ob die Ware retourniert werden soll. Er hat zu diesem Zwecke ein Formular auszufüllen, das vom Obereinkäufer und kaufmännischen Betriebsleiter signiert werden muß. Die Expedition sorgt dann für die effektive Rücksendung der Ware, nachdem sie das signierte Formular erhalten und festgestellt hat, daß alle in Frage kommenden Stellen ihr Signum eingetragen haben. Ist die Ware retourniert und war sie bereits in der Wareneingangsstatistik dem Lager belastet, so ist auch hier eine Korrektur vorzunehmen. Ein Geschäft, das viele Retouren durchzuführen hat, wird zweckmäßigerweise eine grundlegende Handhabung für die Bearbeitung der Retouren ausarbeiten, die den Arbeitsgang ein für allemal festlegt. Das statistische Personal in der Warenannahme dürfte die geeignete Stelle sein, um diese Arbeit durchzuführen.

Ist die gesamte Warenprüfung und statistische Arbeit beim Wareneingang erledigt, so gehen die Fakturen in die Regulierungsabteilung der Buchhaltung, die sie zur Zahlung vorbereitet. Die Regulierungsabteilung hat sich auf Grund eines festgelegten Arbeitsganges davon zu überzeugen, daß alle Fakturen an sie gelangt sind, d. h. daß keine Faktura unterwegs liegen geblieben ist. Sie ordnet die Fakturen nach Fälligkeitsdaten oder, wenn sie auf Grund z. B. der modernen Durchschreibesysteme arbeitet, legt zugleich mit der ersten Verbuchung auf die Kontokorrentkonten eine Fälligkeitsliste an, schreibt die Schecks rechtzeitig aus und kontrolliert die Richtigkeit der täglichen Regulierung resp. der Regulierung an festgelegten Regulierungsdaten durch Aufrechnung der Totalsumme der zur Regulierung fälligen Rechnungen, die mit der Totalsumme der ausgeschriebenen Schecks verglichen wird. Die Schecks werden daraufhin zusammen mit den Unterlagen dem zeichnungsberechtigten leitenden Angestellten des Finanz- und Kontrollbureaus zur Unterschrift vorgelegt.

In derselben Weise erfolgt die Regulierung aller anderen Rechnungen, d. h. der Rechnungen über Materialeinkauf, Inseratgebühren usw.

In Geschäften, die ausländische Ware beziehen, gehört es ferner zu den Aufgaben des Finanz- und Kontrollbureaus, die Einstandskosten der importierten Waren zu errechnen. Dazu ist erforderlich, daß ein Mitglied des Finanz- und Kontrollbureaus mit den Gepflogenheiten des Importgeschäftes vertraut ist. Dies muß auch dann als erforderlich bezeichnet werden, wenn der Import durch einen Importeur erfolgt, da sonst eine zuverlässige Nachrechnung und Kontrolle der Belastungen unmöglich ist. Die Einstandspreise importierter Waren setzen sich in der Regel aus folgenden Positionen zusammen:

1. Rechnungsbetrag in fremder Währung,
2. Umrechnungsverlust oder Gewinn,
3. Zoll und Verzollungsgebühren,
4. Frachtspesen im Ursprungsland sowie eventuelle Ozeanfracht,
5. Frachtspesen im eigenen Lande,
6. Versicherung,
7. Lagerkosten,
8. Einkaufskosten im fremden Markt; zu zahlende Kommissionen; Anteil an den Unterhaltungskosten des ausländischen Einkaufsbureaus sowie der Importabteilung des Geschäftes und schließlich Reisespesen.

Kassenkontrolle und Umsatzstatistik.

Der Arbeitsablauf der Kassenkontrolle ist so kompliziert und enthält so viele verschiedene kleine Einzelfragen, daß es nicht möglich ist, auf alle hierzu in Beziehung stehenden Einzelheiten einzugehen. Von manchen Seiten wird vielleicht auch Widerspruch dagegen erhoben werden, daß in diesem Abschnitt Kassenkontrolle und Umsatzstatistik zusammen behandelt werden sollen, weil man, vielleicht mit einem gewissen Recht, der Meinung sein kann, daß es sich um zwei getrennte Funktionen handelt, die besser einzeln durchgeführt werden, d. h. die Kassenkontrolle von dem dazu bestimmten Kontrollbeamten, meistens dem Hauptkassierer, während die Umsatzstatistik überhaupt erst dann begonnen werden kann, wenn der Prozeß der Kassenkontrolle als solcher vollkommen abgeschlossen ist.

Der Grund, der uns dazu veranlaßt, auch durch die Fassung der Überschrift darauf zu verweisen, daß wir diese Trennung nicht für übermäßig glücklich halten, liegt darin, daß bei aller Anerkennung der Notwendigkeit, ein scharfes System der Kassenkontrolle zu haben und durchzuführen, gerade auf diesem Gebiete noch sehr viel getan werden kann, um den reinen Verwaltungsapparat des modernen großen Waren- oder Kaufhauses so klein wie möglich zu halten und trotzdem die komplizierte Arbeit zu leisten, die die modernen statistischen Methoden nun einmal mit sich bringen. Kassenkontrolle und Umsatzstatistik bedienen sich beide derselben Unterlagen, d. h. der Verkaufsbons oder Kassenzettel sowie in Geschäften, die in größerem Umfange ein Versand- oder auch Kundenkreditgeschäft betreiben, der Kopien der ausgestellten Rechnungen. Es ist deshalb nur selbstverständlich, wenigstens vom Gesichtspunkte einer zweckentsprechenden Verwaltungsrationalisierung aus, daß die beiden Arbeiten, von denen wir hier sprechen, soweit wie möglich in e i n e m Arbeitsgang mit dem Material versehen werden, das sie brauchen, mit anderen Worten, daß Kassenzettel und Rechnungskopien, wenn irgend möglich, nur einmal sortiert und auch nur einmal, sei es mit der Hand, sei es mit der Maschine, aufgerechnet werden, und daß dieser Aufrechnungsprozeß so gestaltet wird, daß seine Ergebnisse sowohl eine exakte Durchführung der Kassenkontrolle wie der Eintragung zuverlässiger Umsatzziffern in die Lagerumsatzkarten ermöglichen. Wege, um dieses Ziel zu erreichen, gibt es verschiedene. Keiner dieser Wege mag vielleicht diese Aufgabe voll erfüllen. Immer wieder wird es noch notwendig sein, die eine oder andere Nebenarbeit zu leisten. Immerhin sind in der letzten Zeit gerade auf diesem Gebiete so viele Verbesserungen erarbeitet worden, daß wir uns für berechtigt gehalten haben, an dieser Stelle wenigstens auf das diesen Methoden zugrunde liegende Hauptprinzip hinzuweisen, nämlich die Arbeit an dem gemeinsamen Grundmaterial dieser beiden Arbeiten so zusammenzufassen und auf der anderen Seite auszugestalten, daß die jedem Leiter eines großen Detailbetriebes nur zu wohl bekannte überaus mühselige und starke Fehlerquellen einschließende Sortierungs- und Aufrechnungsarbeit auf das denkbar einfachste Maß zurückgeführt und wie erwähnt in einem Arbeitsgange erledigt wird.

Die verschiedenen Arbeiten, die zu leisten sind, stimmen allerdings in den meisten Betrieben überein. Wir können sie deshalb hier nacheinander besprechen. Rationalisierungsbestrebungen werden dann die Aufgabe haben, die verschiedenen hier erwähnten Einzelarbeiten zu studieren und zusammenzufassen, je nachdem, wie es die angewandte Methode erfordert.

Zunächst ist es erforderlich, daß die hergestellten und zu verarbeitenden Unterlagen gut lesbar geschrieben sind. Viele Fehler im Weiterverarbeitungsprozeß beruhen darauf, daß die Zahlen auf den Verkaufsbons oder den Rechnungen undeutlich geschrieben wurden und deshalb zu Verwechslungen Anlaß gaben. Deutlich geschrieben müssen werden: erstens der Verkaufspreis mit eventuellen Abzügen, Rabatten usw., zweitens die Nummer der Verkäuferin, drittens die Nummer des Lagers oder die Artikelnummer.

Daß es in der Praxis schwierig ist, ein deutliches Beschreiben der Bons und Rechnungen durchzusetzen, ist bekannt. Es gibt Systeme, so z. B. für Stückware, Strümpfe usw. die die handschriftliche Ausfüllung der Bons und Rechnungen unnötig machen und durch das Aufkleben vorbereiteter Streifen ersetzen. Man kann auch z. B. für Kurzwaren usw. auf das Ausschreiben von Kassenzetteln ganz verzichten und statt dessen eine sorgfältige Stückkontrolle und eine Registerkasse anwenden. Solange die Bons mit der Hand ausgefüllt werden müssen, muß auf klar lesbaren Ziffern bestanden werden. Erwähnt sei hier, daß ein Weg, Verkäuferinnen, die sich durch besonders flüchtige Ausfüllung der Bons auszeichnen, zu einer klareren Schrift zu erziehen, vielfach darin gesehen wird, sie einmal für einen halben Tag aus dem Verkaufslager herausnehmen und bei dem Sortieren der Bons helfen zu lassen. In den meisten Fällen werden sie sich dann von der Notwendigkeit klarer Ziffern überzeugt haben.

Ob es erforderlich ist, daß die Kassenbons, ehe sie dem Kunden übergeben werden, von dem Lagerersten oder einer Aufsichtsperson noch einmal besonders signiert werden, hängt von der Organisation des Betriebes ab.

Gleichzeitig mit der Ausfüllung der Kassenbons wird die sog. Kontrolliste im Bonbuch von der Verkäuferin mit ausgefüllt.

Die Kassenzettel pflegen dann meistens in der Weise weiterzulaufen, daß ein Durchschlag dem Kunden zur Vorlegung an der Kasse übergeben wird, während das Original mit der Ware an den Packtisch geht. An der Kasse wird der vom Kunden vorgelegte Kassenzettel abgestempelt und dem Kunden zur Legitimation am Packtisch zurückgegeben. In manchen Geschäften bleibt entweder der obere oder der untere Teil des Kassenzettels an der Kasse, damit die Kassiererin auch ihrerseits einen Beleg in der Hand hat.

Die Kassenzettel werden dann meistens an den Packtischen in einer gewissen Sortierung abgelegt, meistens erfolgt dies nach Verkäuferinnen geordnet.

Abends werden die Kassen abgeschlossen, das eingegangene Geld wird dem Hauptkassierer gegen Quittung übergeben, ebenso die Kassenlisten, die vielfach bereits nach Abteilungen oder auch Verkäuferinnen gesondert geführt werden. Oder es wird das Ergebnis der automatischen Registrierkasse vermerkt.

Um die Kassenkontrolle zu vereinfachen, werden in der Regel Auszahlungen an eine, in sehr großen Betrieben mehrere, Spezialkassen verwiesen. Am nächsten Morgen werden dann die Kassenzettel aufgerechnet, und zwar müssen sie aufgerechnet werden, unter Berücksichtigung von 3 Gesichtspunkten:

1. Totalsumme der Kassenzettel, die durch eine Kassenstelle resp. Kassiererin einkassiert wurden.

2. Totalsumme der von jeder Verkäuferin ausgeschriebenen Bons. Diese Summe ist mit der Summe des Kontrollstreifens im Bonbuch dieser Verkäuferin zu vergleichen. Stimmen die beiden Beträge überein, so ist anzunehmen, daß kein Bon verloren worden ist. Falls beim Durchbedienen andere Bonbücher evtl. gemeinsam von mehreren Verkäuferinnen benutzt werden, so sind nur die aus einem Buche entnommenen Kassenzettel mit dem dazugehörigen Kontrollstreifen zu vergleichen.

3. Totalsumme der zu einem Lager resp. zu einer Artikelgruppe zuzurechnenden Bons, mit anderen Worten Umsatz des Lagers.

In Geschäften, die ein größeres Kundenkreditgeschäft betreiben, ist mit den Kundenrechnungen ebenso zu verfahren. Evtl. sind die Kassenbons auch noch nach Bons über Barzahlungen und Bons über Anzahlungen auf Kreditkäufe zu trennen.

Bei einem größeren Versandgeschäft sind die Versandaufträge in derselben Weise abzurechnen, wenn man nicht vorzieht, die Vertreterinnen der Versandabteilung in den Verkaufslägern wie reguläre Kunden zu behandeln, d. h. über jede Entnahme, die zur Zusammenstellung der Versandpakete vorgenommen wird, einen regulären Verkaufsbon auszuschreiben, der natürlich besonders gekennzeichnet werden muß. In solchen Fällen ist selbstverständlich ein besonderes statistisches Verrechnungssystem zwischen Verkaufslägern und Versandabteilung erforderlich, ebenso wie im Falle eines größeren Kundenkreditgeschäftes eine besondere Verrechnung zwischen den Lägern und der Kundenkreditabteilung, sowie in manchen Fällen auch zwischen den Kassiererinnen und der Kreditkasse erforderlich sein wird.

Aus einer derartigen Verarbeitung der Kassenbons und der Rechnungskopien ergeben sich die Unterlagen für die gesamte Betriebskontrolle, soweit sie mit dem Geldein- und ausgang sowie der Umsatzstatistik resp. dem Warenausgang etwas zu tun hat.

Aus der Zusammenstellung der Totalsumme der Kassenzettel pro Kassenstelle ergibt sich die Ziffer, mit der, evtl. unter Berücksichtigung von Auszahlungen, der effektive Kasseneingang übereinstimmen muß.

Aus der Totalsumme der von jeder Verkäuferin ausgeschriebenen Bons ergibt sich der Umsatz der Verkäuferin, der benötigt wird, einmal um ihre Leistungen richtig beurteilen zu können, und zweitens, um evtl.

Verkaufsprovisionen auszurechnen. Um diese Ziffer eindeutig zu erhalten, ist es zweckmäßig, daß jede Verkäuferin alle Verkäufe, die sie tätigt, und zwar gleich an welchem Lager, immer in dasselbe Bonbuch einschreibt.

Aus der Totalsumme der Bons und Rechnungen, die zu einer Abteilung oder Artikelgruppe gehören, ergibt sich der Umsatz des Lagers oder der Artikelgruppe. Solange man an dem mehrfachen Sortieren der Kassenzettel festhalten muß, ist es zweckmäßig, daß nur Ware desselben Lagers oder derselben Artikelgruppe auf den Kassenbon geschrieben wird, d. h. also, daß mehrere Kassenbons ausgefüllt werden, wenn eine Kundin an mehreren Lägern Einkäufe tätigt oder aber an einem Lager solche Artikel kauft, die zu verschiedenen Artikelgruppen, die statistisch besonders erfaßt werden, gerechnet werden müssen. Dies soll auch dann geschehen, wenn dieselbe Verkäuferin, was häufig vorteilhaft ist, die Kundin durchbedient.

In ähnlicher Weise wie die Kassenbons werden Bons für Rückzahlung oder Gutschrift für die Kundschaft behandelt, nur mit dem Unterschiede, daß sie bei der Aufstellung des Kasseneingangs und der Umsatzstatistik nicht zugezählt, sondern abgezogen werden.

Kontrolle im Kundenkreditgeschäft.

Betreibt das Geschäft ein größeres Kundenkreditgeschäft, so ergeben sich daraus weitgehende Rückwirkungen auf die Abwicklung der Kassenkontrolle und die Bearbeitung der Umsatzstatistik. Einige Punkte wurden bereits erwähnt. Der Hauptunterschied gegenüber Barzahlungsgeschäften besteht darin, daß im Barzahlungsgeschäft der Kassenzettel erledigt ist, wenn die Summe stimmt, und zwar in den Unterteilungen, wie sie oben angegeben wurden. Der Kreditzettel, in den meisten Fällen wohl die Rechnungskopie, ist nach einer derartigen summarischen Verwendung und Kontrolle nicht erledigt. Er muß noch zur richtigen Führung des Kundenkontokorrents herangezogen werden. Die eingeschlagenen Wege sind hierbei verschieden, je nachdem, ob es sich um einen regulären Kontenverkehr mit der Kundschaft handelt oder ob die Rückzahlung, sei es auf einmal, sei es in Raten, auf der Basis des einzelnen Kreditkaufes erfolgt.

Mit der Ausschreibung der Rechnung, jedenfalls aber vor Aushändigung der Ware, ist festzustellen, ob das Geschäft bereit ist, den Kredit in der verlangten Höhe zu gewähren. Meistens wird die Kundschaft zu diesem Zwecke in das Kreditbureau oder an die Kreditkasse gebeten werden. Es gibt aber auch Geschäfte, die ein anderes Verfahren mit Erfolg eingeschlagen haben, nämlich derart, daß sie ihrer Kreditkundschaft laufend, z. B. einmal im Vierteljahr, Ausweise per Post zusenden, auf denen der für diese Zeitperiode gewährte Kreditbetrag vermerkt ist. Ist die Kundschaft im Besitz eines solchen Ausweises, so braucht sie lediglich, nachdem sie mit der Auswahl der Ware fertig ist, der Verkäuferin diesen Kreditschein oder die Kontokarte, wie er auch manchmal genannt wird, vorzulegen. Auf diese Weise wird die zeitraubende Kontrolle darüber erspart, ob der Kundin noch Kredit zur Verfügung steht, oder ob ihr überhaupt Kredit eingeräumt werden kann. In solchen Fällen ist es nur nötig, daß auf dem Kreditschein oder der Kontokarte eine Eintragung über den erfolgten Kauf gemacht wird und der ausmachende Betrag, evtl. vermindert um die Anzahlung, in Abzug gebracht wird, damit sich der Restkredit ergibt. Diese Eintragung muß nun natürlich von einer dazu autorisierten Stelle, meistens der zuständigen Aufsichtsperson, durch ein Signum bestätigt werden.

In allen anderen Fällen muß durch Rückfrage bei der Kundenkreditabteilung resp. im Kreditbureau festgestellt werden, ob die Kundin den Kredit erhalten kann oder nicht. Das muß besonders schnell geschehen, weil die Kundschaft durch längeres Warten leicht verärgert wird. Es muß aber auch sorgfältig geschehen, insbesondere dann, wenn die Dame schon seit längerer Zeit im laufenden Rechnungsverkehr mit dem Geschäft steht, weil Fehler gerade auf diesem Gebiete leicht entweder durch Versagung des Kredites die Kundschaft verstimmen oder, wenn ein Kredit fälschlicherweise gewährt wird, zu nennenswerten Verlusten führen können.

Wird mit einem Kreditkauf ein Konto zum ersten Male eröffnet oder besteht überhaupt das angewandte System darin, daß über jeden Kauf einzeln Rechnung geführt wird, so ist es zweckmäßig, die Rechnungsblocks so einzurichten, daß sie gleich für die Kartothek der Außenstände verwandt werden können. Auf die Einzelheiten eines derartigen Verfahrens einzugehen, würde an dieser Stelle zu weit führen.

Die Einzelheiten der Kundenbuchhaltung sind prinzipiell nicht von irgendeiner anderen Debitorenbuchhaltung zu unterscheiden. Es ist notwendig, daß die Karten einen Überblick über die jeweiligen Fälligkeiten gestatten, daß im Falle eines regulären Kundenkontoverkehrs der Saldo schnell ersichtlich ist, und daß vor allem das Material überhaupt so übersichtlich geführt wird, daß man die in ihm ruhenden wertvollen Informationen über die Qualität der Kundschaft auch für Propagandazwecke jederzeit richtig verwerten kann.

Außerdem ist bei der Wahl des Systems besonders darauf zu achten, daß die aufgewandten Kosten im richtigen Verhältnis zu dem erzielbaren Nutzen stehen. Es handelt sich bei der Kundenbuchhaltung um die Führung einer sehr großen Zahl von Konten und um eine ebenfalls sehr große Zahl von Posten, aber in der übergroßen Mehrzahl um sehr kleine Beträge, für deren sorgfältige Verbuchung große Spesen nicht aufgewandt werden können. Deswegen wird man allgemein sagen dürfen, daß von einer gewissen Größe ab eine Kundenbuchhaltung nur mit den modernsten Maschinen wird rentabel arbeiten können, weil die Spesen, auch wenn man billigste Arbeitskräfte verwenden kann, anderenfalls leicht übermäßig anwachsen, und außerdem — ein weiterer Punkt von erheblicher Bedeutung — weil die Verwendung sehr vieler und sehr billiger Arbeitskräfte noch außerdem zusätzliche Spesen erfordert, nämlich die Beschaffung ausreichender Arbeitsräume, und dies gerade in den teuersten Geschäftsdistrikten der Stadt.

Zu der Kundenkreditabteilung gehören ferner die Mahnabteilung und die Rechts(anwalts)abteilung. Die Bearbeitung dieser Abteilungen wird immer ein ziemlich schwieriges Taktproblem aufrollen. Auf der einen Seite ist es notwendig, die Außenstände zu realisieren, auf der anderen Seite muß die Kundschaft davon überzeugt werden, daß ein Kredit wirklich ein Kredit ist, d. h. eine Anleihe, die zurückgezahlt werden muß. Und trotzdem darf man beim Mahnverfahren und etwaigen gerichtlichen Schritten nie das Verständnis dafür verlieren — mit Ausnahme von Fällen böswilliger Verweigerung der Schuldanerkenntnis — daß man es mit vom Geschäft geschätzten Kunden zu tun hat, die auch in diesen Fällen mit der ganzen Kulanz des entgegenkommenden Kaufmanns behandelt werden müssen.

Kundendepositen; Vorauszahlungen.

Eine technisch ähnliche Bearbeitung wie die Kundenkreditabteilung erfordern Abteilungen, die Depositen von der Kundschaft entgegennehmen oder auch Vorauszahlungen auf bestimmte Waren, die erst dann ausgehändigt werden, wenn der Kaufpreis voll bezahlt ist.

Derartige Einrichtungen sind in Deutschland relativ selten, während eine Reihe größerer Geschäfte Amerikas derartige umgekehrte Kundenkreditabteilungen zu ziemlicher Bedeutung entwickelt haben, und zwar entweder neben einer Kundenkreditabteilung oder an ihrer Stelle. Die Annahme von regulären Depositen durch die Kundschaft, die bankmäßig verzinst werden, und von denen durch Einkauf im Geschäft Abhebungen gemacht werden, wird in Deutschland in der Regel am Depotgesetz scheitern, es sei denn, daß ein großes Waren- oder Kaufhaus mit einer derartigen Einrichtung so großen Erfolg zu haben glaubt, daß es sich zur Errichtung einer Bankfirma für diesen Zweck entschließt, was natürlich nur unter Beachtung der depotgesetzlichen Vorschriften möglich ist.

Im Gegensatz dazu wird von dem System, Vorauszahlungen der Kundschaft auf bestimmte Waren anzunehmen, in einigen Fällen erfolgreicher Gebrauch gemacht. Das Verfahren pflegt dann so zu sein, daß die Kundschaft sich die Ware aussucht, einpacken läßt und darauf achtet, daß sie mit ihrem Namen versehen an einer besonderen Stelle zur Abholung hinterlegt wird. Ist nach einiger Zeit, z. B. in laufenden Raten vom Wochenlohn, der volle Kaufpreis bezahlt, so wird die Ware, die bei der Vorauszahlung ausgesucht evtl. auch abgeschnitten wurde, ausgehändigt und das Konto gelöscht.

Statistische Auswertung.

Abgesehen von den laufenden Arbeiten, die die Abteilung für Betriebskontrolle durchführt, und die honedies auf dem statistischen Material basieren, das in den verschiedenen Abteilungen des Finanz- und Kontrollbureaus zusammengetragen wird, ist es zweckmäßig, dafür Sorge zu tragen, daß das gesammelte Material möglichst nach jeder Richtung hin ausgewertet wird. Wir haben gelegentlich der Besprechung früherer Arbeiten immer wieder auf solche Punkte aufmerksam gemacht, die eine spezielle Bearbeitung durch einen auswertenden Statistiker lohnend erscheinen ließen. Zu solchen Arbeiten gehört z. B. die Inbeziehungsetzung der Umsatzkurven des eigenen Geschäfts oder besonderer Abteilungen zu den Umsatzkurven vorgelagerter Industrien oder umgekehrt zu allen Kaufkraftindices, die laufend veröffentlicht werden usw. Außerdem gehört dazu z. B. die Bearbeitung der Kundenkartothek in der Kreditabteilung unter dem Gesichtspunkte ihrer Verwertbarkeit für die Verkaufspropaganda usw. Im übrigen wird es die Aufgabe des auswertenden Statistikers sein, auf Wunsch für jeden der leitenden Herren des Geschäfts besondere Zusammenstellungen und Berichte anzufertigen. Alles in allem kommt es darauf an, daß das Geschäft tatsächlich den gesamten Nutzen, den eine statistische Bearbeitung des vorhandenen Unterlagenmaterials überhaupt bringen kann, auch verwertet.

Inventuraufnahme.

Eine wichtige Aufgabe des Finanz- und Kontrollbureaus ist weiter die Überwachung der Inventuraufnahme. Abgesehen davon, daß das Gesetz die Inventuraufnahme vorschreibt, ist es notwendig, eine tatsächliche Lageraufnahme mindestens einmal im Jahre durchzuführen, da auch eine sorgfältig geführte Lagerbestandsstatistik Fehler aufweist und aufweisen muß, die man nicht übermäßig lange unbereinigt lassen darf, wenn sich nicht schädliche Rückwirkungen auf das Geschäft ergeben sollen. Es ist deshalb notwendig, das tatsächliche Lager durch Aufnahme festzustellen und die Fehler der Statistik auf diese Weise zu korrigieren. Außerdem erfordert, da ein großer Teil der deutschen Waren- und Kaufhäuser wegen der Schwierigkeit, ein wirklich genaues

Warenkonto zu führen, die einfache Buchführung anwendet, schon die Aufstellung des jährlichen Abschlusses eine Inventuraufnahme.

Das Finanz- und Kontrollbureau ist für die Durchführung der Inventur verantwortlich. Es bereitet die Inventurbogen vor und verteilt sie im Geschäft. Bei der eigentlichen Aufnahme bedient es sich des gesamten zur Verfügung stehenden Personals. Für die Genauigkeit der Inventuraufnahme ist das Finanz- und Kontrollbureau verantwortlich. Über die Frage, zu welchem Preise das Lager aufzunehmen ist, gehen die Meinungen weit auseinander. Man kann das Lager zum Einkaufs- oder zum Verkaufswerte aufnehmen oder zum Marktwert. In Amerika geht man allgemein zur Inventuraufnahme zum Verkaufswerte über. Bei uns dürfte die Aufnahme zum Marktwert an Verbreitung gewinnen, wobei darauf hinzuweisen ist, daß nach den gesetzlichen Bestimmungen zur Zeit als der Marktwert eines Lagers derjenige Wert gilt, den man für das Lager erzielen würde, wenn das Geschäft als ganzes zum Zwecke des Weiterbetriebes in andere Hände übergeht. Für die steuerliche Anerkennung des Inventurbestandes werden in der Regel Sachverständigengutachten maßgebend sein.

Ist die eigentliche Aufnahmearbeit beendet, so beginnt die Auswertung der Inventurbogen im Finanz- und Kontrollbureau. Es ist zweckmäßig, unter Verwendung der ausgerechneten Kalkulationsprozentsätze den Lagerbestand pro Abteilung auszurechnen und mit den Ergebnissen der Warenstatistik zu vergleichen. Ein solcher Vergleich wird zwar nie stimmen, kann aber doch als Anhalt dienen und zur Aufklärung besonders großer Differenzen Anlaß geben.

Auf alle Fälle ist es zweckmäßig, die Ursachen der Fehlbeträge, technisch Lagerverluste genannt, genauer zu prüfen. Einzelangaben über die Gründe lassen sich nicht machen. Ein derartiger Versuch, der in Amerika einmal unternommen wurde, führte zu einer Liste von mehreren hundert Positionen. Der Hauptteil der Differenzen wird natürlich auf Fehler in der Statistik zurückgeführt werden müssen. Solche Fehler können überall bei dem Ablauf der statistischen Arbeit vorkommen, bei der Erfassung des Wareneinganges, bei der Auszeichnung usw. usw. Einer der häufigsten Gründe ist eine nicht sorgfältig geführte Preisänderungsstatistik.

Sonstige Gründe für Differenzen sind Verschnitt und Unehrlichkeit; Unehrlichkeit auf seiten der Kundschaft und Unehrlichkeit im eigenen Personal. Der letztere Fall ist der weitaus unangenehmere, weil es sich dabei häufig um Fälle handelt, die nicht einfach im Gelegenheitsdiebstahl bestehen, sondern mit raffinierten Methoden arbeiten, Verkaufsbons und Kreditbons fälschen usw. Besonders gefährlich ist es, wenn eine Verkäuferin mit Kunden oder Freunden und Verwandten, die als Kunden auftreten, gemeinsame Sache macht.

Allgemeine Verwaltungsaufgaben.

Außer den bisher besprochenen Hauptaufgaben hat der Leiter des Finanz- und Kontrollbureaus als der eigentliche Verwaltungschef des Betriebes noch eine Reihe anderer Funktionen zu erledigen: Dazu gehören:

1. Bearbeitung aller Versicherungsfragen. Bei der Mannigfaltigkeit der Aufgaben eines großen Detailbetriebes sind die verschiedensten Versicherungsfragen zu lösen. Von der entsprechenden allseitigen Versicherung des Gebäudes und des Lagers an, über Transportversicherung bis zur Haftpflichtversicherung und zur Lebensversicherung des Chefs sind fast alle Versicherungsarten zu bearbeiten.

2. Bearbeitung aller Steuerfragen.

3. Bearbeitung aller Auskünfte und Berichte, die das Geschäft an behördliche Stellen, Einkauf- oder Berufsorganisationen abzuliefern hat. Dieses Gebiet, das in Amerika eine besondere Bedeutung seit langem gewonnen hat, weil dort sowohl die Handelskammern wie das Wirtschaftsministerium und die amerikanischen Notenbanken Berichte einfordern, befindet sich in Deutschland augenblicklich in rapider Entwicklung. Nicht nur haben eine Reihe privater Zentralorganisationen statistische Zentralstellen eröffnet, denen Unterlagen eingereicht werden müssen; auch das statistische Reichsamt resp. das ihm angegliederte Institut für Konjunkturforschung haben mit der Bearbeitung effektiver Unterlagen aus den verschiedensten Gewerbezweigen begonnen, und es liegt nur im Interesse des Waren- und Kaufhausgewerbes wie des gesamten Einzelhandels überhaupt, diese Arbeiten durch regelmäßige Zurverfügungstellung zuverlässigen Materials in jeder Weise zu fördern und für die Gesamtheit sowohl wie für den einzelnen Betrieb nutzbringend zu gestalten.

4. Leitung des allgemeinen Bureaus,

5. Allgemeine Registratur,

6. Posteingang und Postverteilung,

7. Rechtliche Fragen, soweit sie nicht vom Inhaber resp. Geschäftsleiter persönlich bearbeitet werden müssen.

Buchhaltung.

Über die Buchhaltung des Geschäfts ist bereits alles das gesagt worden, was für den laufenden inneren Betrieb von Bedeutung ist. Im übrigen unterscheidet sich die Buchhaltung des Waren- und Kaufhauses nicht wesentlich von den sonst bekannten Buchhaltungssystemen.

Lohnbuchhaltung.

Der Arbeitsprozeß der Lohnbuchhaltung eines großen Waren- oder Kaufhauses unterscheidet sich ebenfalls im Prinzip nicht von der Lohnbuchhaltung anderer großer Betriebe.

Unterschiedlich ist höchstens die Notwendigkeit der Ausrechnung einer großen Zahl von Umsatzbeteiligungen, wenn die Entlohnung des Verkaufspersonals zum Teil in Verkaufsprovisionen besteht sowie entsprechend die Ausrechnung von Verkaufsprämien. Die Lohnbuchhaltung bedient sich zu diesem Zwecke entweder eigener Unterlagen oder sie benutzt Material, das ihr von der Abteilung für Warenstatistik zur Verfügung gestellt wird, die in vielen Fällen die Ziffer des täglichen Umsatzes per Verkäuferin als Nebenprodukt der Kassenkontrolle gleich mit auf Verkäuferinnenkarten eintragen kann.

Die Lohnbuchhaltung teilt der Hauptkasse rechtzeitig mit, welche Gehalts- und Lohnsummen fällig sind, damit die entsprechenden Dispositionen getroffen werden können.

Zusammenfassung.

Die Aufgaben des Finanz- und Kontrollbureaus und der Arbeitsprozeß, wie er vorstehend beschrieben wurde, schließen den gesamten Verwaltungsapparat des Betriebes in sich und tragen in vieler Hinsicht einen bureaumäßigen, wenn man will bureaukratischen, Charakter. Die vielfach sehr komplizierten Erfassungsmethoden, die Durchführung des Systems der Voranschläge, ihre laufende Revision und der Vergleich des tatsächlichen Betriebsergebnisses mit den Voranschlägen (Budgets), sind eine Arbeit, vor der viele führende Einzelkaufleute auch heute noch ein Grauen empfinden. Zuzugeben ist, daß vieles vereinfacht und verbessert werden kann. Zuzugeben ist ferner, daß unvernünftig angewandte Systeme und Methoden dem an freie Beweglichkeit gewöhnten Kaufmann alter Schule sehr gegen das Herz gehen können und gehen müssen. Demgegenüber steht aber der unleugbare Vorteil, daß eine sorgsam organisierte, unnötige Doppelarbeit vermeidende, buchhälterische und statistische Kontrolle des Betriebes dem großen Waren- oder Kaufhaus viel von der Exaktheit geben kann, die heute in großen Fabrikbetrieben längst als selbstverständliche Vorbedingung für den Erfolg anerkannt wird. Eine systematische und nicht bureaukratische Arbeit auf diesem Gebiet wird insbesondere, wenn ihre Ergebnisse allmählich nicht mehr als sorgfältig behütetes Geschäftsgeheimnis behandelt, sondern auch der breiteren Öffentlichkeit zur Kenntnis gebracht werden, gerade auf dem Gebiete sowohl im einzelnen Betrieb wie unserer gesamten Wirtschaft wesentlichste Dienste leisten, auf dem wir heute noch am weitesten zurück sind: Der planmäßigen Absatzorientierung unserer Wirtschaftsarbeit.

Eine Aufgabe, die der Leiter des Finanz- und Kontrollbureaus zu lösen hat, ist bisher nur im Vorübergehen gestreift worden, obwohl sie wesentlich ist, nämlich die finanzielle Disposition. Auf Grund seiner Kenntnis des Finanzbedarfes hat das Finanz- und Kontrollbureau für die Bereitstellung der Mittel zu sorgen, die laufend im Betriebe benötigt werden, wie er umgekehrt für die Investierung vorübergehend frei liegender Summen verantwortlich ist. Ist das Geschäft nicht mit übermäßigen Kapitalien gesegnet, so wird der Leiter des Finanz- und Kontrollbureaus gut daran tun, auch für seine finanziellen Dispositionen einen Voranschlag auszuarbeiten, dem er die veranschlagten Ziffern der Wareninvestition und die veranschlagten Ziffern des Umsatzes, d. h. der Geldeingänge zugrunde legen wird. Diese finanziellen Voranschläge werden um so genauer sein können, je sorgfältiger die vorerwähnten Betriebsvoranschläge aufgebaut wurden resp. je sorgsamer an ihrer laufenden Revision gearbeitet wird. Ein derartiger Voranschlag seines Finanzbedarfs wird es dem Leiter des Finanz- und Kontrollbureaus erleichtern, die für die Finanzierung evtl. notwendigen Mittel aus laufenden Bankkrediten zu beschaffen, da von jeder Bank die Vorlage sorgfältiger Unterlagen geschätzt und viefach mit billigeren Bedingungen beantwortet wird.

Außerdem wird der Leiter des Finanz- und Kontrollbureaus in allen Fragen beratend mitzuwirken haben, die sich auf die handelsrechtliche Form des Unternehmens beziehen. Er wird die praktische Arbeit in allen den Fällen zu leisten haben, in denen die Umwandlung des Unternehmens in Aktienform oder G. m. b. H., eine Fusion, Interessengemeinschaft oder etwas Ähnliches geplant wird.

15. Die Arbeit der Unkostenkontrolle.

Der Arbeitsprozeß.

Unkostenkontrolle ist nicht eine Aufgabe, die gesondert aus dem Rahmen des gesamten Betriebsablaufes herausgelöst betrachtet werden kann. Unkostenkontrolle im weitesten Sinne des Wortes ist etwas, was den gesamten Betrieb durchdringen muß, was sozusagen bei jedem Schritt des Arbeitsprozesses gegenwärtig sein muß, und was man deshalb auch nicht als losgelöste Funktion einem Einzelbureau im Geschäft übertragen kann, in der Erwartung, daß diese Stelle sozusagen im stillen Kämmerlein schon die nötigen Resultate erzielen werde. Unkostenkontrolle als Arbeit einer zentralen Unkostenkontrollstelle gipfelt vielmehr in einer systematischen Zusammenfassung aller

Anstrengungen jeder einzelnen Abteilung des Geschäfts, den Unkostenprozentsatz niedrig zu halten.

Gegenwärtig arbeiten in den meisten Geschäften zwar auch fast alle überhaupt in Frage kommenden Instanzen darauf hin, daß sparsam gewirtschaftet wird, aber diese Anstrengungen sind meistens weder zusammengefaßt noch einheitlich geleitet und können deshalb nicht zu einer wirklich befriedigenden vollen Leistung führen. Man könnte sie vergleichen mit einer zahlreichen Armee, deren einzelne Soldaten jeder für sich ausziehen, um den Feind zu besiegen. Welcher Erfolg einer solchen Armee beschieden sein würde, insbesondere wenn sie sich mit einem gutorganisierten Gegner zu messen hat, dürfte auch dem militärischen Laien verständlich sein. Wir glauben deshalb, daß es für den Erfolg eines großen Waren- oder Kaufhauses im Wettbewerbskampfe unerläßlich ist, die Einzelanstrengungen, die heute gemacht werden, um die Betriebsunkosten niedrig zu halten, systematisch zusammenzufassen und zu vereinheitlichen, weil nur so erreicht werden kann, daß der Unkostensatz wirklich so niedrig gehalten wird, wie es im wohlverstandenen Geschäftsinteresse liegt. Solange die Sparsamkeitsbestrebungen zersplittert sind, und solange, wie man es häufig gerade in größeren Betrieben findet, mehr oder weniger unsystematisch, Sparsamkeitsperioden mit Perioden größerer Liberalität im Geldausgeben abwechseln, je nachdem der Chef schlecht oder gut geschlafen hat, oder je nachdem ob ihm plötzlich mal irgendeine hohe Unkostenziffer an einem Regentage vor Augen gekommen ist, wird es unmöglich sein, auf der einen Seite das wichtigste wirtschaftliche Prinzip „mit der kleinsten Investition den größten Nutzeffekt zu erzielen“, durchzuführen, wie es auf der anderen Seite unmöglich ist, eine evtl. mögliche liberalere Handhabung der Ausgabenpolitik so gleichmäßig auf das Geschäft einwirken zu lassen, daß auch damit der größte Erfolg auf die Dauer erzielt wird. Da die Frage der Unkostenkontrolle eine Lebensfrage für die Rentabilität eines großen Detailbetriebes ist, auf der anderen Seite aber die Leistungsfähigkeit und Dienstbereitschaft des Geschäftes von einer allgemein durchgeführten, vernünftig begrenzten Unkostenpolitik abhängen, so haben wir im folgenden versucht, eine Art Schema auszuarbeiten, das dazu beitragen kann, die zersplitterten Versuche auf diesem Gebiete zu vereinigen und die Unkostenkontrolle zu dem wirksamen Instrument in der Hand der Geschäftsleitung zu machen, das sie nach der Ansicht aller Praktiker des Detailgeschäftes auch heute schon sein sollte, aber leider häufig noch nicht ist.

Der Prozeß der Unkostenkontrolle läßt sich in 2 Teile zerlegen, die zwar getrennt behandelt, auch getrennt bearbeitet werden müssen, einander aber aufs engste ergänzen:

1. Die Aufstellung des Unkostenvoranschlages (Budgets),
2. Die laufende Unkostenkontrolle.

Unkostenvoranschlag.

Die Voraussetzung für die Durchführung einer einheitlichen und wirksamen Unkostenkontrolle ist die Ausarbeitung eines spezialisierten Unkostenvoranschlages. Ehe wir an die Beschreibung der einzelnen Schritte herangehen, die bei der Aufstellung des Unkostenvoranschlages getan werden müssen, ist es notwendig, einige allgemeine Gesichtspunkte vorwegzunehmen.

Der Unkostenvoranschlag soll vollständig sein. Er soll alles enthalten, was über Unkostenkonto verbucht wird. Mit anderen Worten: Der fertiggestellte Unkostenvoranschlag soll die gesamten Kosten enthalten, die das Betreiben des Geschäfts in einer bestimmten Periode (in der Regel 6 Monate) voraussichtlich machen wird. Von manchen Praktikern der Unkostenkontrolle wird der Standpunkt vertreten, daß nur für solche Unkostenpositionen Voranschläge aufgestellt werden sollten, die veränderlich sind, und daß die Aufnahme sogenannter fixer Unkosten in dem Voranschlag unnötige statistische Arbeit bedeute. Wir wissen selbstverständlich, daß es eine Reihe von Unkostenpositionen gibt, die im wesentlichen als unveränderlich angesehen werden müssen, wie überhaupt das Unkostenbudget eines Geschäftes nie die Veränderlichkeit und die Schwankungen des Umsatzvoranschlages und der Umsatzentwicklung wird erreichen können, so sehr man dies manches Mal auch wünschen möchte. Trotzdem sollten auch diese fixen Unkosten in den Unkostenvoranschlag mit aufgenommen werden, weil sonst die Errechnung eines Unkostengesamtprozentsatzes und sein Vergleich mit dem Umsatzvoranschlag des Geschäftes unmöglich ist. Nur wenn der Gesamtbetrag der veranschlagten Spesen mit den Ziffern des Umsatzvoranschlages in Beziehung gesetzt werden kann, ist es aber auch möglich, die relative Bedeutung der variablen Unkostenpositionen zu bemessen. Auch kann man in der Regel ohne die Veranschlagung der Totalunkosten die lehrreichen Vergleiche mit den Ziffern anderer Geschäfte nicht durchführen. Dazu kommt, daß auch die fixen Unkostenpositionen nicht so unveränderlich sind, wie es auf den ersten Blick scheinen könnte. Im Gegenteil, in allen Fällen, in denen die Aufstellung eines Gesamtvoranschlages ergibt, daß solche fixen Unkosten zu dem Satze, den der Umsatz zu rechtfertigen vermag, gänzlich außer Verhältnis stehen, wird es das ernste Bestreben der Geschäftsleitung sein müssen, auch eine Änderung der angeblich fixen Unkosten zu erreichen. Daß das nicht von heute auf morgen geht, bedeutet nicht, daß es überhaupt unmöglich wäre. So kann z. B., wenn die Mietbelastung zu groß ist, der Ausweg darin gefunden werden, daß man Teile des Geschäftslokals abvermietet oder z. B. ganze Abteilungen an andere Firmen vermietet, die vielleicht froh darüber sein werden, im Rahmen des lebhaften

Verkehrs, den ein großes Warenhaus in der Regel aufweist, eine Filiale aufmachen zu können. Dieser Weg, der in Amerika relativ häufig ist, wenn auch die Meinungen über seine Zweckmäßigkeit geteilt sind, ist in Deutschland meistens unbekannt. Oder stellt sich heraus, daß die Zinsverpflichtungen zu schwer sind, so ist vielleicht die Aufnahme eines neuen Partners oder die Umwandlung der Rechtsform des Unternehmens ein Ausweg. Außerdem ist nicht zu vergessen, daß zwar die Totalbelastung eines Geschäftes in manchen Fällen feststehen mag, daß aber die Unterverteilung dieses Spesenbetrages auf die einzelnen Verkaufsabteilungen im Belieben der Geschäftsleitung steht. Dabei ist selbstverständlich, daß die Änderung des Verteilungsschlüssels allein keine Entlastung des Geschäftes mit sich bringt. Wenn man aber z. B. die Miete anders auf die Verkaufsabteilungen verteilt, so zieht das mit logischer Notwendigkeit auch Änderungen im inneren Aufbau des Geschäfts, insbesondere in der Raumverteilung an die verschiedenen Abteilungen nach sich, die sehr wohl schließlich zu einer Steigerung der Rentabilität führen können, nämlich, wenn man von diesen Gesichtspunkten ausgehend dazu kommt, unrentabel arbeitende Abteilungen zu verkleinern oder zu eliminieren und dafür rentabler arbeitenden Abteilungen eine größere Ausdehnungsmöglichkeit zu gewähren. Aus allen diesen Gesichtspunkten ergibt sich, daß unsere Forderung berechtigt ist, und daß der Unkostenvoranschlag, um nutzbringend verwandt werden zu können, alle Geschäftsspesen umfassen muß.

Geht man an die Aufstellung des Unkostenbudgets heran, so ist zunächst erforderlich, zuverlässiges Unterlagenmaterial zu beschaffen. Diese Arbeit hat die Abteilung für Unkostenstatistik, die dem Finanz- und Kontrollbureau untersteht, zu leisten. Sie stellt die in der vergleichbaren Vorjahrsperiode tatsächlich gemachten Auslagen zusammen, und zwar so spezialisiert, daß eine Übersicht bis ins einzelnste leicht möglich ist. Voraussetzung dafür, daß diese Arbeit geleistet werden kann, ist natürlich, daß das Unkostenkonto resp. die Unkostenstatistik entsprechend spezialisiert geführt werden. Die Geschäfte werden sich zu diesem Zwecke, wenn sie nicht selbst spezialisierte Unkostenformulare ausgearbeitet haben, der Standardformulare bedienen, die in der letzten Zeit von verschiedenen Seiten, so von dem Normenausschuß für die Normalisierung der Buchführung oder auch von zahlreichen statistischen Zentralstellen ausgearbeitet worden sind. Diese Zusammenstellungen werden am besten auf Formularen gemacht, die bereits hinreichend Raum für die Einfügung der Ziffer des Voranschlages offen lassen.

Etwa 2 Monate vor dem Beginn des neuen Unkostenhalbjahres hat die Abteilung für Unkostenkontrolle diese spezialisierten Unkostenbogen an alle Betriebsabteilungen zu verteilen, die überhaupt Ausgaben machen, und zwar zusammen mit einer Erklärung der Idee des Unkostenvoranschlages. Die Abteilungsleiter haben, soweit erforderlich, für weitere Unterverteilung dieser Bogen zu sorgen. So wird z. B. der Hausverwalter die Tischlerwerkstatt, die Schlosserwerkstatt, das elektrische Bureau usw. auffordern, ihren eigenen Voranschlag auf diesen Bogen auszuarbeiten nach dem Prinzip, daß derjenige, der verantwortlich für eine Ausgabe ist, auch einen verantwortlichen Voranschlag selbst abzugeben hat.

Jeder Abteilungsvorstand hat dann die ihm von seinen Untergebenen vorgelegten Ziffern zu prüfen und evtl. Mißverständnisse oder notwendige Änderungen in persönlicher Besprechung zu klären. Ist diese Arbeit vollendet, so wird der Abteilungsvorstand oder der Leiter einer Gruppe von Abteilungen seine Gesamtziffer errechnen und den ausgefüllten Bogen nunmehr dem Unkostenkontrollbureau zurückreichen.

Hier wird unter Zusammenstellung der eingereichten Ziffern eine weitere Prüfung vorgenommen. Über Ziffern, die der Aufklärung bedürfen, finden Rücksprachen statt. Die Abteilung für Unkostenkontrolle stellt daraufhin die Totalziffern pro Abteilung und für das Gesamtgeschäft zusammen, vergleicht das Ergebnis mit den Vorjahrsziffern, mit Ziffern anderer Geschäfte, soweit sie zur Verfügung stehen, und schließlich mit dem Umsatzvoranschlag des Geschäfts.

Diese Prüfung bezieht sich sowohl auf die Gesamtspesenbelastung pro Abteilung, wie auf die Unterteilung des gesamten Spesenbetrages auf die einzelnen Positionen der spezialisierten Unkostenrechnung. Man wird dabei versuchen, festzustellen, nicht nur, ob die Gesamtunkostenbelastung im richtigen Verhältnis zum Gesamtumsatz steht, sondern auch ob dieses Verhältnis in den einzelnen Abteilungen richtig liegt. Reklameunkosten und Verkaufspersonalspesen sind bereits in früher beschriebenen Arbeitsgängen abteilungsweise unterverteilt worden. Nun werden die Gesamtunkosten per Abteilung versuchsweise veranschlagt, indem man die verbleibenden Unkostenbeträge im Verhältnis der geplanten Umsätze auf die Abteilungen umlegt. Diese Ziffer pro Abteilung gibt Auskunft darüber, ob auf Grund der Voranschläge die Abteilung nutzbringend arbeiten wird oder nicht. Abteilungen, die auf dieser Basis voraussichtlich mit zu geringem Nutzen arbeiten werden, werden einer erneuten Gesamtprüfung unterzogen, die am besten gemeinsam vom kaufmännischen Betriebsleiter, vom Inneren Betriebsleiter und vom Unkostenkontrollbureau durchgeführt wird. Schon die Möglichkeit, vor Beginn der Arbeitsperiode evtl. Schädigungen des Gesamtnutzens abwenden zu können, ist ein Vorteil, der die Einführung des Systems der Unkostenbudgetierung mehr als rechtfertigt.

Ist das Budget fertig, so wird es, wie alle anderen Voranschläge auch, dem Betriebsausschuß unter Vorsitz des Geschäftsleiters vorgelegt.

Können ein Betriebsleiter und das Unkostenkontrollbureau sich über eine Ziffer nicht einigen, so können auch 2 Eventualvorschläge vorgetragen werden. Der Betriebsausschuß seinerseits hat das Gesamtbudget noch einmal zu überprüfen, und zwar unter sorgfältiger Beachtung der Gesamtbelastung pro Abteilung. In dieser Besprechung wird dann der zweckmäßige Ausgleich zwischen der allgemeinen Notwendigkeit, zu sparen, und der Notwendigkeit, den Kundendienst des Geschäfts auf der alten Höhe zu halten oder zu erweitern, hergestellt werden müssen. Mit anderen Worten: Das Unkostenbudget wird im Betriebsausschuß mit den Geschäftsgrundsätzen und den allgemein anerkannten Richtlinien der Geschäftspolitik in Einklang gebracht. Über Meinungsverschiedenheiten grundsätzlicher Art wird wie üblich die Entscheidung des Geschäftsleiters eingeholt.

Die tägliche laufende Unkostenkontrolle.

Die Aufstellung des Unkostenvoranschlages ist zwar Voraussetzung einer wirksamen Unkostenkontrolle, bedeutet aber kaum mehr, als die Aufstellung eines Programms. Die tägliche Durchführung des Programms ist die Hauptarbeit des zentralisierten Unkostenkontrollbureaus, ist erst effektiv wirksame Unkostenkontrolle.

Das Ausmaß des Apparates, der zur Durchführung einer wirksamen täglichen Unkostenkontrolle benötigt wird, hängt natürlich zu einem erheblichen Teile von der Größe des Geschäftes ab. Wesentlich ist dabei, daß die Unkostenkontrolle stärker als bisher zentralisiert wird, und zwar zentralisiert bei einer Stelle, die auch die Zeit haben muß, sich wirklich der Unkostenkontrolle zu widmen. Man findet häufig in nicht ganz kleinen Geschäften, daß der Chef oder eine der maßgebenden Persönlichkeiten sich die Unkostenkontrolle vorbehalten haben, d. h. daß sie verlangen, daß der Spesenantrag, oder wie man es immer nennt, ohne ihr Signum nicht ausgezahlt wird. In der Praxis führt das häufig zu Situationen, die unzuträglich sind. Ist es z. B. notwendig, daß ein Einkäufer verreist, so kommt es in solchen Fällen häufig vor, daß er einen großen Teil seiner Zeit damit verbringen muß, vor dem Arbeitszimmer des Chefs zu warten, bis dieser Zeit hat, die Spesenquittung zu zeichnen, daß er immer wieder nach der Quittung gelaufen kommen muß, anstatt daß er seine Zeit den anderen wichtigeren Vorbereitungen der Reise widmen kann. Daraus ergibt sich — und das war der Sinn der oben ausgesprochenen Forderung, daß man die zentrale Unkostenkontrolle, um sie wirksam zu machen, einer Stelle übertragen muß, die auch dafür Zeit hat, — daß Zentralisierung der Unkostenkontrolle etwas ist, was nicht auf dem Wege der Anordnung ins Leben gerufen werden kann, sondern was genau so eine durchgearbeitete Organisation voraussetzt, wie z. B. die einheitliche Kontrolle des Wareneinkaufs.

Ist diese Forderung erfüllt, ist das zentrale Unkostenkontrollbureau geschaffen, wie es in unserem Organisationsplan vorgesehen ist, so ist zu entscheiden, wie weit man praktisch mit der Zentralisation gehen will.

Dabei ist zwischen zwei verschiedenen Maßnahmen zur Unkostenkontrolle zu unterscheiden:

1. der Kontrolle vor der Ausgabe,
2. der periodischen Kontrolle der gemachten Ausaben.

Beide Methoden sind wichtig und bedeutungsvoll. Sie sollten nebeneinander angewandt werden. Die erstere Methode hat den Vorteil, im Moment wirksamer zu sein, weil sie in der Lage ist, den Schaden zu verhüten, ehe er eingetreten ist. Es ist aber notwendig, die zweite Methode ebenfalls anzuwenden, da bei der täglichen Kontrolle doch immer die Gefahr besteht, daß einige Gesichtspunkte übersehen werden, und daß man vor allem aus übermäßiger Sparsamkeit heraus vielleicht Ausgaben ablehnt, die, verglichen mit der Entwicklung der Unkostenziffer über eine längere Periode hin, die auch lediglich ein Monat sein kann, als berechtigt und zweckmäßig erscheinen können. Wenn auch hier die Notwendigkeit einer wirkungsvollen Unkostenkontrolle immer wieder und wieder betont wurde und betont werden wird, so ist damit eben nur Kontrolle gemeint und nicht ein Niedrighalten des Spesensatzes um jeden Preis, evtl. auch um den Preis der verringerten Leistungsfähigkeit des Geschäftes. Wir verstehen unter Kontrolle, daß man in der Lage sein muß, das Ausmaß der Spesenbelastung so weit wie möglich zu regeln, je nach der Entwicklung des Geschäfts und den besonderen Erfordernissen des Augenblicks, und daß man vor allem es vermeidet, sich in Situationen bringen zu lassen, in denen man Ausgaben machen muß, die man nicht mehr machen will, mit anderen Worten, in denen einem der Spesensatz fortläuft.

Die Kontrolle vor der Ausgabe.

Das wichtigste, weil wirksamste, Mittel der Unkostenkontrolle ist die Kontrolle vor der Ausgabe. In fast allen Geschäften ist es üblich, daß Spesenquittungen signiert werden, ehe sie zur Auszahlung gelangen, ebenso wie Aufträge über Material, Anschaffungen usw. bestätigt werden müssen wie alle anderen Aufträge auch. An dieser Stelle hat nun die Unkostenkontrolle einzusetzen. Ist das Geschäft nicht übermäßig groß, oder ist es erforderlich, im Moment die Unkosten scharf zu reduzieren, so werden nur die Angestellten des Unkostenkontrollbureaus das Recht erhalten, Spesenquittungen anzuweisen und Aufträge, die über Unkostenkonto gehen sollen, zu bestätigen. Die Grundlage der Prüfung, auf Grund deren das Signum erteilt wird, ist der Spesenvoranschlag der entsprechenden Abteilung, von dem der zur Ausgabe bestimmte Betrag abgesetzt wird. Hier wird ein Verfahren eingeschlagen, das ähnlich dem der Limitkontrolle beim Einkauf ist. Solange die Abteilung, die Unkosten machen will, noch Beträge offenstehen hat, wird sie das Signum sehr schnell erhalten können. Stehen keine Beträge mehr offen, so wird es der Rücksprache mit den übergeordneten Instanzen bedürfen, wenn die Ausgabe trotzdem gemacht werden soll. Gegebenenfalls hat die Ausgabe zu unterbleiben, bis sich der Leiter des Finanz- und Kontrollbureaus als oberster Chef der Unkostenkontrolle mit dem Geschäftsleiter darüber verständigt hat.

Ist das Geschäft dagegen größer, so würde die Übertragung des alleinigen Spesenbewilligungs- resp. Auftragsbestätigungsrechts an das zentrale Unkostenkontrollbureau vielfach einen Apparat erfordern resp. einen Zeitverlust verursachen, der nicht mehr im Verhältnis zu den Vorteilen steht, die die Unkostenkontrolle bringen soll. In solchen Fällen wird die Hauptaufgabe des zentralen Unkostenbureaus bei der wirksamen Durchführung der Kontrolle vor der Ausgabe nicht mehr darin bestehen können, daß nur es allein Ausgaben absigniert resp. entsprechende Aufträge bestätigt, sondern vielmehr darin, daß es diese Arbeit an maßgebende Persönlichkeiten der verschiedenen Betriebsabteilungen unterdelegiert, ihnen dabei aber Richtlinien an Hand gibt, wie die Unkostenkontrolle von ihnen ausgeübt werden soll. Das zentrale Unkostenbureau hat dann seine Tätigkeit in erster Linie darin zu sehen, diese Richtlinien auszuarbeiten und ferner darüber zu wachen, daß sie auch innegehalten werden.

Diese Richtlinien über die Unkostenkontrolle sollen nicht in einem gut ausgearbeiteten Programm bestehen, sondern in exakten Zahlen, d. h. in einer Aufstellung von Unkostenlimiten, spezialisiert für jede Position der Unkostenrechnung, die in der betreffenden Abteilung in Frage kommen kann und ferner für eine bestimmte Zeitperiode, in der Regel einen Monat, in ganz ähnlicher Weise wie den Obereinkäufern und dem kaufmännischen Betriebsleiter die Unterlagen zur Durchführung der Einkaufskontrolle zur Verfügung gestellt werden, nur mit dem Unterschiede, daß im Rahmen des zur Verfügung gestellten Einkaufslimits den kaufmännischen Stellen eine gewisse Beweglichkeit eingeräumt werden muß, während die vorgeschriebenen Unkostenziffern eine viel striktere Bindung darstellen, schon deshalb, weil sie bis ins einzelne spezialisiert werden können und müssen.

Die Ausarbeitung derartiger Unkostenlimitaufstellungen erfolgt im zentralen Unkostenbureau an Hand des sorgfältig aufgestellten Unkostenvoranschlages pro Abteilung und spezialisiert pro Unkostenposition.

Die periodische Kontrolle der gemachten Ausgaben.

Außer einer wirksamen Unkostenkontrolle vor der Ausgabe ist, wie gesagt, eine Nachkontrolle notwendig. Dies wird insbesondere in großen

Betrieben zutreffen, in denen das Recht, Spesen zu signieren oder entsprechende Aufträge zu bestätigen, an die einzelnen Abteilungen unterdelegiert werden mußte.

Diese Nachkontrolle basiert nun nicht mehr wie die Kontrolle vor der Ausgabe auf dem Unkostenvoranschlag, sondern sie benutzt Aufstellungen über die tatsächlich erfolgten Ausgaben.

Die Unkostenstatistik macht deshalb in derselben sorgfältig detaillierten Weise, wie das Unkostenbudget aufgestellt wurde, monatliche oder halbmonatliche Aufstellungen über die tatsächlichen Unkosten. Diese Aufstellungen werden von allen in Frage kommenden Stellen sorgfältig geprüft.

Zunächst erfolgt im Unkostenkontrollbureau eine Gegenüberstellung dieser Ziffern mit den in derselben Periode erzielten Umsätzen und dem aufrechterhaltenen Kalkulationsbetrag. Aus dieser Gegenüberstellung ergibt sich der erzielte Bruttogewinn. Hierbei ergibt sich bereits, welche Korrekturen erforderlich sind, und es ist nun die Aufgabe des Unkostenkontrollbureaus, durch Vergleich der tatsächlichen Unkosten mit den Ziffern des Unkostenvoranschlages und der tatsächlichen Umsätze mit dem Umsatzvoranschlag festzustellen, wo der Fehler liegt. Haben sich die Umsätze unbefriedigend entwickelt, so ergibt sich daraus die Notwendigkeit, die offenen Unkostenlimite an allen Stellen des Hauses soweit wie möglich zu reduzieren. Ist von der Unkostenseite her eine Überschreitung erfolgt, so ist zunächst festzustellen, wo diese Überschreitung erfolgt ist, und zwar sowohl in welcher Abteilung wie in welcher Unkostenposition, und dann sind auch hier die notwendigen Maßnahmen zur Abhilfe zu treffen resp. darüber zu entscheiden, in welchem Zeitraum die erfolgten übermäßigen Spesenaufwendungen wieder eingespart werden können. In manchen Fällen wird es dabei unumgänglich sein, davon auszugehen, daß vor allem der Gesamtspesenbetrag des Geschäfts oder der Abteilung nicht überschritten werden darf, und man wird gewisse Verschiebungen in den offenen Limiten zwischen den einzelnen Unkostenpositionen vornehmen, soweit dies angängig ist.

Diese Unkostenaufstellungen, die laufend gemacht werden, sollten nun nicht Geheimgut des Unkostenkontrollbureaus und der Betriebsleiter bleiben, sondern wenigstens, soweit sie die betreffenden Abteilungen interessieren, allen Abteilungsvorständen zugängig gemacht werden, wobei es nur von Vorteil sein wird, wenn die entsprechenden Vorjahrsziffern und die Ziffern des Voranschlages auf dem Formular mit angegeben sind. Eine solche Weitherzigkeit, die heute noch von vielen Seiten mit Entrüstung abgelehnt werden dürfte, erscheint nach den Erfahrungen, die man in einzelnen Geschäften mit ihr gemacht hat, als das beste Mittel der Erziehung zu sparsamer Wirtschaft, das bis jetzt erdacht wurde.

Bekanntlich setzt der Mensch instinktiv dem am meisten Widerstand entgegen, was er nicht kennt. Es gibt nichts Lähmenderes für ein Geschäft, als wenn weite Kreise der Angestelltenschaft verständnislos eine obrigkeitliche Sparsamkeitspolitik über sich ergehen lassen müssen, die sie als ungerechtfertigt empfinden und als deren hilfloses Opfer sie sich vorkommen. Zieht man dagegen möglichst weite Kreise zur Mitarbeit heran und läßt sie so viel Einblick gewinnen, daß sie die Sache der Sparsamkeit im Geschäft zu ihrer eigenen machen können, dann wird man in den allermeisten Fällen die Erfolge erzielen, die man wünscht, d. h. der Betrieb wird denkbar sparsam arbeiten, weil jeder Mensch an seinem Teile von der Notwendigkeit überzeugt ist, die ihm gesetzten Unkostengrenzen nicht nur einzuhalten, sondern möglichst noch zu unterbieten und dies, ohne daß der Leistungsgrad dadurch beeinträchtigt wird.

Dritter Teil.

Methoden und Ergebnisse der Einzeluntersuchungen, auf denen der vorstehend dargestellte Organisationsplan beruht.

Die angewandte Methode.

Der in diesem Buche dargestellte Organisationsplan ist, wie schon einleitend kurz erwähnt, zustandegekommen als Ergebnis einer der großzügigen wissenschaftlichen Betriebsuntersuchungen, durch die die Amerikaner auf den verschiedensten Gebieten wesentliche Unterlagen für die Verbesserung der Methoden ganzer Gewerbezweige geschaffen haben. Wir gehen auf die angewandte Methode deshalb näher ein — wie wir auch im folgenden auf seitenlangen Tabellen die Ergebnisse der Untersuchung in allen Einzelheiten ohne Kürzung wiedergeben — weil wir der Überzeugung sind, daß es für uns nur nützlich sein könnte, wenn auch wir die Großzügigkeit aufbrächten, derartige Untersuchungen vorzunehmen. Dazu gehören 3 Dinge, für die es heute noch vielfach an Verständnis fehlt:

1. die Bereitwilligkeit zahlreicher Unternehmungen resp. ihrer Leiter und Besitzer, für die Zwecke einer solchen Untersuchung weitestgehende Einblicke in ihre Geschäfte und Betriebe, sowie Geheimstatistiken zu gewähren,

2. die Bereitwilligkeit der führenden an dem Ergebnis solcher Untersuchungen interessierten Firmen oder auch Verbände, derartige Arbeiten, die sich zum Teil auf Jahre hinaus erstrecken müssen, zu finanzioren,

3. eine genügende Zahl von zugleich wissenschaftlich und praktisch geschulten Persönlichkeiten, die bereit sind, derartige Untersuchungen mit systematischer Gründlichkeit durchzuführen und befähigt sind, Ergebnisse zutage zu fördern, die nicht nur in schönen allgemeinen Redewendungen bestehen, sondern Tatsachenmaterial bringen und in der Praxis verwertbar sind.

Die vorliegende Untersuchung wurde angeregt durch den zuständigen Ausschuß (Committee for the study of the Fundamentals of Retail

Organization) des Verbandes der amerikanischen Textileinzelhändler (National Retail Dry Goods Association) und durchgeführt von einem Bankier, der praktische Schulung im Detailhandel hinter sich hat, mit Unterstützung der Harvard Business School, die sich überhaupt durch ihre regelmäßigen Veröffentlichungen über Spezialfragen des Einzelhandels, so z. B. die jährliche Herausgabe von Unkostenzusammenstellungen und -analysen, um die Sache des amerikanischen Einzelhandels besonders verdient gemacht hat.

Die Arbeit im einzelnen wurde von etwa 15 Personen durchgeführt, die insgesamt mehr als 1 Jahr mit der Beschaffung, systematischen Verarbeitung und Zusammenstellung des Materials beschäftigt waren.

Die Untersuchung begann mit der Untersuchung der Organisationsform und des Betriebsablaufes von 13 amerikanischen Geschäften, die so ausgewählt wurden, daß die verschiedensten Gesichtspunkte, die auf die Gestaltung eines großen Detailhandelsbetriebes Einfluß ausüben, voll zur Geltung kamen. Diese Geschäfte liegen in den verschiedensten Teilen der Vereinigten Staaten, sowohl in den Oststaaten, d. h. in der Gegend, die die meisten Waren- und Kaufhäuser in den Vereinigten Staaten aufweist. Diese Gegend, die New York, Washington, Philadelphia, Boston, die Neu-England-Staaten einschließt und sich nach Westen bis Chicago ausdehnt, ist in Deutschland ziemlich bekannt, weil sich die meisten deutschen Amerikareisenden auf den Besuch dieses relativ kleinen Landesteiles beschränken, der zwar besonders weit entwickelt und in vieler Hinsicht Zentrum nicht nur des amerikanischen Handels, sondern auch der amerikanischen Industrie ist, aber nicht ausreicht, um einen vollständigen Eindruck des amerikanischen Wirtschaftslebens und des amerikanischen Lebens überhaupt zu vermitteln. Es wurden ebenso Geschäfte herangezogen, die in den Südstaaten liegen, in denen ganz andere Bedingungen maßgebend sind als nördlich des gedachten Trennungsstrichs zwischen den Nord- und Südstaaten, der Mason-Dixon Line. In diesen Gegenden Nordamerikas, in denen aus der historischen Entwicklung und den gemeinsamen schweren Kämpfen um die Erhaltung der Führerschaft der weißen Rasse heraus ein starkes Gemeinschaftsgefühl der weißen Amerikaner entstanden ist, beschränken sich die großen Detailgeschäfte ausschließlich auf die Versorgung der nun wieder herrschenden weißen Schicht, und diese Tatsache hat zu der interessanten Entwicklung geführt, daß es dort unten, von Ausnahmen abgesehen, fast überhaupt keine Barkunden gibt, sondern daß jeder Kunde bis zum kleinsten Ladenmädel und zur kleinsten Stenotypistin herab sein laufendes Konto im Geschäft hat. Ferner wurden Geschäfte aus den westlichen Agrarbezirken herangezogen sowie von der Westküste der Vereinigten Staaten.

Die untersuchten Geschäfte lagen ganz verschieden hinsichtlich der Umsatzhöhe wie hinsichtlich der Kundschaft, an die sie sich wandten. Es wurden untersucht große Warenhäuser, mehrere große Kaufhäuser, ein kleineres Spezialgeschäft, ein Vorortsgeschäft und ein Geschäft, das nach amerikanischen Bezeichnungen „general store“ genannt wird, d. h. ein Geschäft, das alles führt, ohne wie ein großes Warenhaus deshalb seine Abteilungen zu wirklichen Spezialabteilungen ausgebaut zu haben. Es befanden sich Geschäfte darunter, die sich nur an das exquisiteste Publikum wandten, ebenso wie Geschäfte, die in mittleren Verkaufspreislagen ihr Hauptgeschäft machten; Geschäfte, die vollständige Sortimente führten, und Geschäfte, die sich vor allem auf den Postenverkauf spezialisierten. In der Zahl der 13 Geschäfte, die Umsätze von mehreren 100000 Dollars im Jahre bis zu vielen Millionen Dollars erzielten, waren 3 Häuser Mitglieder genossenschaftlicher Einkaufsorganisationen; gehörten zwei zu großen Warenhausfilialsystemen und zwei zu kleineren Filialorganisationen, während der Rest vollkommen unabhängig war.

Wenn die Untersuchung der Organisationsformen und des Betriebsprozesses derartig verschieden gelagerter Geschäfte trotzdem bei sorgfältiger Durcharbeitung des zur Verfügung gestellten Materials das Ergebnis gehabt hat, daß nicht mehrere, sondern nur ein Organisationsplan sich herausschälte, der dem amerikanischen Verfasser und seinen Mitarbeitern als einzig logisch gerechtfertigtes Ergebnis der Untersuchung erschienen ist, so wird man — die Befähigung der Untersuchenden vorausgesetzt — auch für uns zu dem Schluß kommen müssen, daß alle wesentlichen Züge, sowohl der vorgeschlagenen Organisationsform wie des dargestellten Arbeitsprozesses, im Wesen eines großen Einzelhandelsbetriebes liegen und deshalb auch für uns maßgebend sein müssen.

Dies wird noch klarer werden, wenn wir kurz den Gang der Untersuchung verfolgen, wie er in jedem einzelnen Geschäfte vor sich gegangen ist.

Der Gang der Untersuchung.

Die erste Frage, die an den Geschäftsleiter gestellt wurde, war: „Wo beginnt der Arbeitsprozeß des Detailgeschäftes?“ Und die Antwort lautete in jedem Falle: „Bei der Planung“. Die Untersuchung begann deshalb bei der Ausarbeitung der Planung, d. h. sowohl der Warenplanung wie der Unkostenplanung, stellte die angewandte Methode der Planung fest und untersuchte darauf die Anwendung der Pläne (Voranschläge, Budgets) bei der Durchführung der laufenden Betriebskontrolle. Bei der Warenkontrolle verfolgte man die Entwicklung vom kaufmännischen Betriebsleiter über den Einkäufer bis zum tatsächlichen Einkauf.

Dies brachte den Untersuchenden an den Punkt des Arbeitsprozesses, an dem die Ware vom Lieferanten dem Geschäft zugestellt wird, die Warenannahme. Hier wurde der Annahme-, Kontroll- und Auszeichnungsprozeß verfolgt, die Buchführungs- und statistische Arbeit, die mit der Erfassung des Wareneingangs zusammenhängt, und schließlich auch die Beschaffung von Personal für das Geschäft mit allen den damit zusammenhängenden Problemen.

Der Bedarf an Bureaumaterialien lenkte die Aufmerksamkeit auf Materialkontrolle und -Einkauf.

Die Notwendigkeit, angenehme Verkaufsräume zu unterhalten, verwies auf die Funktionen der Hausverwaltung.

War der Betriebsablauf soweit verfolgt, daß das Gebäude da war, die Ware eingegangen und auch das Personal an seinem Posten, so näherte man sich dem Verkaufsproblem. Um aber verkaufen zu können, muß Kundschaft in das Geschäft kommen, d. h. die Untersuchung wurde auf die Fragen der Verkaufspropaganda, der Zeitungsreklame, der Dekoration sowie des Kundendienstes hingelenkt.

Nun folgte eine Untersuchung der eigentlichen Verkaufstätigkeit.

Ist der Verkauf abgeschlossen, so ist die Arbeit nicht beendet. Es mußten deshalb die Fragen des Packtisches und der Expedition, der Kassenkontrolle und der Umsatzstatistik sowie der Buchführung im allgemeinen untersucht werden. Dazu kamen ferner die Fragen, die mit dem Umtausch und Beschwerden der Kundschaft zusammenhängen, die Probleme der Kreditgewährung an die Kundschaft und schließlich die buchmäßige Festhaltung und Erfassung des gesamten Betriebsprozesses in der Statistik, in der Buchhaltung; die Aufnahme der Inventur und die Aufstellung des Abschlusses und der Bilanz.

Die Untersuchung beschränkte sich aber nicht auf die Verfolgung der großen Linien des Betriebsablaufes, sondern wandte sich mit derselben Energie auch allen Einzelfragen zu. Insbesondere legte man Wert darauf, die Beziehungen zwischen den einzelnen Betriebsvorgängen klarzustellen, festzustellen, welche Arbeit der einen Abteilung von der Vorleistung anderer Abteilungen abhängig war, wie der Kontrollmechanismus funktionierte, und wie insbesondere durch die Abhängigkeit der Abteilungen und ihrer Arbeit voneinander Kontrollen automatisch wirksam wurden. Bestanden Unklarheiten, so ging man an den Ausgangspunkt zurück, bis schließlich aus der praktischen Untersuchungsarbeit sich ein Filmstreifen der Betriebstätigkeit des Geschäftes ergab, einer Zeitlupenaufnahme vergleichbar, der es ermöglichte, einen vollständigen Überblick über das Geschäft in allen seinen Phasen zu gewinnen, sowohl wie es den Plänen und Absichten der leitenden Persönlichkeiten entsprechend sein sollte als auch wie es vom objektiven Beobachter aus gesehen wirklich war. Diese Filmstreifen — um im Bilde zu bleiben — wurden nun übereinander photographiert und aus dem Ergebnis dieser vergleichenden Tätigkeit wurden die Schlüsse gezogen, auf deren Basis der vorstehend geschilderte Organisationsplan entstanden ist.

Vollständige Liste[1]

aller einzelnen Vorgänge des Betriebsablaufes, die bei der Untersuchung der Organisationsform und des Arbeitsprozesses von 13 Geschäften festgestellt wurden.

Betriebsvorgang	Anzahl der Geschäfte, in denen der vorstehende Betriebsvorgang festgestellt resp. die Arbeit geleistet wurde	Betriebseinheit, die die Arbeit leistete
Aufstellung des Warenbudgets:		
Zusammenstellung der Vorjahrs- usw. Vergleichsziffern von Umsatz, Lagerhöhe, getätigte Einkäufe, Aufschlag, Preisminderung, Umschlag	12 4 haben vollständige Planung, 8 weniger vollständige Planung	Abteilung für Warenstatistik im Finanz- und Kontrollbureau
Ausarbeitung von Vorschlägen für den Voranschlag durch Verkaufsabteilung oder Abteilungsgruppen	12	5 — Einkäufer 4 — Einkäufer und kaufmännischer Betriebsleiter 3 — Finanz- und Kontrollbureau
Aufstellung des Warenbudgets ohne Heranziehung der Unterstellen, rein nach finanziellen Gesichtspunkten	3	2 — Finanz- und Kontrollbureau 1 — Geschäftsleitung
Prüfung der Abteilungsvoranschläge und Zusammenstellung des Gesamtvoranschlages. — Ausgleich zwischen finanzieller und warenmäßiger Einstellung	10	3 — Betriebsausschuß 3 — Finanz- und Kontrollbureau und kaufmännischer Betriebsleiter 4 — Kaufmännischer Betriebsleiter und Einkäufer
Unkostenvoranschlag:		
Zusammenstellung der Vergleichsziffern, und zwar gesamt, nach Abteilungen sowie spezialisiert nach Positionen	2 haben vollständiges Budget, 6 rohe Voranschlagsschätzung	Abteilung für Unkostenstatistik im Finanz- und Kontrollbureau

[1] Die hier wiedergegebene Liste stellt die wörtliche Übersetzung des amerikanischen Materials dar. In ihr konnten deshalb die Anpassungen an die deutschen Verhältnisse, die im laufenden Text vorgenommen wurden, nicht berücksichtigt werden. Dies kommt besonders stark zur Geltung an den Stellen, die sich mit den Fragen der Kassenkontrolle und der Bearbeitung des in Amerika sehr verbreiteten Systems beschäftigen, der Kundschaft Ware zuzusenden, die erst bei Ablieferung im Haus bezahlt wird. Ebenso ist dies an den Stellen zu bemerken, die sich mit dem Kundenkredit resp. der laufenden Rechnung der Kundschaft befassen. Außerdem sind Unterschiede in dem Buchhaltungssystem und im System der Kassenkontrolle festzustellen, die beide, amerikanischen Gepflogenheiten entsprechend, anders organisiert sind.

Betriebsvorgang	Anzahl der Geschäfte, in denen der vorstehende Betriebsvorgang festgestellt resp. die Arbeit geleistet wurde	Betriebseinheit, die die Arbeit leistete
Ausarbeitung von Aufstellungen über Unkosten, verteilt per Verkaufsabteilung	4 haben Voranschläge für Reklame und Verkaufskosten pro Abteilung	
Unkostenvoranschlag der Abteilungsgruppen	6	Obereinkäufer 1 — Geschäftsleitung 1 — Betriebsausschuß
Unkostenvoranschlag pro Verkaufsabteilung	3	
Unkostenschätzung für Gesamtbetrieb, vom finanziellen Standpunkt aus	3	Finanz- und Kontrollbureau
Prüfung der Abteilungsvoranschläge und Zusammenstellung des Gesamtunkostenvoranschlages	5	2 — Geschäftsleitung 2 — Betriebsausschuß 1 — Unkostenkontrollbureau unter Innerem Betriebsleiter
Vergleich Unkostenvoranschlag pro Verkaufsabteilung mit veranschlagtem Bruttogewinn pro Abteilung	1	Unkostenkontrollbureau unter Innerem Betriebsleiter
Genehmigung des Unkostenbudgets	3	Betriebsausschuß
Waren- (Betriebs-) Kontrolle: Ausarbeitung von Aufstellungen über laufende Entwicklung. Tägliche, wöchentliche oder monatliche Berichte für laufende Periode mit Vergleichsziffern, betreffend: Umsatz, Lagerhöhe, Aufschlag, Preisminderungen, Auftragsbestand, offene Einkaufslimite	12 Zusammenstellungen vollständig bei den meisten Geschäften 4	Abteilung für Warenstatistik im Finanz- und Kontrollbureau
Benutzung dieser Aufstellungen zu laufender Warenkontrolle pro Abteilung	4 Geschäfte haben zentralisierte Kontrolle, 8 weniger zentralisiert	Hauptkontrollarbeit durch kaufmännischen Betriebsleiter; teilweise auch Finanz- und Kontrollbureau

Betriebsvorgang	Anzahl der Geschäfte, in denen der vorstehende Betriebsvorgang festgestellt resp. die Arbeit geleistet wurde	Betriebseinheit, die die Arbeit leistete
Laufende Revision der Voranschläge	3	Kaufmännischer Betriebsleiter, Abteilung für Betriebskontrolle im Finanz- und Kontrollbureau
Einkaufskontrolle durch Einkaufslimite	4	Kaufmännischer Betriebsleiter und Finanz- und Kontrollbureau
Beschleunigung der Umschlagsgeschwindigkeit	12	Kaufmännischer Betriebsleiter und Obereinkäufer
Kontrolle der Preisminderungen	5	Kaufmännischer Betriebsleiter und Obereinkäufer
Absatz schlecht beweglicher Ware	12	Kaufmännischer Betriebsleiter und Obereinkäufer
Aufrechterhaltung der Kalkulation	12	Kaufmännischer Betriebsleiter und Obereinkäufer
Umsatzförderung	12	Kaufmännischer Betriebsleiter und Obereinkäufer
Kontrolle des Wareneinganges und der Rückstände		Kaufmännischer Betriebsleiter und Obereinkäufer
Prüfung und Studium der täglichen Mengenumsätze	3	Kaufmännischer Betriebsleiter und Obereinkäufer
Laufende Fortführung eines Mengeninventurbestandes zur Unterstützung des Einkaufs	6	3 — Kaufmännisches Betriebsbureau 3 — Finanz- und Kontrollbureau
Ausfüllung von Fehlmeldungen über Ware, die nicht am Lager	4	Verkaufspersonal
Zusammenstellung und Prüfung der Fehlmeldungen	4	Vergleichsbureau Kaufmännisches Betriebsbureau
Kontrolle der Grundsortimente		Vergleichsbureau
Kontrolle von Warenangeboten durch Vergleich mit Konkurrenzgeschäften	5	Vergleichsbureau
Benutzung der Betriebsstatistik beim Einkauf	alle	
Bestimmung der Lagerhöhe der Abteilungen	alle	Einkäufer

Betriebsvorgang	Anzahl der Geschäfte, in denen der vorstehende Betriebsvorgang festgestellt resp. die Arbeit geleistet wurde	Betriebseinheit, die die Arbeit leistete
Bestimmung und Auswahl der Ware	alle	Kaufmännischer Betriebsleiter und Einkäufer
Festsetzung des Verkaufspreises zur Zeit der Ordererteilung	6	Einkäufer und Obereinkäufer
Besprechung von Einkaufsplänen oder Aufstellung detaillierter Einkaufspläne	5	Einkäufer und kaufmännischer Betriebsleiter
Bestätigung der Aufträge (für Waren)	alle	Kaufmännischer Betriebsleiter
Sorge für termingerechte Erfüllung der erteilten Aufträge	alle	Einkäufer; außerdem New Yorker Einkaufsbureau
Unkostenkontrolle:		
Ausarbeitung von Zusammenstellungen über tatsächliche Unkosten — in einigen Geschäften klassifiziert nach Unkostenpositionen, in anderen Geschäften per Verkaufsabteilung	alle	Abteilung für Unkostenstatistik im Finanz- und Kontrollbureau
Benutzung dieser Zusammenstellungen für die Unkostenkontrolle	alle	6 — Finanz- und Kontrollbureau
Revision des Unkostenbudgets auf Grund der laufenden Unkostenentwicklung		3 — Geschäftsleitung In anderen durch alle Abteilungsleiter
Vergleich der Unkosten mit Voranschlagsziffern sowie Ziffern anderer Geschäfte	2	Unkostenkontrollbureau
Kontrolle der Unkostenbelastung pro Abteilung	2	Unkostenkontrollbureau
Benutzung der Zusammenstellungen bei der Bemessung der Unkosten	alle	Abteilungsleiter Leiter von Abteilungsgruppen
Genehmigung von Überschreitungen des Unkostenbudgets	2	1 — Unkostenkontrollbureau und Innerer Betriebsleiter 1 — Finanz- und Kontrollbureau
Unkostenkontrolle vor der Ausgabe durch Signum auf Spesenquittung usw.	2	Unkostenkontrollbureau

Betriebsvorgang	Anzahl der Geschäfte, in denen der vorstehende Betriebsvorgang festgestellt resp. die Arbeit geleistet wurde	Betriebseinheit, die die Arbeit leistete
Genehmigung und Prüfung der Unkostenanforderungen		
für Bureaumaterial		Materialverwaltung
für Angestellte		Personalverwaltung und Innerer Betriebsleiter
für Einrichtungsgegenstände		Innerer Betriebsleiter und Geschäftsleitung
Signierung aller Unkostenanforderungen wegen Zentralisierung der Unkostenkontrolle		1 — Unkostenkontrollbureau unter Innerem Betriebsleiter 1 — Finanz- und Kontrollbureau
Klassifikation der Unkosten	alle	Finanz- und Kontrollbureau
Kontrolle der Gehalts- und Lohnunkosten	6	Innerer Betriebsleiter Geschäftsleitung 2 — Kundendienstbureau unter Innerem Betriebsleiter
Warenannahme und Warenbewegung:		
Annahme der Ware und Öffnung der Kisten	alle	Personal der Warenannahme
Vergleich der Rechnung mit dem Auftrage	8	Personal des Finanz- und Kontrollbureaus in der Warenannahme
Vergleich der gelieferten Waren mit der Rechnung	alle	4 — durch betreffenden Einkäufer 6 — Warenannahme unter Innerem Betriebsleiter 2 — Warenannahme unter Finanz- und Kontrollbureau 1 — Warenannahme unter beiden
Blinde Kontrolle	1 Geschäft hat vollständiges System	Warenannahme
Prüfung der Ware, Signieren der Rechnung und Bestimmung des Verkaufspreises	alle	Einkäufer
Auszeichnung	alle	4 — Dezentralisiert 6 — Auszeichnungsraum unter Innerem Betriebsleiter 2 — Auszeichnungsraum unter Finanz- und Kontrollbureau 1 — Auszeichnungsraum unter beiden

Betriebsvorgang	Anzahl der Geschäfte, in denen der vorstehende Betriebsvorgang festgestellt resp. die Arbeit geleistet wurde	Betriebseinheit, die die Arbeit leistete
Bearbeitung der Rechnung, betreffend Kassenkonto usw.		Finanz- und Kontrollbureau
Statistische Erfassung des Wareneingangs. — Eintragung		
in Wareneingangsstatistik	alle	Finanz- und Kontrollbureau
in fortlaufendem Mengeninventurbestand	6	3 — Kaufmännisches Betriebsbureau 3 — Finanz- und Kontrollbureau
in Rückstandsstatistik		Finanz und Kontrollbureau
Vorbereitung der Rechnung zur Zahlung und Regulierung	alle	Regulierungsabteilung im Finanz- und Kontrollbureau
Transport der Ware nach Reserveräumen oder Verkaufslägern	alle	Lagerpersonal
Prüfung der Ware am Lager und kleine Reparaturen	alle	Verkaufspersonal
Retournierung von Ware zur Gutschrift oder Reparatur: Entscheidung darüber	alle	Einkäufer
Genehmigung der Retournierung	7	Kaufmännischer Betriebsleiter
Prüfung des Lieferantenkredits	3	Finanz- und Kontrollbureau
Absetzung des Retourenbetrages von der Statistik	alle	Finanz- und Kontrollbureau
Rücksendung der Ware		Expedition unter Innerem Betriebsleiter
Weitere Verfolgung aller Retournierungen zwecks Gutschrift usw.	3	Finanz- und Kontrollbureau
Übertrag von Ware von einer Abteilung in die andere	alle	
Genehmigung der Übertragung		Kaufmännischer Betriebsleiter
Entsprechende statistische Eintragungen	alle	Finanz- und Kontrollbureau

Betriebsvorgang	Anzahl der Geschäfte, in denen der vorstehende Betriebsvorgang festgestellt resp. die Arbeit geleistet wurde	Betriebseinheit, die die Arbeit leistete
Importe (Beschreibung der Importfunktionen eines Geschäfts, das sehr viel fremde Ware führt): Empfangnahme der importierten Ware Errechnung des Einstandspreises und Zölle Einkauf im fremden Markt		 Spezialwarenannahme unter Innerem Betriebsleiter Finanz- und Kontrollbureau Einkauf durch Einkäufer und Bureau der Einkaufsgenossenschaft
Personal: Feststellung der Verkäuferzahl, die für die Verkaufsabteilungen benötigt wird	alle	Innerer Betriebsleiter Personalverwaltung Einkäufer
Feststellung der Zahl der für Nichtverkaufsabteilungen benötigten Personen	alle	Innerer Betriebsleiter Personalverwaltung Abteilungsleiter
Anforderung von zusätzlichem Personal für Verkaufsabteilungen	alle	Einkäufer und Aufsichtspersonal
Anforderung von zusätzlichem Personal für Nichtverkaufsabteilungen	alle	Abteilungsleiter
Entsprechende Genehmigung für Verkaufsabteilungen	alle	Innerer Betriebsleiter, Personalverwaltung und Obereinkäufer
Entsprechende Genehmigung für Nichtverkaufsabteilungen	alle	Personalverwaltung, Innerer Betriebsleiter und betr. Betriebsleiter
Prüfung dieser Anforderungen und Vergleich mit Voranschlag zwecks Unkostenkontrolle	4	2 — Innerer Betriebsleiter auf Grund von Personalvoranschlag 1 — Unkostenkontrolle unter Innerem Betriebsleiter 1 — Finanz- und Kontrollbureau
Anstellung oder Versetzung von Angestellten	alle	Personalverwaltung
Einführende Ausbildung des neuen Personals	alle	Personalausbildung
Laufende Personalausbildung — Verkaufskunst usw.	4	Personalausbildung
Ausbildungskurse für zukünftige Oberbeamte	3	Personalausbildung

Betriebsvorgang	Anzahl der Geschäfte, in denen der vorstehende Betriebsvorgang festgestellt resp. die Arbeit geleistet wurde	Betriebseinheit, die die Arbeit leistete
Leistungskontrolle des Verkaufspersonals durch Vertrauenskunden	3	Vergleichsbureau Nicht fest angestellte Vertrauenskunden
Führung der Personalakten	8	Personalverwaltung
Antrag auf Kündigung	alle	Abteilungsleiter
Entlassung	alle	Personalverwaltung Innerer Betriebsleiter
Angestelltenwohlfahrtsorganisation (Klubs), Kredit- und Anleihemöglichkeiten		In der Regel unter Personalverwaltung unter Innerem Betriebsleiter oder direkt unter Selbstverwaltung der Angestellten
Ärztliche und zahnärztliche Fürsorge Versicherung oder Zwangssparen Wohlfahrtsversicherung Ruheräume der Angestellten Angestelltenkasino Hauszeitung		
Gehaltszahlung: Festsetzung des Anfangsgehaltes	alle	Personalverwaltung Innerer Betriebsleiter
Anwesenheitskontrolle	alle	Kontrolluhr unter Innerem Betriebsleiter
Antrag auf Gehaltserhöhung	alle	Abteilungsleiter
Prüfung der Gehaltserhöhung am Budget zwecks Unkostenkontrolle	4	Innerer Betriebsleiter Finanz- und Kontrollbureau
Entscheidung über Gehaltserhöhungen	alle	Innerer Betriebsleiter Obereinkäufer oder Betriebsleiter
Festsetzung von Leistungsquoten und Provisionen		Innerer Betriebsleiter Finanz- und Kontrollbureau
Zusammenstellung der Gehaltszahlung	alle	Lohnbuchhaltung unter Finanz- und Kontrollbureau
Auszahlung der Löhne und Gehälter	alle	2 — Extrakasse Finanz- und Kontrollbureau
Prüfung der Gehaltslisten zur Kontrolle der Personalunkosten	6	Innerer Betriebsleiter Geschäftsleitung Finanz- und Kontrollbureau Personalchef

Betriebsvorgang	Anzahl der Geschäfte, in denen der vorstehende Betriebsvorgang festgestellt resp. die Arbeit geleistet wurde	Betriebseinheit, die die Arbeit leistete
Bureaumaterial usw.: Anforderung oder Antrag von Bureaumaterial und Ausstattungsgegenständen	alle	Abteilungsleiter
Entscheidung über solche Anträge oder Anforderungen		Materialeinkäufer od. Leiter der Materialverwaltung unter Innerem Betriebsleiter
Prüfung solcher Anforderungen unter Vergleich mit Budget zwecks Unkostenkontrolle	3	1 — Unkostenkontrollbureau 2 — Finanz- und Kontrollbureau
Entscheidnung über größere Anforderungen für Ausstattungsgegenstände	alle	Innerer Betriebsleiter Geschäftsleitung
Einkauf von Materialien und Ausstattungsgegenständen	alle	Materialeinkäufer unter Innerem Betriebsleiter
Annahme von Materialien und Kontrolle der Rechnungen mit Auftrag	alle	Materialannahme oder Warenannahme
Prüfung der Materialunkostenaufstellungen und -rechnungen		Finanz- und Kontrollbureau Innerer Betriebsleiter
Regulierung von Materialrechnungen	alle	Regulierungsabteilung unter Finanz- und Kontrollbureau
Verwaltung des Hauses usw.: In fast sämtlichen Geschäften werden die folgenden Arbeiten durchgeführt, und zwar sämtlich unter Leitung des Inneren Betriebsleiters: Aufrechterhaltung des Gebäudes und der Ausstattung Tischlerei und Malerei Elektrische Reparaturen Allgemeine Reparaturen Beschaffung von Heizung, Beleuchtung und Kraft Überwachung der Transportmittel zur Verteilung der Kunden im Geschäft Fahrstühle Ausarbeitung der inneren Raumverteilung nach kaufmännischen und technischen Gesichtspunkten Änderung der Raumverteilung Hausreinigung		In allen Geschäften unter Innerem Betriebsleiter
Dekoration für Spezialveranstaltungen		In einzelnen Geschäften unter Dekorationsabteilung
Sicherheits- und Detektivdienst		In einem Geschäft unter Geschäftsleitung

Betriebsvorgang	Anzahl der Geschäfte, in denen der vorstehende Betriebsvorgang festgestellt resp. die Arbeit geleistet wurde	Betriebseinheit, die die Arbeit leistete
Portiers Telephonzentrale		In einigen Geschäften unter Kundendienstbureau
Propaganda: Zeitungsreklame. — Ausarbeitung von Warenplänen für Zeitungsreklame	10	Einkäufer und kaufmännischer Betriebsleiter
Ausarbeitung von Reklameplänen und Vorbereitung von Spezialveranstaltungen	11	Werbeleiter, kaufmännischer Betriebsleiter und Einkäufer
Festsetzung des Reklameterminkalenders	11	Werbeleiter
Benutzung des Terminkalenders zur gemeinsamen Arbeit von Reklame- und Verkaufskräften	10	Innerer Betriebsleiter In 2 Geschäften eine Aufsichtsperson
Benutzung des Terminkalenders und der Reklamepläne zur Herstellung der Gleichartigkeit von Dekoration und Reklame	8	Chefdekorateur
Auswahl der Ware für Inserate	alle	Textschreiber und Einkäufer
Ausarbeitung des Inseratentextes und der Anordnung	alle	Reklameabteilung
Durchsicht der Inseratabzüge: Betreffend Beschreibung der Ware	alle	Einkäufer
Betreffend Vorteilhaftigkeit der Angebote im Vergleich mit Konkurrenzgeschäften	6	Vergleichsbureau 3 — unter kaufmännischem Betriebsbureau 2 — unter Geschäftsleitung 1 — unter Werbeleitung
Betreffend chemische Warenprüfung	2	
Prüfung des Inseraterfolges	2	
Prüfung der Unterstützung des Inserats durch Verkaufspersonal	5	3 — Vergleichsbureau 1 — Personalverwaltung 1 — Personalausbildung
Dekoration: Ausarbeitung von Dekorationsplänen		Chefdekorateur

Betriebsvorgang	Anzahl der Geschäfte, in denen der vorstehende Betriebsvorgang festgestellt resp. die Arbeit geleistet wurde	Betriebseinheit, die die Arbeit leistete
Gleichstellung von Dekoration und Reklame	11	3 — Chefdekorateur mit Werbeleiter 8 — Chefdekorateur, unabhängig von Werbeleitung
Auswahl der Ware für Schaufenster und innere Dekoration	alle	Chefdekorateur und Einkäufer
Schaufensterdekoration	alle	Dekorationsabteilung
Plakate und Preisschilder	alle	Dekorationsabteilung
Diverse Propaganda: Modenmagazin	1	Werbeabteilung
Versandreklame	alle	Reklameabteilung
Modenschau	4	Reklame- und Dekorationsabteilungen
Informationsbureau für Warenkunde	1	Werbeabteilung
Kataloge, Zirkulare usw.	alle	Reklameabteilung
Kundendienst: Die Formen des Kundendienstes sind in den einzelnen Geschäften sehr verschieden. Ein Geschäft hatte eine vollständige Liste, andere haben wenig oder gar keine besonderen Einrichtungen Informationsbureaus: Ausführung von schriftlichen Aufträgen Ausführung von telephonischen Aufträgen Einkaufsberatung Warteraum (Telegraph-, Telephon- und Postdienst) Sanitätsdienst Billetbureaus Beratung über Mode, Etiquette und Haushaltsbudget Inkasso von Schecks Parkplätze für Kundenautomobile		Unter Innerem Betriebsleiter
Propaganda für Eröffnung laufender Rechnungen		

Betriebsvorgang	Anzahl der Geschäfte, in denen der vorstehende Betriebsvorgang festgestellt resp. die Arbeit geleistet wurde	Betriebseinheit, die die Arbeit leistete
Prüfung und Untersuchung sowie Recherchen über Bonität von Kreditkunden Festsetzung der Kreditgrenze	alle	Alle Kreditabteilungen stehen unter einem Leiter der Kreditabteilung, der dem Finanz- und Kontrollbureau untersteht, mit Ausnahme von 3 Geschäften, wo direkt unter Geschäftsleitung
Genehmigung von Kreditkäufen Inkasso bei schlechten Zahlern Abzahlungsgeschäft	alle	
Auswärtige Verkäufe:		
Versandverkäufe		Werbeabteilung oder Sonderabteilung unter Geschäftsleitung
Massenverkaufsveranstaltungen	1	Unter Werbeabteilung
Verkauf in fremden kleinen Geschäften		Werbeabteilung
Vermietung von Abteilungen		
Verkauf von Dienstleistungen:		
Pelzverwahrung	3	
Herrenfrisiersalon	4	
Damenfrisiersalon	3	
Kinderfrisiersalon		
Schönheitspflege	4	
Schuhputzen	4	
Restaurant oder Automat	3	
Reparatur von Juwelen	4	
Chemische Reinigung	2	
Sodafountain	2	
Leihbibliothek		
Verleih von Regenschirmen		
Schnittmuster		
Abteilung für Innendekoration		
Änderungsateliers Maßateliers Reparaturwerkstätten		Kaufmännische Abteilungen oder Inneres Betriebsbureau
Verkauf usw.:		
Verkauf	alle	Verkaufspersonal
Überwachung der Verkaufsarbeit	alle	11 — Einkäufer 2 — Aufsichtspersonal
Ausschreiben des Verkaufsbons	alle	Verkaufspersonal

Betriebsvorgang	Anzahl der Geschäfte, in denen der vorstehende Betriebsvorgang festgestellt resp. die Arbeit geleistet wurde	Betriebseinheit, die die Arbeit leistete
Signieren der Verkaufsbons, wo erforderlich	alle	In der Regel Aufsichtspersonal
Genehmigung von Kreditverkäufen	alle	Kreditbureau unter Finanz- und Kontrollbureau
Entgegennahme der Zahlungen Herausgabe von Wechselgeld Entgegennahme der Verkaufsbons und Freigabe durch Stempelaufdruck zur Entgegennahme der Ware am Packtisch	alle	Kassiererinnen unter Finanz- und Kontrollbureau
Kassenkontrolle: Prüfung der Verkaufsbons und Kreditbons	alle	Kassenkontrolle unter Finanz- und Kontrollbureau
Feststellung des Gesamtumsatzes und Umsatzes per Verkäuferin und per Abteilung	12	Kassenkontrolle
Vergleich der Verkaufsbons und Kreditbons mit den Kontrollisten in Bon- und Rechnungsbüchern	alle	Kassenkontrolle
Vergleich des rechnungsmäßigen Umsatzes per Kassiererin mit dem abgelieferten Kassenbestand, abzüglich evtl. Rückzahlungen an Kunden	alle	Kassenkontrolle
Beschaffung von Wechselgeld		Hauptkassierer
Kontrolle des Betrages der gegen Zahlung bei Ablieferung getätigten Verkäufe mit den von den Lieferwagenchauffeuren einkassierten Beträgen und zurückgebrachten Paketen		Kassenkontrolle
Ausschreibung von Rechnungen für Kreditkunden	alle	Kontokorrentbuchhaltung oder Kundenkreditbuchhaltung
Zusammenstellung der Betriebsstatistiken über laufende Entwicklung	alle	Statistisches Bureau unter Finanz- und Kontrollbureau
Expedition: Einpacken der Ware	alle	Praktisch überall dasselbe Verfahren unter Innerem Betriebsleiter

Betriebsvorgang	Anzahl der Geschäfte, in denen der vorstehende Betriebsvorgang festgestellt reps. die Arbeit geleistet wurde	Betriebseinheit, die die Arbeit leistete
Genehmigung des Versandes von auf Kredit gekauften Waren, deren Kontostand noch nicht geprüft wurde	alle	Kreditbureau
Genehmigung von Sendungen gegen Kasse bei Ablieferung	alle	Kreditbureau
Eintragung der Pakete in Listen, geordnet nach Bezahlt, Kredit und Zahlung bei Ablieferung		Expedition unter Innerem Betriebsleiter
Zusendung und Abholung von Paketen Regulärer Lieferdienst Postversand Frachtversand	alle	
Kontrolle über den Verbleib aller Pakete sowie das Inkasso von Geld gegen Kasse bei Ablieferung	alle	Kassenkontrolle
Aufrechterhaltung und Reparatur der Lieferwagen usw.		
Garage		
Einpacken und Versand von Möbeln		
Rückgabe von Ware durch Kundschaft: Prüfung der Ware und Genehmigung von Umtausch oder Rücknahme	alle	In der Regel Aufsichtspersonal 4 — auch Einkäufer
Regelung von Streitigkeiten und Gewährung von Nachlässen	alle	Beschwerdebureau unter Innerem Betriebsleiter 1 — unter Geschäftsleitung 1 — unter Finanz- und Kontrollbureau
Kontrolle darüber, daß zurückgegebene Ware an die Abteilung zurückkommt und die ausgeschriebenen Kreditnoten nicht mißbraucht werden	5	
Vorschlag von Preisreduktionen nach vergleichendem Einkauf in Konkurrenzgeschäften	5	Vergleichsbureau

Betriebsvorgang	Anzahl der Geschäfte, in denen der vorstehende Betriebsvorgang festgestellt resp. die Arbeit geleistet wurde	Betriebseinheit, die die Arbeit leistete
Entscheidung über Umzeichnungen nach oben oder unten	alle	Einkäufer
Kauftätigkeit in Konkurrenzgeschäften zur Prüfung der Berechtigung von Heraufzeichnungen	2	Vergleichsbureau
Genehmigung von Preisänderungen	5	Kaufmännischer Betriebsleiter Finanz- und Kontrollbureau
Umzeichnung der Ware	alle	Nicht immer zentralisiert
Statistische Erfassung der Preisänderungen	alle	Finanz- und Kontrollbureau
Entsprechende Änderung der laufenden Inventurbestandskarten	6	
Inventuraufnahme: Vorbereitung der Inventur und der Inventurbogen	alle	Finanz- und Kontrollbureau
Aufaddition der Inventurbogen	alle	In der Regel gesamtes Geschäftspersonal 1 — Spezialinventurpersonal unter Finanz- und Kontrollbureau
Prüfung der zusammengestellten Konjunkturbogen		In der Regel durch eine Anzahl von Oberbeamten
Ausrechnung des Inventurwertes	alle	Finanz- und Kontrollbureau
Untersuchung von Lagerverlusten	5	4 — Finanz- und Kontrollbureau 1 — Innerer Betriebsleiter
Buchhaltung: Feststellung des Reingewinns und Vorbereitung von Bilanz und Gewinn- und Verlustrechnung	alle	Finanz- und Kontrollbureau
Versicherung und Steuern	alle	In der Regel Finanz- und Kontrollbureau
Allgemeine Buchführung und Führung der Grundbücher	alle	Finanz- und Kontrollbureau
Sekretariat	alle	In der Regel Finanz- und Kontrollbureau

Betriebsvorgang	Anzahl der Geschäfte, in denen der vorstehende Betriebsvorgang festgestellt resp. die Arbeit geleistet wurde	Betriebseinheit, die die Arbeit leistete
Verteilung der Post	alle	In der Regel Finanz- und Kontrollbureau
Rechtsfragen	alle	Wichtige durch Geschäftsleitung, weniger wichtige durch Finanz- und Kontrollbureau
Finanzierung und Finanzpolitik	alle	Geschäftsleitung und Finanz- und Kontrollbureau
Grundstücksgeschäfte	alle	In der Regel Geschäftsleitung
Ausarbeitung von Geschäftsplänen und wissenschaftliche Spezialuntersuchungen	alle	In der Regel Geschäftsleitung
Zusammenarbeit mit anderen Geschäften, Einkaufsgenossenschaften, Verbänden usw.		In der Regel Geschäftsleitung

GPSR Compliance

The European Union's (EU) General Product Safety Regulation (GPSR) is a set of rules that requires consumer products to be safe and our obligations to ensure this.

If you have any concerns about our products, you can contact us on ProductSafety@springernature.com

In case Publisher is established outside the EU, the EU authorized representative is:

Springer Nature Customer Service Center GmbH
Europaplatz 3
69115 Heidelberg, Germany

Batch number: 10844655

Printed by Printforce, the Netherlands